# AUS KATASTROPHEN LERNEN

Guido N. Poliwoda

# AUS KATASTROPHEN LERNEN

Sachsen im Kampf
gegen die Fluten der Elbe
1784 bis 1845

2007

BÖHLAU VERLAG KÖLN WEIMAR WIEN

Guido N. Poliwoda ist Postdoc in der Abteilung für Wirtschafts-, Sozial- und Umweltgeschichte am Historischen Institut der Universität Bern.

Bibliografische Information der Deutschen Nationalbibliothek:
Die Deutsche Nationalbibliothek verzeichnet diese Publikation in der
Deutschen Nationalbibliografie; detaillierte bibliografische Daten sind
im Internet über http://dnb.ddb.de abrufbar.

Umschlagabbildungen:
oben: Einsturz des Kruzifixpfeilers der Augustusbrücke in Dresden (1845);
unten: Elbhochwasser 2002. Bewohner von Weesenstein (Sachsen) auf einem
Mauerstück ihres weggespülten Hauses (Foto: Lutz Hennig, Weesenstein)

© 2007 by Böhlau Verlag GmbH & Cie, Köln Weimar Wien
Ursulaplatz 1, D-50668 Köln, www.boehlau.de

Alle Rechte vorbehalten. Dieses Werk ist urheberrechtlich geschützt.
Jede Verwertung außerhalb der engen Grenzen des Urheberrechtsgesetzes
ist unzulässig.

Druck und Bindung: Strauss GmbH, Mörlenbach
Gedruckt auf chlor- und säurefreiem Papier
Printed in Germany
ISBN 978-3-412-13406-8

Für Kerstin …

# Danksagungen

An erster Stelle möchte ich Prof. Dr. Christian Pfister danken. Er hat mir durch Hinweise verschiedenster Natur nicht nur das Arbeiten vereinfacht, sondern die Relevanz meiner Forschungen immer wieder unterstrichen. Ich danke ihm für das Impulsgeben und die Unterstützung bei meiner Arbeit.

Zu danken habe ich außerdem Herrn Professor Dr. José Manuel López, respektive der Philosophisch-historischen Fakultät der Universität Bern, die meine Forschungen und Aufenthalte in Dresden sehr großzügig unterstützt haben.

Weiterhin möchte ich den Archivarinnen und Mitarbeiterinnen des Sächsischen Hauptstaatsarchivs in Dresden danken. Besonders Frau Petrasch und Frau Hartmann gingen geduldig auf meine Fragen ein und halfen mir jederzeit. Gleiches gilt für die Mitarbeiterinnen des Stadtarchivs in Dresden. Frau Stade nahm sich Zeit für meine nicht immer verständliche Suche. Beiden Archiven gilt mein herzlichster Dank für das konstruktive Zusammenarbeiten.

Nicht vergessen darf ich das Ehepaar Krause in Dresden-Königswald, ohne deren Anteilnahme und Unterstützung ich die Elbresidenz wahrscheinlich nicht in dieser Intensität ins Herz geschlossen hätte.

Bern im Juli 2005

»Ich habe eine gewisse paradoxe Hoffnung auf die Erziehung durch Katastrophen. Solche Unglücke werden eventuell rechtzeitig noch eine heilsame Wirkung haben. Wir sollten bei der Überlegung dieser Fragen, bei denen wir über Vermutungen sowieso nicht hinauskommen, eines nie aus den Augen lassen: daß der Mensch das überraschendste aller Wesen ist und daß man überhaupt nicht vorhersagen kann, wie sich in irgendeiner Zukunft, in irgendeiner Situation, in irgendeiner Generation die Gesellschaft benehmen wird.«

Hans Jonas 1993

»So über Verhoffen begabt
mit der Klugheit erfindender Kunst,
geht zum Schlimmen er bald
und bald zum Guten hin.«

Sophokles, Antigone

# Inhalt

| | | |
|---|---|---|
| I. | Einleitung | 17 |
| 1.1 | Noah hatte es leichter | 17 |
| 1.2 | Erkenntnisleitende Fragestellungen | 22 |
| 1.2.1 | Von der Historischen Klimatologie zum Wiederholungsmoment sächsischer Hochwasser | 22 |
| 1.2.2 | Gesellschaftliche Reaktionen und Lernprozesse | 24 |
| 1.3 | Forschungsstand | 26 |
| 1.3.1 | Umweltgeschichte und Krisenerfahrungen | 26 |
| 1.3.2 | Vom Ozonloch zur Flut 2002 | 28 |
| 1.3.3 | Historische Naturkatastrophenforschung | 29 |
| 1.3.4 | Historische Hochwasserforschung zu Sachsen | 36 |
| 1.4 | Lernen aus Katastrophen | 39 |
| 1.4.1 | Definitionen zu den Begriffen Lernen, Lernprozess und Lernergebnis | 39 |
| 1.4.2 | Gesellschaftliche Lernprozesse | 40 |
| 1.4.3 | Geschichte und Lernprozess | 42 |
| 1.4.4 | Lernen aufgrund von Naturkatastrophen | 45 |
| 1.5 | Quellen und Methodik | 48 |
| II. | Der klimahistorische Hintergrund der Jahre 1783 bis 1845 | 51 |

**LERNPHASE I:**
**VOM CHAOS ZU VARIABLEN MASSNAHMEN 1784–1799**

| | | |
|---|---|---|
| III. | Die Hochwasserkatastrophe von 1784 | 59 |
| 3.1 | Der Prolog - Höhenrauch über Europa | 59 |
| 3.2 | Der Extremwinter 1783/84 | 62 |
| 3.3 | Eisstau und Eisaufbruch auf der Elbe | 65 |
| 3.4 | Die Dramatik der Ereignisse | 69 |
| 3.5 | Rettungsmaßnahmen während der Flut | 71 |
| 3.6 | 1784 – *das* Initialereignis | 74 |

| | | |
|---|---|---|
| 3.7 | Bewältigungsstrategien | 75 |
| 3.7.1 | Aufbaubemühungen | 76 |
| 3.7.2 | Finanzielle Hilfen | 77 |
| 3.7.3 | Angst vor »Contagionen«, Krankheiten und Epidemien | 80 |

| | | |
|---|---|---|
| **IV.** | **»Posttraumatische« Maßnahmen und Präventionen 1785** | **85** |
| 4.1 | »Zweckdienliche Veranstaltungen« | 85 |
| 4.2 | Fahrten, Mannschaften und Elbschiffer | 87 |
| 4.3 | Vorschläge zur Beseitigung von Sandbänken und Heegern | 88 |
| 4.4 | Kanonenschüsse, Rettungsnetze und Krankheitsvorsorge | 90 |

| | | |
|---|---|---|
| **V.** | **Ein wirklich armes Dorf** | **95** |
| 5.1 | Ihleburg – eine »nichtige Angelegenheit« | 95 |
| 5.2 | Kostbare Magdeburgische Elbdämme | 98 |
| 5.3 | Sächsische Dammpolitik | 100 |

| | | |
|---|---|---|
| **VI.** | **Die erste Belastungsprobe 1799** | **102** |
| 6.1 | Präventionen im Extremwinter 1798/99 | 102 |
| 6.2 | Meldung des Eisaufbruchs durch Kanonendonner | 105 |
| 6.3 | Die Flut von 1799 | 107 |
| 6.4 | Schäden | 110 |
| 6.5 | Die Soforthilfe und Gesundheitsvorsorge | 111 |
| 6.6 | Schadenstabellen und Militär | 113 |
| 6.7 | Schadenssummen – staatliche wie private Hilfen | 114 |
| 6.8 | Zusammenfassung der Entwicklungen bis 1799 | 118 |

**LERNPHASE II:**
**KONTINUITÄT UND UMBRUCH 1800–1820**

| | | |
|---|---|---|
| **VII.** | **Vom Hof zum Amt – der Beginn des lokalen Katastrophenmanagements** | **120** |

| | | |
|---|---|---|
| 7.1 | Die Verbauungen im Ostra-Gehege | 120 |
| 7.2 | Die Sommerflut von 1804 | 122 |
| 7.3 | Bewältigungen | 125 |
| 7.3.1 | Weiterführung der Maßnahmen in einem Schritt | 125 |
| 7.3.2 | Die Interpretation der Ursachen | 127 |
| 7.3.3 | Flussregulierungen | 128 |
| 7.3.4 | Schadensausgleich | 128 |
| 7.4 | Die Eisflut von 1805 | 131 |
| 7.4.1 | Präventivmaßnahmen | 132 |
| 7.4.2 | Schandau | 132 |
| 7.4.3 | Torgau | 133 |
| 7.5 | Zusammenfassung der Entwicklungen bis 1805 | 135 |
| **VIII.** | **Die Auftaktphase für das Gesetz von 1819** | **137** |
| 8.1 | Die Rückkehr zum alten Muster | 137 |
| 8.2 | Der Ufer- und Dammbau bei Graditz und Werdau | 138 |
| 8.3 | Finanzierungsprobleme für Canitz | 143 |
| 8.4 | Spenden 1811 | 145 |
| 8.5 | Die Folgen des Wiener Kongresses | 148 |
| 8.6 | Prämien für private Retter | 150 |

**LERNPHASE III:**
**AUF DEM RICHTIGEN WEG 1820–1845**

| | | |
|---|---|---|
| **IX.** | **Der Beginn der Systematisierungsphase** | **152** |
| 9.1 | Die Elbstrom- Ufer- und Dammordnung | 152 |
| 9.2 | Präventionen 1820 | 155 |
| 9.3 | Die Katastrophe von 1820 | 157 |
| 9.4 | Der Kampf gegen die Flut | 158 |
| 9.5 | Maßnahmen nach dem Hochwasser | 160 |
| 9.6 | Erfahrungen aufgrund der Flut | 161 |
| 9.7 | Vorschläge aufgrund der Erfahrungen | 164 |

## X. Schlüssel zur Macht – Der Bericht des Wasserbaudirektors .. 168

10.1 Die Kostenverteilung für Instandsetzung der Uferbauten .......... 168
10.2 Materialbeschaffung ......................................... 169
10.3 Die Aufgaben der Bauoffizianten und des Kommundammmeisters ..................................................... 170
10.4 Mannschaftslisten für Dammwachen und Abwehr
von Deichbrüchen ............................................ 171
10.5 Anlegung von Elbpegeln und Backöfen ........................ 173
10.6 Die Ineffizienz der Signalkanonen ............................. 174
10.7 Wagners Durchmusterung der amtshauptmannschaftlichen
Bezirke ...................................................... 176
10.8 Die Antwort auf Wagners Vorschläge ......................... 178
10.9 Zusammenfassung der Entwicklungen bis 1820 ................ 181

## XI. Die zweite Hälfte der 1820er Jahre – Disparitäten und wichtige Weiterführungen ................ 183

11.1 Streit um finanzielle Zuständigkeiten und Erklärungsversuche
für die Flut von 1824 ......................................... 183
11.2 Der Dammbau bei Promnitz .................................. 185
11.3 Die Weiterführung der Systematisierungen .................... 189
11.4 Permanenz und Prognose der Hochwasserkonfrontation ........ 192

## XII. Der Ausbau der Systematisierungsphase .................. 194

12.1 Präventivmaßnahmen 1830 ................................... 194
12.2 Die Katastrophe von 1830 .................................... 195
12.3 Maßnahmen nach der Flut .................................... 198
12.4 Die Einführung der Verfassung und wichtige Umsetzungen ...... 200

## XIII. 1845 – Erfolge und weitere Optimierungen ................. 204

13.1 Die meteorologische Konstellation ............................ 204
13.2 Präventionen ................................................ 205

Inhalt 15

13.3 Differente Szenarien in Peripherie und Hauptstadt .............. 207
13.3.1 Die Situation entlang der Elbe ................................ 207
13.3.2 Die Lage in der Hauptstadt .................................. 210
13.4 Vorschläge aufgrund der gewonnenen Erfahrungen ............. 216
13.5 Krisenmanagement in der Peripherie ......................... 218
13.6 Gesundheitsprävention ...................................... 220
13.7 Die finanzielle Bewältigung ................................. 221
13.8 Kritische Fragen und Bildung eines Krisenstabes ............... 227

XIV. Fazit .................................................... 230

14.1 Ursachen für die Häufung von Hochwasserkatastrophen
     im Untersuchungszeitraum .................................. 231
14.2 Zusammenfassende Charakteristik der Gegenmaßnahmen ....... 232
14.3 Gegenmaßnahmen und Lernschritte in der Lernphase I:
     1784–1799 ................................................ 233
14.4 Gegenmaßnahmen und Lernschritte in der Lernphase II:
     1800–1820 ................................................ 239
14.5 Gegenmaßnahmen und Lernschritte in der Lernphase III:
     1820–1845 ................................................ 245
14.6 Zusammenfassende Charakteristik der Lerngenese ............ 249
14.7 Ausblick: Die Lerngenese 1784–1845 im Vergleich zur Studie
     des DKKV »Lessons Learned« 2002 ......................... 255

XV. Bibliographie ............................................. 261

15.1 Ungedruckte Quellen ....................................... 261
15.2 Gedruckte Quellen ......................................... 264
15.2.1 Periodika ................................................. 269
15.3 Literatur .................................................. 276
15.4 Abkürzungen .............................................. 292
15.5 Abbildungsverzeichnis ..................................... 293

# I. Einleitung

## 1.1 Noah hatte es leichter

Noah erhielt seine Instruktionen von Gott. Er wusste, dass eine Katastrophe der Menschheit drohte – auch er traf Vorbereitungen.

Abb. 1: Noah baut die Arche
Aufgrund der Flut 2002 haben Präventionen eingesetzt. Insbesondere in den Bereichen Hochwasserschutz, verbessertem Katastrophenmanagement und einer Vorhersagbarkeit von Extremniederschlägen und deren Auswirkungen unternehmen Wissenschaft und Staat ambitionierte Lernschritte.

Wir verfügen heutzutage (ohne jegliche Blasphemie) über »sicherere Daten« als Noah. Nach den Studien des IPCC[1], des NCCR-Climate[2] und der zu Beginn des Jahres 2004 erschienenen Studie des ETH Physikers Schär[3], verdichten sich die Hinweise auf ein sich erwärmendes Klima. Dadurch ist höchstwahrscheinlich mit einer Zunahme von Naturkatastrophen im gerade begonnenen Jahrhundert zu rechnen. Es wird darüber diskutiert, welche Szenarien sich durchsetzen könnten. Spektrum der Wissenschaft stellt die Frage: »Lässt sich die Klima-Zeitbombe entschärfen?«[4]

Kontrovers wird die Annahme betrachtet, ob oder inwieweit die Jahrtausendflut 2002 in der Tschechischen Republik, Deutschland und Österreich ursächlich mit dem sich wandelnden Klima in Verbindung gebracht werden kann.[5] Die meteorologischen Auslöser waren für Sachsen selten, aber nicht ungewöhnlich. Eine »typische hochwasserauslösende«[6] sog. »Vb-Lage«, die ebenso für das Hochwasser 1997 an der Oder verantwortlich gemacht werden konnte, verursachte die vehementen Regenfälle über der Tschechischen Republik und Sachsen. Am 11. August gab der Deutsche Wetterdienst folgende Prognose für Sachsen ab:

> »Ein Tief zieht von Oberitalien nach Polen und gestaltet das Wetter regnerisch. Am Montag in Sachsen überwiegend stark bewölkt, verbreitet und lang anhaltend Regen. In den nächsten Tagen regnet es zeitweise von einem stark bewölkten Himmel, verbreitet auch länger anhaltend und ergiebig. Nur vereinzelt kann es kurze Auflockerungen geben.«[7]

---

1 Intergovernmental Panel on Climate Change: www.ipcc.ch (Stand: 3.2.2004).
2 National Center of Competence in Research – Climate: http://www.nccr-climate.unibe.ch/ (Stand: 12.2.2004).
3 Schär, Christoph/Vidale, P. L./Frei, C./Häberli, C./Liniger M. A. & Appenzeller, C.: The role of increasing temperature variability in European summer heatwaves. In: Nature. 2004. 427. P. 332–336. The Eggs. 26 march 2004. Issue No. 7.: Record summers might become more common. http://the-eggs.org/news.php?id=144&typeid=0&PHPSESSID=1d07e8fb14bf60262d674583da82c723# (Stand: 5.4.2004).
4 Hansen, James E.: »Lässt sich die Klima-Zeitbombe entschärfen?« In: Spektrum der Wissenschaft. Januar 2005. S. 50–58.
5 Schanze, Jochen: Nach der Elbeflut 2002: Die gesellschaftliche Risikovorsorge bedarf einer transdisziplinären Hochwaserforschung. In: Gaia. 2002. 11. Nr. 4. S. 247–254, hier S. 248. Poliwoda, Guido N./Pfister, Christian: Documentary data and the millennium flood of 2002. http://www.pages.unibe.ch/shighlight/archive03/poliwoda.html (Stand: Februar 2003).
6 BerliNews. Lehren aus der Flut. Analyse des Hochwassers 2002 an der TU Dresden. http://www.berlinews.de/archiv-2002/1578.shtml (Stand: 29.1.2004).
7 Jahrhundertflut in Sachsen. Eine Bildchronik der Hochwasserkatastrophe 2002. Dresden 2002. S. 8.

Abb. 2: Durch die Weißeritz überfluteter Hauptbahnhof in Dresden

Bis zum 14. August fielen im südlichen Sachsen und im Erzgebirge die bis dahin höchsten dort jemals gemessenen Regenmengen.[8] Je extremer Witterung auftritt, desto unpräziser werden mögliche Vorhersagen. Ebenso kann die Schwere zu erwartender Extremniederschläge derzeit nur mit Modellen prognostiziert werden. Meteorologen der Universität Leipzig haben für die Station Zinnwald im Erzgebirge einen möglichen Tageshöchstwert von bis zu 700 Millimeter errechnet. Vor der Katastrophe am 12. August 2002 betrug das tägliche Maximum 315 Millimeter.[9]

Das Thema »Zunehmende Naturkatastrophen aufgrund des sich wandelnden Klimas« ist zwar in aller Munde und wird breit erforscht, eine verbindlichere Klimapolitik führen die politisch Verantwortlichen allerdings nicht in dem Ausmaß, wie es eine solch globale Problematik erfordern würde. Andere Interessen scheinen im Vordergrund zu stehen. National Geographic fragt provokativ:

> »Nach uns die Sintflut? Vielleicht erleben wir sie ja selber.«[10]

Diese Utopie mag dahingehend relativiert werden, da die Erkenntnis Raum greift, dass erst im Moment permanenter, chronisch destruktiver Einflüsse, Gesellschaften deutlicher werden reagieren müssen.

Am 17. August 2002 erreichte die Elbe in Dresden einen Pegelstand von 9,40 Metern. Eine solche Höhe lässt sich bisher aus gesicherten historischen Quellen nicht nachweisen (hierauf wird im Kapitel zwei näher eingegangen). Manfred Simon von der Internationalen Kommission zum Schutz der Elbe fasste dieses Ereignis folgendermaßen zusammen:

> »Dresden hat ein Hochwasser erlebt, wie es rein statistisch in mehr als 1.000 Jahren, wahrscheinlich sogar in 2.000 Jahren, nur einmal auftritt.«[11]

---

8 Die Jahrhundertflut – Das Jahr danach. Dresden 2003. S. 200.
9 Adams, Bärbel: Bevor der Himmel alle Schleusen öffnet. An der Universität Leipzig werden Modelle weiterentwickelt, die Vorhersagen von Starkregen verbessern. http://idw-online.de/pages/de/news109161 (Stand: 25.4.2005). Sächsische Staatskanzlei, Referat Öffentlichkeitsarbeit: Die Flut – ein Blick zurück nach vorn. Dresden 2003. S. 12.
10 Nakott, Jürgen: Wie heiß wird die Erde? In: National Geographic. Februar 2004. S. 64. Vgl. hierzu: VDI (Verband Deutscher Ingenieure) Nachrichten: Uns drohen Sturzfluten, Dürren und Tropenfieber. 25. Febr. 2005. Nr. 8. S. 8.
11 Lehmann, Dieter: Das Jahrtausendhochwasser ... und das Wunder von Mühlberg. Halle 2002. S. 11.

An nahezu allen Pegeln zwischen Usti nad Labem und Wittenberg wurden die bis dahin höchsten Wasserstände der Elbe registriert. Die Medien fokussierten das persönliche wie materielle Leid der Menschen. Es wurden nicht nur die ökonomischen Verluste dargestellt (insgesamt wenigstens 25 Mrd. Euro in Deutschland, Österreich und der Tschechischen Republik), sondern gerade die menschlichen Schicksale, die diese Flut über Sachsen brachte, waren omnipräsent.

Abb. 3: Dramatische Lage in Weesenstein (Müglitztal).
Dieses Foto fand große Verbreitung und steht sinnbildlich für das Ausgeliefertsein von Menschen, die direkt von einem Hochwasser bedroht werden.

In Deutschland kamen 21 Menschen ums Leben, die Sachschäden beliefen sich auf 9,2 Mrd. Euro und Defizite im Katastrophenmanagement traten zutage.[12] Es wurden »Unzulänglichkeiten bei der Durchführung operativer Maßnahmen« beklagt. Diese wurden insbesondere durch »fehlende oder verspätete Informationen« verursacht, was zu einem »nicht hinreichend straffen und erprobten Katastrophenmanagement sowie eingeschränkten Hilfsmitteln zur Information der Betroffenen« führte.[13]

---

12  DKKV, Deutsches Komitee für Katastrophenvorsorge e. V.: Hochwasservorsorge in Deutschland. Lernen aus der Katastrophe 2002 im Elbegebiet. Kurzfassung der Studie Lessons Learned (Schriftenreihe des DKKV 29). Bonn 2003. S. 8.
13  Schanze, Jochen: Nach der Elbeflut 2002. S. 251.

Angesichts der Dimension dieses Extremereignisses spricht der Projektleiter Risikomanagement des Leibniz-Instituts für ökologische Raumentwicklung dennoch »von einem befriedigenden Hochwassermanagement mit anerkennenswerten Improvisationen.«[14]

Der bekannte Katastrophenforscher Wolf R. Dombrowsky macht im Vorfeld eines Hochwassers eine »lernunwillige Normalität«[15] für das Zustandekommen einer Katastrophe verantwortlich. Die Frage bleibt bestehen, ob dieses Extremereignis ausreichend Anstöße gegeben hat, damit Fehler der Vergangenheit ausgeräumt werden und ob der »Wettlauf gegen das Vergessen«[16] gewonnen wird oder nicht. Der Kirchbachbericht, die Studie des Deutschen Komitees für Katastrophenvorsorge »Lernen aus der Katastrophe 2002 im Elbegebiet«, die Gründung eines Landeshochwasserzentrums und des »Dresden Flood Research Centers« wurden nicht nur aufgrund offensichtlicher Mängel initiiert, sondern um im »Wettlauf gegen das Vergessen« eine neue Ausgangsposition zu schaffen.[17]

## 1.2 Erkenntnisleitende Fragestellungen

### 1.2.1 Von der Historischen Klimatologie zum Wiederholungsmoment sächsischer Hochwasser

Sowohl DIE ZEIT als auch die Süddeutsche Zeitung warfen nach dem Historikertag 2002 in Halle unserer Zunft vor, wir säßen im Elfenbeinturm und hätten

---

14  Ebd.
15  Dombrowsky, Wolf R.: Flußhochwasser – ein Störfall der Vernunft? In: Gaia. 2002. 11. Nr. 4. S. 310–311, hier S. 311.
16  Schanze, Jochen: Nach der Elbeflut 2002. S. 251.
17  Kirchbach, Hans-Peter v., u. a.: Bericht der Unabhängigen Kommission der Sächsischen Staatsregierung Flutkatastrophe 2002. http://home.arcor.de/schlaudi/Kirchbachbericht.pdf (Stand: 19.7.2005). DKKV, Deutsches Komitee für Katastrophenvorsorge e. V.: Hochwasservorsorge in Deutschland. Lernen aus der Katastrophe 2002 im Elbegebiet. Kurzfassung der Studie Lessons Learned (Schriftenreihe des DKKV 29). Bonn 2003. Landeshochwasserzentrum: http://www.umwelt.sachsen.de/de/wu/umwelt/lfug/lfug-internet/presse_9060.html (Stand: 29.7.2005). Dresden Flood Research Center: http://www.ioer.de/frc/start.htm (Stand: 29.7.2005). Martin Schmidt sieht einen künftigen Hochwasserschutz insbesondere durch Wehre und Speicherbecken gewährleistet. Damit könnte gleichzeitig Strom erzeugt werden. Siehe: Schmidt, Martin: Die große Elbeflut im Sommer 2002 aus historischer und künftiger Sicht. In: Wasserwirtschaft. 2003. Jahrgang 93. Nr. 1/2. S. 24, 28.

zu den drängenden Fragen der Gegenwart keine Antworten.[18] Es wurde geäußert, dass keinerlei Abhandlungen zu den offensichtlichen ökologischen Missständen vorhanden seien. Volker Ullrich beklagte:

> »Wo (sind) die historischen Klimaforscher, die uns darüber belehren, wie sich in früheren Zeiten das Wetter veränderte?«[19]

Es geht in der vorliegenden Abhandlung nicht in erster Linie darum, Veränderungen des Wetters in historischer Perspektive aufzuzeigen. Das ist in grundlegenderer Form bereits geschehen.[20] Vielmehr standen von Anfang an gesellschaftliche Reaktionsmuster auf Hochwasserkatastrophen im Mittelpunkt des Interesses.

Ich werde häufig gefragt, ob die Flut 2002 den Impuls zu dieser Untersuchung gegeben habe, doch die Entscheidung sächsische Hochwasser zu untersuchen, fiel früher. 2001 besah ich mir diverse Pegel in Europa und entschied mich für die sächsischen, weil in sechs Dekaden Hochwasser wiederholt auftraten. Geleitet von der Überlegung, welche klimahistorischen Abläufe die gehäuften Hochwasser bedingt haben könnten, stand zu Beginn eine Quantifizierung und Einordnung der Extremereignisse an.[21]

Der nächste Schritt war festzustellen, dass diese Häufung zwischen 1784 und 1845 im sog. Dalton Minimum lag – eine nordhemisphärische Abkühlungsphase, die durch Vulkanausbrüche beeinflusst worden war.

---

18 Eckert, Andreas: Gefangen in der Alten Welt. Die deutsche Geschichtswissenschaft ist hoffnungslos provinziell: Themen jenseits der europäischen Geschichte interessieren die Historiker kaum. In: DIE ZEIT. 26. September 2002. Nr. 40. S. 40. Der Historikertag 2004 in Kiel ist unter dem Motto angekündigt worden: »Kommunikation und Raum.« Besieht man sich das Programm (http://www.historikertag.uni-kiel.de/ (Stand: 8.4.2004), darf herausgestellt werden, dass in verschiedenen Sektionen außereuropäische Themen behandelt wurden.
19 Ullrich, Volker: Keine Visionen. Ein Nachwort zum Historikertag in Halle. In: DIE ZEIT. 29. September 2002. Nr. 39. S. 35.
20 Siehe hierzu: Glaser, Rüdiger/Stangl, Heiko: Climate And Floods In Central Europe Since AD 1000: Data, Methods, Results And Consequences. In: Surveys in Geophysics. 2004. 25. P. 485–510. Glaser, Rüdiger: Klimageschichte Mitteleuropas. 1000 Jahre Wetter, Klima, Katastrophen. Darmstadt 2001. Pfister, Christian: Wetternachhersage. 500 Jahre Klimavariationen und Naturkatastrophen. Bern 1999. Braun, Helmut: »... und wir überleben doch.« Mensch und Umwelt in historischer Perspektive. In: Vierteljahrschrift für Sozial- und Wirtschaftsgeschichte. 2004. Bd. 91. H. 2. S. 208–215. Eines der jüngsten Bsp. einer regionalen Klimadatenbank ist das Projekt »wettergeschichte-hessen.de« http://www.wettergeschichte-hessen.de/ (Stand: 3.5.2005).
21 Klimahistorische Aspekte werden im Kapitel zwei erläutert.

Diese Häufung passt als Pendant zu der heutigen Erwärmung: sollte sich ein Trend zu verstärkt auftretenden Katastrophen in der Gegenwart und Zukunft ausbilden, so konnte ich den Fokus der Untersuchung auf die gesellschaftlichen Reaktionen infolge eines durchgängigen Wiederholungsmomentes von Hochwassern konzentrieren.

### 1.2.2 Gesellschaftliche Reaktionen und Lernprozesse

Der Großteil der Klimaforscher geht davon aus, dass die Klimavariabilität im begonnenen Jahrhundert »breiter« ausfallen kann, was mit einer Zunahme von Wetterextremen verbunden sein könnte. Sollte sich tatsächlich ein Trend zunehmender Naturkatastrophen ausbilden, so wird mit vorgelegter Dissertation untersucht, inwieweit es einer Gesellschaft möglich war, einen längerfristig negativ auf sie einwirkenden Klimatrend nachhaltig zu bewältigen.

Daran schlossen sich Überlegungen, ob sich eine Entwicklung von Reaktionen und Gegenmaßnahmen vor, während und nach den Katastrophen würde aufzeigen lassen, die Lernschritte offenbarten, die von Beamten, Wissenschaftlern und Bürgern vollzogen wurden? Könnten sie als die wichtigsten Träger gesellschaftlicher Veränderungen angesehen werden, die diese Verbesserungen vollzogen? Dieser durchgängigen Frage wohnt eine Hierarchie, aber auch eine Verschränkung inne. Zuerst werden Reaktionen und Gegenmaßnahmen »erfragt« und diese Ergebnisse auf das daraus Gelernte bezogen. Aufgrund einer Verschränkung der Bereiche »Reaktionen« und »Lernen« wurde im dritten Schritt untersucht, ob Phasen des Lernens im Untersuchungszeitraum nachweisbar sein würden?[22]

Eine grundlegende Frage der Arbeit besteht darin, ob sich als Reaktion auf die Katastrophen Verbesserungen im Katastrophenschutz, in der Koordination von Hilfsleistungen und technischen Innovationen bis hin zu einem mehr oder minder öffentlich geführten Diskurs abzeichneten?

Essenziell ist, inwieweit Vereinheitlichungen der staatlichen Maßnahmen vor, während und nach den Katastrophen festzustellen waren. Es wird danach gefragt, ob die im 18. Jahrhundert angewandten Bewältigungen der Behörden in Form von Krisenmanagement und Hochwasserprävention im 19. Jahrhundert

---

22 Gestreift werden Aspekte des Verlernens. Eine Vertiefung bleibt weitergehenden Studien vorbehalten. Das gilt in gleicher Weise für rein frühneuzeitliche und wissenschaftshistorische Implikationen dieser Untersuchung.

verbessert werden konnten? Waren dieselben Akteure (an Prävention, Abwehr und dem Wiederaufbau) beteiligt, wie es im 18. Jahrhundert der Fall war? Setzte der Staatsapparat, die im 18. Jahrhundert gewonnenen Erkenntnisse und Vorgehensweisen im 19. Jahrhundert konsequent und stringent fort?

Wie sah der »Fluss« der behördlichen Anweisungen vor, während und nach den Katastrophen und in einer längeren Genese aus? Welche Ebenen waren involviert? Welche Änderungen wurden wodurch/ab wann prägend? Welche Akteure traten hierbei in den Vordergrund? Die sich aus den Gegenmaßnahmen ergebenden Fragen führen zu den daraus feststellbaren Lernschritten.

Eine weitere erkenntnisleitende Frage war darin zu suchen, ob der Lerngewinn der sächsischen Gesellschaft mit der Schwere der jeweiligen Katastrophe zunahm? Würden sich Lernschritte auch bei nicht verheerenden Fluten feststellen lassen?

Bei allen Fragen durfte nicht außer Acht gelassen werden, inwieweit die gesellschaftlichen Reaktionen von den Erschütterungen der napoleonischen Zeit beeinflusst wurden. Der Wandel vom Kurfürstentum zum Königreich, die Zeit der Fremdverwaltung und des Herzogtums, die Phase der Verfassungs- und Verwaltungsreform von 1830/32 etc. waren wesentliche Entwicklungen in der sächsischen Geschichte. In welcher Relation standen diese Vorgänge zu den Katastrophen?

In den Reaktionsmustern, den Lernschritten und Lernprozessen, die mit dem Begriff Lernentwicklung bzw. Lerngenese umschrieben werden können, soll die eigentliche Bedeutung dieser Arbeit gesehen werden. Zu extrahieren wer, wann unter welchen Bedingungen lernte, war wesentliches Movens für die vorgelegte Studie. Würden sich Phasen bzw. Stufen des Gelernten feststellen lassen?

Wurde im Untersuchungszeitraum eine »gesellschaftliche Hochwasserrisikovorsorge« durch »kontinuierliches und reflexives Lernen der Akteure« realisiert? War dafür eine »gesellschaftliche Koevolution« vonnöten, die vom Leibniz-Institut für ökologische Raumentwicklung als grundlegend für eine heutige effiziente Hochwasserrisikovorsorge angesehen wird?[23] Dafür sei ein »Paradigmenwechsel vom Hochwasser*schutz* zum Hochwasser*risikomanagement* erforderlich.«[24] Würde sich ein solcher Wechsel auch im Untersuchungszeitraum feststellen und sich der Begriff »Hochwasserrisikomanagement« im modernen Sinne rechtfertigen lassen?

---

23 Schanze, Jochen: Nach der Elbeflut 2002. S. 253.
24 Schanze, Jochen: Nach der Elbeflut 2002. S. 254.

## 1.3. Forschungsstand

### 1.3.1 Umweltgeschichte und Krisenerfahrungen

Joachim Radkau spricht in »Natur und Macht« von »Organisations-, Selbstorganisations- und Dekompositionsprozessen in hybriden Mensch-Natur-Kombinationen« sowie von der

> »(...) Geschichte eines sich durch Krisenerfahrungen herausbildenden Gespürs für die längerfristigen natürlichen Grundlagen des menschliches Lebens und der menschlichen Kultur.«[25]

Wenn Radkau ein Umweltbewusstsein an Krisenerfahrungen knüpft, rückt eine weitere Frage dieser Dissertation in den Vordergrund: Würde die sächsische Gesellschaft auch ökologische Probleme der Flussregulierungen diskutieren?[26] Daran knüpft sich seine Auffassung, dass Umweltgeschichte kein »endloser Destruktionsprozess«, sondern »als spannungsvolle Mischung destruktiver und schöpferischer Prozesse zu begreifen!« sei.[27] Wie Radkau eine Krisenerfahrung mehrfach als allgemeines Muster für die Umweltgeschichte thematisiert, verbindet er dies mit einer Unvorhersehbarkeit gesellschaftlicher Prozesse. Wie Jonas[28] stellt er heraus, dass letztlich »unberechenbare Wirkungsketten«, »unerwartete Entwicklungen« umweltrelevante und gesellschaftliche Prozesse bestimmen. Auf längere Sicht, sieht er als »entscheidende(n) Punkt« für klimahistorische Untersuchungen die »Reaktionsfähigkeit der Gesellschaft« an.[29] Das war der Initialgedanke für die vorgelegte Untersuchung.

Radkau fügt an anderer Stelle hinzu, dass insbesondere auf Ökosysteme einwirkende »Habitualisierungen« umweltprägend waren und sich aufgrund der Folgeerscheinungen gesellschaftliche Reaktionen ausbildeten.[30] Ein solches zur »Gewohnheitwerdenlassen« kann einerseits als allgemeines Muster der Um-

---

25 Radkau, Joachim: Natur und Macht. München 2001. S. 14.
26 Vgl. hierzu: Brüggemeier, Franz-Josef: Das unendliche Meer der Lüfte. Luftverschmutzung, Industrialisierung und Risikodebatten im 19. Jahrhundert. Essen 1996. S. 17.
27 Radkau, Joachim: Natur und Macht. S. 14. Diese Aussage wird gestützt durch: Schmidt, Martin: Historische Krisen des Hochwasserschutzes in Deutschland. In: Wasserwirtschaft. Jahrgang 92. Nr. 11/12 2002. S. 26–30.
28 Jonas, Hans: Dem bösen Ende näher. Gespräche über das Verhältnis des Menschen zur Natur. Frankfurt a. M. 1993. S. 14, 15.
29 Radkau, Joachim: Natur und Macht. S. 49.
30 Radkau, Joachim: Natur und Macht. S. 50.

weltgeschichte vor, während und nach den von ihm beschriebenen Konflikten angesehen werden – andererseits werden in dieser Untersuchung die sich wandelnden »Habitualisierungen« infolge der Hochwasser im Zeithorizont thematisiert.

Der Bereich der Risikoforschung wird des Öfteren in Bezug auf Naturkatastrophen erörtert. Darauf wird hier aus zwei Gründen verzichtet.

Ulrich Beck unterschied nicht zu unrecht zwischen »frühindustriellen Risiken« und »künstlich erzeugten Selbstvernichtungsmöglichkeiten«. Hierzu zählt er »atomare, chemische, ökologische und gentechnische Gefahren« und unterscheidet diese von den »frühindustriellen Risiken« nach drei Gesichtspunkten. »Künstlich erzeugte Selbstvernichtungsmöglichkeiten« bzw. moderne Gefahren sind:

»(1) weder örtlich noch zeitlich noch sozial eingrenzbar
(2) nicht zurechenbar nach den geltenden Regeln von Kausalität; Schuld, Haftung und
(3) nicht kompensierbar, nicht versicherungsfähig.«[31]

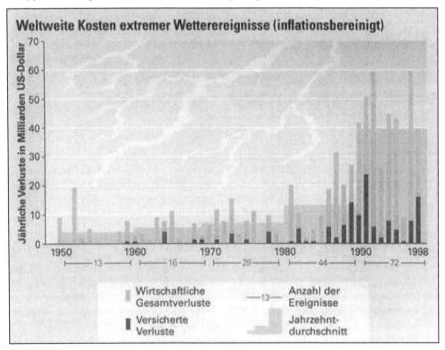

Abb. 4: Weltweite Kosten extremer Wetterereignisse

---

31 Beck, Ulrich: Politik in der Risikogesellschaft. Frankfurt a. M. 1991. S. 10.

Da in vorliegender Dissertation nicht moderne Gefahren, sondern »frühindustrielle Risiken« (vor 1850) untersucht werden, bewegt sich die Risikoforschung in eine andere Richtung, als die Fragestellungen, die hier erörtert werden.[32]

Die von Beck angesprochene Zernichtung der menschlichen Spezies wurde in dieser Form erst später möglich, wenn auch die vom ihm aufzeigten Charakteristika moderner Gefahren bei den hier untersuchten Katastrophen teilweise ebenso festzustellen waren.

## 1.3.2 Vom Ozonloch zur Flut 2002

Aufgrund der gegenwärtigen Diskussionen über Klimaerwärmung und vom Menschen verursachten Naturkatastrophen rücken auch klimageschichtliche Untersuchungen in den Mittelpunkt des gesellschaftlichen Interesses. Hieran knüpfen sich Fragen, inwieweit Naturkatastrophen in Vergangenheit und Gegenwart das Leben der Menschen beeinflusst haben und beeinflussen.

Die Klimaforschung hatte bis ins späte 20. Jahrhundert hauptsächlich naturwissenschaftlichen Charakter.[33] 1995 erhielten Paul Crutzen, Mario J. Molina und Sherwood Rowland aufgrund ihrer Forschungen auf dem Gebiet des stratosphärischen Ozonabbaus den Nobelpreis für Chemie. Es war das erste Mal, dass ein Nobelpreis für ein Umweltthema vergeben wurde.[34]

---

32 Dieter Schott machte dies für die Stadtgeschichte ebenso deutlich: »Die versuchte Integration der stadtgeschichtlichen Fragestellungen mit Ansätzen aus der sozialwissenschaftlichen Risikoforschung kann nicht restlos überzeugen und scheint auch bei den einzelnen Fallstudien letztlich nicht den Fragehorizont der Autoren bereichert zu haben.« Schott, Dieter: Forschungsbericht. Die Rolle von Katastrophen in der (Stadt-)Geschichte. In: Informationen zur modernen Stadtgeschichte 1/2003. S. 39–50, hier S. 41.
33 IPPC (Intergovernmental Panel on Climate Change) Third Assessment Report – Climate Change 2001: Working Group I: The Scientific Basis. Siehe hierzu: www.ipcc.ch (Stand: 3.2.2004).
34 Johnston, Harold: Reduction of Stratospheric Ozone by Nitrogen Oxide Catalysts from supersonic transport Exhaust. In: Science. 1971. Vol. 173. No. 3996. P. 517–522. Molina, Mario J./Rowland, Sherwood: Stratospheric sink for chlorofluoro-methanes: Chlorine atom-catalysed destruction of ozone. In: Nature. 1974. Vol. 249. June 28. P. 810–812. Crutzen, Paul J. (Hg.): Atmosphäre, Klima, Umwelt. Heidelberg/Berlin/Oxford 1996. Zu diesem Bereich siehe: http://strat-www.met.fu-berlin.de/ (Stand: 2.2.2004). Wichtig sind die Veränderungen der Ozonkonzentrationen, die mittels EP TOMS ermittelt werden: http://toms.gsfc.nasa.gov/ozone/ozone.html (Stand: 2.2.2004).

Weitere Fortschritte wurden sowohl natur- wie gesellschaftswissenschaftlich vor allem in der Historischen Klimatologie erzielt, die das Klima (Temperatur, Niederschläge, Luftdruck, Anomalien etc.) rekonstruiert. Klimaforschung und Historische Klimatologie bereiteten das Feld für die gesellschaftlichen Fragestellungen, die seit den 1990er Jahren in den Vordergrund rückten.[35] Diese Aspekte sind bisher hauptsächlich an Fallbeispielen untersucht worden.[36] Die historische Naturkatastrophenforschung[37] ist in einem Anfangsstadium begriffen, deshalb besteht auf unterschiedlichsten Ebenen erheblicher Forschungsbedarf.

In zuletzt erschienenen Abhandlungen sowohl über Naturkatastrophen allgemein, als auch speziell über die »Elbeflut«[38] bemängelten die Autoren, dass sich diesen Themen entweder rein naturwissenschaftlich oder hauptsächlich gesellschaftsorientiert genähert würde.[39]

### 1.3.3 Historische Naturkatastrophenforschung

Jede Naturkatastrophe geht auf eine so genannte »Naturgefahr« zurück. Dieser aus den Naturwissenschaften entlehnte Begriff umschreibt nicht präzise, worin die Gefahr besteht. Dies mag an einer Übersetzungsunschärfe liegen. Der englische Begriff »natural hazard« spielt mehr auf den Begriff »risk« an, wodurch wir wieder auf die Begriffsunterscheidung Luhmanns zurückgeworfen wären, der Unterschiede zwischen »Risiko« und »Gefahr« herausgestellt hat.[40]

Ist der Begriff »Naturgefahr« mit einer möglichen Vorbeugung belegt, impliziert »Natur*katastrophe*«, dass eine solche eingetreten ist. Ebenso ist der Begriff

---

35  Pfister, Christian: Wetternachhersage. Bern 1999. Glaser, Rüdiger: Klimageschichte Mitteleuropas. Darmstadt 2001. Rosenthal, Uriel/'t Hart, Paul: Flood Response and Crisis Management in Western Europe. A comparative analysis. Berlin 1998.
36  Borst, Arno: Das Erdbeben von 1348. Ein historischer Beitrag zur Katastrophenforschung. In: HZ. 233. 1981. S. 529–569. Jakubowsski-Tiessen, Manfred: Sturmflut 1717. Die Bewältigung einer Naturkatastrophe in der Frühen Neuzeit. München 1992. Militzer Stefan: Klima-Umwelt-Mensch (1500–1800). Studien und Quellen zur Bedeutung von Klima und Witterung in der vorindustriellen Gesellschaft. Bd.I. Leipzig 1998. S. 347–405.
37  Pfister, Christian (Hg.): Am Tag danach. Zur Bewältigung von Naturkatastrophen in der Schweiz 1500–2000. Bern 2002.
38  Ein häufig verwendeter, aber unpräziser Ausdruck, denn nicht nur in Sachsen entwickelten auch kleine Flüsse und Bäche ein enormes Zertörungspotenzial.
39  Weichselgartner, Jürgen: Nach der Elbeflut 2002: Und danach? Nachtrag zur transdisziplinären Hochwasserforschung. In: Gaia. 2003. 12. Nr. 4. S. 245–248, hier S. 245.
40  Luhmann, Niklas: Soziologie des Risikos. Berlin 1991. S. 22f.

»Naturereignis« unscharf. Er sagt nichts über die freiwerdenden Energien, die losbrechen, wenn eine Katastrophe wirksam wird. Ein Naturer*eignis* wäre eine Biene, ein Regenschauer etc. Mit »Ereignis« soll der extreme Charakter des Vorgangs beschrieben werden. In der Zusammensetzung des Wortes verliert sich diese Unterscheidung. Der Begriff »Extremereignis« schließt die physischen Vorgänge vor und während einer Katastrophe ein. Der Begriff der »Naturgewalt« umschreibt deutlicher, welche Kräfte bei einer Naturkatastrophe am Werk sind.[41]

In verschiedenen Disziplinen wurde eine Definition des Begriffs »Naturkatastrophe« aufgestellt. Bisher konnte keine allgemeingültige Definition gefunden werden, was auch an der etymologischen Unschärfe des Begriffs liegen mag. Zudem differieren Gewichtungen hinsichtlich Opferzahlen und Schäden zu erheblich, als dass eine einheitliche Bestimmung gefunden werden konnte. Die Zürcher Zeitung verwendete 1784 wohl zum ersten Mal den Begriff »Katastrophe« im Zusammenhang mit den Überschwemmungen in Europa. Bisher ging man davon aus, dass der Begriff erst im 19. Jahrhundert verwendet wurde.[42] Als durchgängiges Charakteristikum mag eine Hilfe von außen für das Katastrophengebiet angesehen werden.[43] Aus den genannten Gründen verweise ich auf die Ausführungen von Plate/Merz/Eikenberg und Pfister, die anschaulich versucht haben, den Begriff »Naturkatastrophe« zu definieren. Hierbei falten sie die Begriffs- und Definitionsbereiche der unterschiedlichen Disziplinen auf und weisen auf die jeweiligen »Untiefen« hin.[44]

Anthony Oliver-Smith und Susanna M. Hoffmann geben eine gängige Definition:

> »a disaster is a process/event combining a potentially destructive agent/force from the natural, modified, or built environment and a population in a socially and economically produced condition of vulnerability, resulting in a perceived disruption of the customary relative satisfactions of individual and social needs for physical survival, social order, and meaning.«[45]

---

41 Vgl. hierzu: http://www.naturkatastrophen.de/ (Stand: 21.5.2004). Nussbaumer, Josef: Die Gewalt der Natur: eine Chronik der Naturkatastrophen von 1500 – heute. Linz 1996.
42 Zürcher Zeitung. No. 39. 1784. Samstag, den 15. May. Vermischte Nachrichten. Ohne Seitenangabe.
43 Pfister, Christian (Hg.): Am Tag danach. S. 15.
44 Plate, Erich J./Merz, Bruno/Eikenberg, C.: Naturkatastrophen: Herausforderung an Wissenschaft und Gesellschaft. In: Plate, Erich J./Merz, Bruno: Naturkatastrophen. Ursache–Auswirkungen–Vorsorge. Stuttgart 2001. S. 1–4. Pfister, Christian (Hg.): Am Tag danach. S. 15–17.
45 Hoffman, Susanna M./Oliver-Smith, Anthony (Eds.): Catastrophe and Culture. The Anthropology of Disaster. Santa Fe/Oxford 2002. P. 4.

Wieland Jäger geht einen Schritt weiter. Er beklagt, dass bei den bisherigen Definitionen »historische Gesellschaftsbezüge« kaum beachtet wurden.[46] Weiter kritisiert er: »Das Begriffsmerkmal ›plötzlicher Einbruch in die Welt des Menschen‹ setzt zudem geordnete, ungestörte, sozusagen ›katastrophenfreie‹ gesellschaftliche Lagen voraus; (…). Schon die wenigen angeführten Katastrophenbeispiele widersprechen dieser Auffassung.«[47]

Jäger ist insoweit zuzustimmen, weil die gängige Darstellung über Katastrophen sich in Opferzahlen, Auflistungen von zerstörtem Gut etc. verläuft. Auch historische Untersuchungen werden daran gemessen, was aus ihnen bezüglich Prävention, vorausschauender Abwehr und dem Lernen daraus, abgeleitet werden kann. Jäger rückt den Begriff Naturkatastrophe ins Zentrum gesellschaftlicher Bezüge und verortet ihn dort: »*Das aber bedeutet: Was eine ›Natur›-Katastrophe ist, entscheidet sich erst anhand der Anpassungsstärke einer Kultur (einer Gesellschaft, eines Staates). Insofern gibt es gar keine Naturkatastrophen – nur Kulturkatastrophen.*«[48] Diese Kontexte, diese untereinander vernetzten Gesellschaftsbezüge gilt es für jede Gesellschaft im jeweiligen Zeitausschnitt immer wieder neu zu analysieren!

Wolf R. Dombrowsky argumentiert in eine ähnliche Richtung. Er spricht in diesem Zusammenhang von der Entwicklung *hin* zu einer Katastrophe, die jeweils eine Vorgeschichte aufweist. Katastrophen gehen menschliche/gesellschaftliche Fehler voraus, die eine Katastrophe erst möglich werden lassen. In den Diskussionen nach der Flut 2002 zeigte er diesen Zusammenhang auf:

»Die Katastrophe besteht also darin, daß das Kulturelle den Herausforderungen, auf die es stieß nicht gewachsen war. Man könnte Katastrophen auch als »Real-Falsifikationen« bezeichnen: sie sind die faktische Widerlegung unserer Hypothesen über die Welt. Sie zeigen uns, was wir nicht bedacht, nicht beplant und nicht richtig angewandt haben.«[49]

Dombrowsky bestreitet wie Jäger, dass eine Katastrophe aus dem Nichts auftritt[50]: »Tatsächlich entstehen sie, haben eine Genese, zumeist Schritt für Schritt,

---

46 Jäger, Wieland: Katastrophe als gesellschaftlicher Prozeß. Ein Beitrag zu ihrer Entmystifizierung. S. 4. http://www.fernuni-hagen.de/SOZ/SOZ4/texte/Katastrophe.pdf (Stand: 8.5.2005).
47 Ebd.
48 Jäger, Wieland: Katastrophe als gesellschaftlicher Prozeß. S. 7.
49 Dombrowsky, Wolf R.: Flußhochwasser – ein Störfall der Vernunft? S. 311.
50 Dombrowsky, Wolf R.: Entstehung, Ablauf und Bewältigung von Katastrophen. Anmerkungen zum kollektiven Lernen. In: Pfister, Christian/Summermatter, Stephanie (Hg.): Katastrophen und ihre Bewältigung – Perspektiven und Positionen. Bern/Stuttgart/Wien 2004. S. 180.

addiert aus lauter kleinen Abweichungen, Fehlern und Fehlentscheidungen, vielfach aus Wurstigkeit, Nachlässigkeit, Sorglosigkeit und Bedenkenlosigkeit.«[51]
Beide Autoren spielen auf den Begriff »vernachlässigtes bzw. nicht wahrgenommenes Risiko« an. Anzumerken bleibt, dass es Einzelereignisse geben kann, die den Definitionen von Jäger und Dombrowsky zuwiderlaufen und die Charakteristik eines plötzlichen Einbruchs in das Leben einer Gesellschaft aufzeigen können. Dies geschieht häufig nach katastrophenarmen Perioden, in denen sich die Gesellschaft sicher wähnte. Ob in einem solchen Fall von »Fehlern«, »Wurstigkeit«, »Nachlässigkeit« oder gar »Bedenkenlosigkeit« gesprochen werden kann, mag angezweifelt werden.

Bevor die Geschichtswissenschaft sich diesem Feld näherte, setzten sich diverse andere Bereiche der Wissenschaft mit Katastrophen auseinander. Allein die naturwissenschaftlichen Studien sind so umfänglich, dass es fast unmöglich erscheint, einen Überblick zu liefern. Ein solcher findet sich bei Cornelia R. Karger, die die Frage stellt: »Was können wir aus der Forschung zu Naturkatastrophen lernen?«[52] In ihrer Abhandlung mustert sie nicht nur die verschiedenen Schulen (Vulnerabilitäts-Schule, Desater-Schule, Chicagoer-Schule) hierzu durch, sondern versucht einen möglichst umfassenden Status quo zu liefern.
Helmut M. Artus hat einen Überblick über die sozialwissenschaftlichen Publikationen der Jahre 2000 bis 2005 zusammengestellt.[53]
Eine lexikalische Übersicht, in der die wichtigsten Katastrophen der Menschheitsgeschichte zu finden sind, hat Lee Davis publiziert.[54]
Andreas Schmidt widmet in seiner Habilitationsschrift »Wolken krachen, Berge zittern, und die ganze Erde weint ...« ein Unterkapitel der historischen Katastrophenforschung. Hierin erläutert er aus kulturhistorischer Perspektive die Frühphase dieses Forschungszweiges und geht auf die wenigen Arbeiten seit den 1950er Jahren ein.[55]

---

51 Ebd.
52 Karger, Cornelia R.: Wahrnehmung und Bewertung von »Umweltrisiken«. Was können wir aus der Forschung zu Naturkatastrophen lernen? Arbeiten zur Risiko-Kommunikation. Heft 57. Jülich 1996.
53 Artus, Helmut M.: Katastrophen – ihre soziale und politische Dimension. Ein Überblick über sozialwissenschaftliche Forschung. Informationszentrum Sozialwissenschaften. Bonn 2005.
54 Davis, Lee: Das große Lexikon der Naturkatastrophen. Erdbeben, Überschwemmungen, Lawinen, Stürme, Vulkanausbrüche, Seuchen, Meteoriteneinschläge. Graz 2003.
55 Schmidt, Andreas: »Wolken krachen, Berge zittern, und die ganze Erde weint ...« Zur kulturellen Vermittlung von Naturkatastrophen in Deutschland 1755 bis 1855. Münster/New York/München/Berlin 1999. S. 16–22.

Für die Geschichtswissenschaft muss Arno Borsts Aufsatz von 1981 über das Erdbeben von 1348 herausgestrichen werden. Manfred Jakubowski-Tiessen publizierte 1992 mit seiner Habilitationsschrift über die Sturmflut 1717 einen Meilenstein für dieses Forschungsfeld.[56]

Die 1990er Jahre können als Verstärkungsphase für die Historische Naturkatastrophenforschung angesehen werden.[57] Nicht zuletzt deshalb, weil die bisherigen Ergebnisse der Ingenieur- und Naturwissenschaften in diesem Feld um gesellschaftliche Sichtweisen erweitert wurden. Dass die Vereinten Nationen die 1990er Jahre als »Internationales Jahrzehnt der Vorbeugung von Naturkatastrophen« ausriefen, mag auch historischen Untersuchungen zu Gute gekommen sein.[58]

Pfisters Publikationen »Wetternachhersage«[59] von 1999 und der 2002 erschienene Sammelband »Am Tag danach. Zur Bewältigung von Naturkatastrophen in der Schweiz 1500–2000« haben das Forschungsfeld weiter geöffnet. Glasers Werk »Klimageschichte in Mitteleuropa seit dem Jahr 1000. 1000 Jahre Wetter, Klima, Katastrophen« hat eine ähnlich katalysierende Wirkung für die Katastrophenforschung ausüben können.[60]

Groh, Kempe und Mauelshagen gaben 2003 einen Sammelband über Naturkatastrophen von der Antike bis zum 20. Jahrhundert heraus. Dieser Sammelband ist stärker kulturhistorisch ausgerichtet und kann als umfassendes Werk für die Historische Naturkatastrophenforschung angesehen werden.[61] Pfister und Summermatter stellten ein Jahr später Aufsätze über die Bewältigung von Naturkatastrophen zusammen. Der Fokus der Arbeiten in dieser Publikation liegt stärker in der Neuzeit.[62] Anhand dieser beiden Publikationen können die

---

56 Borst, Arno: Das Erdbeben von 1348. Ein historischer Beitrag zur Katastrophenforschung. In: Historische Zeitschrift (HZ). 1981. 233. S. 529–569. Jakubowsski-Tiessen, Manfred: Sturmflut 1717. Die Bewältigung einer Naturkatastrophe in der Frühen Neuzeit. München 1992. Weitere Details zu beiden Studien bei Schmidt, Andreas: »Wolken krachen ...« S. 18–22.
57 Vgl. hierzu: Schmidt, Andreas: »Wolken krachen ...« S. 21, 22.
58 International Decade of Disaster Reduction (IDNDR). http://www.oneworld.org/idndr/ (Stand: 6.4.2004).
59 Nicht nur klimahistorisch, sondern für einen Vergleich Österreich-Sachsen: Strömmer, Elisabeth: Klima-Geschichte. Methoden der Rekonstruktion und historische Perspektive Ostösterreichs 1700 bis 1830. Wien 2003.
60 Glaser, Rüdiger: Klimageschichte in Mitteleuropa seit dem Jahr 1000. 1000 Jahre Wetter, Klima, Katastrophen. Darmstadt 2001.
61 Groh, Dieter/Kempe, Michael/Mauelshagen, Franz (Hg.): Naturkatastrophen. Beiträge zu ihrer Deutung, Wahrnehmung und Darstellung in Text und Bild von der Antike bis ins 20. Jahrhundert. Tübingen 2003.
62 Pfister, Christian/Summermatter, Stephanie (Hg.): Katastrophen und ihre Bewältigung. Perspektiven und Positionen. Bern/Stuttgart/Wien 2004.

zwei Hauptarbeitsrichtungen in der Historischen Naturkatastrophenforschung nachvollzogen werden. Einerseits zeichnet sich eine kulturhistorische Ausrichtung ab, andererseits wird sozioökonomisch gearbeit. Diese beiden Richtungen sind von rein klimahistorischen Untersuchungen, besonders in der Geschichtswisssenschaft und Geographie, zu unterscheiden.

Elisabeth Strömmer publizierte 2003 einen Band zur Klimageschichte Ostösterreichs, in dem sie diverse Hochwasser thematisiert. Sie beschränkt sich im zweiten Teil ihrer Untersuchung auf eine Wiedergabe klimarelevanter Quellen. Sie versteht diesen zweiten Teil ihrer Abhandlung als »Nachschlagewerk zum Thema Wetter, Witterung und Naturkatastrophen im Zeitraum von 1700 und 1830 (...).«[63] Beachtenswert ist, wie sie sich dem Begriff »Klima« nähert. Ihre quellenkrititischen Ausführungen und Methoden weisen mehr als nur ergänzenden Charakter auf.

Jürgen Weichselgartner hat Hochwasser als »soziales Ereignis« untersucht und gesellschaftliche Faktoren dieser Naturgewalt herausgearbeitet.[64] Er mustert die Charakteristika des Ereignisses Hochwasser für eine gesellschaftliche Wahrnehmung durch. Weichselgartner vergleicht die Hochwasser von 1784 und 1882/83 in Köln miteinander. Hierbei stellt er Unterschiede z. B. in der differenten Belastung der Staatskasse heraus. Die Belastungen seien Ende des 19. Jahrhunderts ungleich höher ausgefallen, weil die Schäden stärker die vom Staat zu unterhaltenden Infrastrukturen heimgesucht hätten.

Denis Coeur hat hinsichtlich eines Wiederholungsmusters von Katastrophen eine wichtige Studie vorgelegt.[65] Er extrahierte für die Flüsse Drac und Isère im 17., 18. und 19. Jahrhundert drei markante Hochwasserperioden. Diese Krisenzeiträume folgten nicht unmittelbar aufeinander, boten aber der französischen Zentralverwaltung jedesmal die Möglichkeit, offensiv zu werden: Kanalbauarbeiten im 17. Jahrhundert, Finanzierung von Deichbauarbeiten nach 1768 und 1858 ein Gesetz über den Schutz der Städte gegen Hochwasser. Die Lokalbehörden von Grenoble führten seit der Mitte des 18. Jahrhunderts vor und während der Katastrophen ein verbessertes Management durch.

---

63 Strömmer Elisabeth: Klima-Geschichte. Methoden der Rekonstruktion und historische Perspektive Ostösterreichs 1700 bis 1830. Wien 2003. S. 9.
64 Weichselgartner, Jürgen: Hochwasser als soziales Ereignis. Gesellschaftliche Faktoren einer Naturgefahr. In: Hydrologie und Wasserbewirtschaftung. 2000. 44. H. 3. S. 122–131.
65 Coeur, Denis: La maitrisse des inondiations dans la plaine de Grenoble (XVII–XX siecle): Enjeux techniques, politiques et urbains. These de Doctorat. Sous la direction de Monsieur professeur René Favier. Université Pierre Mendès France. Institut d'Urbanisme de Grenoble. 2003.

Nach 1778 entwarfen die Behörden einen Katastrophenplan, der demselben Ziel diente. Coeurs Ausführungen zu Lernprozessen aufgrund der Bewältigungen sind eher gering, obgleich er für Grenoble herausstellt:

> »Several times during the city history the fight against flooding has aroused many debates, underlying that this question was at the heart of its territories production process.«[66]

In der Historischen Naturkatastrophenforschung existiert nur ansatzweise eine komparative Sichtweise. Uwe Lübken sieht »ein großes Problem der bislang praktizierten historischen Arbeit in einer gewissen Inselartigkeit der Analyse.«[67] Allerdings darf festgestellt werden, dass aufgrund diverser Studien nicht nur zur Schweiz[68], sondern auch zu Frankreich[69], England[70], Deutschland, Österreich[71] und Spanien sich diese Lücke zu schließen beginnt. Agnes Nienhaus konnte bei ihrer Untersuchung dem Hochwasser von 1834 eine Katalysatorfunktion für

---

66 Coeur, Denis: Genesis of a public policy for flood management in France: The case of the Grenoble valley (XVII[th]–XIX[th] centuries). In: Thorndycraft, Varyl R./Benito, Gerardo/Barriendos, Mariano/Llasat, M. Carmen (Eds.): Paleofloods, Historical Data and Climatic Variability. Applications in Flood Risk Assessment. Madrid 2003. P. 372–378, here 378.
67 Lübken, Uwe: Zwischen Alltag und Ausnahmezustand. Ein Überblick über die historiographische Auseinandersetzung mit Naturkatastrophen. In: WerkstattGeschichte. 2004. 38. S. 55–64, hier S. 63.
68 Müller, Reto: Das wild gewordene Element. Gesellschaftliche Reaktionen auf die beiden Hochwasser im Schweizer Mittelland von 1852 und 1876. Berner Forschungen zur Regionalgeschichte. Nordhausen 2004.
69 Favier René/Granet-Abisset, Anne Marie (Hg.): Histoire et Mémoire des risques naturels. Actes du séminaire international »Histoire et Memoire des risque naturels en région de montagne.« Grenoble 1999. Ders.: La monarchie d'Ancien Régime et l'indemnisation des catastrophes naturelles à la fin du XVIIIe siècle: l'exemple du Dauphiné-Actes du colloque international Les pouvoirs publics face aux risques naturels dans l'histoire (Grenoble, mars 2001), sous la direction de René et d'Anne-Marie Granet-Abisset. Grenoble, MSH-Alpes. 2002. P. 71–104. Girel, Jakie: River Diking/Channelization and Floodplain Drainage/Reclamation in Alpine valleys during the 19th century. Université Joseph Fourier, Grenoble, France. Rivers in History: Designing and Conceiving Waterways in Europe and North America. Lecture delivered at the Conference of the German Historical Institute. Washington D. C. December 4–7, 2003.
70 Massard-Guilbaud, Geneviève/Platt, Harold L./Schott, Dieter (Eds.): Cities and Catastrophes. Frankfurt-M./Berlin/Bern/Bruxelles/New York 2002.
71 Rohr, Christian: Überschwemmungen an der Traun zwischen Alltag und Katastrophe. Die Welser Traunbrücke im Spiegel der Bruckamtsrechnungen des 15. und 16. Jahrhunderts. In: Jahrbuch des Musealvereins Wels 33. 2001–2003. 2004.

gesellschaftliche Modernisierungsprozesse nachweisen.[72] Francisco Jorge Rodriguez zeigte für den Segura vom 17. bis zum 19. Jahrhundert, wie der »terrible river« domestiziert werden konnte.[73] Auch er stellte Modernisierungsprozesse aufgrund wiederkehrender Fluten heraus.

Neben dieser Studie haben insbesondere Denis Coeur und Christian Rohr Abhandlungen erarbeitet, die mit Pfisters Sammelband »Am Tag danach« den Begriff der »Katastrophenkultur«[74] in die Diskussion gebracht haben.[75] Damit wird umschrieben, dass eine Gesellschaft aufgrund wiederkehrender Katastrophenereignisse diverse Reaktionen im Zeithorizont zeigte, die die Gesellschaft mehr oder minder vertikal durchzogen. Stärker gegenwartsorientiert ist der von Wolfgang Kron verwendete Begriff »Risikopartnerschaft.« Damit sind die wesentlichen Akteure Staat, Geschädigte und Versicherungen gemeint, die zur Schadenverminderung ein abgestimmtes Vorgehen anstreben sollten.[76]

### 1.3.4 Historische Hochwasserforschung zu Sachsen

Stefan Militzer hat die Hochwasserkatastrophen von 1784–99 eingehend untersucht. Er zählt sie zu den »markantesten Auswirkungen der thermischen und hygrischen Klimaentwicklung in der zweiten Hälfte des 18. Jahrhunderts.«[77]

---

72  Nienhaus, Agnes: Naturkatastrophe und Modernisierungsprozess. Eine Analyse gesellschaftlicher Reaktionen auf das alpine Hochwasser von 1834 am Fallbeispiel Graubünden. Lizentiatsarbeit, Historisches Institut der Universität Bern. Bern 2000.

73  Rodriguez, Francisco Jorge: The Domestication of a Terrible River: The Model of the Segura River and the City of Murcia (XVI$^{th}$–XIX$^{th}$ c.). Rivers in History: Designing and Conceiving Waterways in Europe and North America. Lecture delivered at the Conference of the German Historical Institute. Washington D. C. December 4–7, 2003.

74  Welch ähnliche Fragestellungen Historiker und Geographen in bezug auf Naturkatastrophen stellen, verdeutlichte Boris Braun. Er fragte aufgrund des Hochwassers 1998 in Bangladesch »welche sozialökonomischen Ursachen Naturkatastrophen haben und welche Folgen von wem zu tragen sind, welche Bevölkerungsgruppen besonders betroffen sind und wie ihr Schutz in Zukunft verbesert werden kann.« Braun, Boris: Pressemitteilung Informationsdienst Wissenschaft: Naturkatastrophen und Kulturgeographie (Uni Bamberg). Prof. Dr. Boris Braun hält am 2. Dezember seine Antrittsvorlesung. http://idw-online.de/pages/de/news92301 (veröffentlicht: 29.11.2004).

75  Rohr, Christian: Überschwemmungen an der Traun zwischen Alltag und Katastrophe. Die Welser Traunbrücke im Spiegel der Bruckamtrechnungen des 15. und 16. Jahrhunderts. 33. Jahrbuch des Musealvereins Wels 2001–2003. 2004.

76  Kron, Wolfgang: Überschwemmungsschäden und Versicherung. In: Wasserwirtschaft. 2003. Jahrgang 93. Nr. 10. S. 10, 11.

77  Militzer, Stefan: Klima-Umwelt-Mensch (1500–1800). Studien und Quellen zur Bedeutung von Klima und Witterung in der vorindustriellen Gesellschaft. Bd. I. Leipzig 1998. S. 399.

Für die Überschwemmungen macht Militzer besonders kalte bzw. schneereiche Winter im Vorfeld der Hochwasser verantwortlich. Die mitunter desaströsen Schäden ordnet er »der gewachsenen landwirtschaftlichen und gewerblichen Durchdringung der Uferbereiche und Auenlandschaften« zu. Zu den begünstigenden Faktoren der Katastrophen zählt er »die weitgehend anarchische Verbauung der Flüsse und Bäche mit Brücken, Steegen und Wehren und die Vernachlässigung des präventiven, systematisch organisierten Hochwasserschutzes.«[78]

Kritisch sollte man der Aussage Militzers gegenüberstehen, dass angesichts der schnellen Folge von Hochwassern 1784/85 »die staatlichen Maßnahmen und die privaten Initiativen zur Katastrophenbewältigung immer weniger greifen.«[79] Er streicht heraus, dass eine »Wandlung von reaktiven zu präventiv angelegten Maßnahmen«[80] festzustellen ist. Militzer sieht einen »unverkennbaren Zug zur Modernisierung« was »teils innovative Bemühungen zur Zentralisierung, Systematisierung, Verrechtlichung und zur qualitativen Verbesserung der Schutzmaßnahmen«[81] angeht. Die explizite Ausführung dieser Feststellungen bleibt er im Text allerdings schuldig.

Mathias Deutsch betont, dass seit Ende 1798 staatliche Vorsorgemaßnahmen ergriffen wurden. Hierzu zählt er die »Bereitstellung von Militäreinheiten zur Eissprengung« und die »Errichtung eines akustischen Warnsystems« mittels Signalkanonen, an dem seit 1784 gearbeitet wurde.[82] Besonders Rückstauerscheinungen durch Eis auf der Elbe führten zu mitunter extremem Hochwasser, das in Verbindung mit Eisgang und Deichbrüchen schwere Schäden entlang des Flusses verursachte. Er betont die Sofortmaßnahmen vor Ort (z. B. in Meißen), vergleicht diese aber nicht mit denen von 1784.

Dieter Fügner nimmt einen weitaus größeren Zeitrahmen in den Blick. Er behandelt den gesamten Zeitraum sächsischer Hochwasser vom Jahr 590 (Spangenbergs Mansfelder Chronik) bis zum Sommer 2002. Insofern sind seine Ausführungen zu gesellschaftlichen/politischen Reaktionsmustern und Bewältigungen gering und bewegen sich hauptsächlich im Ereignisgeschichtlichen.

---

78 Militzer, Stefan: Klima-Umwelt-Mensch. Bd. I. S. 399.
79 Ebd.
80 Ebd.
81 Militzer, Stefan: Klima-Umwelt-Mensch. Bd. I. S. 399.
82 Deutsch, Mathias: Zum Hochwasser der Elbe und Saale Ende Februar/Anfang März 1799. In: Deutsch, Mathias/Pörtge, Karl Heinz/Teltscher, Helmut (Hg.): Beiträge zum Hochwasser/Hochwasserschutz in Vergangenheit und Gegenwart. Erfurt 2000. S. 7–44. Siehe hierzu auch: Weichselgartner, Jürgen: Nach der Elbeflut 2002: Und danach? S. 245–248.

Wie seine Vorgänger geht er vom klimahistorischen Hintergrund aus, ehe er die einzelnen Katastrophen erläutert.[83] Äußerst verlässlich und klimahistorisch wichtig sind seine Angaben zu Verteilung und Häufigkeit der Elbehochwasser. Das gilt insbesondere für die Klimainformationen, die er aus den Quellen von Pötzsch übernomnen hat und die sich auf den Zeitraum 1500 bis 1800 beschränken.[84]

Martin Schmidt steuert in seinem Artikel über die »große Elbeflut im Sommer 2002 aus historischer und künftiger Sicht« sowohl klimahistorische Aspekte, als auch wasserbauliche Überlegungen und Forderungen bei.[85] Klimageschichtlich beruft er sich auf die Publikation des Sächsischen Staatsministeriums für Umwelt und Landwirtschaft[86] und geht allgemein auf den Hochwasserschutz im 19. Jahrhundert an der Elbe ein. Für die Errichtung neuer Anlagen zur besseren Regulierung nicht nur der Elbe fordert er eine Verbesserung der Datengrundlage. Dies sei über eine Auswertung historischer Daten möglich.[87]

Wilhelm Schäfer schrieb 1848 seine »Geschichte der Dresdner Elbbrücke«, wobei er die Schäden an der Augustusbrücke in Dresden anhand der jeweiligen Hochwasser festmachte. Er lieferte einen historischen Elbpegelmesser und Flutmarken, die er aus dem Brückenamtsarchiv ableitete.[88]

Da sich die Hochwasser zwischen 1784 und 1845 wiederholten, bot sich an, nach Entwicklungen zu fragen, die gesamtgesellschaftlich nachweisbar waren. Dabei wurden die von Militzer, Deutsch, Schmidt und Fügner aufgezeigten Stränge zusammengeführt und nach weiteren Reaktionen wie einem möglichen Lernerfolg gefragt.

---

83 Fügner, Dieter: Hochwasserkatastrophen in Sachsen. Leipzig/Zwickau 2002.
84 Ders.: Historische Wetterbeobachtungen vor dem 19. Jahrhundert in Sachsen nach Christian Gottlieb Pötzsch. In: Sächsische Heimatblätter. 1987. 33. Jg. Heft 1. S. 155–158.
85 Schmidt, Martin: Die große Elbeflut im Sommer 2002 aus historischer und künftiger Sicht. In: Wasserwirtschaft. 2003. Jahrgang 93. Nr. 1/2. S. 24–28.
86 Vgl. hierzu in Kap. zwei die Erläuterungen zur Graphik »Severe Floods of the Elbe River in Dresden (Germany) 1501–2002«.
87 Schmidt, Martin: Die große Elbeflut. S. 26.
88 Schäfer, Wilhelm: Chronik der Dresdner Elbbrücke, nebst den Annalen der größten Elbfluthen von der frühesten bis auf die neueste Zeit. Aus den vorhandenen Quellen, namentlich den Acten des Brückenamtsarchivs geschöpft und bearbeitet von Dr. Wilhelm Schäfer. Dresden 1848.

## 1.4 Lernen aus Katastrophen

Es geht weder im folgenden Kapitel, noch im empirischen Hauptteil dieser Dissertation darum, die gängigen Lerntheorien auf ihre Empirietauglichkeit zu prüfen. Um allerdings extrahieren zu können, wer, wann, warum aufgrund der Hochwasser lernte, wird eine Hierarchie von Definitionen vorgestellt, die in einem »Vierschritt« vollzogen wird. Zuerst werde ich allgemeine Überlegungen zum Lernen erörtern. Daran anknüpfend wird der Frage nachgegegangen, wie Lernen in einer Gesellschaft möglich ist und ob Geschichte und der Begriff Lernprozess miteinander in Verbindung gesetzt werden können.

Im letzten Schritt wird der Bereich Lernen aufgrund von Katastrophen erläutert, da er die drei ersten Schritte in sich vereint. Für die Behandlung der Frage »Lernen aufgrund von Naturkatastrophen« wird eine begriffliche Unterscheidung vorgenommen. Es wird zwischen den Begriffen Lernschritt, Lernprozess und Lernentwicklung bzw. Lerngenese unterschieden.

### 1.4.1 Definitionen zu den Begriffen Lernen, Lernprozess und Lernergebnis

Lernen entsteht aus Handlungen und Handlungen entwickeln sich in sozialen Situationen. Lernen ist also situations- und kontextgebunden. Lernen kann als Fähigkeit verstanden werden, die bisherigen Handlungsmuster zu korrigieren, neue Muster aufzugreifen und eine Adaption an sich verändernde Bedingungen durchzuführen. Demzufolge kann der Vorgang des Lernens in die Bereiche Lernprozess und Lernergebnis unterteilt werden.

Im Begriff Lernprozess ist die Frage des »wie gelernt wird« enthalten. Das »Wie« kann man sich als Verarbeitung von Informationen vorstellen. Für individuelle und kollektive Lernprozessesse kommt es darauf an, dass Informationen aufgenommen, interpretiert und gespeichert werden.

Knoepfel, Kissling-Näf und Marek gehen davon aus, dass zu Beginn »von Lernprozessen Auslöser stehen«[89], z. B. in Form einer Katastrophe, eines Ereignisses, einer behördlichen Anweisung oder des Auftretens neuer Handlungsoptionen oder -instrumente.«[90] Damit Lernprozesse in Gang kommen, müssen diese Auslöser bei den beteiligten Akteuren Betroffenheit und einen Problemdruck hervorrufen, der sie zum Handeln veranlasst.

---

89 Die Worte »Auslöser« und »stehen« wurden von G. Poliwoda in der Reihenfolge ausgetauscht.
90 Knoepfel, Peter/Kissling-Näf, Ingrid/Marek, Daniel: Lernen in öffentlichen Politiken. Basel/Frankfurt a. M. 1997. S. 35.

Im Fall wiederkehrender Katastrophen kann eine beabsichtigte Reduzierung von Unsicherheit als Auslöser für Lernprozesse angesehen werden:

»Moreover, learning processes frequently occur in attempts to reduce uncertainty by means of planned interventions into reality.«[91]

Ebenfalls müssen die Akteuere über gemeinsame Ansichten zur Lösung des Problems verfügen.[92]

Max Miller sieht den Begriff »Lernprozess« ähnlich definiert:

»A learning process and some outcome of a learning process can only be attributed to a group of human beings if at least a majority of the individuals members constituting that group can be said to have performed that learning process.«[93]

Das Lernergebnis weist aus, »was gelernt wurde.« Welches Wissen konnte hinzugewonnen werden und welche Verbesserungen ergaben sich daraus. Sowohl beim Individuum als auch bei sozialen Systemen kommt es bei erfolgreichem Lernen zu einer permanenten Adaptions- bzw. Lernleistung. Damit soll kein rein reaktives Lernschema beschrieben werden. Im besten Fall verläuft Lernen proaktiv: Individuen und Systeme denken zukünftige Entwicklungen voraus und handeln dementsprechend.

### 1.4.2 Gesellschaftliche Lernprozesse

Als gesellschaftliche Lernprozesse können Abläufe verstanden werden, »die im Zeitablauf zu einer Veränderung der Wissensbasis, der zugrundeliegenden Werte und/oder Normen von kollektiven Akteuren führen und sich in Veränderungen in ihrem konkreten Verhalten niederschlagen.«[94]

---

91 Miller, Max: Some Theoretical Aspects of Systemic Learning. In: Sozialer Sinn. Heft 3/2002. S. 43.
92 Knoepfel, Peter/Kissling-Näf, Ingrid/Marek, Daniel: Lernen in öffentlichen Politiken. S. 221, 222.
93 Miller, Max: Some Theoretical Aspects of Systemic Learning. In: Sozialer Sinn. Heft 3/2002. S. 20.
94 Siebenhüner, Bernd: Gesellschaftliches Lernen und kollektive Entscheidungsfindung im Prozess der Nachhaltigkeit. Contribution to the international conference »Governance

Karin Hater ging von einer umfassenden Definition aus, indem sie auf das Konzept von Adalbert Evers und Helga Nowotny[95] zurückgriff:

»Ausgangspunkt für gesellschaftliche Lernprozesse bei Evers/Nowotny sind historische Phasen von Verunsicherung, die immer dann zu beobachten sind, wenn vormals selbstverständlich akzeptierte, ›metasoziale‹ Garanten für Sicherheit und Zukunftsvertrauen ihre Kraft verlieren, effiziente Lösungen für praktische Probleme hervorzubringen (...). In solchen Phasen ist eine umfassende Neuordnung von Wissensbeständen, (...) erforderlich.«[96]

Haters Annahmen basieren auf »Phasen von Verunsicherung.« Sie knüpft Lernprozesse an einen Vertrauens- und Sicherheitsverlust. Um der Verunsicherungen Herr zu werden, betont auch sie die Notwendigkeit, neu basiertes Wissen zu schaffen.

Kollektives Lernen ist durch Individuen in einer Organisation[97], einer spezifischen Gruppe, einem Netzwerk[98] oder einem Teil der Gesellschaft möglich und beinhaltet mehr als eine Addition individuellen Lernens in diesen Teilbereichen.[99] Für gesellschaftliche Lernprozesse erachtet Siebenhüner die »Veränderung der Wissensbasis« als wichtig. Knoepfel, Kissling-Näf und Marek sehen ebenso in der »Veränderung gemeinsam geteilter Wissensbestände für kollektive Lernprozesse« ein entscheidendes Element.[100] Diese Autoren gehen weiterhin davon aus, dass kollektive Lernprozesse von »starken Persönlichkeiten« beeinflusst werden:

---

(Fortsetzung Fußnote 94)
    and Sustainability – New challenges for the state, business and civil society«. Organised by the Institute for Ecological Economy Research (IOEW), Berlin, Friedrich-Ebert-Stiftung (FES), Berlin, 2002 in Berlin. www.ioew.de/governanace/english/ Veranstaltungen/Int_Tagung/Siebenhuener.pdf (Stand: 3.6.2005).
95 Evers, Adalbert/Nowotny, Helga: Über den Umgang mit Unsicherheit. Die Entdeckung der Gestaltbarkeit von Gesellschaft. Frankfurt a. M. 1987.
96 Hater, Katrin: Gesellschaftliche Lernprozesse im politischen Diskurs. Eine Fallstudie zum Diskurs um das Braunkohlentagebauvorhaben Garzweiler II. Dissertation Technische Hochschule Aachen 1998. S. 9.
97 Zu den verbreiteten Konzepten des Lernens einer Organisation: Agyris, Chris/Schön Donald A.: Die Lernende Organisation. Grundlagen, Methode, Praxis. Stuttgart 1999.
98 Zur Bildung eines Netzwerkes aufgrund von Lernprozessen: Knoepfel, Peter/Kissling-Näf, Ingrid/Marek, Daniel: Lernen in öffentlichen Politiken. S. 35, 36.
99 Zum Lernen einer gesamten Gesellschaft: The Social Learning Group: Learning to manage global environmental risks. A comparative history of social responses to climate change, ozone depletion and acid rain. Cambridge (Mass.) 2001.
100 Knoepfel, Peter/Kissling-Näf, Ingrid/Marek, Daniel: Lernen in öffentlichen Politiken. S. 284.

»Kollektive Lernprozesse hängen aber immer auch von einzelnen Komponenten der Netzwerke ab. Gelingt es einzelnen zentralen Figuren, die wichtigsten Repräsentanten für eine Problemstellung um einen runden Tisch zu versammeln, ist damit bereits eine wichtige Voraussetzung für einen kollektiven Lernprozess gegeben.«[101]

Kollektives Lernen kann im besten Fall bedeuten, dass die gesamte Gesellschaft lernt, resp. die an der Problemlösung beteiligten Subsysteme.[102] Lernen die an einem Problem beteiligten gesellschaftlichen Teilsysteme selbst und untereinander, kann davon ausgegangen werden, dass das Problem gelöst wird.[103] Hierbei und bei einer Versammlung »um einen runden Tisch« flachen sich die ehemaligen Hierarchien zwischen den Akteuren bzw. den beteiligten Teil- und Subsystemen einer Gesellschaft ab. Würde dies nicht geschehen, wäre der Kommunikationsfluss zwischen den Agierenden einseitig und das Lernen auf und in den beschriebenen Ebenen eingeschränkt bzw. nicht vernetzt. Miller nennt dies »systemic learning.« Er legte 2002 einen umfänglichen Aufsatz darüber vor.[104] Hierin führt er aus, dass systemisches Lernen »als eigentliches Agens des Lernens soziale Diskurse bzw. Kommunikationssysteme« benötige.[105]

Gesellschaftliche Lernprozesse können letztlich als »Systemumbruch«, als ein »Prozess, in dem ein neues gesellschaftliches Koordinatensystem gleichzeitig geschaffen und die Kompetenz im Umgang mit den neuen Verhältnissen erworben wird«[106] angesehen werden.

### 1.4.3 Geschichte und Lernprozess

Wurde mit den bisherigen Ausführungen zum Lernen und Lernprozessen eine definitorische Stringenz vorgeführt, relativiert sich diese Sichtweise, ordnet man Lernprozesse in einen weiteren Kontext ein: »Chaotische, nicht lineare stochastische Prozesse gehören zu jedem Lernprozess, der auf kognitive Veränderun-

---

101 Dies.: Lernen in öffentlichen Politiken. S. 288, 289.
102 Miller, Max: Kollektive Lernprozesse. Studien zur Grundlegung einer soziologischen Lerntheorie. Frankfurt a. M. 1986. S. 32, 33, 209, 210.
103 Vgl. hierzu und zu einer Definition v. Lernprozessen und kollektiven Lernprozessen: Knoepfel, Peter/Kissling-Näf, Ingrid/Marek, Daniel: Lernen in öffentlichen Politiken. S. 16–21, 30, 31, 213.
104 Miller, Max: Some theoretical aspects of systemic learning. In: Sozialer Sinn. Heft 3/2002. S. 1–58.
105 Miller, Max: Some theoretical aspects of systemic learning. S. 3.
106 Hater, Karin: Gesellschaftliche Lernprozesse. S. 9.

gen setzt und damit in einer demokratischen Gesellschaft den Namen Lernprozess verdient.«[107] Wolf Wagner stützt diese Sichtweise, indem er ausführt:

»Geschichtliche Entwicklungen in Natur und Gesellschaft, schöpferische Kunst, Kommunikation und – alles Lernen sind demnach stochastische Prozesse.«[108]

Knoepfel, Kissling-Näf und Marek beenden ihre Studie, indem sie sich fragen, ob die von ihnen analysierten Lernprozesse »in Wirklichkeit nicht eher ein stochastisches ›tâtonner dans l'obscurité‹ sind.«[109] Es mögen diverse und mitunter zufällige Faktoren vonnöten sein, damit Lernprozesse in Gang kommen, womit auf die Singularität und Nichtwiederholbarkeit von historischen Entwicklungen gezielt wäre. Für einen historischen Prozess kann aber beides angenommen werden: sowohl eine gewisse Zufälligkeit als auch allgemeine Gesetzmäßigkeiten, wie sie für das Lernen der sächsischen Katastrophenschutzakteure herausgestellt werden sollen.

Klaus Eder hat die Begriffe »Geschichte« und »Lernprozesse« in einem ursächlichen Zusammenhang erörtert. Er lieferte hierbei Definitionen, die anhand der empirischen Befunde dieser Dissertation überprüft werden sollen:

»Bis zum Ende des 18. Jahrhunderts ist die Aufklärungsbewegung dadurch gekennzeichnet, daß die ›Gesellschaft‹ von oben erzogen wird, daß Kultur von oben nach unten diffundiert.«[110]

Eder ortet einen Paradigmenwechsel. In der Moderne dreht sich der beschriebene Kommunikationfluss um:

»Die Träger kollektiver Lernprozesse sind nun Gruppen, die sich dadurch definieren, daß prinzipiell jeder gleichermaßen am Gruppenleben teilnehmen darf.«[111]

---

107 Knoepfel, Peter/Kissling-Näf, Ingrid/Marek, Daniel: Lernen in öffentlichen Politiken. S. 274.
108 Wagner, Wolf: Uni-Angst und Uni-Bluff. Wie studieren und sich nicht verlieren. Hamburg 2002. S. 94.
109 Knoepfel, Peter/Kissling-Näf, Ingrid/Marek, Daniel: Lernen in öffentlichen Politiken. S. 301. Vgl. zu Zufall und Lernen: Dombrowsky, Wolf R.: Entstehung, Ablauf und Bewältigung von Katastrophen. S. 173.
110 Eder, Klaus: Geschichte als Lernprozess? Zur Pathogenese politischer Modernität in Deutschland. Frankfurt a. M. 1985. S. 129.
111 Eder, Klaus: Geschichte als Lernprozess? S. 129, 130.

In diesem Zusammenhang postuliert Eder eine Verbürgerlichungsthese. Die neuen Träger politischer Macht waren nicht mehr durch Geburt legitimiert, sondern durch ihre Funktion:

> »Aus der dem König zugeordneten Oberschicht, einer adeligen Rentierschicht, wird eine Schicht von Kommissaren, Beamten etc., die nicht mehr durch Status, sondern durch Funktion bestimmt ist.«[112]

Hinsichtlich der Frage, ob Lernprozesse einen historischen Prozess definieren können, vertritt Eder eine relative Sichtweise:

> »Lernprozesse sind Mechanismen eines evolutionären Entwicklungsprozesses. In ihnen wird ein historischer Handlungszusammenhang erzeugt, in dem neue normative Orientierungen eingeübt und selektiv festgehalten werden. Dieser Handlungszusammenhang ist von Lernprozessen abhängig, ohne durch sie jedoch vollständig definiert zu sein.«[113]

Damit werden Lernprozesse im historischen Sein und Werden verortet. Nicht nur die Singularität, sondern insbesondere die Relativität historischer Genesen kann damit um wesentliche Komponenten erweitert werden. Deshalb ist Eders Annahme, dass Lernprozesse »Mechanismen eines evolutionären Entwicklungsprozesses« seien, nur teilweise zuzustimmen, andernfalls könnten fortschrittsoptimistische Betrachtungsweisen die Oberhand gewinnen.[114] Die Singularität/ Relativität historischer Entwicklungen – nicht nur in Bezug auf das Lernen infolge von Katastrophen – gilt es unter den gegebenen Kontexten »durchscheinen« zu lassen, was nicht heißen soll, dass hierbei die »Mechanismen eines evolutionären Entwicklungsprozesses«[115] ausgeblendet werden müssen.

---

112 Eder, Klaus: Geschichte als Lernprozess? S. 357, 358.
113 Eder, Klaus: Geschichte als Lernprozess? S. 477, 478.
114 Die durch diese Aussage angesprochenen »Brüche« resp. ein Verlernen können in dieser Arbeit nur angedeutet werden. Eine Weiterverfolgung dieser Aspekte wird die weitergehende Forschung wesentlich bereichern.
115 Eder, Klaus: Geschichte als Lernprozess? S. 477, 478.

## 1.4.4 Lernen aufgrund von Naturkatastrophen

Hansjörg Siegenthaler hat gesellschaftliche Krisenzeiten anhand ökonomischer Zyklen untersucht. Dabei konnte er sowohl regelvertrautes, als auch fundamentales Lernen feststellen.[116] Unter regelvertrautem Lernen versteht Siegenthaler, dass in Zeiten ökonomischer und politischer Stabilität Verbesserungen nach vorhandenen Mustern erfolgen. In krisenhaften Zeiten hingegen werden diese Muster in Frage gestellt und die Gesellschaft ist gefordert, neue Muster und Regeln aufzustellen. Diesen Vorgang betrachtet Siegenthaler als fundamentales Lernen. Krisen bieten also die Möglichkeit, ausgetretene Pfade zu verlasssen und neue Problemlösungen anzustreben. Wagners Definition von Lernprozessen kann zu dieser Feststellung in Relation gesetzt werden:

»Gemeinsam ist diesen Prozessen, daß sie Neues hervorbringen, und zwar einzig und allein durch die Abweichung vom Bekannten oder die neue Kombination von Bekanntem. Erst die erkannte Abweichung vom Ziel macht eine Korrektur notwendig, die einen Lernprozeß in Gang bringt (...). Lernen findet also überhaupt nur dann statt, wenn Abweichung erlaubt, subjektiv reizvoll und wünschenswert ist.«[117]

Für den Untersuchungszeitraum müsste sowohl routiniertes als auch verstärktes Lernen feststellbar sein. Christian Pfister hat die Theorie von Siegenthaler erweitert. Er konnte zeigen, dass auch von Naturkatastrophen fundamentale Lernprozesse ausgehen können. In »Am Tag danach« wird thematisiert, dass die Auswirkungen von Naturkatastrophen innovative Vorgehensweisen förderten.[118]

Aus verschiedensten Disziplinen existieren weitere Studien, die belegen, dass Naturkatastrophen Verbesserungen bei öffentlichen und nicht öffentlichen Institution nach sich zogen.[119] Auch die Stadtgeschichte zeigte, »dass Stadtbrände, Erdbeben und Überschwemmungen als Katalysatoren, wenn nicht sogar als

---

116 Siegenthaler, Hansjörg: Regelvertrauen, Prosperität und Krisen. Die Ungleichmässigkeit wirtschaftlicher und sozialer Entwicklung als Ergebnis individuellen Handelns und sozialen Lernens. Tübingen 1993.
117 Wagner, Wolf: Uni-Angst. S. 94, 95.
118 Pfister, Christian (Hg.): Am Tag danach. S. 240, 241.
119 Pasche, Léna: Inondations de 1868 et émergence de la politique de correction des eaux et de reboisement dans les Alpes suisses au cours du XIX siècle. Le cas du Valais et de la région de Conthey. Institut de Géographie. Université Lausanne 2002. Massard-Guilbaud, Geneviève/Platt, Harold L./Schott, Dieter (Eds.): Cities and Catastrophes. Frankfurt-M./Berlin/Bern/Bruxelles/New York 2002. Schott, Dieter: Die Rolle von Katastrophen in der Stadtgeschichte. In: Forschungsbericht. Informationen zur modernen Stadtgeschichte 1/2003. S. 39. Coeur, Denis: Genesis of a public policy for flood

Motoren einer gewissen Modernisierung zu bezeichen sind, insbesondere im Bereich des Rechts, der Verwaltung, des Risikomanagements und der Stadtplanung.«[120] Dieter Schott kommt zu einem ähnlichen Urteil:

»Katastrophen wirkten, (...) vielfach als Katalysatoren für städtebaulichen wie institutionellen Wandel, trugen zur ökonomischen Belebung bei, beschleunigten aber auch soziale Segregationsprozesse. Katastrophen konnten aber durch ihre Infragestellung der Kompetenz von Stadtregierungen auch politischen Wandel herbeiführen, die Bereitschaft für Investitionen in soziale Infrastruktur oder für politische Demokratisierung stärken.«[121]

Der Annahme, dass einzelne Naturkatastrophen gesellschaftliche Lernprozesse auslösen würden, widersprach R. W. Kates.[122] Er streicht heraus, dass ein Wiederholungsmoment nötig sei, damit Lernprozesse nachweisbar würden. Kates demonstrierte dies anhand von Hochwasserkatastrophen:

»Floods need to be experienced, not only in magnitude, but in frequency as well. Without repeated experiences, the process whereby managers evolve emergency measures of coping with floods does not take place.«[123]

Hier muss auf die Unterscheidung zwischen Lernschritt und Lernprozess verwiesen werden. Nach einzelnen Katastrophen setzen Lernschritte, mitunter auch Lernprozesse ein. Eine umfängliche, verschiedenste Gesellschaftsbereiche tangierende Lernentwicklung/Lerngenese ist nach wiederholten Ereignissen wahrscheinlicher. Jochen Schanze befürchtet, dass selbst die durch die Katastro-

---

(Fortsetzung von Fußnote 119)
    management in France: The case of the Grenoble valley (XVIIth-XIXth centuries). In: Thorndycraft, Varyl R./Benito, Gerardo/Barriendos, Mariano/Llasat, M. Carmen (Eds.): Paleofloods, Historical Data and Climatic Variability. Applications in Flood Risk Assessment. Madrid 2003. P. 373–378. Coeur, Denis: Aux origines du concept moderne de risque naturel en France. Le cas des inondations fluviales (XVIIe s.–XiX s.) In: Favier René/Granet-Abisset, Anne Marie (Hg.): Histoire et Mémoire des risques naturels. Grenoble 1999. S. 117–138. Müller, Reto: Das wild gewordene Element. Nordhausen 2004.

120 Körner, Martin (Hg.): Stadtzerstörung und Wiederaufbau. Schlussbericht. Band 3. Bern/Stuttgart/Wien 2000. S. 38.
121 Schott, Dieter: Die Rolle von Katastrophen in der Stadtgeschichte. In: Forschungsbericht. Informationen zur modernen Stadtgeschichte 1/2003. S. 44.
122 Kates, R. W.: Hazard and Choice. Perception in Floodplain Management. Department of Geography. Research Paper No. 78. University of Chicago 1962.
123 Kates, R. W.: Hazard. Zit. nach Slovic, Paul: The perception of risk. London 2000. P. 8.

phe 2002 möglich gewordenen Lernschritte den »Wettlauf gegen das Vergessen« nicht aufhalten werden:

»Die Akzeptanz für einschneidende Maßnahmen wird voraussichtlich schon bald wieder schwinden.«[124]

Im Großteil der bisherigen Veröffentlichungen zu historischen Naturkatastrophen werden Einzelereignisse untersucht. Es wurden Lernprozesse herausgestellt, ohne auszuweisen, inwieweit andere gesellschaftliche Faktoren zu diesen Prozessen geführt bzw. diese beeinflusst haben. Durch eine Unterscheidung in Lernschritt, Lernprozess und Lerngenese wird eine solche Vermischung vermieden. Ebenso wird mit diesem »Dreischritt« eine zeitliche Differenzierung vorgenommen und Akteure, Zeitausschnitt und Wirkung benannt. Direkte, indirekte, kurz- wie langfristige Lernerfolge werden damit vorgeführt.

Denis Coeur verwendet für den Titel seines Aufsatzes »Genesis of a public policy for flood management in France«[125] den Begriff »Genesis«. Er bezeichnet damit die prozesshaften Maßnahmen, die von Staat und Öffentlichkeit aufgrund von Hochwassern durchgeführt wurden. Die von ihm mit »Genesis« beschriebene längerfristige Lernentwicklung beruht auf einzelnen (kurzfristigen) Lernschritten und mittel- bis längerfristigen Lernprozessen. Erst in der Zusammenführung dieser drei verschiedenen Zeitebenen kann von einer »Genesis« bzw. einer längerfristigen Lernentwicklung oder Lerngenese gesprochen werden. Mit dem Begriff Lerngenese wird im Folgenden ein längerfristiger, umfassender und mehrschichtiger gesellschaftlicher Lernprozess beschrieben.

Die Begriffe »Genesis« und »Genese« können als etymologisch nahezu gleich lautend angesehen werden.[126] Mit dem Begriff »Genese« wird ein Entwicklungsprozess beschrieben. So wie in der Medizin oder Biologie verschiedene Bausteine, Faktoren und Prozesse für eine Genese nötig sind, wird in dieser Untersuchung danach gefragt, welche Bausteine, Faktoren und Prozesse vorhanden waren bzw. entwickelt wurden, und ob diese eine sächsische Lerngenese möglich werden ließen.

In Bezug auf die Flut 2002 forderte Schanze für eine umfassende »Hochwasserrisikovorsorge« »›selbsttragende‹ kooperative Lernprozesse für eine dauerhafte gesellschaftliche Koevolution mit den gebietsspezifischen Hochwasserrisiken«[127]. Diese »Koevolution« sei durch »kontinuierliches und reflexi-

---

124 Schanze, Jochen: Nach der Elbeflut 2002. S. 251.
125 Coeur, Denis: Genesis of a public policy. P. 372.
126 Vgl. hierzu: Etymologisches Wörterbuch des Deutschen. München 1997. S. 424, li. Sp.
127 Schanze, Jochen: Nach der Elbeflut 2002. S. 253.

ves Lernen der Akteure ganzer Einzugsgebiete auf der Grundlage verständlicher Umweltinformationen«[128] zu erreichen. Damit unterscheidet auch er zwischen kurz-, mittel- und langfristigem Lernen. Mit dieser Unterscheidung wird Lernen aus Katastrophen neu definiert und im letzten Kapitel Bezüge zu Gegenwart und Zukunft hergestellt.

## 1.5 Quellen und Methodik

Um die Befunde zu ermitteln, wurden hauptsächlich schriftliche Aufzeichnungen verwendet, die Aufschluss über den sozioökonomischen Einfluss klimatischer Extreme auf die sächsische Gesellschaften gaben.

Der umfangreiche Quellenkörper setzt sich u. a. aus Zeitungen Sachsens und Deutschlands, Akten und Kartenmaterial des Hauptstaatsarchivs Dresden, des Stadtarchivs Dresdens, des Thüringischen Staatsarchivs Greiz, der Staatsbibliotheken zu Berlin, des Geheimen Preußischen Staatsarchivs Berlin sowie wissenschaftlicher Literatur des 18. und 19. Jahrhunderts zur Meteorologie und Klimatologie zusammen. Gesucht wurde auf allen Ebenen, von der Regierungsebene bis zur lokalen Ebene »auf dem Deich.« Eine serielle Charakteristik ist insofern festzuhalten, da dieselben Akteure im Zeithorizont tätig waren, deshalb auch die betreffenden Institutionen beteiligt waren.

Es wurden nahezu identische Vorhaben, Absichten und Anordnungen in sich wandelnder Form erlassen. Die Quellen waren hauptsächlich für die interne Verwendung vorgesehen, da die Institutionen besonders die Differenzen um Zuständigkeiten und Finanzansprüche nicht nach außen trugen. Dem Großteil der Akten war ein anordnender Charakter zu entnehmen. Hierbei handelte es sich um reaktive, präventive und nachhaltige Maßnahmen. Deshalb entstammen die meisten Quellen dem Verwaltungs- resp. Finanzbereich. Diese Quellen wurden geschrieben, um die (künftige) Situation zu verbessern. Quellen der Tradition fanden sich bezüglich Spendenaufrufen in Zeitungen, wenn mit einer vaterländischen Diktion auf die nicht abbrechende Solidarität der Sachsen verwiesen wurde. Bei der Analyse der Quellen waren sowohl Reaktionsmuster (Spendenaufkommen, Flussregulierungen, etc.) als auch der (damit verbundene) gesellschaftliche Diskurs zu berücksichtigen. Dieser war aus Zeitungen, aber auch aus den Verwaltungsakten ersichtlich.

---

128 Ebd.

Den Quellen waren Aussagen zu entnehmen, welche die verschiedenen gesellschaftlichen Reaktionen auf die einzelnen Katastrophen deutlich werden ließen. Diese Reaktionen (Bewältigungen wie Hilfs- und Aufbaumaßnahmen oder Hochwasserschutz) konnten anschließend im Zeithorizont auf Veränderungsmuster bzw. auf Manifestierungen von Reaktionen untersucht werden. Eine solche Vorgehensweise zeigte die Veränderlichkeit und Charakteristik der jeweiligen gesellschaftlichen Bewältigungen von Katastrophe zu Katastrophe auf. Dergestalt konnten Lernschritte gesellschaftlicher Reaktionsmuster offengelegt werden. Mit dieser Arbeit wird eine Lerngenese vorgeführt, schon aus diesem Grund ist sie chronologisch aufgebaut.

Vorab jeden Hochwassers wird der klimageschichtliche Hintergrund dargestellt – extreme Wetterereignisse, welche die jeweilige Naturkatastrophe auslösten. Ich habe die Pegeldaten von Schäfer mit historisch überlieferten Pegelmarken (Stadtarchiv Desden) mit den Angaben des sächsischen Umweltministeriums zu einer Zeitreihe abgeglichen, die im Kapitel zwei vorgestellt werden wird. Diese Vorgehensweise beruht auf den Methoden der Historischen Klimatologie.[129]

Nach den klimahistorischen Basements werden die dramatischen Auswirkungen, beispielsweise der Eisflut von 1784, auf die Gesellschaft analysiert. Hierbei liegt ein Schwerpunkt auf dem Herausarbeiten der Rettungsmaßnahmen vor, während und nach der Flut. Daran anschließend werden die Schäden bilanziert, um so das sächsische Wirtschaftsleben und die Reaktionsfähigkeit der Gesellschaft vor, während und nach der Katastrophe erfassen zu können. Anhand der jeweiligen Katastrophe galt es jedoch nicht nur den Natur- und Kulturraum daraufhin zu untersuchen, inwiefern welche Bereiche in welchem Ausmaß geschädigt oder zerstört wurden, sondern die verheerenden Schäden und Reaktionen »aus der Zeit heraus« zu interpretieren.

Wie bewältigte die sächsische Gesellschaft die Katastrophen und welche Entwicklungen wurden dadurch angestoßen? Inwieweit kamen dabei zeit- und gesellschaftstypische Veränderungsmuster zum Tragen?

---

129 Siehe nicht nur zu den Methoden der Hist. Klimatologie: Brazdil, Rudolf/Pfister, Christian/Wanner, Heinz/v. Storch, Hans/Luterbacher, Jürg: Historical Climatology in Europe – The State of the Art. In: Climatic Change. 2005. 70. P. 363–430.

## II. Der klimahistorische Hintergrund der Jahre 1783 bis 1845

Die Winter Europas waren in der zweiten Hälfte des 18. Jahrhunderts niederschlagsreich und kalt, wenn auch wärmere Ausprägungen auftraten. Die Aktivität der Sonne war im so genannten »Dalton Minimum« (1790–1830) langfristig vermindert.[130] Nach der Temperaturreihe Berlins lagen die 1780er und 1790er Jahre ca. 1,4 bis 1,7 Grad Celsius unter dem Dahlemer Mittel (1909–1969).[131] Prüft man für Mitteleuropa, von der zweiten Hälfte des 18. Jahrhunderts bis 1830, die Temperaturen der Winter, so ergibt sich ein negatives Ergebnis.[132]

Die folgende Zeitreihe bildet die Grundlage für die gesamte Untersuchung. Die Häufung von Winterfluten zwischen 1784 und 1845 kann als deutliches Klimasignal ausgemacht werden.[133] Nicht nur die Bedeutung des untersuchten Zeitabschnitts ist gut ablesbar, auch die Jahrtausendflut 2002 tritt als historisches Ereignis hervor:

---

130 Pfister, Christian: Wetternachhersage. S. 155. Wagner, Sebastian: Climate variability within the climate model ECHO-G during the Dalton Minimum. http://www.nccr-climate.unibe.ch/download/events/suscho02/students_abstracts/Wagner%20Sebastian.htm (Stand: 12.3.2004). Usoskin, Ilya G./Mursala, K./Nevanlinna, H./Kovaltsov, G.A.: Missed sunspot cycle in late XVIII century: new evidences. http://www.cosis.net/abstracts/COSPAR02/00862/COSPAR02-A-00862.pdf (Stand: 11.3.2004).
131 In der Historischen Klimatologie werden statistische Aussagen aus einem »Mittel« bzw. Zeitreihen abgeleitet. Siehe Hierzu: Pfister, Christian: Wetternachhersage. 500 Jahre Klimavariationen und Naturkatastrophen. Bern 1999. Brazdil, Rudolf/Pfister, Christian/Wanner, Heinz/v. Storch, Hans/Luterbacher, Jürg: Historical Climatology in Europe – The State of the Art. Climatic Change 2005. 70. P. 363–430. Zum Untersuchungszeitraum: Rudloff, Hans v.: Die Schwankungen und Pendelungen des Klimas in Europa seit Beginn der regelmäßigen Instrumentenbeobachtungen (1670). Braunschweig 1967. S. 133–137. Schlaak, Paul: Skizzen der Wetter- und Witterungsverhältnisse und ihre Auswirkungen auf Land, Leute und Wirtschaft zur Zeit des Aufstiegs Preussens (1640–1850). Beilage zur Berliner Wetterkarte des Instituts für Meteorologie der Freien Universität Berlin. 32/82. Berlin 1982. S. 10.
132 Glaser, Rüdiger: Klimageschichte S.177. Pfister, Christian: Wetternachhersage. S. 76, re. Sp.
133 In welchen Zeitrahmen dieses Signal gesetzt werden kann, bleibt zu diskutieren. Es liegen Aufzeichnungen aus dem Jahr 590 vor. Wilhelm Schäfer ging bis auf das Jahr 1015 zurück. Zu beachten bleibt, dass nicht nur klimatologische Daten vor 1500 Unschärfen aufweisen.

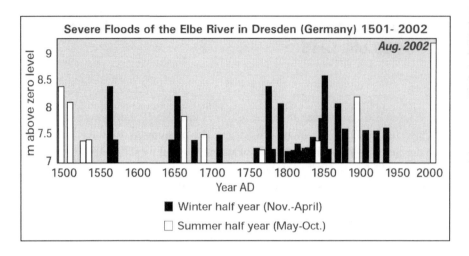

Abb. 5: Severe Floods of the Elbe River in Dresden (Germany) 1501–2002

Die Zeitreihe beruht auf Daten, die Schäfer aus dem Brückenamtsarchiv zusammengetragen hatte, Quellenbelegen des Stadtarchivs Dresdens und des Sächsischen Umweltministeriums. Damit ist gewährleistet, dass die größten Hochwasser der Elbe am Pegel in Dresden berücksichtigt wurden.[134] Fluten, die die Höhe von 7,30 m nicht überstiegen, wurden in die Zeitreihe nicht aufgenommen. So erklären sich diejenigen Abschnitte, in denen keine extremen Hochwasser verzeichnet sind, was nicht heißen soll, dass sich in diesen Abschnitten keine Hochwasser ereigneten.[135]

---

134 Schäfer, Wilhelm: Chronik der Dresdner Elbbrücke, nebst den Annalen der größten Elbfluten von der frühesten bis auf die neueste Zeit. Aus den vorhandenen Quellen, namentlich den Acten des Brückenamtsarchivs geschöpft und bearbeitet von Dr. Wilhelm Schäfer. Dresden 1848. StAD: 2.1.3 Ratsarchiv, C XVIII 72: Acta, die bey dem gefallenen großen Schnee und daher zu besorgenden großen Waßer allhier getroffene Vorkehrungen betr. Ergangen dem Rathe zu Dresden ao: 1785. 2.1.3 Ratsarchiv C XVIII 76b: Acta, Die beym harten Winter und Ergießungen des Elbstrohms im Jahr 1799 allhier getroffenen Veranstaltungen betr. Ergangen beym Rathe zu Dresden 1798, 1799, 1809, 1811, 1820, 1823, 1827, 1830, 1838. Sächsisches Staatsministerium für Umwelt und Landwirtschaft (Hg.).: Hochwasserschutz in Sachsen. Materialien zur Wasserwirtschaft. Dresden 2002. S. 23.
135 Vgl. hierzu: Schmidt, Martin: Die große Elbeflut im Sommer 2002 aus historischer und künftiger Sicht. In: Wasserwirtschaft. 2003. Jahrgang 93. Nr. 1/2. S. 24–25.

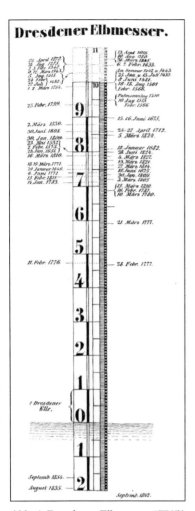

Abb. 6: Dresdener Elbmesser 1776[136]

---

[136] Neben der Unschärfe wegen Veränderungen im Flussbett muss dieser Pegel aus folgenden Gründen in einem relativen Licht betrachtet werden: Insbesondere die Daten vor 1500 beruhen auf solchen, für die die Veränderungen im Zeithorizont nicht eingerechnet wurden. Diese Ungenauigkeiten wurden übernommen und 1935 kam es zu einer Pegelveränderung in Dresden, was in der Rekonstruktion des Ministeriums beachtet wurde. Das Ministerium setzt denselben Zeitrahmen wie in der Graphik »Severe floods« und unterschreitet das Jahr 1500 nicht. Nachmessungen an diesem Pegel haben ergeben, dass zudem bei den Nachtragungen von Pötzsch und auch im 19. Jahrhundert nicht mit korrekten Einheiten operiert und Mehrfacheintragungen vorgenommen wurden. Für die Graphik »Severe floods« habe ich all das beachtet und nur die auf drei unabhängigen Quellen beruhenden Daten aufgenommen.

Anzumerken bleibt, dass jede Flut für sich selbst betrachtet werden sollte. Auch wenn vor Beginn eines Hochwassers vergleichbare meteorologische Charakteristika zu dem Extremereignis führen, zeigt jede Flut ein eigenes meteorologisches, hydrologisches[137] Muster, wie aus folgender Graphik ersichtlich wird:

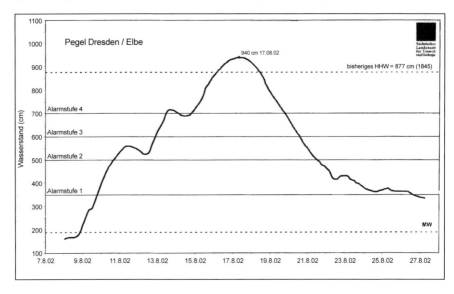

Abb. 7: Verlauf der Jahrtausendflut 2002

Die klimatische Besonderheit des Untersuchungszeitraumes wird auch deutlich, wenn man sich die von Börngen zusammengestellte Graphik über das Ausmaß (Anzahl und Stärke) der Elbe-Überschwemmungen von 1300 bis 2000 besieht. Das Dalton Minimum sticht hierbei deutlich heraus.

---

137 Siehe zur »Individualität« einer Flut: Rudolf, Bruno/Rapp, Jörg: Das Jahrhunderthochwasser der Elbe. Synoptische Wetterentwicklung und klimatologische Aspekte. In: Klimastatusbericht 2002. Deutscher Wetterdienst Offenbach 2003. S. 186. http://www.dwd.de/de/FundE/Klima/KLIS/prod/KSB/ksb02/Jahrhunderthochwasser.pdf (Stand: 20.6.2004). Schmidt, Martin: Historische Hochwasser im deutschen Rheingebiet. In: Wasserwirtschaft. 2002. Jahrgang 92. Nr. 4/5. S. 48–52.

Der klimahistorische Hintergrund

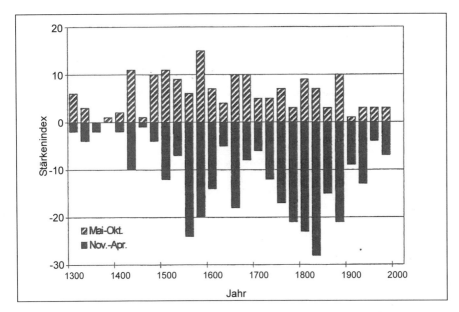

Abb. 8: Ausmaß (Anzahl und Stärke) der Elbüberschwemmungen 1300–2000

Gleiches gilt für für die Anzahl der Weikinnschen Quellentexte im Zeitabschnitt 1300 bis 1850:

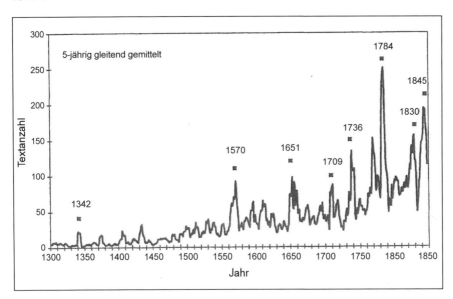

Abb. 9: Anzahl der Weikinnschen Quellentexte pro Jahr 1300–1850

Auffällig bei dieser Auswertung ist die Signifikanz des Untersuchungszeitraumes 1784 bis 1845. Sie lässt sich auch anhand dieser Erhebung untermauern. Die Forschungen von Wagner, die er mit dem Klimamodell ECHO-G angestellt hat, reihen sich in diese Konstellation. In der folgenden Graphik stechen die Vulkanausbrüche – wie die auf Island 1783 und der des Tambora 1815 – deutlich hervor:

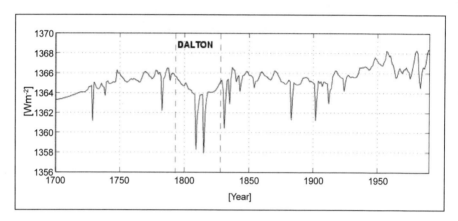

Abb. 10: Solare und vulkanische Klimabeeinflussung zwischen 1700 und 1990

Ebenso die nordhemisphärischen Wintertemperaturanomalien passen sich in diese Korrelation ein:

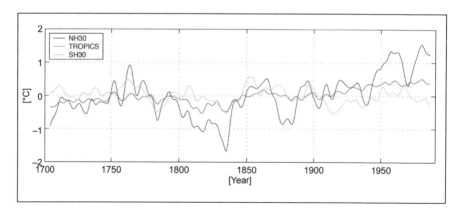

Abb. 11: Die Wintertemperaturanomalien zwischen 1700 und 1990 in der nördlichen (NH30) und südlichen (SH30) Hemisphäre, sowie in den Tropen

Die Häufung von Winterfluten zwischen 1784 und 1845 resultierte aus einer Verschiebung der Mittelwerte. Das wiederum schlägt den Bogen zu den klimatischen Veränderungen, wie wir sie von Szenarien über die heutige Klimaerwärmung kennen.

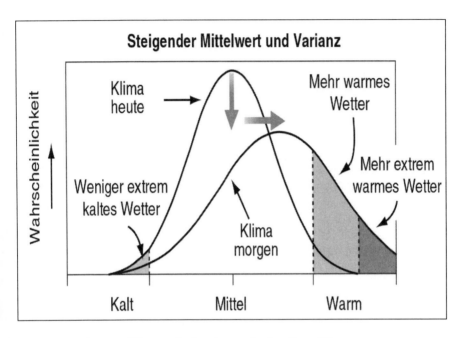

Abb. 12: Mittelwert und Varianz des heutigen und zukünftigen Klimas

Können mit vorgelegter Dissertation die Auswirkungen kalter Anomalien auf eine Gesellschaft gezeigt werden, ist als aktueller Bezug die heutzutage festgestellte Häufung warmer Anomalien zu nennen. Verschiebt sich der Mittelwert eines Klimaparameters des heutigen Klimas hin zu einem Parameter eines künftigen Klimas und werden »dabei die Abweichungen vom Mittelwert insgesamt nicht größer (…), so tritt dennoch« im »verschobenen« Bereich eine deutliche »Erhöhung der Häufigkeit starker Abweichungen auf.«[138]

---

138 Graßl, Hartmut: Regen – Segen – Sintflut. Hochwasser- und Klimaschutz als doppelte Herausforderung. In: Kachelmann, Jörg: Die große Flut. Unser Klima, unsere Umwelt, unsere Zukunft. Reinbek 2002. S. 105.

Hartmut Graßl zeigt anhand einer Gauß'schen Verteilungskurve eine Korrelation zu vermehrt auftretenden Wetterextremen. Er geht davon aus, dass neue, unbekannte Extreme hinzukommen:

> »Wird die Verteilung breiter, wie für die Niederschläge beobachtet, so kann es eine wahre Explosion von Extremereignissen geben.«[139]

Hieraus könnten sich Szenarien ergeben, welche nicht nur ein vermehrtes Auftreten heißerer und feuchterer Extreme wie 2002, 2003 und 2005 einschließen, sondern auch bisher nicht gekannte »Spitzenwerte« können die Folge sein.[140]

Welche Auswirkungen eine solche Verschiebung auf eine Gesellschaft ausüben kann, wird in den folgenden Kapiteln vorgeführt. Es sollte beachtet werden, dass die damaligen Abweichungen sich im Rahmen einer natürlichen Bandbreite bewegten, was dennoch vermehrte und katastrophale Fluten verursachte. Welche Katastrophen stehen uns bevor, wenn die von Graßl beschriebenen Extreme Wirklichkeit werden?

---

139 Graßl, Hartmut: Regen – Segen – Sintflut. S. 105, 106.
140 Vgl. Aigner, Detlev/Carstensen, Dirk/Horlacher, Hans-Burkhard/Lattermann, Eberhard: Das Augusthochwasser 2002 im Elbegebiet und notwendige Schlussfolgerungen. In: Wasserwirtschaft. 2003. Jahrgang 93. Nr. 1/2. S. 39.

# LERNPHASE I: VOM CHAOS ZU VARIABLEN MASSNAHMEN 1784–1799

## III. Die Hochwasserkatastrophe von 1784

### 3.1 Der Prolog – Höhenrauch über Europa

In den Jahren 1783 und 1784 hielten verschiedene Naturereignisse Europa in Atem. Im Frühsommer des Jahres 1783 wurde der so genannte »Höhenrauch« an verschiedenen Orten das erste Mal gesichtet. Ab Mitte Juni breitete er sich über dem gesamten Kontinent aus. »Der Nebel erstreckte sich über ganz Europa* bis nach Africa und Syrien.«[141]

Schiffe, die aus Nordamerika nach Europa fuhren, kollidierten beinahe mit anderen, weil der Nebel über dem Atlantik die Sicht deutlich einschränkte.[142] Malta wurde am 20. Juni »von einem so dicken Nebel bedeckt«[143], dass die Sonne nicht zu sehen war. Nahezu aus allen europäischen Ländern wurde über dieses »unbegreifliche Phänomen«[144] berichtet.

Ein Teil der Naturwissenschaftler erkannte, dass der Höhenrauch mit dem Vulkanausbruch des Eldeyjar und der Lakispalte auf Island in Zusammenhang gebracht werden könnte. Der Eldeyjar brach im Mai aus, Ende des Monats und

---

141 Brandes, Heinrich W.: Untersuchungen über den mittleren Gang der Wärme-Aenderungen durchs ganze Jahr. Leipzig 1820. S. 173. Die hinter dem Wort »Europa« angegebene Fußnote behandelt Beobachtungen in Masra. Pfaff äußerst sich über die Ausdehnung wie Brandes, siehe hierzu: Pfaff, Christoph H.: Ueber die strengen Winter der letzten zwanzig Jahre des 18. Jahrhunderts. Der Geschichte der strengen Winter zweyte Abteilung. Kiel 1810. S. 51–55. Zum Höhenrauch allg.: Fügner, Dieter Hochwasserkatastrophen in Sachsen. Leipzig/Zwickau 2002. S. 24. Ders.: Historische Wetterbeobachtungen vor dem 19. Jahrhundert in Sachsen nach Christian Gottlieb Pötzsch. In: Sächsische Heimatblätter. 33. Jg. 1/1987. S. 156, re. Sp. Elisabeth Strömmer geht davon aus, dass auch Asien vom Höhenrauch tangiert wurde. Vgl. Strömmer, Elisabeth: Klima-Geschichte. S. 56.
142 Zürcher Zeitung. No. 79 1783. Mitwoch, den I .Weinm. Vermischte Nachrichten. Ohne Seitenangabe.
143 Zürcher Zeitung. No. 70. 1783. Samstag, den 30. Augustm. Vermischte Nachrichten. Ohne Seitenangabe.
144 Zürcher Zeitung. No. 58. 1783. Samstag, den 19. Heum. Wetter-Nachrichten. Ohne Seitenangabe.

Anfang Juni 1783 eruptierte auch die Lakispalte – ebenso der Skaptar Jökull.[145] Von Hoff bemerkte hierüber: »erfolgte im südlichen Theile von Island ein vulcanischer Ausbruch von der größten Stärke.«[146]
Die Lakispalte ist eine 20 Kilometer lange Bruchzone, welche aus 115 Vulkanen besteht, die 1783 zeitgleich ausbrachen. Diese Eruptionen gehören zu den schwerwiegendsten der letzten 2000 Jahre. Die klimatischen Auswirkungen der Lakieruption beeindrucken noch heute. In den östlichen Bereichen der Vereinigten Staaten von Amerika sanken die durchschnittlichen Wintertemperaturen 4,8 Grad Celsius unter das 225-jährige Mittel. Die gesamte nördliche Hemisphäre kühlte sich im Durchschnitt um 1,5 Grad Celsius ab.[147]

Nicht nur den Sommer über war die Lakispalte aktiv, über neun Monate warf sie enorme Lava- und Aschemengen aus, wobei der Höhenrauch entstand. Auf Island bedeckten die Auswürfe – des dort als »Skaftá-Feuer« bezeichneten Ausbruchs – ca. 12.000 Quadratkilomter mit Basaltlava.[148] Die hierbei eruptierte Lavamenge war die mächtigste der letzten 5000 Jahre. Infolge der Auswürfe wurden Tonnen von Aschen und Gasen freigesetzt. Diese Gase bildeten den Höhenrauch, der als blauer »Dunst« über Europa ziehen sollte. Auf Island selbst führten diese giftigen Gase durch Auswaschung zu saurem Regen, der erhebliche Einbußen in der Landwirtschaft nach sich zog. Circa drei von vier Tieren

---

145 Zu den vulkanischen Aktivitäten auf Island und deren Datierung siehe: Hannoverisches Magazin. 24. Jg. 1786. 14. Stück II. Nachricht von den schrecklichen Unglücksfällen, welche Island in dem Jahre 1783 und 1784 betroffen haben. S. 217–224. Brandes, Heinrich W.: Untersuchungen. S. 179–182. Hoff, K. E. A. v.: Chronik der Erdbeben und Vulcan-Ausbrüche. Zweiter Theil. Gotha 1841. S. 54, 57. Militzer, Stefan: Klima-Umwelt-Mensch (1500–1800). Leipzig 1998. S. 349. Glaser, Rüdiger: Klimageschichte. S. 204.
146 Hoff, K. E. A. v.: Chronik der Erdbeben und Vulcan – Ausbrüche. S. 57. Hierzu: Französische Zeitung: Historische und geographische Beschreibung von Messina und Calabrien, und meteorologische Beobachtung über das Erdbeben, welches diese Stadt und Landschaft den 5. Hornung 1783 verwüstet hat. Straßburg 1783. S. 21, 22. Zürcher Zeitung. No. 76. 1783. Samstag, den 20. Herbstm. Dänemark. Koppenhagen, vom 2. Sept. Ohne Seitenangabe.
147 http://volcano.und.nodak.edu/vwdocs/Gases/laki.html (Stand: 15.3.2004). Zur Abkühlung um 1,5 Grad Celsius vgl.: http://www.nccr-climate.unibe.ch/download/events/suscho02/students_abstracts/Wagner%20Sebastian.htm (Stand: 12.3.2004).
148 Vulkanisches Gestein mit einem Kieselsäuregehalt unter 52 Prozent (basisch). Vgl. zu basaltischen Vulkanen und Magmen: Schmincke, Hans-Ulrich: Die Vulkane und das Klima. Vulkanausbrüche beeinflussen die Luftchemie sowie den Strahlungs- und Energiehaushalt der Atmosphäre erheblich. In: Spektrum der Wissenschaft. Dossier »Die Unruhige Erde«, o. O. 2/2001. S. 82.

und ungefähr jeder fünfte Isländer starb an Unterernährung.[149] Angesichts der Mächtigkeit der seismischen Vorgänge auf Island, wie ihre neunmonatige Dauer, nahm der Höhenrauch – in seiner Permanenz und Ausbreitung über Europa – seinen Ursprung auf Island.[150]

Benjamin Franklin ging davon aus, dass der heiße Sommer 1783 und der Extremwinter 1783/84 auf die Eruptionen in Island zurückzuführen waren.[151] Die Annahme, dass der Höhenrauch des Jahres 1783 mit den vulkanischen Aktivitäten auf Island in Verbindung zu bringen sei, äußerte in Deutschland wohl als Erster Wildt 1819.[152] Er suchte nach Erklärungen für das Phänomen des Höhenrauches, der 1819 erneut beobachtet wurde. Hierbei ging er auf das Jahr 1783 ein und stellte fest:

»Wenn man aber nun, wie im Jahre 1783, den Naturforscher fragt, was ist davon (gemeint ist der Höhenrauch) zu halten? So müssen wir fast, wie damals, immer noch unsere Unwissenheit bekennen.«[153]

Wildt erörterte die diskutierten Theorien, darunter auch eine Kometentheorie. Klarheit über den Höhenrauch erhoffte er sich von dem für 1820 angekündigten Werk von Brandes, das u. a. die »Islandtheorie« behandeln sollte.[154] Doch auch dieser Forscher, der als Begründer der synoptischen Wetterkarte noch von sich Reden machen sollte, musste 1820 konstatieren:

---

149 Militzer, Stefan: Klima – Umwelt – Mensch. S.349. »Die Erde in Aufruhr«. Film v. Bergonzat, Maryse/Durieux, Jacques/Morgenstern, Isy In der Fernsehreihe »Abenteuer Erde« im WDR am 8.1.2002 unter dem Titel »Urgewalten der Vulkane (1)« ausgestrahlt. Siehe auch: Geysir.com – der Islandinformationsdienst: http://www.geysir.com/deutsch/natur/geologie/3.2.phtml (Stand: 9.1.2002).
150 Fischer, Erich: Regional and Seasonal Impact of Volcanic Eruptions on European Climate over the Last Centuries. Diplomarbeit, Geographisches Institut der Universität Bern. Bern 2003.
151 Franklin, Benjamin: Meteorological imaginations and conjectures. Reprinted in Weatherwise. 1982. 35. P. 262. Robock, Alan: Volcanic eruptions and climate. In: Reviews of Geophysics. 2000. 38. 2. P. 191.
152 Der Index deutschsprachiger Zeitschriften weist Wildt, o.V. 1819 als Ersten aus.
153 Wildt, o.V.: Ueber den auffallenden Höhenrauch dieses Sommers. In: Hannoversches Magazin. 72tes Stück. Mittwoch, den 8ten September 1819. S. 1140. Hierbei weist Wildt auf den Bericht Holms über die Verwüstungen in Island hin, der von Bugge an die Societas Meteorologica Palatina in Mannheim geschickt und als Auszug von Hemmer 1785 veröffentlicht wurde. Siehe hierzu: Hemmer Johann Jakob: Ephemerides Societatis Meteorologicae Palatinae. Mannheim 1785. Kington, John A.: The weather of the 1780s over Europe. Cambridge 1988. S. 14.
154 Wildt, o.V.: Ueber den auffallenden Höhenrauch dieses Sommers. (Fortsetzung). In: Hannoversches Magazin. 73.Stück. Sonnabend, den 11ten September 1819. S. 1166.

»Woher er (der Höhenrauch) entstanden sey, darüber ist man ganz in Ungewissheit geblieben.«[155]

Brandes entwarf in dieser Abhandlung ein umfassendes Bild der damals bekannten Theorien. Auch in Frankreich, Russland und der Schweiz mussten Physiker eingestehen, dass sie das Phänomen nicht erklären konnten.[156] Laut Cappel war die Meteorologie erst 100 Jahre später, nach dem Ausbruch des Krakatao im August 1883, in der Lage, die Erdbeben und den Höhenrauch von 1783 befriedigend zu erklären.[157]

## 3.2 Der Extremwinter 1783/84

»Wie viele tausend Menschen haben durch diesen strengen Winter Gesundheit, Erwerb und Vermögen verloren! Wie viele haben wenigstens Hunger, Noth und Lebensgefahr ausgestanden!«

anonym Journal von und für Deutschland 1784

In die im vorigen Kapitel angesprochene Relation reihte sich auch der schneereiche und kalte Winter 1783/84 ein: »nach dem durch den ganzen Winter hindurch gefallenen und liegen gebliebenen vielen Schnee (...).«[158] Glaser, Militzer und Schönwiese gehen davon aus, dass die Auswirkungen des Höhenrauchs mit

---

155 Brandes, Heinrich W.: Untersuchungen. S. 178.
156 Zürcher Zeitung. No. 66. 1783. Samstag, den 16. Augustm. Dänemark. Koppenhagen, vom 16. Jul. Ohne Seitenangabe.
157 Cappel, Albert: Societas Meteorologica Palatina (1780–1795). In: Annalen der Meteorologie (Neue Folge) Nr. 16: Symposium anläßlich der 200. Wiederkehr des Gründungsjahres der Societas Meteorologica Palatina. Offenbach a. M. 1980. S. 23, 24. Über den Höhenrauch wurde in den Ephemeriden publiziert. Siehe hierzu und zu wissenschaftshist. Aspekten: Lüdecke, Claudia: Von der Messung zur Abstraktion – Meteorologie um die Wende vom 18. zum 19. Jahrhundert. Zusammenfassung. http://www.uni-leipzig.de/~jacobi/dmg/abstr_2.htm (Stand 25.7.2005).
158 Pötzsch, Christian Gottlob: Chronologische Geschichte der großen Wasserfluthen des Elbstroms seit tausend und mehr Jahren. Dresden 1784. S. 117. Starker Schneefall setzte in Sachsen bereits Ende Dezember ein; siehe hierzu: Leipziger Zeitungen. 7. Stück. Sonnabends den 10. Januar 1784. Leipzig den 8. Jan. S. 35, linke Sp.

den niedrigen Temperaturen und erhöhten Niederschlägen dieses Winters in Verbindung gebracht werden können.[159]

Ganz Europa wurde von Ende Dezember 1783 bis in den Januar von einer Kältewelle heimgesucht, die vom Schwarzen Meer bis an den Atlantik reichte.[160] In Frankreich war es so kalt, dass Wölfe in Dörfern auftauchten, um Vieh zu reißen.[161] Die Schneemengen im Winter 1783/84[162] schränkten die Agrarprodukion in verschiedenen deutschen Ländern in solch erheblichem Maße ein, dass es zu gravierenden Versorgungsengpässen kam. Um diese Verknappungen zu überbrücken, griffen die jeweiligen Regierungen kontrollierend ein.[163] In Königsberg wurde so viel Getreide gespeichert, dass nicht genügend Raum dafür vorhanden war.[164] Im Darmstädtischen erfroren mehrere Menschen oder kamen »theils im Schnee um.«[165]

Durch die tiefen Temperaturen in diesem Winter froren viele Flüsse zu. Die Kälte war schon zu Beginn des Dezembers 1783 zu spüren, stellte sich zum Jahreswechsel erneut ein und hielt in Deutschland bis in den Januar an.[166] Eisschollen bildeten sich auf der sächsischen Elbe, die immer dichter wurden, und in der Nacht vom 28. auf den 29. Dezember war der Strom vor der Augustusbrücke in Dresden zugefroren.[167]

In Franfurt am Main führte man im Januar 1784 »wegen der anhaltenden strengen Kälte und folglich unterbrochenen Verdienstes, zum Besten der Ar-

---

159 Glaser, Rüdiger: Klimageschichte. S. 205. Militzer, Stefan: Klima-Umwelt-Mensch. Bd. I. S. 349. Schöwiese, Christian-Dietrich: Zur Parametrisierung der nordhemisphärischen Vulkantätigkeit seit 1500. In: Meteorologische Rundschau. 1986. Nr. 39. S. 133–138.
160 Zürcher Zeitung. No. 20. 1784. Mitwoch, vom 10. Merz. Wien, vom 3ten Merz. Ohne Seitenangabe.
161 Zürcher Zeitung. No. 25. 1784. Samstag, den 27, Merz. Frankreich. Paris, den 19ten Merz. Ohne Seitenangabe.
162 Pötzsch, Christian Gottlob: Chronologische Geschichte. S. 117.
163 Glaser, Rüdiger: Klimageschichte. S. 177, 205.
164 Bock, Friedrich Samuel: Versuch einer wirthschaftlichen Naturgeschichte von dem Königreich Ost-Westpreußen. Bd. 5. Dessau 1785. S. 482.
165 anonym: XXX. Historische Chronik. In: Journal von und für Deutschland 1784. O.O. 1. Bd. 2. Stück. S. 214, li. Sp.
166 Zu den in diesem Winter in verschiedenen deutschen Städten gemessenen Temperaturen siehe: Gronau, Carl Ludwig: XII. Einige Bemerkungen der diesjährigen Winterkälte. In: Schriften der Berlinischen Gesellschaft naturforschender Freunde. Fünfter Band. Mit Kupfern. Berlin 1784. S. 246–253. Die Kälte des Winters 1784 brachte Gronau ebenso mit dem »Heiderauch« in Verbindung.
167 Fügner, Dieter: Hochwasserkatastrophen. S. 24. Ders.: Historische Wetterbeobachtungen. S. 156.

men«[168] Brot und Holzsammlungen durch. Es wurden 14.752 Brote à sechs Pfund verteilt. In Speyer feierte man in bescheidenem Rahmen auf dem zugefrorenen Rhein, um mit den Einnahmen dieser Benefizveranstaltung »der am Brodt und Holz Mangel leidenden Armuth«[169] entgegenzuwirken. Aus Angst vor einem möglichen Eisgang verordnete man in Köln und Bamberg öffentliche Gebete.[170] In Stuttgart ließ »man in dem Hofe der Militair Akademie (...) einen Luftball steigen (...), der erleuchtet, und mit einem kleinen Feuerwerk versehen war.«[171] Aus den Einnahmen dieser Veranstaltung kaufte man für die Armen der Stadt Holz, da die Preise hierfür sehr hoch waren.[172]

Am 7. Januar wurden in Leipzig morgens um sieben Uhr minus 17,5 Grad Réaumur (minus 21,8 Grad Celsius) gemessen. In Weida im Vogtland zeigte das Réaumursche Thermometer, ebenso am 7. Januar, morgens minus 21 Grad (minus 26,2 Grad Celsius).[173] Doch auch im kalten Januar 1784 waren in Sachsen wärmere Abschnitte zu verzeichnen. Vom 15. bis zum 17. Januar »hatten wir Thauwetter«[174], wobei eine maximale Temperatur von plus fünf Grad Celsius erreicht wurde.[175]

---

168 anonym: XXIII. Historische Chronik. In: Journal von und für Deutschland 1784. O.O. 1. Bd. 4. Stück. April 1784. S. 480, re. Sp.
169 anonym: XXII. Historische Chronik. In: Journal von und für Deutschland 1784. O.O. 1. Bd. 3. Stück. März 1784. S. 327, re. Sp.
170 anonym: XXII. Historische Chronik. In: Journal von und für Deutschland 1784. O.O. 1. Bd. 3. Stück. März 1784. S. 328, li. Sp.
171 anonym: XXX. Historische Chronik. In: Journal von und für Deutschland 1784. O.O. 1. Bd. 2. Stück. S. 216. Weitere Hilfsaktionen sind aus unterschiedlichsten Städten und Regionen Deutschlands überliefert. So aus Hanau, Magdeburg, Karlsruhe und Heilbronn. Siehe hierzu: anonym: XXX. Historische Chronik. In: Journal von und für Deutschland 1784. O.O. 1. Bd. 2. Stück. S. 214–216.
172 Die Kälte dieses Winters war ein gesamteuropäisches Ereignis. Siehe hierzu: Thüringisches Staatsarchiv Greiz: Hausarchive Obergreiz und Untergreiz: Schrank IV, Fach 12a, Nr.1: Gesammelte Nachrichten von denen durch den so merkwürdigen als heftigen und lang anhaltenden Winter und der darauf erfolgten verwüstenden Überschwemmung und höchstgefährlicher Eisfahrth der meisten großen Flüße in Deutschland und angrenzenden Reichen, welche 1784 so häufigen Schaden verursacht und ganze Gegenden überströmet hat. Umfangreiches Kompendium verschiedenster Zeitungsartikel und Berichte. 1784. Zürcher Zeitung. No. 17. 1784. Samstag, den 28. Hornung. Kölln, den 10. Febr. Ohne Seitenangabe.
173 Leipziger Zeitungen. 7. Stück. Sonnabends den 10. Januar 1784. Leipzig den 8. Jan. S. 35, rechte Sp. Leipziger Zeitungen. 13. Stück. Montags den 19. Jan. 1784. Weida, im Voigtlande, den 14. Jan. S. 67, rechte Sp.
174 Leipziger Zeitungen. 32. Stück. Sonnabends den 14. Febr. 1784. Leipzig den 11. Febr. S. 163.
175 Zur Umrechnung von Grad Réaumur in Grad Celsius siehe: Übersetzte Version von http://www.wikipedia.org/wiki/Reaumur (Stand: 15.11.2002). Siehe auch: http://www.niester.de/temperaturen/hintergrund.html (Stand: 12.2.2004).

Diese meteorologische Konstellation, das Abwechseln von kälteren zu wärmeren Perioden, setzte sich im Februar 1784 fort und führte zu einem Auftürmen von Eis auf der Elbe, da dem kalten Januarabschnitt über Deutschland »bis zum 21./22. Februar ein immer wieder von kurzen wärmeren Phasen unterbrochener kalter Abschnitt«[176] folgte. Der starke Frost hielt bis Ende Februar 1784 an, wodurch sich die Eismassen auf der Elbe bis zu 1,10 Meter auftürmten. Hinzu kamen erhebliche Schneefälle im Kurfürstentum, die die Versorgungslage schwieriger werden ließen.[177]

Zusammenfassend lässt sich über das seit 1783 dauernde »Vorspiel« der Katastrophe von 1784 sagen: »Die Folge von Natur- und Witterungsereignissen 1783/1784 stellt eine einzigartige Sequenz von Anomalien und Extremen dar, die auch heute noch beeindruckt. Sie waren somit mit ihren Folgewirkungen eines der herausragendsten Ereignisse der Frühen Neuzeit.«[178]

## 3.3 Eisstau und Eisaufbruch auf der Elbe[179]

Unvermittelt einsetzende Warmluft während des 26. Februars »ließ uns freylich in Rücksicht der ungeheuern Last Schnee, die unser Gebürge drückte, großes

---

176 Glaser, Rüdiger/Hagedorn Helga: Die Überschwemmungskatastrophe von 1784 im Maintal. Eine Chronologie ihrer witterungsklimatischen Vorraussetzungen und Auswirkungen. In: Die Erde. 1990. 121. Jg. Heft 1. S. 7.
177 Fügner, Dieter: Hochwasserkatastrophen. S. 24, 25. Ders.: Historische Wetterbeobachtungen. S. 156.
178 Glaser, Rüdiger: Klimageschichte. S. 208. Lamb, Hubert H.: Klima und Kulturgeschichte. Reinbek 1989. S. 274.
179 Die Elbe gehört zu denjenigen Flüssen, welche auch heutzutage zufrieren können. Das ist insofern bemerkenswert, da angesichts der globalen Klimaerwärmung und der industriellen Einleitungen eine Vereisung immer noch eintreten kann, obwohl die Wahrscheinlichkeit hierfür, auch aufgrund der hydrologischen Wirkungen der Flussregulierungen, abgenommen hat. Vgl.: Rommel, J.: Studie zur Laufentwicklung der deutschen Elbe bis Geesthacht seit ca. 1600. Koblenz/Berlin 2001. S. 29. http://elise.bafg.de/ (Stand: 12.12.2001). Rommel führt auf S. 29 hierzu aus: »Die Elbe zählt hydrologisch zu den Strömen des Regen-Schnee-Typs, und ist speziell durch Winterhochwässer ausgezeichnet. Bei anhaltendem Frost kann Eisgang und Eisstand mit geschlossener Eisdecke auftreten. Bei steigenden Abflüssen entsteht unter der Eisdecke ein Überdruck, der Wasserstandserhöhungen und Sohlenerosion nach sich zieht. Bei raschem Wetterwechsel, oder falls bei Eisstand Hochwässer auflaufen, so kann einsetzender Eisgang zur Stauung an Engstellen (»Eisstopfungen«), Deichbeschädigung und Deichbruch führen. Die Klimaverschlechterung am Ende des 18. Jahrhunderts mit besonders strengen Wintern hat daher eine ganze Reihe verheerender Hochwässer hervorgerufen.«

Waßer und das fortgehende Eis befürchten; (...).«[180] Zwischen dem 24. und dem 28. Februar 1784 setzte in ganz Deutschland Tauwetter ein.[181] Der Eisstand auf der Elbe verringerte sich bis zum 28. Februar, bei warmen Temperaturen und Sonne wies nichts auf eine Gefährdung hin.[182] »Durch starken Frost in der Nacht des 28. Februar hätte wohl Niemand vermuthen sollen, daß noch in selbiger eine so schreckliche Fluth (...) eintreten sollte.«[183] Das korrespondiert mit den Temperaturangaben von Pötzsch. Er maß für den Abend des 28. Februar minus 2,5 Grad Réaumur, was minus 3,1 Grad Celsius entsprach. Die Temperatur muss in der Nacht deutlich gefallen sein, denn sowohl diese anonyme Quelle, als auch Pötzsch geben für den Morgen des 29. Februar einen Wert von minus 7,5 bzw. minus 7,3 Grad Réaumur an (minus 9,375 bzw. minus 9,125 Grad Celsius). Die übrigen Werte für den 29. Februar und 1. März 1784 sind bei beiden Autoren identisch.[184]

Es handelte sich bei diesem Eisaufbruch um einen verzögerten Effekt. Die Erwärmung setzte vor dem eigentlichen Ereignis ein, dann folgte eine deutliche Abkühlung, was die Menschen dazu veranlasste, die bevorstehende Gefahr zu unterschätzen. »Denn schon vor dem Aufbruche des Eises neigte sich die warme Temperatur völlig wieder unter den Gefrierpunkt,(...).«[185] Hierin muss das Unberechenbare des Folgenden gesucht werden, denn niemand konnte den Zeitpunkt des Eisaufbruches vorherbestimmen. Ebenso unklar war, ob es überhaupt zu einer zerstörerischen Eisfahrt kommen würde, oder ob das Eis ruhig die Elbe hinabfließen würde. »Vormittags rührte sich auch das Eis hinter der Brücke und schob sich sehr ruhig, bis unter die Stadt hinunter; allein oberhalb

---

180 anonym: Ausführliche Nachricht von der großen Elbfluth in Sachßen am 29. Februar u. f. Tage. In: Hasche, Johann Christian (Hg.): Magazin der Sächsischen Geschichte. 1. Teil. Dresden 1784. S. 115.
181 Zu den verheerenden Eisfahrten in ganz Europa siehe: Thüringisches Staatsarchiv Greiz: Hausarchive Obergreiz und Untergreiz: Schrank IV, Fach 12a, Nr.1: Gesammelte Nachrichten von denen durch den so merkwürdigen als heftigen und lang anhaltenden Winter und der darauf erfolgten verwüstenden Überschwemmung und höchstgefährlicher Eisfahrth der meisten großen Flüße in Deutschland und angrenzenden Reichen, welche 1784 so häufigen Schaden verursacht und ganze Gegenden überströmet hat.
182 Fügner, Dieter: Hochwasserkatastrophen. S. 25.
183 anonym: Ausführliche Nachricht. S. 115.
184 Zur Umrechnung von Grad Réaumur in Grad Celsius siehe: Übersetzte Version von http://www.wikipedia.org/wiki/Reaumur (Stand:15.11.2002). Siehe auch: http://www.niester.de/temperaturen/hintergrund.html (Stand: 12.2.2004).
185 Pötzsch, Christian Gottlob: Chronologische Geschichte. S. 141.

derselben blieb es noch unbeweglich stehen. Des Nachmittags fiel sogar das Wasser wieder 9 Zoll, folglich bis an 1 Elle 15 Zoll herunter.«[186]

Die Dresdner mögen sich am an diesem Nachmittag des 28. Februar in Sicherheit gewogen haben, doch am Abend veränderte sich die Szenerie: »Es bricht die Elbe auf und wächst von 3 auf 9 Ellen Höhe mit unbegreiflicher Schnelligkeit.«[187] Als das Eis gegen 21 Uhr zum Brechen kam, war das Überraschungsmoment perfekt:

»Und ach! kaum hatte es 9 Uhr geschlagen,\*\*) als unter fürchterlichen Krachen das Eis borst, und von der anders woher\*\*\*) einstürzenden Fluth gehoben, in wenig Stunden zu einer Höhe anwuchs, die jeden Zuschauer erschreckte.«[188]

Der Eisaufbruch war fast zur gleichen Zeit (zwischen dem 27. Februar und Anfang März) auf allen größeren deutschen Flüssen zu beobachten.[189] Auch im Westen und Süden Deutschlands verursachte dieser Auftakt ähnlich verheerende Wirkungen: »Daß die Wassernoth in entfernten Gegenden wenigstens eben so groß seyn muß, ist daraus zu befürchten, daß die Nürnberger und Frankfurter Posten völlig ausgeblieben sind.«[190]

---

186 Pötzsch, Christian Gottlob: Chronologische Geschichte. S. 117, 136.
187 Klemm, Gustav: Chronik der Königlich Sächsischen Residenzstadt Dresden. Hrsg. v. Hilscher, P. G. 2. Bd. Dresden 1837. S. 513. Pohle, F. W.: Chronik von Loschwitz. Dresden 1886. S. 77, 79.
188 anonym: Ausführliche Nachricht. S. 115, 116. Die Fußnote hinter »geschlagen«, behandelt den Zeitpunkt des Eisaufbruchs in Pillnitz, Pirna, Dresden, Meißen und Mühlberg. Die Fußnote hinter »woher« behandelt den Eisaufbruch der Mulde am 26. Febr., der sich in die Elbe ergoss, »(...) wodurch sich das Eis plötzlich hob.« Der anonyme Autor weist im letzten Satz seiner Anmerkung auf die Frage hin, inwieweit die Erdbeben in Kalabrien mit dem Eisaufbruch der Mulde in Verbindung zu bringen seien. Zum Eisaufbruch: Pötzsch, Christian Gottlob: Chronologische Geschichte. S. 117, 136. Fügner, Dieter: Hochwasserkatastrophen. S. 26, 27. Ders.: Historische Wetterbeobachtungen. S. 156.
189 Vgl. Glaser, Rüdiger: Klimageschichte. S. 206, 207. Militzer, Stefan: Klima-Umwelt-Mensch. Bd. I. S. 357-359. Zum witterungsklimatischen Verlauf und seinen Auswirkungen auf Main, Rhein, Mosel, Saar, Weser und Oder siehe: Glaser, Rüdiger/ Hagedorn H.: Die Überschwemmungskatastrophe von 1784. S. 7-9. Zur Moldau: Fügner, Dieter: Hochwasserkatastrophen. S. 25, 26.
190 Leipziger Zeitungen. 46. Stück. 4. März 1784. Leipzig den 3. März. S. 231. Zu den weiteren Ereignissen aus anderen Gegenden Deutschlands, vgl.: Zürcher Zeitung, No. 21. 1784. Samstag, den 13. Merz. Deutschland. Maynz, den 3. Merz; Bamberg, den 2. Merz; Mühlheim, den 1. Merz; Frankfurt, den 5. Merz; Nürnberg, den 1. Merz; Pappenheim, den 3ten Merz; Bonn, vom 26sten Febr.; Cölln, vom 27sten Febr.; Hanau, vom 1sten Merz. Ohne Seitenangabe.

In Wien brach das Eis auf der Donau ebenfalls am 28. Februar. Es ist auffallend, dass die Zürcher Zeitung den Terminus »Katastrophe« für die Beschreibung des Eisaufbruchs in Wien verwendete. In deutschen Zeitungen, Zeitschriften und Aktenbeständen war dieser Begriff für dieses Jahr bisher nicht zu finden. Überhaupt scheint dies die erste Verwendung des Begriffs »Katastrophe« hinsichtlich von Naturgewalten respektive Hochwassern zu sein – ansonsten wurde meist von »Wassernoth«, »Wassererießung«, oder »Eisffarth« gesprochen.[191]

In Köln wurde im Moment des Eisaufbruchs »eine Procession angestellt.« Diese Stadt wurde von der Flut besonders schwer getroffen; »doch sollen dabey in Cölln unzählige Wunderwerke geschehen seyn.«[192]

Diese Katastrophe blieb nicht auf Deutschland beschränkt. Aus Frankreich sind vergleichbare Schäden überliefert. Auch von hier berichteten Zeitungen über das historische Ausmaß dieses Ereignisses: »welches fast aller Orten nicht ohne die größten Ueberschwemmungen, davon man keine Beyspiele hat, geschehen ist (…).«[193]

Der Anstieg des Wassers erfolgte in Sachsen äußerst schnell. Binnen elf Stunden stieg der Pegel in Dresden bis zum nächsten Morgen um 3,55 Meter, d. h. pro Stunde um 32 Zentimeter. Am 1. März zwischen zwei und sechs Uhr morgens zeigte der von Pötzsch an der Augustusbrücke installierte Elbhöhenmesser neun Ellen 20 Zoll. Das entspricht 8,57 Meter am heutigen Pegel.[194]

Pötzsch berichtete, dass auf der Elbe der Eisaufbruch verzögert einsetzte. Bei den flussabwärts gelegenen Ortschaften wie Wittenberg dauerte es bis zum 2. März, ehe der Effekt eintrat.[195] Das extreme Ausmaß des Hochwassers erklärt sich nicht nur durch den rapiden Temperaturanstieg, sondern auch durch Eisstau an Brücken oder natürlichen Barrieren wie Sändbänken in der Elbe.

---

191 Siehe hierzu. Zürcher Zeitung. No. 20. 1784. Mitwoch, den 10. Merz. Deutschland. Wien, vom 3ten Merz. Ohne Seitenangabe.
192 anonym: XXII. Historische Chronik. In: Journal von und für Deutschland 1784. O.O. 1. Bd. 3.Stück. März 1784. S. 328, li. Sp. Vgl. Zürcher Zeitung, No. 21. 1784. Samstag, den 13. Merz. Deutschland. Cölln, vom 27sten Febr. Ohne Seitenangabe. Anonym: Das arme Köln bey der Ueberschwemmung im Jahre 1784 den 27. Hornung. Stück 1–16. Verlag Everaert. 1784. S. 59.
193 Zürcher Zeitung. No. 26. 1784. Mitwoch, den 31. Merz. Frankreich. Paris, den 22. Merz. Ohne Seitenangabe. Zu den weiteren Zerstörungen in Frankreich, die denen in Sachsen glichen, siehe: Zürcher Zeitung. No. 25. 1784. Samstag, den 27. Merz. Frankreich. Paris, den 19ten Merz. Ohne Seitenangabe.
194 Schäfer, Wilhem: Chronik der Dresdner Elbbrücke. S. 95. Pohle, F. W.: Chronik von Loschwitz. Dresden 1886. S. 77. Fügner, Dieter: Hochwasserkatastrophen. S. 25. Ders.: Historische Wetterbeobachtungen. S. 156.
195 Pötzsch, Christian Gottlob: Chronologische Geschichte. S. 184.

## 3.4 Die Dramatik der Ereignisse

»Gestern Abend um 9 Uhr ist endlich bey Dresden die Elbe aufgegangen, da denn das Wasser in kurzer Zeit unglaublich wuchs, und die traurigsten Beweise bereits angerichteter Verwüstungen mit sich führte. Man sieht bereits losgerissene Schiffe, Balken, Hausgeräth und andere Merkmale eingerissener Häuser, welche unter der Dresdner Brücke durchgehen. Auch kam diesen Morgen eine Schiffbrücke geschwommen. Die Aussichten sind fürchterlich, und werden es immer mehr, indem das Wasser noch beständig steigt.«[196]

Der Eisaufbruch beschränkte sich in Sachsen nicht auf die Elbe, sondern war auch bei kleineren Flüssen feststellbar. Sogar Bäche zeigten durch die Eislast und die einsetzende Flut zerstörerische Kräfte. Wie umfassend und drastisch das Hochwasser »durch das ganze Land hinunter«[197] das Kurfürstentum heimsuchte, verdeutlichen Meldungen aus verschiedenen Orten:

»So weit das Auge reicht, sieht man Eisschollen, und darunter große und kleine Trümmer von Gebäuden und Mobilien. Wenige Orthe wissen etwas von einander, denn Wasser und Eis verhindern die Communication; aber was wir wissen, (...), ist über alle Beschreibung schrecklich: denn jeden Augenblick, von jeder Seite her, hören wir in den Dörfern nach Hülfe schreyen. Eine Menge Vieh ist ertrunken; von Menschen hoffen wir wenig; aber an Häusern ist schon vieler Schaden bekannt.«[198]

»Nur um das Leben zu retten, flüchteten Männer, Weiber und Kinder durch die obern Stockwerke auf Kähnen, und hinterließen ihre ganze Habe dem wüthenden Strome, andere endeten ihr Leben und mit demselben ihr Unglück in den Fluthen.«[199]

---

196 Leipziger Zeitungen. 45. Stück. Mittwochs den 3. März 1784. Aus Sachsen den 29. Febr. S. 228. Diese Meldung bezeichnet der anonyme Autor in: Ausführliche Nachricht von der großen Elbfluth, auf S. 118 in der dortigen Fußnote als übertrieben und »(...) nicht zur Hälfte wahr; (...)«. Allerdings berichtet dieser anonyme Autor in selbiger Quelle auf S. 121 in einer Anmerkung, dass die Dresdner »(...) zum Dache hinaus retiriren und mit Kähnen abgeholt werden. Auf dem weiten Kirchhof schwammen die Särge in den Grüften herum.« Vgl. zur Vergleichbarkeit der Aussagen: Leipziger Zeitungen. 49. Stück. Dienstags den 9. März 1784. Schandau den 3. März. S. 246. Auch Pötzsch (S. 143) kritisiert diese Meldung aus den Leipziger Zeitungen: »(...) obgleich nicht so viele Schiffe darunter waren, als gewisse Zeitungsblätter erzählen.«
197 Pötzsch, Christian Gottlob: Chronologische Geschichte. S. 128.
198 Leipziger Zeitungen. 49. Stück. Dienstags den 9. März 1784. Von der Elbe den 2. März. S. 245.
199 Leipziger Zeitungen. 49. Stück. Dienstags den 9. März 1784. Schandau den 3. März. S. 246.

Den Geretteten bot sich ein Bild des Schreckens. Die steigenden Fluten zerstörten nahezu die gesamte Infrastruktur. Diesen Prozess verfolgten Gerettete und Bürger hautnah mit:

»Häuser, Schiffe, Vieh und Menschen, eine unzählige Menge Bau- und Brennholz, und alle Arten anderer Geräthschaften von unsern Nachbarn, den obern Gegenden her, mit Entsetzen vorbey schwimmen zu sehen!«[200]

Einhellig betonen die Quellen das historische Ausmaß des Hochwassers von 1784. Man sei von einer »unaufhaltsamen, bey Menschenalter nie so groß gewesenen, Wasserfluth (...) überschwemmt (...)«[201] worden. Es wurden Vergleiche zu Fluten der Jahre 1595, 1691 und 1771 gezogen »allein die diesmalige übertraf jene weit.«[202] Auch Pötzsch ordnet, obgleich mit mehr Distanz zum Ereignis, diese Flut als außerordentlich ein. Allein schon die Tatsache, dass diesem Ereignis seine dreibändige »Geschichte der großen Wasserfluthen des Elbstroms seit tausend und mehr Jahren«[203] entsprang, zeigt, welchen Eindruck diese Katastrophe bei Zeitgenossen und Forschern hinterließ.

Am 2. März setzte erneut Kaltluft ein und ließ die Pegelstände sinken. Jetzt wurde das gesamte Ausmaß der Schäden deutlich, das den sächsischen Staat vor eine finanzielle Belastungsprobe stellen sollte. Wie verheerend die Flut über das Kurfürstentum hereingebrochen war, lässt sich daran ablesen, dass bis zum 10. März, über eine Woche nach Absinken des Wassers, die Kommunikation zwischen den größeren Städten und der Peripherie nicht wieder hergestellt werden konnte, »und noch jetzt fehlen von vielen Orten die Nachrichten.«[204] Diesem Szenario sahen sich Bürger, Beamte und der Hof zu Dresden ausgesetzt.

---

200 Leipziger Zeitungen. 50. Stück. Mittwochs den 10. März 1784. S. 252 linke Sp.
201 Leipziger Zeitungen. 50. Stück. Mittwochs den 10. März 1784. S. 252 linke Sp. Dies.: 49. Stück. Dienstags den 9. März 1784. Von der Elbe den 2. März. S. 246 li. Sp.
202 Leipziger Zeitungen. 52. Stück. Sonnabends den 13. März 1784. Barby den 7. März. S. 261. Hierzu auch: Lindau, M. B.: Geschichte der königlichen Haupt- und Residenzstadt Dresden von den ältesten Zeiten bis zur Gegenwart. Dresden 1885. S. 706.
203 Pötzsch geht im ersten Band insbesondere auf die Flut des Jahres 1655 ein. Siehe hierzu: Pötzsch, Christian Gottlob: Chronologische Geschichte. S. 155. Das ist insofern verständlich, da sie nach derjenigen von 1566, diejenige war, die einen nahezu ebenso hohen Pegel in Dresden erreichte wie die von 1566 und 1784 (8,57 Meter).
204 Leipziger Zeitungen. 52. Stück. Sonnabends den 13. März 1784. Aus Sachsen den 10. März 1784. S. 263.

## 3.5 Rettungsmaßnahmen während der Flut

Das Hochwasser traf Sachsen unvorbereitet. Ein einheitlicher, von Dresden aus organisierter Krisenstab war nicht vorhanden. Von Ort zu Ort unterschieden sich die Rettungsmaßnahmen. Größtenteils wurden die Menschen ihrem Schicksal überlassen. Immer wieder sprechen die Quellen davon, dass sich die Menschen mit Kähnen aus den obersten Stockwerken oder zum Dach hinaus gerettet haben.[205] Wie unzureichend die Hochwasserschutzmaßnahmen waren, lässt sich daran ablesen, dass nahezu alle Dämme entlang der Elbe überschwemmt wurden. Die Flut des Jahres 1784 war ein außerordentliches Extremereignis, anders lässt sich die Desorganisation angesichts dieser Katastrophe kaum erklären. Präventive Maßnahmen, die das Schlimmste verhindern sollten, traf man hingegen in Wien:

> »Zum Glück hatte man in den der Gefahr unterworfenen Vorstädten schon hinreichend Sorge getragen: Die Keller, Gewölber und Ställe wurden schon vor einigen Tagen ausgeleert; die Leute welche im ersten Stock wohnten, mußten sich in die Höhe ziehen; die Vermöglichen bekamen Befehl sich auf etwa 14 Tage mit Wasser, Holz und Lebensmitteln zu versehen; den Aermern wurden diese Bedürfniße von der Obrigkeit ausgetheilt. Das in der Leopoldstadt liegende Kavallerie-Regiment gieng meist auf die benachbarten Dörfer in die Quartier.«[206]

Aus Landau lesen wir unter dem 14. März: »daß die allgemeine Gefahr und Verwüstung durch weise und kluge Vorkehrung und ganz besondern unermüdeten menschenfreundlichen Eifer bey Zeiten abgewendet worden.«[207] Der Journalist betont die sonst »so vielen traurigen Nachrichten.«[208] Angesichts einer vergleichbaren meteorologischen Konstellation und einem ähnlich rasch einsetzenden Warmlufteinbruch zeigen diese zwei Beispiele, dass eine bessere Prävention möglich war. Auch aus Köln sind Maßnahmen berichtet, die in Sachsen erst in den folgenden Jahren eingeführt wurden. Warnsignale per Kanonenschüssen,

---

205 anonym: Ausführliche Nachricht. S. 121. Pötzsch, Christian Gottlob: Chronologische Geschichte. S. 153.
206 Zürcher Zeitung. No. 20. 1784. Mitwoch, den 10. Merz. Deutschland. Wien, vom 3ten Merz. Ohne Seitenangabe.
207 Zürcher Zeitung. No. 26. 1784. Mitwoch, den 31. Merz. Deutschland. Landau, den 14ten Merz. Ohne Seitenangabe. Um welches Landau es hierbei handelte, war der Quelle nicht zu entnehmen, das bayerische erscheint wahrscheinlicher.
208 Ebd.

reitende Boten, um die flussabwärts gelegenen Anwohner zu warnen, sowie der Einsatz von Sturmglocken sollten erst künftig eingeführt werden.[209]

Es kann davon ausgegangen werden, dass Wien, Köln und Landau nur Beispiele für weitere Städte waren, die sich ähnlich adäquat auf den Eisgang und ein mögliches Hochwasser vorbereiteten. Hierbei sollte bedacht werden, dass diejenigen Regionen und Städte, die zu effizienteren Abwehrmaßnahmen fähig waren, oftmals katastrophale Fluten in der meist jüngeren Vergangenheit bewältigt hatten.

Nicht nur das Überraschungsmoment, auch die Gewalt und das Ausmaß der Eisflut überforderten die sächsischen Behörden. Private Rettungsmaßnahmen bewiesen teilweise enormes Engagement, meist unter Einsatz des eigenen Lebens. 96 Menschen, hauptsächlich Fischer und Schiffsleute, bewiesen durch die Rettung von Menschenleben ihren Mut, was vom Kurfürsten mit insgesamt 675 Talern und 8 Groschen gedankt wurde.[210] Ein »Star« unter den Rettern war der Holzhändler und Fischer Johann Christian Mundt. Im Angesicht der Fluten von 1784, 1792, 1795 und 1799 befreite er nicht nur 60 Menschen aus Notsituationen, sondern gab nach den Hochwassern Holz zum Wiederaufbau zu günstigen Konditionen ab.[211] Angesichts der Schwere des Hochwassers nimmt es Wunder, dass nur neun Menschenleben zu beklagen waren.

Bei Riesa setzte sich ein Eisschutz derart fest, dass sich die Schollen erst nach acht Tagen lösten.

---

209 anonym: Das arme Köln bey der Ueberschwemmung im Jahre 1784 den 27. Hornung. Stück 1–16. Verlag Everaert. 1784. S. 58.
210 Vgl. hierzu: Pötzsch, Christian Gottlob: Nachtrag und Fortsetzung seiner chronologischen Geschichte der großen Wasserfluthen des Elbstroms seit tausend und mehr Jahren. Dresden 1786. S. 68. Auch nach der Flut v. 2002 würdigte der Staat den Einsatz von Rettern.
211 Weitere Details über Mundt in: HStAD: Loc. 508, Vol. III: Acta, die zu Abwendung der bey einem entstehenden Eischuze, zu besorgenden Gefahr getroffenen Veranstaltungen ferner Die durch die starcke Eisfart und außerordentliche Überschwemmung verursachten Schäden, diesfalls bewilligten Gnaden Beyhülfen, und sonst gemachten Vorkehrungen. 1798–1801. S. 143–238. Nach Rücksprache mit Frau Gisela Perren-Klingler, Institut für Psychotrauma, Prävention und Therapie von Traumafolgen, Visp, kann davon ausgegangen werden, dass es sich bei den Rettungsaktionen Mundts um einen Wiederholungszwang handelte, da nicht davon ausgegangen werden kann, dass Mundt zufällig den 60 Ertrinkenden begegnete. Er muss bei Bekanntwerden der Extremsituationen mehr oder minder direkt nach zu Rettenden gesucht haben.

»Es setzte sich dieser (Eisschutz) in gerader Linie (...) auf eine ganze Meile lang, bey dem Dorfe Gohlis, und stopfte nicht nur das Strombette völlig, zu 6 bis 8 Ellen hoch und mehr über die Ufer aus, sondern das Eis trat auch auch in der Krümmung (...) bis an das letztere Dorf, und bedeckte diese ganze Gegend eben so hoch, daß von den Dörfern, zu welchen man gar nicht gelangen konnte, in der Ferne weiter nichts, als die Dächer und obersten Baumwipfel zu sehen waren.«[212]

Versuche diese Barriere aufzusprengen, blieben erfolglos.[213] Schon im Vorfeld der Eisflut von 1784 berichten die Quellen von derartigen Ambitionen, sie blieben aber in der Breite ineffektiv. Teilweise hatten sie gegenteilige Wirkungen, weil das Eis unkontrolliert abging und zusätzlich Infrastruktur zerstörte. Diese präventiv angesetzten, aber erfolglosen Maßnahmen spiegeln die Ohnmacht der sächsischen Gesellschaft wider – sich adäquat dieser Katastrophe zu erwehren, da selbst das Militär keine wirkliche Abhilfe herbeiführen konnte. Bei Meißen wurde während des Eisgangs mittels Artilleriebeschuss und dem Einlassen von Bomben versucht, einen Eisschutz aufzusprengen – ohne wirklichen Erfolg.[214] In Wien feuerte man während des Eisgangs heftigst in das sich zusammenschiebende Eis, um so der Donau mehr Fluss zu geben.[215]

Ein anonymer Autor berichtet über den Artillerieeinsatz bei Riesa und den Nutzen von solchen Bemühungen im Allgemeinen:

»Man muß einen Eisschutz, wie die waren, die bey einigen vorhergehenden Eisfahrten, und vornämlich bey der letztern (1784), in der Gegend von Riesa entstanden sind, gesehen haben, um diesen Zweifel nicht unzeitig zu finden, und dagegen zu behaupten, daß Kanonenkugeln und Bomben im Stande wären, einen solchen schon liegenden starken Eisschutz zu vernichten, und schleunige Hülfe zu verschaffen.«[216]

---

212 Pötzsch, Christian Gottlob: Chronologische Geschichte. S. 160.
213 Pötzsch, Christian Gottlob: Chronologische Geschichte. S. 161. Zu den weiteren Versuchen, insbesondere die des Artilleriehauptmanns Dietrich, das Eis mittels Kanonenbeschuss bzw. Bomben in Bewegung zu setzten, siehe: ebd. S. 171–174. Militzer, Stefan: Klima-Umwelt-Mensch. Bd. I. S. 378, 385.
214 Zürcher Zeitung. No. 24. 1784. Mitwoch, den 24. Merz. Vermischte Nachrichten. Ohne Seitenangabe.
215 Zürcher Zeitung. No. 22. 1784. Mitwoch, den 17. Merz. Deutschland. Wien, den 6. Merz. Ohne Seitenangabe.
216 anonym: Einfälle über die Eisfahrten auf der Elbe. In: Dreßdnische gelehrten Anzeigen. Dresden 1785. III. Stück. S. 23, 24.

## 3.6 1784 – *das* Initialereignis

Wie orientierungslos der Großteil der Gesellschaft, insbesondere die politisch Verantwortlichen, reagierte, ist aus einem Brief Goethes aus Jena vom 1. März abzulesen: »Alles rennt durcheinander, die Vorgesetzten sind auf keine ausserordentlichen Fälle gefaßt, die Unglücklichen ohne Rath und die Verschonten unthätig. Wenige einzelne brave Menschen zeichnen sich aus.«[217] Obgleich Goethe aus Jena berichtet, gewinnt man einen Vergleichswert für die Situation im sächsischen Beamtenapparat. Fast möge man meinen, er beschreibe kein Katastrophenszenario, sondern den Alltag, denn der Gedanke liegt nahe, dass erst in dem Augenblick Bewegung in gesellschaftliche Prozesse kommt, nachdem sie begriffen hat, dass ihr bisheriges Verhalten nicht situationsgerecht gewesen ist.

Sachsen war seit 1566 nicht mehr von einer solchen Eisflut getroffen worden.[218] Wenn man einen Vergleich hinsichtlich der erreichten Pegel anstellen will, so böte sich höchstens diese Flut an, da sie laut dem historischen Elbpegelmesser, ebenso 8,57 Meter am Dresdner Pegel erreicht haben soll. Da den Behörden keine »Vergleichswerte« bzw. Erfahrungen vorlagen, sollte das Außergewöhnliche dieses Ereignisses in Betracht gezogen werden, wenn man danach fragt, warum ein solches Chaos gerade 1784 ausbrach. Die Fluten in den Jahren danach konnten die sächsischen Behörden nie wieder in solche Bedrängnis bringen. 1799 stieg die Elbe an einzelnen Abschnitten über die Pegel des Jahres 1784 (Rückstau durch Eisversetzungen)[219] – ein Chaos wie 1784 blieb aber aus. Man hatte innerhalb weniger Jahre gelernt, sich auf ein solches Szenario vorzubereiten. Schon 1785 beobachteten die Beamten die Elbe mit mehr Argwohn und wiesen die betreffenden Lokalbehörden Monate vor dem Ereignis an, den gesamten präventiven Maßnahmenkatalog anzuwenden und wachsam zu sein.

---

217 Steiger, Robert: Goethes Leben von Tag zu Tag. Eine dokumentarische Chronik. Bd. 2. Zürich/München 1983. S. 430.
218 Vgl. hierzu Kap. zwei: Severe Floods of the Elbe River in Dresden (Germany) 1501–2002.
219 Vgl. zu den Rückstauungen 1799: Deutsch, Mathias: Zum Hochwasser der Elbe und Saale Ende Februar/Anfang März 1799. In: Deutsch, Mathias/ Pörtge, Karl-Heinz/ Teltscher, Helmut (Hg.): Beiträge zum Hochwasser/Hochwasserschutz in Vergangenheit und Gegenwart. Erfurt 2000. S. 7–44, hier: S. 33.

## 3.7 Bewältigungsstrategien

Allein zwischen 1784 und dem neuen Jahrhundert führten fünf Hochwasser der Elbe (1784, 1785, 1792, 1795, 1799) den sächsischen Staat in Notsituationen. Wie gravierend diese Extremereignisse dem sächsischen Staatshaushalt zusetzten, zeigte sich an den verbleibenden Schäden, die weder vom Staat, noch mittels Spenden zur Gänze ausgeglichen, geschweige denn behoben werden konnten.[220]

Die Hochwasserkatastrophe von 1784 forderte neun Menschenleben, legte die Wirtschaft lahm und zerstörte Mühlen entlang der Elbe. Dadurch konnte nicht nur kein Mehl produziert werden, da häufig auch Vorräte in den Mühlen gelagert wurden, standen diese Reserven nicht zur Verfügung. Hierdurch kam es zu einer Unterversorgung der Bevölkerung; insbesondere Grundnahrungsmittel wie Brot konnte nicht hergestellt werden.[221] Wie werden die Sachsen reagieren, um diesem Chaos abzuhelfen?

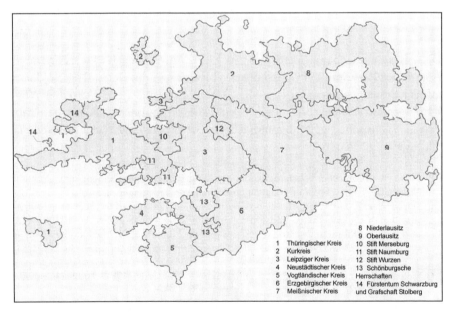

Abb. 13: Gliederung Sachsens in Verwaltungsbezirke Ende des 18. Jahrhunderts

---

220 Siehe hierzu: Militzer, Stefan: Klima-Umwelt-Mensch. Bd. I. S. 382.
221 Glaser, Rüdiger: Klimageschichte. S. 205.

### 3.7.1 Aufbaubemühungen

Kurfürst Friedrich August III. von Sachsen sandte eine Kommission aus Kreis- und Amtshauptmännern in seine Lande, die die Schäden bilanzieren sollte.[222] Um die Wiederaufbaumaßnahmen einzuleiten, wurde folgender Ablaufplan durchgeführt: Besichtigung der Schäden, Berechnung dessen, was der Staat bereit war, finanziell zu übernehmen, Kollekte am Karfreitag, Spendenbeiträge aus ganz Sachsen. Diesem Vorgehen, das bis 1845 dergestalt weiterverfolgt wurde, schalteten der Kurfürsten bzw. seine Berater eine Sofortreaktion vor. Hierzu stellte der Kurfürst Gelder zur Verfügung, deren Veranlassung – im Fall dieser Zeichen setzenden Flut – schon acht Tage nach dem Wasserhöchststand in den Leipziger Zeitungen publik gemacht wurde:

»Se. Durchlaucht, der Churfürst, dessen landesväterliches Herz die Noth seiner Unterthanen ihrem ganzen Umfange nach fühlte, haben unter andern Beweisen Dero Theilnehmung und Mildthätigkeit auch beträchtliche Summen an die Aemter gesandt, selbige unter die Verunglückten auszutheilen, und des Herzogs von Curland Königliche Hoheit ließen ein ganzes Schiff mit Lebensmitteln und Salz in die Gegend von Riesa und Strehlen abgehen.«[223]

Diese Bekanntmachung erschien am 10. März. Am 9. März 1784 wies Friedrich August per Reskript die Inspekteure des Heeres und der Reiterei an, Soldaten mit der Beseitigung des Eises von den Äckern zu beauftragen.[224] Um den Wirtschaftsprozess so wenig wie möglich zum Erliegen kommen zu lassen, bemühte sich die sächsische Regierung im nächsten Schritt um eine Wiederherstellung der Straßen und Zölle.[225]

---

222 HStAD: Locat 508.: Vol. I: Acta, die zu Abwendung der bei einem entstehenden Eisschutze zu besorgender Gefahr getroffenen Veranstaltungen, ferner die durch die starke Eisfahrt und außerordentliche Überschwemmung verursachten Schäden, diesfalls bewilligte Gnadenbeihilfen und sonst gemachte Vorkehrungen betr. 1784. S. 91a–97b. anonym: Ausführliche Nachricht von der großen Elbfluth in Sachßen am 29. Februar u.f. Tage. S. 127. In: Hasche, J. C. (Hg.): Magazin der Sächsischen Geschichte. 1784. 1. Teil. Dresden 1784.
223 Leipziger Zeitungen. 52. Stück. Sonnabends den 13. März 1784. Aus Sachsen den 10. März. S. 263.
224 HStAD: Locat 508.: Vol. I: Acta die zu Abwendung. S. 81a, b.
225 Militzer, Stefan: Klima-Umwelt-Mensch. Bd. I. S. 378, 379. Eine vergleichbare Vorgehensweise lässt sich 1834 in der Schweiz feststellen. Vgl. Nienhaus, Agnes: Entwicklungshilfe und Armenfürsorge. Die Hilfsaktionen anlässlich der Überschwemmungen von 1834 am Fallbeispiel Graubündens. In: Pfister, Christian (Hg.): Am Tag danach. S. 71, re. Sp.

Während der Flut wiesen die Leipziger Zeitungen auf die Unterbrechung der Transportwege und den Zusammenbruch großer Teile der Infrastruktur auch außerhalb Sachsens hin.[226] Eine Unterbrechung der Kommunikation, letztlich der Mobilität, ist bis heute ein Charakteristikum in der medialen Darstellung über Naturkatastrophen. Gilt heutzutage das Auto als Sinnbild individueller Bewegungsfreiheit, so werden vollgelaufene Autowracks, überflutete Autobahnen und überspülte Bahngleise als Beweis der Schwere einer Hochwasserkatastrophe von den Medien auf den Titelseiten verwendet.

Von wissenschaftlicher Seite wurde eine Abhandlung beigesteuert, die der Verwundbarkeit von Infrastrukturen Rechnung trug. Der Autor schlug eine Brückenkonstruktion vor, die von Eisfluten nicht zerstört werden konnte.[227]

### 3.7.2 Finanzielle Hilfen

Zeitgenössischen Quellen zufolge belief sich die Gesamtschadenssumme auf 593.431 Taler, 21 Groschen und 0,5 Pfennige.[228] Friedrich August stellte für den Gesamtschaden 188.576 Taler zur Verfügung.[229] Die von ihm angeordnete Karfreitagskollekte ergab, nach Zuschuss »aus einem besonderen Fond Höchsten Orts« 40.388 Taler, 13 Groschen und 0,5 Pfennige.[230] Pötzsch gibt in seinen

---

226 Leipziger Zeitungen. 46. Stück. 4. März 1784. Leipzig den 3. März. S. 231, re. Sp. Zur Situation an Main, Rhein und Neckar siehe Glaser, Rüdiger: Klimageschichte. S. 206, 207.
227 Löscher, Carl Immanuel: Angabe einer ganz besonderen Hangewerksbrücke, welche mit wenigen und schwachen Holz, ohne im Bogen geschlossen, sehr weit über einen Fluß kann gespannt werden, die größten Lasten trägt, und vor den stärksten Eisfahrten sicher ist. Leipzig 1784.
228 Militzer, Stefan: Klima-Umwelt-Mensch. S. 367. Auch zeitgenössische Berichte gehen von einer solchen Summe aus; vgl. hierzu: Leonhardi, M. F. G.: Erdbeschreibung der Churfürstlich- und Herzoglich-Sächsischen Lande. Erster Bd. Leipzig 1802. S. 55. Leonhardi bezifferte die Schäden auf exakt 600.000 Taler. Zur Umrechnung (bis 1821) von sächsischen Pfennigen und Groschen in Taler vgl.: http://www.saechsisches-industriemuseum.de/imc/sonder/rueckblick/euro/euro_muenzen.htm (Stand: 5.3.2003).
229 anonym: Nachtrag zu No. IX. S. 503–507. In: Hasche, J. C. (Hg.): Magazin der Sächsischen Geschichte. 1784. 1.Teil. Dresden 1784. Die angegebene Summe von 188.576 Talern ergibt sich aus der Differenz der auf S. 503 angegebenen 225.346 Taler und der »ursprünglichen« Kollekte von 36.770 Talern, da in dem von Pötzsch angegebenen gesamten Spendenaufkommen von 46.071, die »ursprüngliche« Kollekte enthalten war.
230 Pötzsch, Christian Gottlob: Nachtrag und Fortsetzung. S. 64. HStAD: Locat 508: Vol. II: Acta die durch starke Eisfahrt und außerordentliche Überschwemmung im Jahre 1784 verursachten Schäden, diesfalls bewilligte Gnadenbeihilfen und sonst gemahnte

Zusätzen und Verbesserungen der Geschichte großer Wasserfluten das gesamte Spendenaufkommen für 1784 mit 46.071 Talern 21 Groschen und 3,5 Pfennigen an.[231] Diese Summe setzte sich aus staatlichen wie aus privaten Mitteln zusammen. Zusätzlich gab es einen weiteren Zuschuss »aus dem Chfl. Fiscus (…)« in Höhe von »(…) etwan 36000 Thlr. (…).«[232]

Rein privaterseits kamen aus Aufrufen der Leipziger Zeitungen und des Dresdner Anzeigers 1675 Taler, 22 Groschen und 11 Pfennige zusammen.[233] Bilanziert man diese Summen ergibt sich eine Ausgleichssumme von ca. 272.323 Talern 19 Groschen und 14,5 Pfennigen.

Die Verteilung der 40.338 Taler, 13 Gr. und 0,5 Pf. lag in Händen von Kommissaren, die eine Verhältnisverteilung anwandten. Damit war gewährleistet, dass die Aufteilung der Gelder den in den Ämtern vorliegenden Schäden gerecht wurde. Es ist davon auszugehen, dass der Großteil der Gesamtsumme ebenso dieser Verhältnisverteilung unterworfen war.[234] Lediglich die Einkünfte aus den Zeitungsaufrufen wurden von denjenigen verteilt, die diese Anzeigen geschaltet hatten. Hierbei handelte es sich um Bürger mit hoher gesellschaftlicher Reputation – Justiziare, Priester oder Beamte.

Militzer nimmt an, dass die »(…) Zuwendungen nach der Flut des Jahres 1784 (…) nur einen geringen Teil des tatsächlichen Schadensumfanges (…)« ausglichen. Dieser Einschätzung kann nicht entsprochen werden, denn nahezu 50 Prozent der Schäden konnten abgedeckt werden. Er spricht von »verhaltenem finanziellen Engagement des Staates«.[235] Auch das ist mit den angegebenen

---

(Fortsetzung Fußnote 230)
   Vorkehrungen betr. 1785–1786. Zur Karfreitagskollekte: Roth, J. E.: Die nöthige Pflicht der Wohltätigkeit bey der am Charfreytage 1784 zusammelnden General-Collecte für die durch grosse Ueberschwemmung gelittenen Chur-Fürstl. Sächssl. Unterthanen der Christgemeinde zu Altensalza, vorgestellet. Plauen 1784. Ursinus, J. F.: Predigt nach der am 29sten Februar und folgende beyde Tage ausgestandene schrecklichen Eisfahrt und Wassernoth am Sonntage Reminiscere: 1784 in der Hochreichsgräflich-Looszischen Schloszkapelle zu Hirschstein gehalten. Dresden 1784.
231 Pötzsch, Christian Gottlob: Nachtrag und Fortsetzung. S. 66.
232 anonym: Vermischte Dresdner Nachrichten. In: Hasche, J. C. (Hg.): Magazin der Sächsischen Geschichte. 1784, 1. Teil. Dresden 1784. S. 409.
233 anonym: Verzeichniß der, nach den in den Leipziger Zeitungen und Dresdner Anzeiger befindlichen Quittungen eingegangenen Privat-Collecten-Gelder. In: Hasche, J. C. (Hg.): Magazin der Sächsischen Geschichte. 1784. 1.Teil. Dresden 1784. S. 404–407.
234 Pötzsch, Christian Gottlob: Nachtrag und Fortsetzung. Dresden 1786. S. 64–67. anonym: Vermischte Dresdner Nachrichten, S. 409. In: Hasche, J. C. (Hg.): Magazin der Sächsischen Geschichte. 1784. 1. Teil. Dresden 1784. Militzer, Stefan: Klima-Umwelt-Mensch. Bd. I. S. 380, 381.
235 Militzer, Stefan: Klima-Umwelt-Mensch. Bd. I. S. 382.

Summen in den oben angeführten Quellen nicht zur Deckung zu bringen. Allein vom Hof stammten Zuwendungen in einer Höhe von 228.549 Talern und 8 Groschen.[236] Trotzdem konnte nur ein Teil der entstandenen Schäden durch die staatlichen Zuwendungen ausgeglichen werden. Es liegt die Vermutung nahe, dass insbesondere diejenigen Gemeinden Anzeigen in den Leipziger Zeitungen schalteten, die entweder durch den Staat nur unzureichend bedacht worden waren, oder die ihre Not durch die schon erhaltenen Gelder nicht wirklich beheben konnten. Indiz dafür sind die in den Aufrufen immer wieder zu findenden Betonungen, dass dieser Ort bzw. ihre Einwohner besonders hart getroffen wurden und in drückendster Armut lebten.[237] Sowohl die Gelder aus der Staatskasse als auch private Zuwendungen wurden denjenigen Personen oder Orten zuteil, die eine Unterstützung am notwendigsten hatten.[238]

Es sollte in Betracht gezogen werden, dass Sachsen nach dem Zusammenbruch infolge des Siebenjährigen Krieges darauf bedacht war, seinen Staatshaushalt weiterhin zu konsolidieren. Aus diesem Grund übernahm der Staat nicht 100 Prozent der Schäden, sondern verwendete seine finanziellen Hilfen auf die ihm am wichtigsten erscheinenden Gemeinden, Wirtschaftsbetriebe und Infrastrukturen. Die verbleibenden Schäden überließ er einer privaten Selbstregulierung. Dass dieses Vorgehen nur das Nötigste abdeckte, ist auch daran zu erkennen, dass in anderen Regionen Deutschlands der Staat in weitergehendem Maße gewillt war, für seine Untertanen einzustehen. In Köln z. B. wurden die zerstörten Häuser »aus der allgemeinen Casse« wieder aufgebaut. In Einzelfällen übernahm der Landesherr persönlich die Kosten einer Instandsetzung, was zumindest in Köln zur Folge hatte, dass das ein oder andere Haus nach dem Wiederaufbau als höherwertig anzusehen war, als vor der Katastrophe.[239]

In denjenigen deutschen Regionen, die von Hochwassern heimgesucht worden waren, kam es 1784 zu Auswanderungen – z. B. nach Ungarn, ins öster-

---

236 Hierin ist der Zuschuss (3.973 Taler) von »Höchsten Orts« enthalten, da es sich hierbei sehr wahrscheinlich um eine staatliche Hilfe handelte. Der Rat zu Dresden beteiligte sich mit 1777 Talern, 21 Gr. u. 3 Pf. an den Privatspenden. Ob diese Summe sich aus Staatsmitteln oder von den Mitgliedern gespendeten Beiträgen zusammensetzte, war nicht zu eruieren. Im ersten Fall müsste man diese Summe den staatlichen Beiträgen zurechnen.
237 Leipziger Zeitungen. 50. Stück. Mittwochs den 10. März 1784. S. 252. Dies. 84. Stück. Sonnabends den 30. April 1785. Elsterwerda den 20. April. S. 526 re. Sp.
238 Vgl. hierzu: HStAD Loc. 508, Vol. I.: Acta, die zu Abwendung. S. 94b–95. Militzer, Stefan: Klima-Umwelt-Mensch. Bd. I. S. 379–382.
239 Zürcher Zeitung. No. 45. 1784. Samstag, den 5. Brachm. Kölln, den 11ten May. Ohne Seitenangabe.

reichische Polen und ins Bannat. »Jeder dieser Emigranten erhält täglich vom Kaiser zwey Gulden und im Bannat erhalten sie Häuser, Ackervieh, und Ackergeräthe.«[240]

Da es infolge der zerstörten Infrastruktur zu Versorgungsengpässen kam, befreite der sächsische Staat diejenigen Industrien von Abgaben, bei denen er es für geboten hielt, bzw. verschuf denjenigen Produktionszweigen Steuererleichterungen, die er für die Ankurbelung der Wirtschaft als wichtig ansah.[241] Direkte finanzielle Hilfen wurden der Textilindustrie in Schandau, Königstein und Wehlen »mit zwey Drittheilen baar, zur ungesäumten Wiederherstellung«[242] ihrer Produktionsmittel zuteil. Eine vergleichbare Unterstützuung erhielten 79 »in Schaden versetzte Einwohner zu Meißen, die bey der dasigen Churfürstl. Porcellänmanufactur in Diensten« standen.[243]

### 3.7.3 Angst vor »Contagionen«, Krankheiten und Epidemien

Der sächsische Kurfürst legte am 18. März 1784 »d(en) semtlichen Creys und Amtshauptleute(n)« seine Befürchtungen vor ausbrechenden Kranheiten dar: »Nachdem zu befürchten stehet, daß durch die diesjährige außerordentliche Ueberschwemmung der mehresten Flüsse (...) nach deissen Zurücktretung die Gebäude von Schlamm und Feuchtigkeit angefüllt geblieben, gar leicht Krankheiten unter Menschen und Thieren entstehen dürften«[244], erteilte er ihnen Anweisungen zur Prävention, welche beinhalteten, dass:

---

240 Zürcher Zeitung. No. 41. 1784. Samstag, den 22. May. Deutschland. Wien, den 8ten May. Ohne Seitenangabe. Zu Fragen der Auswanderung: Stumpp, Karl: Die deutsche Auswanderung nach Rußland 1763–1862. Stuttgart 1961. Brinck, Andreas: Die deutsche Auswanderungswelle in die britischen Kolonien Nordamerikas um die Mitte des 18. Jahrhunderts. Stuttgart 1993.
241 HStAD: Locat 508.: Vol. I; Locat 11104: Acta, die bei dem letzten Eisbruch und Überschwemmung der Flüsse an ihren Werkstühlen und Fabrikgerätschaften Schaden gelittenen Manufakturisten angediehene Unterstützung betr. 1784, unpag. Militzer, Stefan: Klima-Umwelt-Mensch. Bd. I. S. 379.
242 Pötzsch, Christian Gottlob: Nachtrag und Fortsetzung seiner chronologischen Geschichte der großen Wasserfluthen des Elbstroms seit tausend und mehr Jahren. Dresden 1786. S. 67.
243 Pötzsch, Christian Gottlob: Nachtrag und Fortsetzung. S. 68.
244 StAD: RA CXVIII 76b: Acta, Die beym harten Winter und Ergießungen des Elbstrohms im Jahr 1799 allhier getroffenen Veranstaltungen betr. Ergangen beym Rathe zu Dresden 1798, 1799, 1809, 1811, 1820, 1823, 1827, 1830, 1838. S. 92.

1. Die Einwohner der »gelittenen Ortschaften, so viel möglich ihre Wohnungen nicht sogleich wieder beziehen, noch das Vieh in die Ställe bringen, sondern solange bis die Wohnungen und Ställe behörig gereiniget, und mit frischer Luft angefüllet worden, in die benachbarten unbeschädigt gebliebenen Wohnungen, wo es thunlich aufgenommen werden, oder sonst einstweilen an trocknen Orten sich aufhalten.«[245]

Weiterhin verfügte er,

»2., die Häuser und Ställe von Schlamm und Unrath sorgfältig gereiniget, zu mehreren-mahlen bis an die Decken gescheuert, und durch Räuchern mit Wacholderholz, dergleichen Beeren Essig-Dämpfen, behutsamen Anzünden des Schwefels und Schießpulvers, nebst Einheizen, hauptsächlich aber durch beständigen Zugang reiner und frischer Luft getrocknet und wieder brauchbar gemacht«[246]

werden sollten. Drittens ordnete er an,

»die Brunnen, Röhrfahrten und Wasserbehältniße durch Plumpen Schlemmen und Säubern von allen Unreinigkeiten möglichst befreyet und, insonderheit die Brunnen, wo es thunlich durch hinlängliche Quantitäten Küchen-Salzes wieder rein und trinkbar«[247]

zu machen, sowie

»4., das an theils Orten ertrunckene Vieh, in so ferne es noch nicht geschehen, hinlänglich tief verscharret und mit Kalck bedecket werden soll, begehren Wir an euch hierdurch, ihr wollet in denen eurer Obhut anvertrauten Aemtern, damit obigen gemäß die Unterthanen derer durch die Ueberschwemmung gelittenen Ortschaften angewiesen, und auf die genaue Beobachtung dieser Vorsichtsmittel allenthalben Obsicht geführt werden, sofort das Nöthige veranstalten.«[248]

Dieses Reskript bildete die Basis für die bis 1845 verfügten »Vorsichtsmittel«, die nach jedem Hochwasser an die der Grundherrschaft vorgesetzten Kreis- und Amtshauptleute erging. Die Städte standen ebenso unter den Verfügungen der Kreishauptleute. Friedrich Augusts Anweisungen waren weder an das Geheime Kabinett, an das Geheime Konsilium, noch an die Land- oder Kreisstände ge-

---

245 StAD: RA CXVIII 76b: Acta, Die beym harten Winter. S. 93.
246 StAD: RA CXVIII 76b: Acta, Die beym harten Winter. S. 93, 94a.
247 StAD: RA CXVIII 76b: Acta, Die beym harten Winter. S. 94a.
248 StAD: RA CXVIII 76b: Acta, Die beym harten Winter. S. 94a,b.

richtet, die den Kreis- und Amtshauptmännern übergeordnet waren – sondern direkt an die Beamten vor Ort.

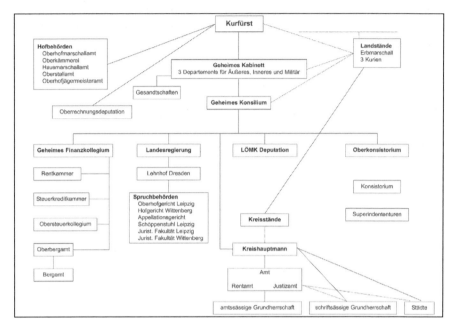

Abb. 14: Staatsaufbau um 1800

Er instruierte mit diesen Regeln das gesamte Kurfürstentum auf einer lokalen Verwaltungsebene. Damit war sichergestellt, dass nicht nur »die genaue Beobachtung dieser Vorsichtsmittel« eingehalten wurde, sondern auch »sofort das Nöthige veranstalte(t)« werden konnte, da die Maßregeln direkt an die Beamten vor Ort gerichtet waren. Die Amts- und Kreishauptleute konnten ihre Ämter im Geiste des Reskripts anweisen und die Bevölkerung instruieren, wenn nötig, das Angeordnete überprüfen.

Der Hinweis »sofort das Nöthige (zu) veranstalten«, zeigt die Dringlichkeit der Maßregeln, 16 Tage nach dem Fallen des Wassers die Gesundheit der Bevölkerung im Auge habend. Eine Abwehr von epidemischen Krankheiten infolge von Infektionen schien so gewährleistet zu sein. Im Falle einer Nichtbeachtung der Maßregeln war es möglich, die betreffenden Beamten genau zu lokalisieren. Da das Reskript im gesamten Herrschaftsgebiet erlassen wurde, hätten Krankheitsfälle in einzelnen Ämtern, Nachlässigkeiten der dortigen Kreis- und Amtshauptleute zu Tage treten lassen.

Unter Punkt 2. wurden die Untertanen angehalten, ihre Behausungen »durch Räuchern mit Wacholderholz, dergleichen Beeren Essig-Dämpfen, behutsamen Anzünden des Schwefels und Schießpulvers, nebst Einheizen, hauptsächlich aber durch beständigen Zugang reiner und frischer Luft«[249] zu trocknen und bezugsfähig zu machen. Neben dem im gesamten Schreiben zweimal erwähnten »beständigen Zugang reiner und frischer Luft« erscheinen die Anwendungen mittels Wacholder, Schwefel und Schießpulver wenig erfolgversprechend. Hingegen war das Säubern der Wohnungen und Wasserleitungen von Schlamm und Rückständen, wie eine Entsorgung des verendeten Viehs, angebracht.[250]

Am 3. April 1784 richtete Friedrich August III. erneut ein Schreiben »wegen derer zu Verhütung (...) zu besorgenden Krankheiten unter Menschen und Thieren, anzuwenden Vorsichts Mittel«[251] diesmal an »sämtliche Beamte im Churfürstentum Sachsen.«[252] Er wies auf die »Ausräucherung mit Weinessig« hin. Der Weinessig sollte »an die Bedürftigen aus Unsern Kellereyen alhier und zu Torgau ohentgeldlich gereiche werden (...).«[253]

Über diese Maßregeln hinaus mussten Stadtgräben und Tümpel »von dem zurückgebliebenen Schlamm durch dessen Ausdünstung (...) leicht faule Fieber und bösartige Krankheiten veranlaßet werden können, schleunigst und soviel nur thunlich geräumet«[254] werden. Gleiches galt für die überfluteten Kirchen samt ihren Friedhöfen und Gruften. Dass diese Anordnungen »ohngesäumt« zu befolgen waren, betonte er nicht nur in diesem Satz, sondern auch in den beiden darauf folgenden. Neben der Bekräftigung der Anordnungen vom 18. April, fokussierte er die »schädliche(n) Ausdünstungen«, des zurückgebliebenen Schlammes. Aus den eingesehenen Quellen für 1784 war kein Befund zu ermitteln, dass Krankheiten oder gar Epidemien infolge der Hochwasserkatastrophe ausbrachen. Die Gesundheitsmaßregeln scheinen ihr Ziel nicht verfehlt zu haben.

Die Zürcher Zeitung bilanzierte in ihrer Ausgabe vom 15. Mai den gesamten in Europa angerichteten Schaden auf wenigstens 200 Millionen Taler, fügte aber

---

249 StAD: RA CXVIII 76b: Acta, Die beym harten Winter. S. 93, 94a.
250 Eine massenhafte Entsorgung verendeten Viehs wird beschrieben bei: Jakubowsski-Tiessen, Manfred: Sturmflut 1717. Die Bewältigung einer Naturkatastrophe in der Frühen Neuzeit. München 1992. S. 213–216.
251 StAD: RA CXVIII 76b: Acta, Die beym harten Winter. S. 95a.
252 StAD: RA CXVIII 76b: Acta, Die beym harten Winter. S. 96b.
253 StAD: RA CXVIII 76b: Acta, Die beym harten Winter. S. 95b.
254 StAD: RA CXVIII 76b: Acta, Die beym harten Winter. S. 95b, 96a.

hinzu, dass die endgültige Schadenssumme höher liegen müsste, da die Schäden aus der Landwirtschaft noch nicht hinzugerechnet seien. Sie schätze diese Katastrophe als »wichtiger und trauriger« ein »als ein Krieg gewesen sein würde, weil dieser in so kurzer Zeit nie so viel vernichtet. Niemals war daher eine Begebenheit politisch oder statistisch merkwürdiger, als diese allgemeine Wassernoth vom Jahre 1784.«[255]

---

255 Zürcher Zeitung. No. 39. 1784. Samstag, den 15. May. Vermischte Nachrichten. Ohne Seitenangabe.

# IV. »Posttraumatische« Maßnahmen und Präventionen 1785

## 4.1 »Zweckdienliche Veranstaltungen«

Die enormen materiellen Schäden zeigten, in welchem Maß die Bereiche entlang der Flüsse als Siedlungs- und Wirtschaftsraum zunehmend genutzt wurden. Ackerflächen, Mühlen, Häuser und die ersten Manufakturen sprossen an der Elbe und kleineren Flüssen Sachsens aus dem Boden. Die neuen Industrien benötigten die Wasserkraft als Antriebsenergie. Hinzu kam eine unorganisierte »Verbauung der Flüsse und Bäche mit Brücken, Stegen und Wehren und die Vernachlässigung des präventiven, systematisch organisierten Hochwasserschutzes«[256], wodurch die Auswirkungen einer Eisflut vehement ausfielen.

Das »Initialereignis 1784« wurde bisher in den Blick genommen, um einerseits die Hilflosigkeit der Gesellschaft, andererseits den unzureichenden Maßnahmenkatalog der kurfürstlichen Behörden aufzuzeigen. Schon im nächsten Winter gingen vom Hof zu Dresden Anweisungen an die Beamten in Kreisen und Ämtern, um ein solch traumatisches Ereignis wie die Katastrophe von 1784 möglichst zu vermeiden.

Am 10. Februar erließ Friedrich August die Order, eine präventive Aufeisung der Elbe »an thunlichen Orten« durchzuführen. Stand ein Eisaufbruch unmittelbar bevor, hatten die Beamten ihre Präventivmaßnahmen auf die am meisten gefährdeten Bürger zu konzentrieren. Mit dem dritten Punkt der Anweisungen wurden sie aufgefordert »auch sonst die jedem Locali angemessenen Zweckdienlichen Veranstaltungen unverzüglich« durchzuführen, was bedeutete »denen unter eurer Jurisdiktion gehörigen Unterthanen das disfalls Nöthige ein(zu)-schärfen.«[257] Die ersten, präventiven Instruktionen des Dresdner Hofes nach dem Desaster des Vorjahres waren nicht eindeutig. Die Beamten vor Ort sollten überall dort die Elbe aufeisen lassen, wo sie es für nötig hielten. Die Umschreibung »thunlicher Ort« zeigt, dass den Dresdner Verantwortlichen keine Erfahrungswerte vorlagen, an welchen Flussabschnitten aufgeeist werden sollte. Deshalb überantworteten sie diese Entscheidung den »Herren Schrifts- und

---

[256] Militzer, Stefan: Klima-Umwelt-Mensch. Bd. I. S. 399.
[257] StAD: RA CXVIII 72: Acta, die bey dem gefallenen großen Schnee und daher zu besorgenden großen Wasser allhier getroffene Vorkehrungen betr. Ergangen beym Rathe zu Dresden ao. 1785. Ohne Seitenangabe. 10. Febr. 1785.

Amtsaßen.« Anders gedacht, kann damit ausgedrückt worden sein, dass die Dresdner Beamten ihren Kollegen in den Ämtern derart vertrauten, dass sie es nicht für nötig erachteten, die Orte präzis anzugeben. Was genau die Beamten ausführen sollten, um die Gefahr für die Bürger zu verringern, bleibt hinter der Formulierung »die zu ihrer Conservation dienenden Vorsichts-Mittel« verborgen.

Ebenso der dritte Punkt der Anweisung wirkt unpräzis. Die Bevölkerung sollte instruiert werden. Was allerdings das »disfalls Nöthige« für die Bürger bedeutete, war dem Schreiben nicht zu entnehmen.[258] Auch hier kann eine andere Denkrichtung eingenommen werden. Ob allerdings die Fluten der 1770er Jahre ausreichten, um auf genügend Erfahrungswerte zurückzugreifen, erscheint unwahrscheinlich. Der Kurfürst richtete seine Instruktionen an diejenigen Beamten, welche der amtsässigen und schriftsässigen Grundherrschaft vorstanden. 1784 waren die finanziellen und gesundheitspolitischen Maßnahmen auf der lokalen Verwaltungsebene abgehandelt worden. Diesem Vorbild entsprechend, versprach sich der Hof zu Dresden von einer Aktivierung der lokalen Behörden eine bestmögliche Prävention.

Einen Tag nach dem Monarchen machte sich der Kürfürstliche Hofrat und Oberamtmann Dr. Jacob Christian Keinhold schriftliche Gedanken über die »seit einigen Tagen anhaltende(n) gelinde(n) Witterung« wie über einen »Aufgang des Eises auf dem Elb Strohm.« Er wollte mit den Anweisungen des Schreibens einer »Abwendung ähnlichen Unglücks als beider im vorigen Jahr bey der Eisfarth«[259] das Feld bereiten. Die örtlichen Behörden sollten zu Vorsorgemaßnahmen veranlasst werden, um während des Hochwassers 1785 adäquater »als leider im vorigen Jahre«[260] reagieren zu können.

Der Eisaufbruch wurde früher (während des Februar/März) erwartet: »Bey jetziger zu befürchtender Eis und Wassergefahr (…).«[261] Er trat jedoch erst am 22. April 1785 ein und verlief ruhig. An diesem Tag stieg die Elbe morgens bei Dresden auf 7 Ellen 15 Zoll, was 7 Meter 34 Zentimeter am heutigen Pegel entspricht.[262]

---

258 StAD: RA CXVIII 72: Acta, die bey dem gefallenen großen Schnee. Ohne Seitenangabe. 10. Febr. 1785.
259 StAD: RA CXVIII 72: Acta, die bey dem gefallenen großen Schnee. Ohne Seitenangabe. 11. Febr. 1785.
260 Ebd.
261 Leipziger Zeitungen. 46. Stück. Sonnabends den 5, März 1785. Leipzig, den 5. März. S. 263, re. Sp.
262 Schäfer, Wilhelm: Chronik der Dresdner Elbbrücke. S. 96.

Vorsorgemaßnahmen, die in den Schreiben vom 10. und 11. Febr. 1785 zum Ausdruck kamen, zeigten seit dem Initialereignis von 1784 erste Lernschritte. Über zwei Monate vor der Flut waren die »Herren Schriffts und Amtsaßen« instruiert, »die nöthigen obrigkeitlichen Verfügungen (zu) treffen«, ebenso war ihnen befohlen worden, ihre Anordnungen an die Bevölkerung weiter zu geben. Dennoch räumte Hofrat Keinhold die Ohnmacht einer Eisflut gegenüber ein, denn er sprach davon, dass mit »diejenigen Mittel« lediglich »Gefahr vermieden, oder doch vermindert werden kan.«[263]

Auch dem technischen Bereich hatte die Flut von 1784 Impulse gegeben. Als exemplarisch kann eine im nächsten Jahr erschienene anonyme Abhandlung von technischen Maßnahmen angesehen werden, die vorsorgend angewendet werden sollten.[264] Ein souveräneres Abwehren im Angesicht der Katastrophe schien möglich zu sein – eine grundsätzliche Abwendung mit teilweise erheblichen Schäden dagegen kaum.

## 4.2 Fahrten, Mannschaften und Elbschiffer

Weitere Vorsorgemaßnahmen galten den auf dem Elbstrohm über das Eis angelegten »Fahrten« – hölzernen Wegen über den zugefrorenen Fluss, die den Fußgängern die Überquerung vereinfachten. Diese »Eisbahnen« waren oft zwei bis dreimal dicker als das übrige Stromeis und drohten – wenn sie nicht rechtzeitig aufgehauen wurden – eine Eisstopfung auszulösen.

Friedrich August brachte seine Besorgnis darüber zum Ausdruck dass »beym Auf- und Fortgange des Eises (…) diesen Gegenden gefährliche Schuz und Überschwemmungen entstehen könnten.«[265] Die Beamten Segnitz und von Hopffgarten verwiesen auf das »Rescript(s) vom 10. huj.«[266], um damit die be-

---

263 StAD: RA CXVIII 72: Acta, die bey dem gefallenen großen Schnee. Ohne Seitenangabe. 11. Febr. 1785. Schreibweise »kann« mit einem »n«.
264 anonym: Voher anzuwendende Mittel zu Verhütung einer großen Eisfahrt der Elbe. In: Dreßdnische gelehrte Anzeigen auf das Jahr 1785. XII. Stück. S. 95–96.
265 StAD: RA CXVIII 72: Acta, die bey dem gefallenen großen Schnee. Ohne Seitenangabe. 18. Febr. 1785.
266 StAD: RA CXVIII 72: Acta, die bey dem gefallenen großen Schnee. Ohne Seitenangabe. 10. Febr., 18. Febr. 1785. Ein mögliches weiteres Ansteigen des Flusses durch Eisbahnen wurde erst 1808 von Dammert beschrieben, siehe hierzu: Dammert, A. H.: Erfahrungen und praktische Bemerkungen über den Eisgang und die höchsten Anschwellungen der Ströme, und über die zweckmäßigsten Vorkehrungen dagegen. Neues Hannoversches

treffenden Untertanen zur Aufeisung zu veranlassen und die Fahrten zu beseitigen. Diese Bemühungen können als frühe Innovationen angesehen werden. Am selben Tag wies der Rat zu Dresden die Gerichts-Personen von sechs Dresdner Gemeinden an, die vorstädtischen übrigen vier Gemeinden falls sie

»in Waßers-Noth und Überschwemmung (...) gesetzet werden sollten, dieselben, es sey bey Tag oder Nacht, sofort einige Mannschafft (...) zur nöthigen Beyhülfe und Rettung zuschicken sollen (...), welche (...), jeden Orts, bey dem (...) Abgeordneten und denen Gerichten zu melden, und fernere Weisung gewarten sollen.«[267]

Ziel der Maßnahmen war es, die völlig unzulänglichen Hilfsaktionen während der 1784er Flut in diesem Jahr zu vermeiden. Die während des Hochwinters erlassenen Schreiben zeugen von der Anwendung eines Maßnahmenkatalogs, mit dem die Möglichkeiten präventiv ausgeschöpft werden sollten, welche den Behörden zur Verfügung standen. Die Weisungen waren an die lokale Behördenebene gewandt; sie gingen vom Hof oder Stadtrat zu Dresden direkt an die amtsässigen Beamten und Behörden vor Ort.[268]

### 4.3 Vorschläge zur Beseitigung von Sandbänken und Heegern

In einer Quelle vom 16. April 1785 kritisierte der Verfasser Günther, dass die »Elbschiffer unterhalb der Elbe« das Eis zerstückelten, was der Autor für nicht ratsam hielt. Vielmehr ginge es darum, die Elbe auf das »rechte Neustädter-Elb-Ufer zu drängen«, mit dem Ziel, neu entstandene »Sand- und Kieß- Depots« vom Strom wegschaffen zu lassen. Zudem sollte das stehengebliebene Eis den Abfluss während der Hauptflut unterhalb der Brücke beschleunigen. Das oberhalb der Brücke stehende Eis sollte von den Elbschiffern erst zerteilt werden,

---

(Fortsetzung Fußnote 266)
    Magazin. 18. Jahrgang. 34tes Stück. Montag, den 25ten April 1808. Sp. 537. Insofern kann angenommen werden, dass Sachsen, was diese Prävention betraf, nicht zu den »Nachzüglern« gehörte.

267  StAD: RA CXVIII 72: Acta, die bey dem gefallenen großen Schnee. Ohne Seitenangabe. 18. Febr. 1785. Beginn der Quelle: »Denen Gerichts-Personen, Pirnaischer (...).«

268  Zum Behördenaufbau Sachsens um 1800: Groß, Reiner: Geschichte Sachsens. S. 164. Blaschke, K. H.: Die Ausbreitung des Staates in Sachsen. In: Blätter für deutsche Landesgeschichte. 91. Jg. 1954. S. 96–99. Leonhardi, M. Friedrich Gottlob: Erdbeschreibung der Churfürstlich- und Herzoglich-Sächsischen Lande. Leipzig 1802. S. 141–235.

»wenn die Eisstärke etwa groß seyn sollte.«[269] Es war ein weiterer Lernschritt, mit der erwarteten Flutwelle nicht nur Eis, sondern auch natürliche Hindernisse in der Elbe fortzuspülen. Die Überlegung Sandbänke und Heeger (Sandhügel) aus dem Bett der Elbe zu entfernen, wurde weiter verfolgt.

1789 erschien von dem Wissenschaftler Rössig in Leipzig eine Abhandlung »Wasserpolizey für Länder zur Minderung der Schäden des Eisgangs und der Ueberschwemmungen wie auch zur Wasserbenutzung.«[270] Darin überlegt er, Sandbänke und Heeger aus dem Bett der Elbe zu spülen.

»Die Heeger sind in den Ströhmen durch Hinderung des Eisganges und Anhäufung der Eisschütze sehr nachtheilig, indem sich an ihnen theils das Eis stemmt, theils auch weil hier das Eis wegen der Seichtigkeit des Platzes nicht Wasser genug unter sich hat, um gehörig gehoben werden zu können.«[271]

Auch andere Zeitgenossen bemängelten ein Nichtfreihalten der Elbe von Versandungen und Heegern.[272] Ein anonymer Autor bemerkte in den Dreßdnischen Gelehrten Anzeigen:

»Die Elbufer werden immer mehr weggerissen, die alten Heger vergrößern sich zusehends und neue entstehen in großer Menge. Letztere wären wenigstens mit weniger Mühe wegzuschaffen, und es nimt mich Wunder, daß man nicht darauf bedacht ist.«[273]

Er beklagte, dass nichts gegen diese offensichtlichen Missstände getan wurde. Es käme vielmehr darauf an, »dem Eise einen freyen und ungehinderten Abfluß zu verschaffen, und zu verhindern, das es sich nicht in einen sogenannten Schutz legt.«[274] Er kam zu diesem Schluss, weil »Eisfahrten (…) größtenteils ihren Grund in dem entstandenen Eisschutze« hatten. Er forderte eine »Räumung des Strombettes und die Wegschaffung der vielen Heger und Sandbänke.«[275]

---

269 StAD: RA CXVIII 72: Acta, die bey dem gefallenen großen Schnee. Ohne Seitenangabe. 16. April 1785.
270 Rössig, D. Carl Gottlob: Wasserpolizey für Länder zur Minderung der Schäden des Eisgangs und der Ueberschwemmungen wie auch zur Wasserbenutzung. Leipzig 1789. S. 88–91.
271 Rössig, D. Carl Gottlob: Wasserpolizey für Länder 1789. S. 88, § 58.
272 anonym: Einfälle über die Eisfahrten auf der Elbe. In: Dreßdnische gelehrte Anzeigen. Dresden 1785. III. Stück. S. 19–24.
273 anonym: Einfälle über die Eisfahrten. S. 21.
274 anonym: Einfälle über die Eisfahrten. S. 20.
275 Ebd.

Die nötigen Maßnahmen, um die Elbe vor Vereisungen zu schützen und Versandungen abzubauen, waren auf behördlicher wie auf wissenschaftlicher Ebene in den 1780er Jahren vorhanden: Die Kritik des Beamten Günther an der Zerteilung des Eises durch die Elbschiffer und seine Vorschläge zur Beseitigung der Versandungen in der Elbe, entsprechen den Forderungen Rössigs und denen des unbekannten Autors in den Dreßdnischen Gelehrten Anzeigen. Dieser schlug weiter vor, wie den Auswirkungen einer Eisflut begegnet werden konnte: »würde das Bette des Stroms gereiniget; würden die Heger und Sandbänke weggeschaft; würden insonderheit die seichten und versänderten Orte ausgetieft: so würde der Strom mehr Fall bekommen, der Zug stärker, und die Eisfahrten minder schrecklich und nachtheilig werden.«[276]

## 4.4 Kanonenschüsse, Rettungsnetze und Krankheitsvorsorge

Ein weiterer Lernschritt war die im Februar 1785 vom Kurfürsten verfügte Signalgebung mittels Kanonenschüssen von der Festung Königstein. Von dort sollten Beamte und Soldaten den Eisaufbruch in Böhmen beobachten, dann sofort drei Schüsse abgeben, um Pirna warnen zu können. Deutsch berichtet, dass schon ein Jahr zuvor Kanonen zum Einsatz kamen.[277] Signalgebungen per Kanonenschüssen wurden 1784 auch aus Bonn berichtet.[278] Es handelte sich hierbei also nicht um eine rein sächsische Innovation. Außerdem verfügte Friedrich August III., dass Reiter den Eisaufbruch von der sächsisch-böhmischen Grenze den weiter flussabwärts gelegenen Orten zu melden hatten. Boote zur Rettung und Evakuierung der Bevölkerung wurden ebenso bereitgestellt.[279]

Betrachtet man die Bewältigungsstrategien, die Sachsen zwischen 1784 und 1845, aufgrund der nahezu permanenten Hochwassersituationen, leisten konnte,[280] so fällt die Gesundheitsvorsorge in den ersten Jahren ins Auge.

---

276 anonym: Einfälle über die Eisfahrten. S. 23.
277 Deutsch, Mathias: Zum Hochwasser der Elbe und Saale Ende Februar/Anfang März 1799. In: Deutsch, Mathias/Pörtge, Karl Heinz/Teltscher, Helmut (Hg.): Beiträge zum Hochwasser/Hochwasserschutz in Vergangenheit und Gegenwart. Erfurt 2000. S. 16. Pötzsch, Christian Gottlob: Zweyter Nachtrag. S. 209–212.
278 Zürcher Zeitung. No. 21. 1784. Samstag, den 13. Merz. Deutschland. Bonn, vom 26. Febr. Ohne Seitenangabe.
279 Zu Signalgebungen und Reiterstafetten vgl. Militzer, Stefan: Klima-Umwelt-Mensch Bd. I. S. 388. Ansonsten: Fügner, Dieter: Hochwasserkatastrophen in Sachsen. Leipzig/Zwickau 2002. S. 33, 34.
280 StAD: RA CXVIII 76b: Acta, Die beym harten Winter. S. 139a–142b, hier S. 139b.

Schneller als bei der 1784er Katastrophe reagierte der Staatsapparat im folgenden Jahr, um der »Gesundheit der hiesigen Einwohner nachtheiligen Folgen vorzubeugen, (...).«[281] Vergingen 1784 über zwei Wochen ehe die ersten landesweiten Anordnungen Dresden verließen, war im Jahr danach bereits nach drei Tagen ein Schreiben[282] an die sächsische Landesregierung respektive den Kurfürsten verfasst. Für die Stadt Dresden existierten bereits am 7. März 1784 gesundheitspolizeiliche Vorschriften. Ein Jahr später hieß es, dass

>»Ew. Durchl. nach Erhalt des an die allhiesigen Beamten unterm 3ten April ac. prat. erlaßenen Höchsten Rescripts die preißwürdigste Vorkehrung zu treffen geruhet, daß denen Bedüftigen Einwohnern hierselbst einiger zu Ausräucherung der Gebäude dienlich befunden Weinessig (...) ohnentgeldlich zuweisen gemeßenst entschlossen worden (...).«[283]

Anordnungen zur Prävention waren schon vor der Flut am 3. April an die Beamten ergangen. Die Wirkungen des Weinessigs seien 1784 von einem solchen »Erfolg gewesen und einige epidemische Krankheiten nicht entstanden«, dass »zum Besten derer allhiesigen bedürftigen Einwohner gleichmäßige gemäßenste (Bescheide)[284] an die Behörden zu ertheilen gerührt, damit von selbigen einiger bedürftiger Weinessig in der Kellerey abgeholt werden können (...).«[285] Weiterhin wurde der Landesregierung nahegelegt, einer Ausräucherung mit Weinessig zuzustimmen, weil dieses

>»Vorsichts Mittel (...) heuer uns so nothwendiger scheinet, da die im letztern Jahre in Waßer gestanden Häuser und Gaßen (...) wiederum, ob schon nicht in vorjähriger Höhe, überschwemmt und dieses Jahr schädlicher geworden, weiln das Wasser viel länger gestanden auch in das Gemäuer weit stärker eingedrungen.«[286]

---

281 StAD: RA CXVIII 72: Acta, die bey dem gefallenen großen Schnee. Ohne Seitenangabe. 25.4.1785; »An Landes Regirung ...«.
282 StAD: RA CXVIII 72: Acta, die bey dem gefallenen großen Schnee. Ohne Seitenangabe. 25.4.1785; »An Landes Regirung ...«. Leider war der Autor dieses Schreibens dem Manuskript nicht zu entnehmen, da er seinen Namen mit Kürzeln versah.
283 StAD: RA CXVIII 72: Acta, die bey dem gefallenen großen Schnee. Ohne Seitenangabe. 25.4.1785.
284 Die Handschrift ist bei diesem Wort besonders undeutlich.
285 Die Worte »werden« und »können« sind in der Quelle durchgestrichen.
286 StAD: RA CXVIII 72: Acta, die bey dem gefallenen großen Schnee. Ohne Seitenangabe. 25.4.1785.

Das längere Stehen des Wassers verursachte starke Schäden, da das Wasser nicht so schnell ablief wie 1784. Die erneute Durchfeuchtung des Mauerwerks schädigte die Bausubstanz erheblich. Auch Pötzsch äußerte sich in dieser Hinsicht, als er die Flut des Jahres 1785 charakterisierte:

»Insonderheit verschlämmte sie, oder versänderte wohl gar die Gärten, Felder und Wiesen, wusch und weichte die Gebäude ein, beschädigte die Ufer. – Welches alles, bey deren langem Anhalten, weit mehr erfolgte, als sonst zu geschehen pflegt, wenn eine Fluth sich geschwinde wieder verläuft.«[287]

Am 26. April 1785 erließ der Rat zu Dresden Vorschriften und »Maasregeln« die »Gesundheit derer ›hiesigen Einwohner‹«[288] betreffend:

---

287 Pötzsch, Christian Gottlob: Nachtrag und Fortsetzung seiner chronologischen Geschichte der großen Wasserfluthen des Elbstroms seit tausend und mehr Jahren. Dresden 1786. S. 92.
288 StAD: RA CXVIII 72: Acta, die bey dem gefallenen großen Schnee. Ohne Seitenangabe. 26.4.1785.

Zu Abwendung epidemischer Krankheiten und zu Erhaltung der Gesundheit derer hiesigen Einwohner, erfordert es die unumgängliche Nothwendigkeit, daß in denen Gassen und Orten, welche bey der heurigen abermahligen Ueberschwemmung in Wasser gestanden, ebenfalls nachfolgende auf höchste und hohe Anordnung, bereits unterm 7. Mart. des vergangenen Jahres, durch den Druck bekannt gemachte Vorschriften und Maasregeln allenthalben, auf das genaueste, beobachtet werden; Und zwar

1) sind die Gebäude, Gehöffte, Keller, Scheunen und Ställe, von dem zurückgebliebenen und stehenden Wasser schleunigst zu reinigen, und ist solches auszuschöpfen und abzuleiten; hiernächst sind

2) sämtliche, besonders die zur Wohnung bestimmte Behältnisse und durch die Wasserfluth verdorbene Quartiere von Schlamm und Unrath zu räumen, die Fußböden und Wände sorgfältig abzukratzen, die Ofen zu heitzen und, wenn die Wohnungen heiß sind, alle Fenster und Thüren aufzumachen, auch vorzüglich darauf zu sehen, daß frische Luft in solche gebracht werde; So lange

3) diese Austrocknung dauert, haben die Einwohner täglich zu drey- vier- und mehrmahln mit Wachholder-Reißig, Wachholder-Beeren, Wein-Eßig-Rauch, oder auch, wenn die gehörige Vorsicht dabey beobachtet wird, mit Schieß-Pulver zu räuchern, und

4) diese Wohnungen nicht eher, als bis alles trocken und von denen Gerichten besichtiget, auch für tüchtig und wohnbar befunden worden, zu beziehen, sowohln,

5) zu Beförderung der Gesundheit, fleißig Wasser mit Wein-Eßig zu trinken, und laue Fußbäder zu gebrauchen. Nächstdem

6) ist unumgänglich nothwendig, daß sämtliche Brunnen und Röhrwasser, auf denen überschwemmt gewesenen Gegenden, öfters und rein ausgeplumpet und Küchen-Saltz eingestreuet werde.

7) Sollen die Soldaten, nach dem von der Behörde zu erhaltenden hohen Befehl, die überschwemmt gewesenen Quartiere nicht eher als nach zwey bis drey Wochen beziehen. Dreßden, den 26. April 1785.

(L. S.) Der Rath zu Dreßden.

Abb. 15 : Gesundheitsvorschriften April 1785

Damit reiht sich diese Prävention in den Kanon der Lernschritte des Jahres 1785 ein. Die Möglichkeiten, Gefahren und Auswirkungen ein Hochwasser besser abwehren zu können, hatten sich nicht entscheidend verbessert. Die lokale Behördenebene war so zeitig instruiert, dass Kreise und Ämter die Bevölkerung im Sinne der erlassenen Reskripte frühzeitig anweisen konnten.

Die positiven Erfahrungen, die die sächsischen Verwaltungen auch 1785 mit Weinessig gemacht hatten, müssen nicht a posteriori auf das Initialereignis 1784 bezogen werden – auch wenn die Quellen diesen Eindruck vermitteln. Wahrscheinlich wurde schon vor 1784 der Weinessig als Desinfektionsmittel angewandt. Da keine nennenswerten Seuchen ausbrachen, verwendeten die Behörden bis 1845 immer wieder den mehr oder weniger gleichen Maßnahmenkatalog.

# V. Ein wirklich armes Dorf

## 5.1 Ihleburg – eine »nichtige Angelegenheit«

Die nachfolgenden Ausführen zeigen einen Wechsel, der sich schon kurz nach 1784 in den Köpfen der Finanzbeamten vollzog. Um die Impulse für die großen Lernschritte besser erklären zu können, werden auch im weiteren Verlauf der Untersuchung, anhand von Fallstudien, interne Reaktionsweisen des Beamtenapparats herausgestellt.

Am 23. November 1785 verfasste die Königlich Preußische Kriegs und Domänen Kammer zu Magdeburg ein Schreiben an das sächsische Finanzkollegium, mit dem Hinweis auf die säumigen Dammbauarbeiten der Gemeinde Ihleburg.[289] Das nahe an der Grenze zum Königreich Preußen liegende Dorf, hatte 436 Ruten (ca. 1,975 km)[290] Elbdämme zu unterhalten, die an die preußischen grenzten. Nach dem Hochwasser vom April waren die Dämme »gänzlich zu Grunde gerichtet.« Zur Prävention gegen kommende Fluten, sowohl für die sächsische wie preußische Seite, forderten die Magdeburgischen Beamten die gänzliche Wiederherstellung der Dämme. Obwohl die Magdeburger 200 Taler der Gemeinde Ihleburg bereitgestellt und das für das Dorf zuständige Amt Gommern mehrmals auf eine Instandsetzung hingewiesen hatte, »so sind diese (die Dämme) unvollendet geblieben, und es scheint nicht sowohl Wiederspenstigkeit als vielmehr das Unvermögen der Gemeinde daran schuld zu seyn.«[291]

Dieses an das Geheime Konsilium gerichtete Schreiben wurde abschriftlich an die Landesregierung weitergeleitet, mit dem Hinweis, die Gerichtsobrigkeit zu Ihleburg »zu baldmöglichster Vollendung sothanen dringenden Dammbaus« anzuweisen. Mit dem Finanzkollegium sich hierüber auszutauschen, wurde der Landesregierung lediglich anheim gestellt.[292] Obwohl von preußischer Seite die unzulänglichen Instandsetzungsarbeiten als »nichtige Angelegenheit« bezeichnet wurden, befassten sich nur einen Tag später Finanzbeamte zu Berlin mit der

---

289 HStAD: Loc. 5363: Acta Die wegen Erhalt- und Erhöhung der Dämme an der Elbe und andern Flüßen, zu Praecavirung der Uiberschwemmungen, vorzukehrende Veranstaltungen betr. de Anno 1767 seqq: 99. 23. November 1785. S. 6a.
290 Zur Umrechnung von Ruten in Meter, siehe: http://www.wbs-dresden.de/projekte/silberblicke/kapfern/art4/art21s01.shtml (Stand: 10.2.2003).
291 HStAD: Loc. 5363: Acta Die wegen Erhalt und Erhöhung. 23. November 1785. S. 6a.
292 HStAD: Loc. 5363: Acta Die wegen Erhalt und Erhöhung. 29. November 1785. S. 7a, b.

Ihleburgischen Säumigkeit.²⁹³ Sie wiesen wie im ersten Schreiben auf eine Unterstützung von 200 Talern hin, die der Gemeinde von preußischer Seite gewährt worden war. Diese Summe war von den »Magdeburgischen Deich-Officianten« zur Instandsetzung von 104 Ruten genutzt worden. Weitere 46 Ruten der Deichlinie waren von der Gemeinde selbst »nur einiger maßen repariret« worden, so dass 346 »zur Ausbeßerung Erhöhung und Verstärkung« angemahnt wurden.²⁹⁴

Eine ca. 1,6 Kilometer lange auszubessernde Deichlinie stellte für die Gemeinde eine finanzielle Belastung dar, die sie aus eigenen Mitteln kaum aufbringen konnte. Für die Kostendeckung von ca. 520 benötigten Talern, verließ sie sich, laut den Etats-Räten zu Berlin,

> »auf eine gleichmäßige Unterstützung von ihrem gnädigsten Landesherrn (…) wozu ihr dem Vernehmen nach, von neuerlich dort gewesenen sächsischen Commissarien auch Hofnung gemacht seyn soll.«²⁹⁵

Zwar befasste sich u. a. erneut die Landesregierung, die örtliche Gerichtsbarkeit (Amtshauptmann von Rephen) und auch der Wasserbaukommissar Wagner mit den Ihleburgischen Dammarbeiten, aber es wurden weder ausreichende Geldsummen, noch grundlegende Arbeiten an den Dämmen realisiert. Bis in den Februar 1786 schwankten im beiderseitigen Schrifttum die Länge der auszubessernden Dämme bzw. die hierfür aufzubringenden Summen.²⁹⁶ Bereits im vorhergehenden Dezember zeigte sich, warum von preußischer Seite auf eine umfassende Sanierung dieser Dämme gedrängt wurde. Bei einem erneuten starken Hochwasser bestand die Gefahr, dass »die umliegende Preuß: Gegend auf 6. bis 7. Meilen«²⁹⁷ überflutet werden würde.²⁹⁸ Aufgrund des dynamischen Charakters von Wasser kann die überflutete Fläche nur geschätzt werden – bis zu 50 Quadratkilometer waren maximal in Gefahr.

---

293 HStAD: Loc. 5363: Acta Die wegen Erhalt und Erhöhung. 30. November 1785. S. 11a–12a.
294 HStAD: Loc. 5363: Acta Die wegen Erhalt und Erhöhung. 30. November 1785. S. 11a, b.
295 HStAD: Loc. 5363: Acta Die wegen Erhalt und Erhöhung. 30. November 1785. S. 11b.
296 Vgl. hierzu: HStAD: Loc. 5363: Acta Die wegen Erhalt und Erhöhung. S. 15a–30a.
297 HStAD: Loc. 5363: Acta Die wegen Erhalt und Erhöhung. 16. Dezember 1785. S. 23a.
298 Dieser Umrechnung zugrunde gelegt, sind preußische Meilen. Siehe hierzu: http://biene.bonn.de/buschdor/texte/sehadler.htm (Stand: 19.2.2004).

Wiesen die preußischen Beamten zu Beginn der Auseinandersetzung auf die »freundnachbarlichen Gesinnungen«[299] hin, so veränderte sich dieser Ton zu Beginn des Jahres 1786. Friedrich August ließ der Gemeinde per Schreiben vom 7. Januar 200 Taler vom Finanzkollegium »zur gänzlichen Wiederherstellung der von ihr zu unterhaltenden Elb-Dämme«[300] zukommen. In dem Wort »gänzlich« zeigt sich, wie zurückhaltend die Regierung sich dieses Problems annahm.

Angesichts drohender, weitflächiger Überflutungen auf preußischer Seite und eines verhaltenen Engagements der sächsischen Behörden, sowohl auf der Lokal- wie auf der Regierungsebene, drohte die Magdeburgische Kammer »bey ausbleibenden Ersatz, man sich an der Ihleburgischen Unterthanen im dortigen Territorio besitzende Grundstücke halten würde.«[301] Beabsichtigt war, eine Pacht für die auf preußischer Seite liegenden Ihleburgischen Wiesen zu erheben. Durch diese »Androhung der Selbsthülfe« aufgeschreckt, schaltete sich der Kurfürst ein und wies erneut das Finanzkollegium an, »unter Aufsicht der Waßerbau-Commißion (…) annoch zu erwartende Kosten (…) Vorschußweise« zu gewähren, die die Ihleburger in »leidlichen Fristen» zurückzahlen sollten.[302]

In den nächsten Monaten engagierten sich weder die Ihleburger beim Instandsetzen der Dämme, noch die Beamten vor Ort, im Amt Gommern oder in Dresden. Zwar schickte die sächsische Landesregierung unter Graf v. Einsiedel ein Schreiben am 11. März nach Berlin, doch waren die darin getroffenen Aussagen und Bezugnahmen nicht konkret.[303] Die sächsische Seite betrieb bis zum Sommer eine Hinhaltetaktik, so dass die Kammer zu Magdeburg letztlich die nötigen Arbeiten an den Dämmen selbst in Auftrag gab und 527 Taler dafür von Sachsen einforderte.[304] Dies kommentierte das Finanzkollegium als »willkührlich unternommenen Dammbau« und »unfreundliches und unnachtbarliches Benehmen.«[305]

Die angespannte Lage änderte sich erst, als die Magdeburger Kammer mit einem juristisch abgesicherten »Pacht Patents« ihrer Drohung einer Verpachtung der sächsischen Wiesen Nachdruck verlieh.[306] Friedrich August stoppte diesen

---

299 HStAD: Loc. 5363: Acta Die wegen Erhalt und Erhöhung. 30. November 1785. S. 12b.
300 HStAD: Loc. 5363: Copia Rescripti an das Geheime Finanz-Collegium d.d. Dresden, den 4. März 1786. S. 32a.
301 HStAD: Loc. 5363: Acta Die wegen Erhalt und Erhöhung. 11. Februar 1786. S. 28a.
302 HStAD: Loc. 5363: Copia Rescripti an das Geheime Finanz-Collegium d.d. Dresden, den 4. März 1786. S. 32a,b.
303 HStAD: Loc. 5363: Acta Die wegen Erhalt und Erhöhung. 11. März 1786. S. 34a.
304 HStAD: Loc. 5363: Acta Die wegen Erhalt und Erhöhung. 16. Juni 1786. S. 39a.
305 HStAD: Loc. 5363: Acta Die wegen Erhalt und Erhöhung. 16. Juni 1786. S. 40a, b.
306 HStAD: Loc. 5363: Acta Die wegen Erhalt und Erhöhung. 12. Juni 1786. S. 49a, b.

Vorstoß, indem er verfügte, 400 Taler als Vorschuss zu gewähren und die restliche Summe von der Gemeinde selbst aufbringen zu lassen. Die 400 Taler mussten die Ihleburger sukzessive zurückerstatten.[307]

Die Auseinandersetzung über die Instandsetzung der Ihleburger Dämme vom November 1785 bis in den Juli 1787 offenbart eine von den sächsischen Behörden verdeckt betriebene Verschleppungstaktik. Die preußischen Aufforderungen, wie Geldforderungen, wurden von der sächsischen Landesregierung an das Finanzkollegium »abschriftlich« übermittelt (oder umgekehrt), Gutachter, die örtliche Gerichtsbarkeit angehört und erst bei drohender Eskalation der Landesherr eingeschaltet. Hier zeigte sich, wie unflexibel der sächsische Behördenapparat arbeitete, oder war dies ein bewusstes Vorgehen, um allzu schnellen Kostenübernahmen keinerlei Vorschub zu leisten? Das an der Peripherie des Kürfürstentums gelegene »wirklich arme Dorf«, wie es sächsischerseits genannt wurde, versprach mehr Kosten als Gewinn. Im September 1784 waren Dammbauarbeiten lediglich aus den aus Steuererlassen frei werdenden Mitteln bewerkstelligt worden.[308]

Eine potenziell weiträumige Überflutung der preußischen Seite scheinen die sächsischen Verantwortlichen in Kauf genommen zu haben. Dass die Magdeburger Kammer möglichen, großflächigen Überschwemmungen vorbauen wollte, war nur allzu verständlich.

## 5.2 Kostbare Magdeburgische Elbdämme

Ende Juni 1798 flammten die Streitigkeiten erneut auf. Aus Berlin traf beim Geheimen Konsilium ein umfangreicher Katalog ein, der offenbarte, welche Arbeiten an den Ihleburger Dämmen unternommen werden sollten. Neben Erhöhungen, Verstärkungen und Ausbesserungen mahnten die Preußen auch Anpflanzungen von Weiden auf der Innenseite der Dämme an. Die Ihleburger waren ihren Verpflichtungen so weit nachgekommen, wie es ihnen möglich war[309], doch das ging Preußen nicht weit genug.[310]

---

307 HStAD: Loc. 5363: Acta Die wegen Erhalt und Erhöhung. 16. Juni 1786. S. 51a, b.
308 HStAD: Loc. 6539: Acta, Die Unterstützung der Grundbesitzer. Ohne Seitenangabe. 19. März 1810.
309 HStAD: Loc. 5363: Acta Die wegen Erhalt und Erhöhung. 28. Juny 1798. S. 69b, 70a.
310 HStAD: Loc. 5363: Acta Die wegen Erhalt und Erhöhung. 28. Juny 1798. S. 61a.

Die teilweise berechtigten Forderungen waren in dieser Perfektion unverhältnismäßig, da dies die Ihleburger überforderte. Sie wiesen das Geheime Konsilium darauf hin, dass die benachbarten preußischen Gemeinden nicht mehr als 100 Ruten zu unterhalten hatten – sie hingegen 541 ausgebessert hatten.[311]

Die ebenfalls von preußischer Seite geforderte und durchgeführte Räumung des Ihlflusses und bisherige Arbeiten an den Dämmen hatten dazu geführt, dass die Gemeinde 550 Taler Kredit aufnehmen musste.[312] Da in den Sommermonaten die Kräfte der Gemeinde in der Landwirtschaft gebunden waren, konnte eine Angleichung der Ihleburger Dämme an die preußischen binnen Jahresfrist nur unter Zuhilfenahme fremder Kräfte und damit einer weiteren Schuldenlast ermöglicht werden.[313]

Erst Ende Juni 1799 setzte das Konsilium ein Schreiben an Berlin auf, in dem es auf diese Umstände hinwies. Zugleich wurde bemerkt, dass die Gemeinde zur »Verstärkung des Dossements« und Pflanzung weiterer Weiden bereit war, »aber wegen Verschüttung der Kolke und Erhöhung des Walls um Nachsicht gebeten«[314] habe. Hätte das Hochwasser vom Frühjahr 1799 die Dämme bei Ihleburg durchbrochen, wäre es dem Konsilium kaum möglich gewesen, auf die ausreichenden Dammarbeiten hinzuweisen und die preußischen Forderungen als bloße »Sicherstellung« zu bezeichnen.[315]

Die in den 1780er Jahren geforderte Räumung des Flussbetts erscheint als Nachlässigkeit der Gemeinde Ihleburg. Die Angst der Preußen vor einer weitflächigen Überflutung wie um ihre »kostbaren Magdeburgische(n) Elbdämme«, verbunden mit den beiderseits involvierten Institutionen (1785 hatten die Preußen angedroht, bei weiterer Nichtkooperation Friedrich II. einzuschalten), offenbart den eskalierenden Charakter dieses Konflikts. Insbesondere die dezidierten Bau- und Verbesserungsmaßnahmen[316] zeugen von Lernschritten, die von den wiederkehrenden, teilweise dramatischen Hochwassersituationen der 1780er und 1790er Jahre angestoßen worden waren.

Das geringe finanzielle Interesse des sächsischen Staates an diesem Einzelfall reiht sich in das Engagement der staatlichen Unterstützungen ein, das schon nach der 1784er Flut deutlich wurde: Lediglich für die schwersten Schäden auf-

---

311 HStAD: Loc. 5363: Acta Die wegen Erhalt und Erhöhung. 28. Juny 1798. S. 69b.
312 HStAD: Loc. 5363: Acta Die wegen Erhalt und Erhöhung. 28. Juny 1798. S. 69a.
313 HStAD: Loc. 5363: Acta Die wegen Erhalt und Erhöhung. 28. Juny 1798. S. 69a, b.
314 HStAD: Loc. 5363: Acta Die wegen Erhalt und Erhöhung. 25. May 1799. S. 82a.
315 HStAD: Loc. 5363: Acta Die wegen Erhalt und Erhöhung. 25. May 1799. S. 83a.
316 HStAD: Loc. 5363: Acta Die wegen Erhalt und Erhöhung. Verbesserungsmaßnahmen im Besonderen auf S. 6a, b, S. 61a–84b.

zukommen, um den finanziellen Aufwärtstrend, nach dem Neubeginn von 1763 (Frieden von Hubertusburg), nicht zu gefährden. Diese positive Entwicklung wurde infolge des Teschener Friedens durch die Zahlungen Bayerns an Sachsen, infolge des sächsischen Verzichts auf seine bayerischen Erbansprüche, deutlich verstärkt.[317] Obwohl Sachsen nach 1780 über einen konsolidierten Haushalt verfügte, kristallisierte sich heraus, dass ein »Zuschussgeschäft« wie Ihleburg (bei Unterstützung weder Aussicht auf Stärkung der Infrastruktur, noch erhöhte Steuereinnahmen) dem sächsischen Staat kein weitergehendes finanzielles Engagement abringen konnte.

Letztlich verschleppten beide sächsischen Akteure das Geschehen: Die Gemeinde konnte den weit reichenden Forderungen nur teilweise nachkommen und der Staat wollte die Forderungen lediglich in begrenztem Maße erfüllen – was die Bereitschaft der Gemeinde Uferbauten durchzuführen, nicht erhöhte. Da es sich bei der Elbe um einen Regalfluss handelte, hätte insbesondere der Staat seiner Zusage, die Gemeinden bei Uferbauten zu unterstützen, gewissenhafter nachkommen müssen.

Seit 1781 arbeitete man an den Entwürfen für eine neue Ordnung, die auch die Unterhaltspflicht neu regeln sollte. Obwohl noch kein juristischer Rahmen geschaffen worden war, entschied das Finanzkollegium schon im Geiste der neuen Ordnung. In den folgenden Dekaden trieb das Kollegium diese Politik weiter und arbeitete darauf hin, diese Verpflichtung endgültig auf die Elbanrainer übergehen zu lassen.

## 5.3 Sächsische Dammpolitik

Wie sehr der Staat auf seine monetäre Absicherung hinsichtlich der Unterhaltung der Dämme bedacht war, wurde auch daran deutlich, dass sich Friedrich August auf den Landtagen 1787, 1793 und 1799 die finanziell-steuerliche Unterstützung der Stände, hinsichtlich Dammerhaltung, Damm- und Uferbau – unter dem Hinweis »wie vormals geschehen« – zu sichern versuchte. Die Stände wehrten eine solche Beteiligung mit dem Hinweis auf die Zolleinkünfte der Rentkammer ab, die hoch genug sein sollten, die erforderlichen Maßnahmen daraus »wohl zu bestreiten (…).«[318] Der Kurfürst gab dem statt, weil sie sich am

---

317 Groß, Reiner: Geschichte Sachsens. Leipzig 2001. S. 170.
318 HStAD: Loc. 5438: Extracte aus denen Landtags-Acten von 1609 bis mit 1799. Den Damm- und Ufer-Bau an der Elbe und andern Flüssen betr. hier: S. 106a, b.

Straßenbau beteiligt hatten.[319] Er versuchte, die Stände mit dem Hinweis auf höhere Steuereinnahmen, die sich aus den besser geschützten Grundstücken für sie ergeben würden, auf seine Seite zu ziehen, was nicht gelang.

Die Aufbau- und Sicherungsmaßnahmen müssen derart »beruhigend« ausgefallen sein, dass die Stände sich eine solche Zurückhaltung leisten konnten. Die infrastrukturellen und landwirtschaftlichen Schäden, die die Fluten 1784 und 1799 angerichtet hatten, müssen auch sie getroffen haben. Wodurch aber ihre wirtschaftliche Entwicklung in den Jahren nach bzw. zwischen den Fluten nicht wirklich behindert wurde, andernfalls hätten sie sich beim Dammbau – der Sicherung ihrer Felder etc. – eher beteiligt.[320]

Mit Ihleburg war ein Präzedenzfall geschaffen worden. Die Finanzbeamten zu Dresden zogen die finanziellen Zügel weiter an. Solche permanenten Leistungen überforderten die ohnehin gefährdeten und belasteten Elbanrainer – dafür war Ihleburg ein erstes Beispiel gewesen.

Wie viele Beispiele müssten noch folgen, damit das Geheime Finanzkollegium ein Einsehen mit der Bevölkerung hatte und neue Wege beschritt? Oder würde diese harte Finanzpolitik eines Tages gar auf den Staat selbst zurückfallen?

---

319 HStAD: Loc. 5438: Extracte aus denen Landtags-Acten von 1609 bis mit 1799. Vgl. zu den Kontroversen zwischen Kurfürst und Ständen anno 1793: Ulbricht, Gunda: Finanzgeschichte Sachsens im Übergang zum konstitutionellen Staat (1763 bis 1843). St. Katharinen 2001. S. 21.
320 Vergleichbare Auseinandersetzungen fanden auch 1804 statt, vgl.: HStAD: Loc. 6539: Acta, Die Unterstützung der Grundbesitzer bey Damm-Ufer- und Wasserbauen an öffentlichen Flüssen betr. 1804, 1810, 1811. S. 6a, b.

# VI. Die erste Belastungsprobe 1799

## 6.1 Präventionen im Extremwinter 1798/99

Die Dresdner Behörden beugten bereits Ende November 1798 einem drohenden Hochwasser vor. Sie forderten die »an den Gräben« wohnenden Grundbesitzer auf, »sogleich, ohne den mindesten Verzug, den in sämtlichen Gräben befindlichen Schnee und Eis auszuwerfen und dem Wasser einen freyen und ungehinderten Lauf zu verschaffen (…).«[321] Der Rat zu Dresden drang auf diese Maßnahmen, da bei der 1784er Katastrophe vollgelaufene Gräben zusätzliche Zerstörungen angerichtet hatten. Eine Unterlassung dieser Vorschrift kam die »Säumigen« teuer zu stehen. Bei Nichtbefolgen dieser Anweisung hatten sie nicht nur die Kosten der Räumung zu tragen, sondern mussten auch eine Strafgebühr zahlen.[322] Diese Prävention wurde ohne wesentliche Neuerungen bis 1845 fortgesetzt.

Ursächlicher Anlass für diese frühen Maßnahmen war der kalte und gebietsweise von Schneefällen begleitete November 1798. Bereits Mitte des Monats schneite es, auch der Frost hielt vom 15. bis zum 27. November an. Auf der Elbe bildeten sich Eisschollen. Bis zum 4. Dezember taute es, doch schon am nächsten Tag kam der Frost zurück, der erst drei wärmeren Tagen, zwischen dem 17. und 19. Dezember, wieder weichen sollte.[323] Wie 1783/84 war auch dieser Winter immer wieder von kurzen, wärmeren Phasen unterbrochen. Durch diesen Wechsel von warmen und kalten Abschnitten bildete sich wiederholt Treibeis auf der Elbe. Versetzungen des Eises blockierten an flachen Stellen den Durchfluss, wodurch sich das Eis bis zum 20. Dezember zu Barrieren zusammenschob. Nicht nur die Elbe, sondern auch kleinere Flüsse wie Mulde und Unstrut, froren an einigen Stellen bis auf den Grund zu.[324]

Diese Eisbarrieren (sog. »Eisschütze«) erhielten durch den vom 20. Dezember einsetzenden starken Frost deutliche Nahrung. Bis zum Endes des Jahres

---

321 StAD: RA CXVIII 76b: Acta, Die beym harten Winter. 28. November 1798. S. 1a.
322 StAD: RA CXVIII 76b: Acta, Die beym harten Winter. 28. November 1798. S. 1b.
323 Fügner, Dieter: Historische Wetterbeobachtungen vor dem 19. Jahrhundert in Sachsen nach Christian Gottlieb Pötzsch. In: Sächsische Heimatblätter. 33. Jg. Heft1/1987. S. 157.
324 Fügner, Dieter: Hochwasserkatastrophen in Sachsen. Leipzig/Zwickau 2002. S. 34. Siehe auch: Pötzsch, Christian Gottlob: Zweyter Nachtrag. und Fortsetzung seiner chronologischen Geschichte der großen Wasserfluthen des Elbstroms, seit tausend und mehr Jahren von 1786 bis 1800, insbesondere der merkwürdigen Fluthen des Jahres 1799, und anderer darauf Bezug habender Ereignisse. Dresden 1800. S. 26.

1798 herrschten eisige Temperaturen, die bis zum 20. Februar andauern sollten.[325] Laut Pötzsch sanken die Temperaturen am 29. Dezember morgens um acht Uhr auf minus 31,9 Grad Celsius.[326] Der 23. und 24. Dezember brachte Eisstand auf der Elbe.

Zum Ende des Januars und zu Beginn des neuen Monats fielen im Flachland, als auch in den Mittelgebirgen, erhebliche Schneemengen. Die Schneehöhen behinderten auf den wichtigsten Verkehrsrouten den Verkehr. Bis Mitte Februar wuchs die Eisdecke auf der Elbe dermaßen an, dass Fußgänger den Fluss überqueren konnten.[327] Der Winter war so streng, dass die Dresdner Polizeikommission am 6. Februar 1799 den Hausbesitzern befahl, die Eiszapfen von den Dachrinnen zu schlagen, weil diese eine Gefahr für die Passanten darstellten.[328]

Drei Tage später fiel die Temperatur in Sachsen auf minus 26,4 Grad Celsius.[329] Bereits Ende Dezember 1798 richtete der Kurfürst an seine »getreuen Beamten« die Bitte, »auf den bevorstehenden Aufbruch des zugefrorenen Elbstroms die genaueste Aufmerksamkeit zu richten (...).«[330] Er ordnete an, dass die »ernstlichsten und zweckmäßigsten Veranstaltungen zu Sicherstellung der an der Elbe liegenden Wohnungen in Zeiten zu treffen (...)«[331] waren. Würde sich eine Katastrophe wie 1784 noch abwenden lassen? Deshalb wurden auch die Holzhändler im Dezember zweimal dazu angehalten, ihr Holz von den Ufern der Elbe zu entfernen. Die Baumstämme sollten nicht – wie 1784 – mit der Flutwelle mitgerissen und die zerstörerische Wirkung der Flutwelle noch verstärkt werden.[332]

---

325 Sächsisches Staatsministerium für Umwelt und Landwirtschaft (Hg.).: Hochwasserschutz in Sachsen. Materialien zur Wasserwirtschaft 3/1999. Dresden 1999. S. 10. Fügner, Dieter: Historische Wetterbeobachtungen. S. 157. Deutsch, Mathias: Zum Hochwasser der Elbe. S. 15.
326 Pötzsch, Christian Gottlob: Zweyter Nachtrag S. 25. Fügner, Dieter: Hochwasserkatastrophen in Sachsen. Leipzig/Zwickau 2002. S. 34. Deutsch, Mathias: Zum Hochwasser der Elbe. S. 14. Fügner, Dieter: Historische Wetterbeobachtungen. S. 158.
327 Deutsch, Mathias: Zum Hochwasser der Elbe. S. 15.
328 StAD: RA CXVIII 76b: Acta, Die beym harten Winter. 6. Februar 1798. S. 34a.
329 Fügner, Dieter: Historische Wetterbeobachtungen. S. 157. Pötzsch, Christian Gottlob: Zweyter Nachtrag. S. 26. Deutsch, Mathias: Zum Hochwasser der Elbe. S. 14.
330 StAD: RA CXVIII 76b: Acta, Die beym harten Winter. 28.12.1798. S. 36.
331 Ebd.
332 StAD: RA CXVIII 76b: Acta, Die beym harten Winter. 29.12.1798. S. 11a; StAD: RA CXVIII 76b: Acta, Die beym harten Winter. 27.12.1798. S. 12a–12b.

Abb. 16: Gelagertes Holz und Holzhändler am rechten Elbufer unterhalb der Augustusbrücke

Wie in den Jahren zuvor wies Friedrich August die Lokalbehörden darauf hin, dass sie für die Versorgung etwaiger Flutgeschädigter verantwortlich seien. Er betonte, dass aufgrund der bisherigen Erfahrungen in erprobter Art und Weise zu verfahren sei und die Beamten sich an das Reskript vom Januar 1795 zu halten hätten.[333]

Um der Elbe einen mehr oder minder ungehinderten Abfluss während der gefürchteten Eisfahrt zu ermöglichen, erließ die Regierung zu Dresden am 31. Januar 1799 eine »Instruction Zur Sprengung des Eises.«[334] Wie effizient diese Bemühungen waren, mit Bomben und Kanonen das Eis aufzubrechen, darüber geben die Quellen keinen eindeutigen Aufschluss.[335] Die Aussage des Kurfürsten vom 28. Dezember 1798, dass »mit Aufbruch des Eises und dem Anschwellen des Wassers verbundene Gefahr vermieden, oder doch vermindert werden kann« zeigt, dass die Obrigkeit nicht wirklich davon ausging, die erheblichen

---

333 StAD: RA CXVIII 76b: Acta, Die beym harten Winter. 28.12.1798, S. 36. Deutsch, Mathias: Zum Hochwasser der Elbe. S. 18. Zum Hochwasser v. 1795 siehe: Schäfer, Wilhelm: Chronik der Dresdner Elbbrücke. S. 98.
334 Pötzsch, Christian Gottlob: Zweyter Nachtrag. S. 204–209.
335 Vgl. hierzu: Deutsch, Mathias: Zum Hochwasser der Elbe. S. 16. Militzer, Stefan: Klima-Umwelt-Mensch. Bd. I. S. 385.

Zerstörungen einer Flut wie 1784 grundsätzlich vermeiden zu können. In dem »oder doch vermindert«[336] stecken die Lernschritte der Jahre nach 1784. Ein präventiver Maßnahmenkatalog wurde angewandt und den lokalen Behörden erhöhter Einsatz an Aufmerksamkeit und Vorsorge befohlen.

> »Es erließ (...) das hohe geheime Finanz-Collegium und die hohe Landesregierung mehrere gemessenste Rescripte an die Herren Kreis- und Amtshauptleute – auch Beamten mit Anordnungen, wie etwa Gefahren, theils vorhero noch, theils bey deren wirklichen Entstehung vorzubeugen sey; (...).«[337]

Wie wenig dies nützen sollte, bekam Sachsen schon wenig später zu spüren.

## 6.2 Meldung des Eisaufbruchs durch Kanonendonner

Bereits 1785 war bei Eisaufbruch von der Festung Königstein ein Signal gegeben worden, um die Menschen an der Elbe per Kanonenschüssen bzw. Reiterstafetten zu warnen. In den folgenden Jahren verbesserte man diese Technik. Es wurden

> »am ganzen Strome hinunter, bis Wittenberg, Kanonen postirt, in der Absicht, den zu erwartenden Eisaufbruch, oben in der Gegend bey Königstein, vermittelst dreyer Kanonenschüsse von der Vestung u.s.w. von Ort zu Ort den Einwohnern augenblicklich bekannt zu machen.«[338]

Seit Ende Januar 1799 waren 16 Posten entlang der Elbe nebst Mannschaften eingerichtet worden.[339] Bei Aufbruch der Elbe feuerte der erste Posten auf der Festung Königstein dreimal.[340] Die elbabwärts gelegenen Stationen bestätigten dieses Signal und sobald auch bei ihrem Posten die Elbe aufging, meldeten sie

---

336 StAD: RA CXVIII 76b: Acta, Die beym harten Winter. 28.12.1798. Ohne Seitenangabe. Ähnlich äußerte sich bereits 1785 auch Hofrat Keinhold, siehe: StAD: RA CXVIII 72: Acta, die bey dem gefallenen großen Schnee. Ohne Seitenangabe. 11. Febr. 1785.
337 Pötzsch, Christian Gottlob: Zweyter Nachtrag. S. 27.
338 Pötzsch, Christian Gottlob: Zweyter Nachtrag. S. 27. Siehe auch: HStAD: Landesregierung, Loc. 30661, Vol. III.: Waßer-Schäden betr. 1795–1799 ult. Marti. S. 88, 110f.
339 Vgl. hierzu: Deutsch, Mathias: Zum Hochwasser der Elbe. S. 16.
340 Pötzsch, Christian Gottlob: Zweyter Nachtrag. S. 209–212.

dies wiederum mit drei Signalschüssen. Die gesamte Flusstrecke der sächsischen Elbe zwischen Königstein und Wittenberg betrug 214 Kilometer. Wären die 16 Signalstationen gleichmäßig auf den Flussabschnitt verteilt gewesen, hätte der Schall der Schüsse wenigstens 13 Kilometer weit tragen müssen. Einige Posten lagen allerdings weiter auseinander – so erklärt sich der Einsatz von 24 Pfündern, da mit diesen Kalibern eine Signalübermittlung über solche Distanzen angestrebt werden konnte.[341]

Die Bewohner an der Elbe müssen während der Fluten, nicht nur durch die sich auftürmenden Eismassen und das außer Rand und Band geratene Element Wasser, in Angst und Schrecken versetzt worden sein – auch das Donnern der Geschütze wird seine psychologische Wirkung – insbesondere nachts – nicht verfehlt haben. Während einer nächtlichen Eisflut waren nicht nur die unmittelbar Betroffenen, sondern auch Helfer aus den benachbarten Gemeinden und das Militär auf den Beinen. Gleiches galt für die Beamten der Amtshauptmannschaften, für den Wasserbaudirektor und seine Mitarbeiter, sowie für die Beamten der Dresdner Verwaltung. Sie alle werden das Geschehen aktiv oder passiv mitverfolgt haben. Der Zeitzeuge und Wissenschaftler Pötzsch ging davon aus, dass ohne den Kanonendonner die Schäden deutlich empfindlicher ausgefallen wären.[342] Durch dieses Warnsystem war den lokalen Behörden noch Zeit gegeben, den seit Dezember erhaltenen Anweisungen[343] – falls noch ausstehend – zu folgen und letzte Akutmaßnahmen einzuleiten.

Darüber hinaus mussten die dortigen Beamten im Vorfeld des Hochwassers dafür Sorge tragen, dass Wachen an der Elbe aufgestellt wurden, die den Eisaufbruch zu beobachten hatten. Um Eisstau zu vermeiden, sollte das Eis unter den Brücken aufgeeist werden – die hierzu nötigen Männer hatten ebenfalls die Lokalbeamten aufzustellen. Diese Aufeisungsversuche verliefen meist nicht erfolgreich.[344]

Würde sich das Eis jetzt wieder türmen und die Elbe erneut ganze Landstriche unter Wasser setzen?

---

341 Zur Effizienz der Signalübermittlung siehe die Ausführungen von Wagner anno 1820 in Kap. 10.6.
342 Pötzsch, Christian Gottlob: Zweyter Nachtrag. S. 138.
343 StAD: RA CXVIII 76b: Acta, Die beym harten Winter. 28.12.1798. S. 36.
344 Ebd. Deutsch, Mathias: Zum Hochwasser der Elbe. S. 18.

## 6.3 Die Flut von 1799

Das Einzugsgebiet der Elbe liegt zu 95 Prozent in der heutigen Tschechischen Republik. Die Gefahr für Sachsen bestand darin, dass »die hiesigen Gegenden, bey noch stehendem Eise«[345] vom »böhmischen Schmelzwasser« hätten überströmt werden können. Für das Hochwasser von 1799 muss sowohl dieser »exogene Wasserinput« als auch der »endogene« aus dem Erzgebirge verantwortlich gemacht werden. Zwischen dem 15. und dem 22. Februar setzte in Sachsen plötzlich Tauwetter ein.[346] In den Hochlagen des Erzgebirges setzte wie in Böhmen die Schneeschmelze früher als im Flachland ein. Da der Boden noch gefroren war, konnte das abfließende Wasser nicht versickern und überströmte die noch gefrorene Elbe.[347] Wie 1784 führten aber auch die kleineren Flüsse und Bäche zu »schreckensvollen Eis- und Wasserfluthen (...).«[348] Neben der Elbe traten 30 weitere Flüsse über die Ufer. Die Schwarze und die Weiße Elster, die Mulde, Zschopau, Neiße, Röder, Flöha, Spree und die Weißeritz brachten den an ihnen liegenden Ortschaften schweres Hochwasser.

Das Alarmsystem der Signalkanonen verkündete am 23. Februar abends gegen 21 Uhr in Königstein den Aufbruch des Eises.[349] Schon vorher an der kursächsisch-böhmischen Grenze bewies die Flut ihre Zerstörungskraft. Schandau meldete verheerende Schäden:

»Unbeschreiblich ist die Wuth, mit welcher die tobenden Fluthen zu uns hereinstürzten, unnennbar aber auch das Elend, welches solche allhier hinterlassen hat. (...) und bey weitem noch übertrift das gegenwärtige Unglück das auf ähnliche Art erlittene Elend des Jahres 1784.«[350]

---

345 Pötzsch, Christian Gottlob: Zweyter Nachtrag. S. 28.
346 HStAD: Loc. 30661, Vol.III.: Landesregierung. Pötzsch, Christian Gottlob: Zweyter Nachtrag. S. 26. Deutsch, Mathias: Zum Hochwasser der Elbe. S. 14, 15. Pötzsch, Christian Gottlob: Zweyter Nachtrag. S. 27, 28: »Endlich trat die traurige Periode mit dem Aufbruch des Eises auf dem Elbstrome und andern Flüssen (...) am 24sten Febr. als dem Sonntage Oculi, oder am Tage Matthias ein, und bestätigte sich auch hier das (...) bekannte Sprichwort: Mattheis bricht's Eis – vollkommen.«
347 Pötzsch, Christian Gottlob: Zweyter Nachtrag. S. 28.
348 Pötzsch, Christian Gottlob: Zweyter Nachtrag. Vorbericht. Sächsisches Staatsministerium. 3/1999. S. 10
349 Pötzsch, Christian Gottlob: Zweyter Nachtrag. S. 37.
350 Leipziger Zeitungen. 48. Stück. Donnerstags den 7. März 1799. S. 354. Zum Schadensausmaß in Schandau: Pötzsch, Christian Gottlob: Zweyter Nachtrag. S. 35, 36.

Einen Hinweis und Vergleich zur 1784er Katastrophe stellte Pötzsch auch für Königstein an: »Es wurden in Königstein die stärksten Ufermauern und Bäume, welche der Eisfluth 1784 noch widerstunden, jetzt vom Eise losgestoßen, (...).«[351] In der Sommerresidenz des Kurfürsten in Pillnitz, stieg die Wasserhöhe auf 10 Ellen, 21 Zoll – umgerechnet auf 6 Meter 20, nur einen halben Meter niedriger als 1784.[352] Das »Wassermaaße« in Pillnitz entsprach beim Nullpunkt dem an der Augustusbrücke in Dresden eingerichteten Pegel.

Abb. 17: Pegel Pillnitz[353]

---

351 Pötzsch, Christian Gottlob: Zweyter Nachtrag. S. 37.
352 Zur Umrechnung von Sächsischen Ellen und Zoll siehe: Fügner, Dieter: Historische Wetterbeobachtungen. S. 157, rechte Sp. Pötzsch, Christian Gottlob: Zweyter Nachtrag. S. 41.
353 Dass die Marke v. 1830 über der von 1799 lag, zeigt wie different die Pegelstände in nah beieinanderliegenden Orten ausfielen, da im unweit entfernten Dresden 1799 das Wasser einen höheren Stand erreichte als 1830.

Hier erfolgte der Eisaufbruch am 24. Februar morgens gegen ein Uhr:

»Allhier, (…) ging das Eis anfänglich bei einer noch mäßigen Wasserhöhe, die aber bald gar sehr zunahm, ohne sonderlichen Aufenthalt fort, so auch das nachkommende den ganzen Tag, obgleich immer gedrungen, wobei bisweilen Stücke von Gebäuden, Zäune, ausgerissene Bäume, Sträucher, Holz, Hausrath etc. mitgeschwommen kamen.«[354]

An diesem Morgen kam es zu einem spektakulären Ereignis. Bei Schandau riss die Flut ein Schiff mit sich. Bei dem Versuch dies zu verhindern, wurden die beiden Schiffsleute mit dem Schiff bis nach Dresden getragen.

»Besonders war es erbarmungswürdig anzusehen, als man des Morgens halb 7 Uhr, das (…) Schiff aus der Gegend bey Schandau, mit den zwey darauf befindlichen und um Hülfe flehenden Schiffleuten, mitten unter den reißenden Eisschollen erblickte.«[355]

Eilig von einer Brücke herabgelassene Taue konnten die Bedrängten nicht ergreifen. Die Fahrt endete erst bei dem Dorf Serkowitz. Am dortigen Heeger konnte das Schiff gestoppt und die beiden Schiffsleute lebend gerettet werden.[356]

Am darauffolgenden Tag stieg die Wasserhöhe am Dresdner Pegel auf neun Ellen, sechs Zoll. Das entsprach einer heutigen Pegelhöhe von 8,24 Metern.[357] Einen Tag später traf die Eisflut Meißen:

»Mit schrecklichem Krachen stießen die ungeheuren, zum Theil über 10 Ellen langen und breiten und über 1 Elle dicken Eisschollen an die der Elbe nahe liegenden Häuser, und zertrümmerten sie in einem furchtbaren Augenblick. Bey anderen zersprengten sie Thüren und Fenster und Wände.«[358]

---

354 Pötzsch, Christian Gottlob: Zweyter Nachtrag. S. 46. Fügner, Dieter: Historische Wetterbeobachtungen. S. 158.
355 Pötzsch, Christian Gottlob: Zweyter Nachtrag. S. 46.
356 Ebd.
357 Diese Angabe ergibt sich unter Berücksichtigung, dass der Pegelnullpunkt am ersten Januar 1935 »um drei Meter verändert wurde.« Fügner, Dieter: Hochwasserkatastrophen. 2002, S. 36. Sächsisches Staatsministerium. 3/1999. S. 15. Pötzsch, Christian Gottlob: Zweyter Nachtrag. S. 46. Schäfer, Wilhelm: Chronik der Dresdner Elbbrücke. S. 98.
358 Leipziger Zeitungen. 47. Stück. Mittwochs den 6. März 1799. S. 345. Pötzsch, Christian Gottlob: Zweyter Nachtrag. Vorbericht.

Eisstau an Flussabschnitten wie in Zehren bei Meißen drückte die Eis- und Wassermassen derart zurück, dass Meißen von bis zu 56 Zentimeter dicken und fünf einhalb Meter langen Eisschollen überschwemmt wurde. Am 24. Februar wurde dort ein 80 Zentimeter höherer Pegel als 1784 gemessen, der hauptsächlich aufgrund von Eisversetzungen zu Stande kam.[359] Die Zerstörungen in der Stadt waren außerordentlich: »Über 100 Häuser und Nebengebäude sind theils äußerst beschädigt, theils gänzlich zertrümmert, und noch mehrere Familien dadurch in höchst traurige Umstände versetzt.«[360] Die Pegel der Elbe fielen relativ rasch, denn bereits am 27. Februar war Meißen vom Wasser befreit.

## 6.4 Schäden

Die Dresdener Elbbrücke wurde bei der Flut im Februar 1799 stärker beschädigt als 1784. Sogar die Bögen der Brücke waren vom aufgetürmten Eis, das sich an der Brücke emporgeschoben hatte, in Mitleidenschaft gezogen worden. Die Reparaturkosten beliefen sich auf fast 8.000 Taler.[361]

Pötzsch verglich die Flut von 1799 mit dem Initialereignis von 1784. »Sie (die Wasserfluten) haben durch ihr erschreckliches Wüten und Toben an sehr vielen Orten noch weit mehr Verwüstungen gestiftet, als die (…) zu Ende des Febr. 1784 gewesenen Fluthen.«[362] Ebenso äußerte sich der Oberdeichinspektor des Amtes Hitzacker Dammert. Er publizierte 1808 in fünf Ausgaben des Neuen Hannoverschen Magazins einen Fortsetzungsartikel, in dem er hydrotechnische Bemerkungen und Vorschläge über Eisgänge vorstellte. Auch er beurteilte die Schäden der Flut von 1799 als verheerender, als die des Jahres 1784 und wies ihnen eine europäische Dimension zu: »Noch mehr litten fast alle zwischen dem 45ten und 60ten Grad der Breite an großen Strömen belegene Länder in Europa durch die sehr hohen Frühjahrs-Fluten im Jahre 1799.«[363]

---

359 Fügner, Dieter: Hochwasserkatastrophen in Sachsen. Leipzig/Zwickau 2002. S. 37.
    Fügner, Dieter: Hochwasserkatastrophen des Elbestromes in Sachsen. O.O. o.J. S. 60.
360 Leipziger Zeitungen. 47. Stück. Mittwochs den 6. März 1799. S. 345.
361 Pötzsch, Christian Gottlob: Zweyter Nachtrag. S. 47. Schäfer, Wilhelm: Chronik der Dresdner Elbbrücke. S. 99. Die Kosten beinhalteten auch Posten des Aufeisens zu Beginn des Februar 1799; desweiteren wurden Geländer, Postamente, Sitzbänke u. a. in Stand gesetzt.
362 Pötzsch, Christian Gottlob: Zweyter Nachtrag. Vorbericht.
363 Dammert, A. H.: Erfahrungen und praktische Bemerkungen über den Eisgang und die höchsten Anschwellungen der Ströme, und über die zweckmäßigsten Vorkehrungen dagegen. Neues Hannoversches Magazin. 18. Jahrgang. 33tes–38tes Stück. Freitag, den 22ten April–Montag, den 9ten Mai 1808. S. 513–600.

Die mitunter desaströsen Schäden in Sachsen wurden durch den Rückstau des Wassers verursacht, der wiederum viele Dämme entlang der Elbe brechen ließ. Allein die Instandsetzung der »Deiche und Ufergebäude«[364] entlang der Elbe beliefen sich auf 51.643 Taler.[365] Es scheint niemand bei dieser Flut ums Leben gekommen zu sein. In einem Schreiben des Stadtrats an den Hof zu Dresden ist zu lesen: »(...) bis jetzt wissen wir, Gott sey Dank, von keinem, welcher das Leben eingebüßet hätte.«[366] Acht Verwaltungsgebiete waren entlang der Elbe von diesem Hochwasser heimgesucht worden. Nach Deutsch belief sich der Gesamtschaden auf 302.852 Taler.[367]

## 6.5 Die Soforthilfe und Gesundheitsvorsorge

Die ersten Hilfsmaßnahmen und die Sicherstellung der Gesundheit der Menschen waren denen des Jahres 1784 nachempfunden. Verglichen mit der Sofortreaktion vom 10. März 1784 reagierte der Hof zu Dresden diesmal schneller. Bereits am 25. Februar verschaffte sich Friedrich August einen Eindruck vor Ort und bewertete bei Serkowitz das Ausmaß der Schäden. Noch an diesem Tag erteilte er den »Herren Kreis- und Amtshauptleute(n), auch zum Theil Beamten, gnädigste Befehle, sich unverzüglich an die im Notstande befindlichen Orte (...) zu verfügen.«[368] Der Kurfürst wies die vom Hochwasser betroffenen Ämter an, die Hochwassergeschädigten folgendermaßen zu unterstützen:

- »schleunige Beyhülfe in Gelde, selbige aus den Einkünften des nächsten Amts« bereitzustellen

- »denselben besonders mit Brod und Salz, auch wohl Brandwein, weshalb ihr gegen Bezahlung alles aus den benachbarten Ortschaften herbey zu schaffen habt« zur Seite zu stehen

---

364 Pötzsch, Christian Gottlob: Zweyter Nachtrag. S. 182.
365 Deutsch, Mathias: Zum Hochwasser der Elbe. S. 23. Vergleicht man diese Summe für Instandsetzungsarbeiten an den Uferbauten mit der ungleich höheren von 1804, so kann davon ausgegangen werden, dass dies vom Staat taxierte Schäden waren, die nicht der eigentlichen Schadenssumme entsprachen.
366 HStAD: Loc. 30661, Vol. III.: Landesregierung. S. 176.
367 Deutsch, Mathias: Zum Hochwasser der Elbe. S. 27.
368 Pötzsch, Christian Gottlob: Zweyter Nachtrag. S. 52, 53.

- für »Victualien, ingleichen Brennholz« (die Beamten hatten zur Not das Holz aus kurfürstlichen Wäldern in die Notstandsgebiete zu schaffen) zu sorgen

- bei längerfristigen Brotengpässen war es den Beamten erlaubt, Getreide den »Amtsgetraideböden« zu entnehmen oder zu kaufen, um es nach der Mahlung an denjenigen Orten zu »verbacken« deren Öfen nach der Flut noch intakt waren.[369]

Diese Maßnahmen waren an den Kammerherrn und Kreishauptmann v. Carlowitz, sowie an die Amtshauptleute, die den Kreis des Amtes Meißen verwalteten, gerichtet. Sie stehen exemplarisch für die übrigen besonders schwer getroffenen Ämter, die per reitenden »Staffetten« informiert wurden.[370] Die »schleunige Beyhilfe in Gelde« betrug 4.833 Taler und 8 Groschen.[371] Die Beamten mussten über die von ihnen durchzuführenden Maßnahmen einen finanziellen Bericht mit Quittungen nach Dresden schicken, »ingleichen in welchen Verhältnissen ihr die verschiedenen Gegenden und Ortschaften gefunden habt.«[372] Mit diesen Anweisungen koppelte Friedrich August das Katastrophenmanagement mit einer Bestandsaufnahme, was effizienter war als das Vorgehen im März 1784.

Er verfolgte die Strategie, Maßnahmen unmittelbar in Gang zu setzen, die auch längerfristige Hilfe nicht ausschloss. Die Beamten sollten erneut dafür sorgen,

»daß (...) besorglichen ansteckenden Krankheiten unter den Calamitosen möglichst vorgebeugt werde, als weshalb ihr die Amts- und Stadtphysicos zu Beobachtung ihres Amts anzuweisen habt.«[373]

Beinhaltete die Sofortreaktion nach der 1784er Katastrophe keine Gesundheitsvorschriften, so verstärkte die Obrigkeit 1799 diese Präventionsmaßnahme.

---

369 Vgl. hierzu: Pötzsch, Christian Gottlob: Zweyter Nachtrag. S. 53. Beylagen No. III. S. 213, 214.
370 Pötzsch, Christian Gottlob: Zweyter Nachtrag. S. 53.
371 Pötzsch, Christian Gottlob: Zweyter Nachtrag. S. 217. Dass für die Soforthilfe eine höhere Summe bereitstand, wird berichtet in: HStAD: Loc. 5783: Acta Die zu Unterstützung der durch den heurigen Aufgang des Eißes und die daher entstandene außerordentliche Austretung mehrer Flüße beschädigten Orthschaften und Landes Einwohner getroffene Anstalten betr. 1799–1800. Seitenangaben sind in dieser Akte undeutlich, siehe hierzu 12. März 1799.
372 Vgl. hierzu: Pötzsch, Christian Gottlob: Zweyter Nachtrag. Beylagen No. III. S. 213.
373 Pötzsch, Christian Gottlob: Zweyter Nachtrag. Beylagen No. III. S. 214.

Einen Tag nach diesem Schreiben erließ der Rat zu Dresden (bezugnehmend auf die Vorschriften vom 26. April 1785) Gesundheitsvorschriften, die den Anweisungen und auch nahezu dem Wortlaut der Jahre 1784 und 1785 entlehnt waren. Mit diesem »Doppelpack« bewies die Obrigkeit den besonders geschädigten Gebieten ihre gesundheitspolitische Fürsorge, da sie nicht nur – wie in den Jahren zuvor – die Bevölkerung instruierte, sondern Beamte und Ärzte von vornherein an diesem Prozess beteiligte.[374]

## 6.6 Schadenstabellen und Militär

Mit insgesamt acht Schreiben setzte das Geheime Konsilium und das Finanzkollegium eine längerfristige Schadensregulierung in Gang. Sie bezifferten die Quellen für die Soforthilfe und legten die Kollekte für das gesamte Kurfürstentum auf den 2. Mai (Himmelfahrt) fest. In jedem dieser Schreiben mahnten die Beamten ein Vorgehen wie 1784 an.[375] Das Geheime Konsilium hatte nach den Sofortmaßnahmen am 18. März 1799 ein Kommunikat und Reskript »an die Beamten derjenigen Gegenden welche von dieser Uiberschwemmung und Eisfahrt besonders beschädigt worden sind, (…).«[376] erlassen. Den Beamten war bedeutet worden, »diese Schäden näher zu untersuchen und folgende tabellarische Anzeigen (…)«[377] auszufüllen und binnen drei Wochen beim Finanzkollegium einzureichen. Teilweise gingen die ausgefüllten Schadenstabellen erst Ende Oktober in Dresden ein, was die Auszahlung der Hilfsgelder deutlich verzögerte.[378]

Auf Anregung der Zivilbehörden erließ Friedrich August am 18. März Order an das Militär, den heimgesuchten Ortschaften bei der Beseitigung des Eises beizustehen und die Notleidenden bei ihren Aufbaubemühungen, so weit wie möglich, zu unterstützen. Das schloss Arbeiten ein, die den Betroffenen Schutz verschaffen sollte, was z. B. ein Instandsetzen der Häuser und Wohnungen bedeutete. Allgemein forderte er die Einheiten zu einer verschiedenartig ausge-

---

374 StAD: RA CXVIII 76b, S. 75. Pötzsch, Christian Gottlob: Zweyter Nachtrag. Beylagen No. III. S. 214.
375 HStAD: Loc. 5783: Acta Die zu Unterstützung. Schreiben vom 12.–18. März 1799.
376 HStAD: Loc. 5783: Acta Die zu Unterstützung. Seitenangabe undeutlich. 20. März 1799.
377 HStAD: Loc. 5783: Acta Die zu Unterstützung. 20. März 1799.
378 Pötzsch, Christian Gottlob: Zweyter Nachtrag. Vorbericht.

richteten »hülfreiche Hand« auf.[379] Um eine möglichst flächendeckende Verteilung der Militärkräfte zu gewährleisten, sollten die »Orte, wo keine Miliz stehet«, von den am nächsten gelegenen Garnisonen mit Hilfskräften versorgt werden, was den Zivilbehörden sofort mitzuteilen war.[380]

Die Initiative zum Einsatz des Militärs, um die schwersten Arbeiten nicht allein mit den Lokalkräften durchführen zu müssen, ging von den dortigen Behörden aus – Friedrich August folgte diesen Vorschlägen. Die Lokalbehörden nahmen von sich aus direkt oder indirekt Einfluss auf die in Dresden getroffenen Maßnahmen. An welche Ebene des sächsischen Verwaltungsapparats sie ihre Petitionen richteten, war nicht zu eruieren. Dieser Vorgang zeigt für die ersten Wiederaufbaumaßnahmen eine beachtenswerte Flexibilität. Hier meldete sich die Lokalebene zu Wort, die bisher mit Reskripten im »absolutistischen Griff« gehalten worden war. Zeigten die Beamten zu Dresden mit den angeordneten Maßahmen eine flexible Vorgehensweise, deutete sich nun ein Wechsel der Kommunikation an.

Zusammenfassend kann festgehalten werden, dass 1799, dem Muster der Schadensbemessung und Schadensbehebung von 1784 folgend, vorgegangen wurde. Die großen Schritte waren eine Aufnahme und Kalkulation der vom Staat anerkannten Schäden, Kollekte am Himmelfahrtstag, Auszahlung der Hilfsgelder, die sich aus Staatsgeldern und Spenden zusammensetzten.[381]

## 6.7 Schadenssummen – staatliche wie private Hilfen

Die gesamte Schadenssumme für die »mittelbaren und unmittelbaren Unterthanen«[382] betrug 1.187.991 Taler, wobei diese Summe nach »festgesetzten prin-

---

379 HStAD: Locat 5738: Acta, die zu Unterstützung. S. 11, 12. Die Seitenangaben sind in dieser Akte uneinheitlich. Zu den in den Lausitzen und dem Stift Naumburg durchgeführten Schadensbemessungen siehe HStAD: Loc. 5738: Acta, die zu Unterstützung. S. 30–36, 45a–46b, 132–133.
380 HStAD: Loc. 5738: Acta, die zu Unterstützung. S. 11–13.
381 HStAD: Loc. 5738: Acta, die zu Unterstützung. 18. März 1799. HStAD: Loc. 508 Vol. III: Acta, die zu Abwendung der bey einem entstehenden Eißschuze, zu besorgenden Gefahr getroffenen Veranstaltungen ferner Die durch die starcke Eisfart und außerordentliche Überschwemmung verursachten Schäden, diesfalls bewilligten Gnaden Beyhülfen, und sonst gemachten Vorkehrungen. 1798–1801. S. 133b. Pötzsch, Christian Gottlob: Zweyter Nachtrag. Beylagen No. III. S. 214f.
382 HStAD: Loc. 508 Vol. III: Acta, die zu Abwendung der bey einem entstehenden Eißschuze. S. 134b, 135.

cipiis«³⁸³ auf einen anerkannten Schaden von 335.632 Taler herabgesetzt wurde. Die unter 6.4) dargestellte Bilanz von Deutsch bezüglich des Gesamtschadens fällt um ca. 30.000 Taler geringer aus. Beiden Angaben zufolge lagen die vom Staat anerkannten Schäden von 1784 um ca. 260.000 Taler über denen von 1799. Vergleicht man diese Summen mit den »wirklichen Einnahmen« und dem wirklichen Aufwand« des Staates, der bis 1816 maximal fünf Mio. Taler betrug, so war eine Herabsetzung und verhaltener werdende Ausgaben des Staats nötig.³⁸⁴

Die privaten Spendengelder beliefen sich auf 28.209 Taler, 18 Groschen und fünf Pfennige.³⁸⁵ Weitere Spenden, die hier einflossen, waren u. a. 600 Taler des Prinzen Albert von Sachsen-Teschen, 1.069 Taler der Katholiken aus Dresden; Zittauer Kaufleute beteiligten sich mit 50 Talern, die protestantische Hofkirche steuerte 788 Taler, 14 Groschen und 3 Pfennige bei und ein anonymer Posten betrug 25 Taler.³⁸⁶

Der Staat stellte 55.697 Taler, 21 Groschen und zehn Pfennige zur Verfügung – es kamen wenigstens 83.907 Taler, 15 Groschen und 15 Pfennige zur Auszahlung.³⁸⁷ Vergleichbar den Angaben über die gesamte Schadenssumme differieren auch hier die endgültigen Summen. Pötzsch nennt 88.741 Taler und 3 Pfennige als »Summe der ganzen Einnahme.«³⁸⁸ Hiervon waren 4.833 Taler und 8 Groschen bereits Ende Februar als finanzielle Soforthilfe an die Flutopfer verteilt worden.³⁸⁹ Wie bei den Fluten der Jahre zuvor konnte mit dieser Summe nur ein Teil der Schäden behoben werden. Um ihren heimgesuchten Orten und Einwohnern beizustehen, ergriffen wie 1784 sächsische Bürger, Amtmänner, Justiziare und Priester die Möglichkeit, die Bevölkerung Sachsens in den Leipziger Zeitungen zu mildtätigen Gaben aufzurufen. Der Stadtschreiber von Königstein Friedrich Hän(t)zschel animierte bereits am 28. Februar seine Landsleute zu Spenden:

---

383 HStAD: Loc. 508 Vol. III: Acta, die zu Abwendung. S. 134b.
384 Ulbricht, Gunda: Finanzgeschichte Sachsens im Übergang zum konstitutionellen Staat (1763–1843). St. Katharinen 2001. S. 27.
385 anonym: Die Vertheilung der für die Wasserbeschädigten eingekommenen Collectengelder betreffend. In: Dresdner politische Anzeiger auf das Jahr 1800. Nr. 19. Art. VII Avertissements. Dresden 1800. Beylage zu den Leipziger Zeitungen. Sonnabends den 10. May 1800. No. 1.
386 Pfister, Christian (Hg.): Am Tag danach. S. 252, 253 (Fußnote 182). Militzer, Stefan: Klima-Umwelt-Mensch. Bd. I. S. 399.
387 Militzer, Stefan: Klima-Umwelt-Mensch. Bd. I. S. 381.
388 Pötzsch, Christian Gottlob: Zweyter Nachtrag. S. 217.
389 Pötzsch, Christian Gottlob: Zweyter Nachtrag. S. 217. anonym: Die Vertheilung der für die Wasserbeschädigten eingekommenen Collectengelder betreffend. In: Dresdner politische Anzeiger auf das Jahr 1800. Nr. 19. Art. VII Avertissements. Dresden 1800.

»Darf ich Euch, edle Sachsen, für unsere durch die gewesene schreckliche Eisfahrt und Wassernoth unglücklich gewordenen Mitbürger allhier, von denen viele den Ruin ihrer Wohnungen, einer sogar den gänzlichen Verlust beweint, um Unterstützung bitten? Darf ich solchen mit Zuversicht hoffen, so werde ich die an mich oder den Hrn. Gerichtsvoigt Krämer zu diesem Behuf übersendeten Beyträge nicht nur gewissenhaft verteilen, sondern auch deren Einsendung in diesen Blättern anzuzeigen nicht unterlassen.«[390]

Wie 1784 lag die Verwaltung und Quittierung in Händen von Ehrenleuten. Priester, Justiziare und Bürger, die öffentliches Ansehen genossen, verteilten die Gelder, publizierten Summen und legten in den Leipziger Zeitungen ihr Vorgehen öffentlich dar. Der genannte Gerichtsvogt Krämer gehörte zu denjenigen Königsteiner Bürgern, die von der Flut besonders schwer getroffen worden waren: »Zudem führte die wüthende Fluth dem dasigen Gerichtsvoigt Krämer den bey Schandau gedachten großen Kahn, 600 Rthlr. am Werthe, nebst 2 Schiffleuten fort.«[391] Ob die Initiative eine gemeinnützige Anzeige zu publizieren und die eingehenden Gelder zu verwalten, gänzlich uneigennützigen Zielen entsprang, mag nicht nur für diesen Einzelfall angezweifelt werden.

Allein die in den Leipziger Zeitungen veröffentlichten Spendenaufrufe erzielten eine Gesamtsumme von ca. 9.361 Talern, 21 Groschen und 11 Pfennigen, denen Pötzsch noch Einnahmen aus zwei Benefizveranstaltungen hinzurechnete und letztlich 10.274 Taler 11 Groschen und 15 Pfennige angab. Dabei fügte er an: »Dieses sind aber gewiß noch nicht sämmtliche Unterstützungen an Gelde, vielweniger als in Natura« und listete Hilfen z. B. für Meißen in Form von Naturalien auf.[392]

Am 16. März 1799 wurde den Lesern der Leipziger Zeitungen angezeigt:

»Die Überschwemmung. Ein beschreibendes Gedicht (…) von M. Christian Friedrich Traugott Voigt, Vesperpediger an der Universitätskirche zu Leipzig, ist bey dem Verfasser und in allen hiesigen Buchhandlungen für 2 Gr. zu bekommen.«[393]

---

390 Leipziger Zeitungen. 47. Stück. Mittwochs, dem 6. März 1799. S. 345.
391 Pötzsch, Christian Gottlob: Zweyter Nachtrag. S. 37.
392 Pötzsch, Christian Gottlob: Zweyter Nachtrag. S. 223, 224. Zu den eingegangenen Beträgen siehe Leipziger Zeitungen des Jahrgangs 1799: 53., 54., 55., 60., 62., 63., 66., 77., 87., 90., 95., 96., 100., 101., 106., 110., 115., 125., 130., 131., 140., 143., 160., 163. Stück; vgl. zu diesen Angaben die Bibliographie; ebenso Leipziger Zeitungen: Sonnabens den 10. May 1800. Beylage zu den Leipziger Zeitungen. No. 1.
393 Leipziger Zeitungen: 54. Stück. Sonnabends den 16. März 1799.

Der Kurfürst selbst hatte zu dieser Initiative aufgerufen. Das Gedicht fand reißenden Absatz und wurde mehrfach aufgelegt. Durch sein Gedicht hatte der dann in Tharandt tätige Pastor bis Mitte Juni 1170 Taler an die Flutopfer verteilen können.[394]

Diese Aktion stand exemplarisch für ein Spektrum an Wohltätigkeitsveranstaltungen.[395] Welche Summen bei weiteren Anlässen zusammenkamen, war, bis auf die Hinweise von Pötzsch, nicht festzustellen.[396] Berücksichtigt man die Angaben von Pötzsch hinsichtlich der Unvollständigkeit der Unterstützungen aufgrund von nicht angerechneten Erträgen aus Benefizveranstaltungen und Hilfen in Form von Lebensmitteln, Kleidungsstücken u. Ä. wird die endgültige Summe die 100.000 Talergrenze eher über- als unterschritten haben.

Im Januar 1800 konstatierten Finanzbeamte zu Dresden, »daß die Schädenliquidationes weit beträchtlicher als im Jahr 1784 dahingegen der Betrag der Collecten-Gelder weit geringer ausgefallen« war.[397] Dieser Vergleich wird nur für die Spendensumme, nicht aber für die Schadenssumme von den Quellen gestützt. Die mitunter höheren Wasserstände bei der 1799er Katastrophe infolge von Rückstauerscheinungen mögen ein Grund für die höheren Schäden gewesen sein. Die zurückhaltendere Spendenbereitschaft mag einerseits durch die

---

394 Pötzsch, Christian Gottlob: Zweyter Nachtrag. S. 187.
395 Siehe hierzu: Militzer, Stefan: Klima-Umwelt-Mensch. Bd. I, S. 396, 397.
396 Rechnet man der von ihm angegebenen Gesamtentschädigung von 88.741 die 10.274 Taler, 11 Groschen und 15 Pfennige der Aufrufe und Benefizveranstaltungen hinzu, so müssten die den Flutopfern zugekommenen finanziellen Hilfen summa summarum bei ca. 99.014 Talern, 11 Groschen und 18 Pfennigen gelegen haben. Weder Pötzsch noch Militzer oder Deutsch nennen in der Zusammenschau einheitliche Summen weder für die Schadens – noch die Entschädigungssummen. Die Angaben des Finanzkollegiums über die eingenommenen Kollekten belaufen sich auf 19.196 Taler. Auch dieser Wert differiert sowohl mit der Zahl des Dresdner politischen Anzeigers (28.032 Taler), als auch mit der Angabe von Pötzsch (28.029 Taler). Übereinstimmung lag nur bei der Soforthilfe vor, die sowohl Pötzsch, als auch der Dresdner politische Anzeiger gleichlautend bezifferten. Siehe weiter: HStAD: Locat 508 Vol. III: Acta, die zu Abwendung der bey einem entstehenden Eißschuze. S. 135b. Pötzsch, Christian Gottlob: Zweyter Nachtrag. S. 217, 220. anonym: Die Vertheilung der für die Wasserbeschädigten eingekommenen Collectengelder betreffend. In: Dresdner politische Anzeiger auf das Jahr 1800. Nr. 19. Art. VII Avertissements. Dresden 1800. Zusammenfassend kann gesagt werden, dass keine bisher veröffentlichte Angabe den hier bilanzierten Summen entsprach! anonym: Die Vertheilung der für die Wasserbeschädigten eingekommenen Collectengelder betreffend. In: Dresdner politische Anzeiger auf das Jahr 1800. Nr. 19. Art. VII Avertissements. Dresden 1800. Pötzsch, Christian Gottlob: Zweyter Nachtrag. S. 217.
397 HStAD: Loc. 508 Vol. III: Acta, die zu Abwendung der bey einem entstehenden Eißschuze. S. 133b. Vgl.: Leonhardi, M. F. G.: Erdbeschreibung der Churfürstlich- und Herzoglich-Sächsischen Lande. Erster Bd. Leipzig 1802. S. 55, 56.

zum vierten Mal seit 1784 mehr oder minder öffentlich geforderte Solidarität verursacht worden sein. Andererseits – was wahrscheinlicher sein mag – war die 1799er Katastrophe für die Zeitgenossen weniger traumatisch. Die Menschen hatten sich an die Problematik »gewöhnt« – mitbedingt durch die vom Staat nach 1784 verbesserten Gegenmaßnahmen. Dennoch verwundert es, dass der Ausgleich der Schäden aus staatlichen wie privaten Mitteln um rund ein Fünftel gesunken war.

## 6.8 Zusammenfassung der Entwicklungen bis 1799

Die Obrigkeit zeigte mit diesen frühen Präventionsmaßnahmen, dass sie aus dem unbefriedigenden Krisenmanagement während der 1784er Katatsrophe gelernt hatte. Der Katalog der Maßnahmen hatte sich zwar kaum verändert, aber eine erhöhte Wachsamkeit und Bereitschaft der lokalen Behörden sollte das Schlimmste verhindern helfen. Die Reaktionszeiten waren deutlich verkürzt worden. Die Beamten führten sowohl vor- wie nachsorgende Maßnahmen durch. Hierunter fiel die Verfügbarkeit von Soldaten zum Sprengen des Eises, das Aufeisen der Elbe vor Brücken, der effizientere Einsatz der Signalkanonen und die unmittelbaren Hilfsaktionen im Februar 1799, wodurch die Gesundheitsvorsorge in die Soforthilfe integriert worden war.

Die Instruktionen gingen von der höchsten an die lokale Verwaltungsebene. Hierbei bezogen sich die anordnenden Beamten häufig auf Reskripte, die infolge der 1784er Katastrophe getroffen worden waren. Das Trauma »1784« galt als Vergleichswert für die nachfolgenden Fluten. Pegelstände, Zerstörungen, finanzielle Hilfen – 1784 war zur Bemessungsgrundlage geworden, zur Richtschnur, die half, die gegenwärtige Katastrophe einordnen und besser bewältigen zu können.

Der schon in der Restaurationskommission der frühen 1760er Jahre tätige Hofrat Friedrich Ludwig Wurmb[398] ließ Schreiben aufsetzen, die den Kanon der Maßnahmen nahezu abdeckten. Neben einer selbstverständlichen Hilfsbereitschaft und Solidarität der Bürger untereinander, nennt er dieselbe Vorgehensweise hinsichtlich der Spendengeldsammlung- und verteilung wie 1784.[399] Diese finan-

---

398 Groß, Reiner: Geschichte Sachsens. Leipzig 2001. S. 160, 161, 179.
399 HStAD: Locat 5738: Acta, die zu Unterstützung der durch den heurigen Aufgang des Eißes und die daher entstandene außerordentliche Austretung mehrer Flüsse beschädigten Orthschaften und Landeseinwohner getroffene Anstalten betr. 1799–1800.

ziellen Aspekte sollten mit »dem Geheimen Finanz-Collegio communciren, und an die übrigen Behörde(n) das nöthige verfügen«[400], was im Laufe des Jahres 1800 auch geschah.[401]

Staatlicherseits kristallisierten sich folgende hauptsächliche Reaktionsmuster bis 1799 heraus: Rettung der vom Hochwasser tödlich Bedrohten, Instandsetzung von Straßen und Transportachsen, Abwendung von Nahrungsmittelkrisen, Förderung der geschädigten Ökonomien und Landwirtschaft, aber auch eine Belebung privater Instandsetzungen.[402] Allgemein kann festgehalten werden, dass die bis zur Jahrhundertwende vollzogenen Bewältigungen hauptsächlich Abwehrmaßnahmen waren, die allerdings ab 1785 präventiven Charakter annahmen. Die Beamten wendeten verschiedenste Maßnahmen und Strategien an. Sie musterten die Bereiche Vorsorge, Abwehr und Wiederaufbauch durch und versuchten innovative Impulse zu setzen. Eine frühe Einsicht in das Ursachenbündel führte zu ersten Erfolgen. Es kann nicht nur von einem qualitativen Unterschied zu 1784, sondern auch von einer sich ausbildenden Routine gesprochen werden.

Reichen die bisherigen Strategien und Abwehrmaßnahmen aus, um weitere, eventuell desaströsere Katastrophen abwehren zu können? Oder werden die Sachsen durch weitere Hochwasser gezwungen, noch offensiver zu werden?

---

400 HStAD: Loc. 5738: Acta, die zu Unterstützung. S. 89.
401 HStAD: Loc. 508 Vol. III: Acta, die zu Abwendung der bey einem entstehenden Eißschuze. S. 133a, b.
402 Militzer, Stefan: Klima-Umwelt-Mensch. Bd. I. S. 378.

# LERNPHASE II: KONTINUITÄT UND UMBRUCH 1800–1820

## VII. Vom Hof zum Amt – der Beginn des lokalen Katastrophenmanagements

### 7.1 Die Verbauungen im Ostra-Gehege

Die Fluten zu Beginn des neuen Jahrhunderts wuchsen sich nicht zu den Katastrophen wie in den Dekaden zuvor aus. Quellen und Literatur belegen eine permanente Konfrontation mit Hochwassern, die bei einer Konzentration auf die Großereignisse leicht übersehen wird. Schäfer erörterte die Fluten der Jahre 1801 bis 1803 und kam zu dem Schluss, dass sie »von keiner großen Bedeutsamkeit« waren.[403]

Seit 1803 befassten sich die Dresdner Behörden mit einem Verbauungsprojekt. Der Vorwerkspächter Neizsch im Dresdner Ostragehege bat zu Beginn des April 1803 den Stadtrat zu Dresden um eine Verbauung des Elbufers, »damit doch für die Zukunft höchstdero hiesigen Vorwerks Ländereyen, möglichst, bey großen Wasser, und Eisgängen gesichert sind.«[404] Die Beamten zu Dresden gaben diesem Ansuchen statt und wiesen im Namen des Monarchen den Straßenbaukommissar Hönig, nebst zwei weiteren Beamten an, eine Ortsbesichtigung durchzuführen und anschließend einen Bericht und ein Gutachten zu verfassen.[405] Die Kommission urteilte, »daß das Ufer verbauet, (...), und, weil daran[406] ein kräftiger Grund ist, mit Steinen abgepflastert werde.«[407] Zusätzlich sollten noch Faschinen (Reisigbündel) im Ufer verbaut werden. Die Kosten für dieses Vorhaben bezifferte die Kommission auf 831 Taler und 16 Groschen. Am 2. August 1803 wurden die Gelder bewilligt.[408]

---

403 Schäfer, Wilhelm: Chronik der Dresdner Elbbrücke. Dresden 1848. S. 99.
404 StAD: RA GXXIV 88s: Acta Commisionis Die Verbauung des Elbufers im Ostraer-Gehege betr. Ao. 1803 (enthält ebenso Schreiben zu den Jahren 1807 und 1809). S. 6a, b.
405 StAD: RA G XXIV 88s: Acta Commisionis Die Verbauung des Elbufers. S. 1a, b.
406 Die Handschrift ist an dieser Stelle besonders undeutlich, es könnte auch »davon« heißen.
407 StAD: RA GXXIV 88s: Acta Commisionis Die Verbauung des Elbufers. S. 8b.
408 StAD: RA GXXIV 88s: Acta Commisionis Die Verbauung des Elbufers. S. 10a, b.

Im Frühjahr des Jahres 1807 wiederholte sich dieser Prozess: Der Pächter Neizsch reichte beim Dresdner Stadtrat eine Petition ein, damit die Elbufer am Ostragehege nach den Winterhochwassern der letzten Jahre ausgebessert und verstärkt würden. Insgesamt wies das Elbufer im Ostragehege auf einer Länge von 134 Ruten (ca. 607 Meter) Schäden auf.

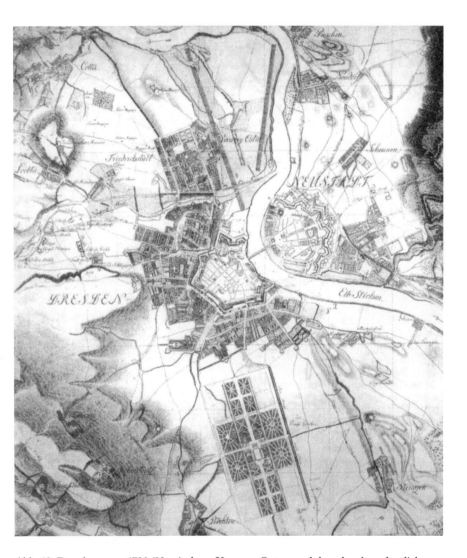

Abb. 18: Dresden anno 1780/83 mit dem »Vorwerg Ostra« und damals schon deutlich verstärkten Ufern

Nach einer Besichtigung befürwortete eine Kommission die Instandsetzung und erstellte ein Schadensgutachten. 1807 konnten vorerst nur 40 Ruten ausgebessert werden, da nicht genügend Gelder bereit standen.[409] Der Rat zu Dresden beschäftigte sich auch in den beiden folgenden Jahren mit der Ausbesserung und weiteren Verbauung der dortigen Elbufer.[410] Die Dresdner Behörden sahen diese Aufgabe als längerfristiges Vorhaben an, da sie die Maßnahmen von 1807 als »Continuation« bezeichneten.[411]

## 7.2 Die Sommerflut von 1804

Die Flut des Jahres 1804 verlief gänzlich anders als ihre Vorgänger.[412] Waren die Katastrophen im ausgehenden 18. Jahrhundert durch Winterhochwasser ausgelöst, so wurde diesmal im Sommer Alarm geschlagen.[413] Die Berichte schildern zuerst die Zerstörungen durch kleinere Flüsse und erst später die der Elbe. Sowohl in Zeitungen als auch in Schriften des Staatsapparates wurde diese Flut ausführlich dokumentiert, obwohl es sich um keine elbische Extremflut über 7,30 Meter handelte. Schäfer gibt für den Dresdner Elbpegel sechs Ellen und 19 Zoll an, was 6,88 Meter entspricht. Ein anonymer Autor gibt den Wert mit sieben Ellen an, was ca. 7,1 Meter gleichkommt. Im Januar 1803 hatte es zusätzlich eine Winterflut gegeben, die nur 15 Zoll niedriger ausfiel.[414]

Dem Hochwasser war am 6. Juni im Meißnischen Kreis ein »überaus starker Heeger- oder Höhenrauch« vorausgegangen, dem vom 7.-9. Juni heftige Orkane folgten. Nach den Ursachen des Höhenrauchs fragten die Autoren nicht. Fast nebenbei erwähnten sie dieses Phänomen, als wenn es sich hierbei um eine alltägliche Erscheinung gehandelt hätte.[415]

Verheerende Hagelunwetter mit Gewittern bildeten den Prolog zu einem vom 10. bis 14. Juni anhaltenden Regen, der verschiedene kleine Flüsse wie den Polenzbach zwischen Stolpen und Neustadt, die Sebnitz bei Schandau, die Gott-

---

409 StAD: RA GXXIV 88s: Acta Commisionis Die Verbauung des Elbufers. S. 15b.
410 StAD: RA GXXIV 88s: Acta Commisionis Die Verbauung des Elbufers. S. 15b-20a.
411 StAD: RA GXXIV 88s: Acta Commisionis Die Verbauung des Elbufers. S. 15b.
412 Zu den Fluten der Jahre 1801–1803 siehe Schäfer, Wilhelm: Chronik der Dresdner Elbbrücke. Dresden 1848. S. 99.
413 Vgl. hierzu die Graphik »Severe floods ...« im Kapitel zwei.
414 Ebd.
415 HStAD: Loc. 39815: Acta, Die nach der 1784 gewesenen großen Überschwemmung, denen Unterthanen zugestandenen Befreyung betr. 1784. S. 128a, b.

leuba bei Pirna, die Müglitz bei Mügeln und den Bielebach bei Königstein sehr rasch über die Ufer treten ließ.[416] In den angrenzenden Ländern wie Schlesien, Böhmen aber auch in Österreich soll der Regen sechs Tage und sechs Nächte angedauert haben.[417] Die Niederschläge bis zum 14. Juni ließen die Elbe über die Ufer treten, so dass man z. B. in Schandau »etliche Tage auf dem Markte und einigen Gassen mit Kähnen fahren mußte.«[418] Gleiches galt für Pirna und Königstein. In Pirna verursachten »der Bahr und Gottleube- sowohl der Seydewitzbach« eine Überflutung der Vorstadt. Die Menschen retteten sich durch die Fenster hinaus. Die Dresdner Straße war unpassierbar.[419] Das Wasser entwickelte in Pirna eine solche Gewalt, dass »der Hauptschuz an der Elbe gesprengt (…)« wurde. Insbesondere die links der Elbe verlaufenden Flüsse verursachten starke Überschwemmungen, wohingegen die rechts gelegenen, nicht derart zerstörten und weniger Wasser führten.[420]

Ebenso andere kleinere Flüsse wie der Bober oder die Röder richteten verheerende Schäden an. Fast gleich lautend beschreiben die Quellen die Höhe, mit der die Flüsse über die Ufer traten. In Pirna rissen die Fluten der Gottleuba und des Seidewitzbachs »die stärksten (…) Stein Gebäude nieder« und führten sie mit sich fort.[421] Immer wieder werden in den Quellen die Schäden betont, die an Wiesen, Feldern, Brücken und sonstiger Infrastruktur durch die Vielzahl der Flüsse angerichtet wurden.

Hinsichtlich des an der Elbe gelagerten Floßholzes war man ein bzw. drei Tage vor Einsetzen der Flut vorbereitet. Bei Königstein wurde nur ein kleiner Teil des an der Elbe gelagerten Holzes von der Flut mitgerissen »mit deren Auffangung die Leute an denen Elbufern beschäftiget sind, (…) größere Quantität Floßholz liegt in Schuze in den Hütten über dem Städtchen Königstein (…).«[422] Gleiches galt für das an Mühlen gelagerte Holz.

---

416 HStAD: Loc. 39815: Acta, Die nach der 1784 gewesenen großen Überschwemmung, denen Unterthanen zugestandenen Befreyung betr. 1784. S. 128a, b.
417 anonym: Nachrichten von der schrecklichen Wassersnoth welche die Bewohner an den Ufer der Oder, Neiß, und Elbe den 14ten und 15ten Juni dieses 1804. Jahres erlitten. Ohne Ort, ohne Jahr, ohne Seitenangabe. Schreibweise »Ufer« ohne »n«.
418 HStAD: Loc. 39815: Acta, Die nach der 1784 gewesenen. S. 129a.
419 HStAD: Loc. 14364: Acta, Das im Monat Juny 1804 sich ereignete Anschwellen und Austreten aller großen und kleineren Flüße und Bäche u. die dadurch verursachten Uiberschwemmungen und Schäden betr. S. 1a, b.
420 HStAD: Loc. 14364: Acta, Das im Monat Juny 1804. S. 2a, b.
421 HStAD: Loc. 39815: Acta, Die nach der 1784 gewesenen. S. 129b.
422 HStAD: Loc. 14364: Acta, Das im Monat Juny 1804. S. 2a, b. Vgl. zur Gefahr des fortgeschwemmten wie aufgefangenen Holzes: HStAD: Loc 39815: Acta, Die nach der 1784 gewesenen. S. 129b.

Neu war, dass aus den Ämtern dem Kreishauptmann von Maßnahmen zur Bergung des Holzes berichtet wurde, während die Flut bzw. die Gegenmaßnahmen noch im Gange waren. Am 14. Juni war das Schreiben aufgesetzt worden, einen Tag später hatte der Kreishauptmann des Meißnischen Kreises v. Carlowitz den Bericht bereits gelesen.[423] Die Katastrophenkommunikation fand zwischen der lokalen und der mittleren Verwaltungsebene statt. Der Dresdner Beamtenapparat schaltete sich lediglich über den Kreishauptmann in das Geschehen ein, um etwa Gesundheitsvorschriften anzumahnen. Gegenmaßnahmen und die Berichterstattung griffen noch während des Hochwassers. Eine Verlagerung der Organisation auf die betroffenen Kreise und Ämter versprach eine höhere Effizienz als in den Jahren zuvor.

Am 15. Juni wurde die Niederlausitz vom Hochwasser der Spree und Neiße getroffen.[424] Die Zeitungen unterstrichen die Außergewöhnlichkeit einer Sommerflut auch für Bautzen, da die Stadt enorme Schäden »durch eine seit dem Jahre 1552 in jener Gegend ganz beyspiellose Ueberschwemmung erlitten hat.«[425] In welche Not die Einwohner in der Lausitz versetzt wurden und dass ihnen nichts anderes übrig blieb, als sich an die Öffentlichkeit zu wenden, lässt sich aus einer Beilage der Leipziger Zeitungen entnehmen:

> »Auch uns traf das traurigste Schicksal, wie es Marcktlißa vorjährig erfahren mußte. Früh zwischen 7 und 8 Uhr stieg der Neiß-Strohm ganz unerwartet in solcher Geschwindigkeit, daß sogleich alle Communicationsbrücken in der Stadt fortgerissen waren. Ein Theil der Einwohner, und gewiß der ärmste Theil, mußten ihr Haab und Gut im Stiche lassen, um nur ihr letztes, das Leben zu retten. Viele hundert Vorstädter sind ganz von der Erde abgeschnitten und müssen jeden Augenblick erwarten, daß sie die fürchterlichsten brausenden Wellen mit fortreißen. Sie rufen händeringend uns zu, aber was können wir weiter thun; nichts als traurig hinsehen, ihnen Trost zuwinken und seufzend in unsre theils beschädigten Wohnungen zurückkehren. Viele Häuser fallen mit Krachen zusammen, viele drohen noch den Einsturz. Das Vieh, was noch nicht ersoffen ist, brüllt gewaltig, und es ist eine Noth, ein Jammer und eine Angst, was ich zu schildern unvermögend bin! Viele hundert Familien sind an den Bettelstab gebracht, ach, das ist unerträglich!«[426]

---

423 HStAD: Loc. 14364: Acta, Das im Monat Juny 1804. S. 1a–3a.
424 Beylage zu den Leipziger Zeitungen. Mittwochs den 27. Jun. 1804. S. 1245.
425 Leipziger Zeitungen. 126 Stück. Sonnabends den 30 Jun 1804. S. 1262.
426 Beylage zu den Leipziger Zeitungen. Mittwochs den 27 Jun. 1804. S. 1245. Vgl. anonym: Nachrichten von der schrecklichen Wassersnoth. O.O. o.J. o.S.

## 7.3 Bewältigungen

Das Amt Pirna wies im August darauf hin, dass das Floßholz erneut zu nahe an den Flüssen gelagert und außerdem nicht ausreichend gesichert war.[427] Die dortigen Beamten hatten aus dem plötzlich auftretenden Sommerhochwasser gelernt, denn die Zeit das Holz in Sicherheit zu bringen, konnte bis zur Ankunft der Flutwelle teilweise weniger als 24 Stunden betragen. Diese Vorsorgemaßnahmen wurden in den nächsten Jahren weniger konsequent durchgeführt, obwohl bei Winterfluten für das Fortschaffen des Holzes ein längerer Zeitraum zu Verfügung stand.

Als besonders hinderlich empfanden Behörden und Öffentlichkeit die zerstörten Straßen, insbesondere dass dadurch der Warenverkehr nach Böhmen abgeschnitten war. Deshalb forderten die Beamten nicht nur eine rasche Instandsetzung der Straßen, sondern für den Abschnitt von Dresden bis Pirna »eine Anlegung zweyer Chaußee Einnahmen«, um so den Kostenaufwand zu minimieren.[428]

### 7.3.1 Weiterführung der Maßnahmen in einem Schritt

Ein kurfürstlicher Befehl vom 21. Juni gab den Kreishauptmännern auf, die Beamten und »Amts Physicis« in den von der Flut heimgesuchten Ämtern folgendermaßen zu instruieren: Die Beamten wurden angewiesen, Gesundheitsvorschriften für Mensch und Vieh zu beachten und zugleich die Schäden vor Ort aufzunehmen. Weiterhin sollten sie den Flutopfern die vorzeitige Rückkehr in die feuchten Wohnungen verbieten und den Landwirten von der Verfütterung des durch die Flut verdorbenen Viehfutters abraten.[429] Der kurfürstliche Befehl hatte nicht nur zwischen den einzelnen Ämtern zu zirkulieren, in Einzelfällen verschickten die Beamten eine Kopie an Rittergutsbesitzer oder -pächter.

Die Gesundheitsvorschriften der Jahre 1784–99 fanden nicht mehr die bisherige dezidierte, rekurrierende Anwendung. Der identische Wortlaut der Jahre zuvor war durch inhaltliche Schwerpunkte ersetzt worden. Den Beamten und

---

427 HStAD: Loc. 14364: Acta, Das im Monat Juny 1804. S. 103b.
428 HStAD: Loc. 39815: Acta, Die nach der 1784 gewesenen. S. 130b.
429 HStAD: Loc. 14364: Acta, Das im Monat Juny 1804. S. 22a. Siehe zur Behandlung des Viehs und der Ernteerträge: HStAD: Loc. 14364: Acta, Das im Monat Juny 1804. S. 26a–29a, 46a–48a. Leipziger Oeconomische Societät (Hg.): Guter Rath an Landwirthe über die Verfütterung des verschlämmten Heues und Grummets. Zur Verhütung der gefährlichen Rindviehseuche. Dresden 1804.

Ärzten war bedeutet worden, alles in ihrer Macht stehende zu tun, um flächendeckende Infektionen unter der Bevölkerung zu verhindern.[430] Diese stärker gesundheitspolitisch ausgerichteten Hinweise beruhten auf einem implementierten Katalog, der durch die Erfahrungen der katastrophalen Hochwasser in den Jahren zuvor geschaffen worden war. Die Instruktionen der Kreishauptmänner betrafen neben den Beamten und Ärzten auch die lokalen Justiz- und Rentbeamten. Letztere waren aufgefordert worden, einerseits über die Ursache und den Verlauf, andererseits über die Schäden der Flut, einen entsprechenden Bericht zu verfassen und so schnell wie möglich an den betreffenden Kreishauptmann zu senden.[431]

Besonderes Augenmerk galt den zerstörten Dämmen entlang der Flüsse. Die Justizbeamten sollten in ihren Berichten ebenso mitteilen, ob vor einer Instandsetzung der Dämme eine Besichtigung derselben nötig wäre. Das während der 1799er Soforthilfe verbesserte Katastrophenmanagement, welches mehrere Vorgehensweisen in einem Schritt vereinte, fand in diesen Anordnungen seine Weiterführung.[432]

Das Amt Hain forderte über den Kreishauptmann v. Carlowitz, dass der Wasserbaukommissar oder wenigstens der Oberdammmeister, die vom Hochwasser beschädigten Flussabschnitte bereisen sollte. Es erhoffte sich dadurch nicht nur einen objektiven Bericht zu erhalten, sondern auch »eine commißarische Besichtigung von Seiten der gesammten Ufer- und Straßenbau-Commission«[433] vermeiden zu können. Ein Bericht über den Zustand der Elbdämme in den Ämtern Torgau bis Mühlberg lag seit dem 20. Juni dem Geheimen Finanzkollegium vor, wobei auf die neuesten Beschädigungen nur am Rand eingegangen wurde. Die Forderung des Amtes Hain nach einer Bereisung der überschwemmten Ämter und einem Bericht des Wasserbaukommissars, oder eines vergleichbar kompetenten Stellvertreters, zeugt von einer intakten Kommunikation. Die Lokalbeamten beschränkten sich nicht auf die Hinnahme der Verhältnisse, sondern nahmen zusehends als Teil des Ganzen eine selbstbewusstere Rolle ein.

Ebenso eine Anmahnung, dass die Kompetenzen zwischen den Ämtern nicht eindeutig waren, zeugt von einem »neuen Geist«, den die Ämter den Hochwassern, aber auch den ihnen übergeordneten Behörden, entgegenbrachten.[434] Durch diese uneinheitlichen Kompetenzen war es vorgekommen, dass

---

430 HStAD: Loc. 14364: Acta, Das im Monat Juny 1804. S. 22a, b.
431 HStAD: Loc. 14364: Acta, Das im Monat Juny 1804. S. 23a.
432 HStAD: Loc. 14364: Acta, Das im Monat Juny 1804. S. 22a–29a, 71a–75b.
433 HStAD: Loc. 14364: Acta, Das im Monat Juny 1804. S. 74a.
434 HStAD: Loc. 14364: Acta, Das im Monat Juny 1804. S. 100b, 101a.

eigenmächtige »Regulierungsmaßnahmen« durchgeführt wurden, von denen die Obrigkeit mitunter keine Kenntnis hatte. Seit den Fluten der 1770er Jahre (verstärkt seit 1781) arbeitete man deshalb an einer Ordnung für all diese Fragen.

### 7.3.2 Die Interpretation der Ursachen

Die Frage nach den Ursachen für das jeweilige Hochwasser wurde in den Dekaden zuvor kaum von Beamten erörtert. Das Verzögerungsmoment zwischen Ergebnissen der Wissenschaft und einem Nichtbeachten dieser Vorschläge, wie es im 18. Jahrhundert der Fall war, löste sich nun auf. In öffentlichen Blättern wurde sich wie folgt geäußert:

»In Absicht der Ueberschwemmungen welche gegen die Mitte dieses Monats die Lausitz, einen Theil von Böhmen, Schlesien und von der Mark betroffen haben, findet man in einem hiesigen Blatt folgende Bemerkung: »Alle Ströhme, die in den Böhmischen und Schlesischen Gebürgen entspringen und ihren Lauf nordwestwärts nehmen, sind aus ihren Ufern getreten, und haben große Verwüstungen angerichtet; doch weis man bis jetzt weder über die Veranlassung zu diesem Unglück, noch über den Umfang des Schadens etwas hinlänglich bestimmtes. Es war natürlich, daß man Wolkenbrüche zur Ursache annahm; allein diese Vermuthung hat sich nicht bestätigt, sondern anhaltender Regen scheint den Schnee, der in diesem Jahre noch ungewöhnlich spät in großer Menge fiel in den Gebürgen zum Schmelzen gebracht, und so aus den höhern Gegenden die Wasserfluthen herbeygeführt zu haben.«[435]

Dem vergleichbar, erörterten die Beamten weniger den Zustand der Elbe als mögliche Ursache, sondern gingen auf die erhöhten Niederschläge ein und machten einerseits den anhaltenden Regen im Gebirge, andererseits die, »um diese Zeit im südlichen Deutschland bemerkten vulcanischen Erdbewegungen« für das Hochwasser verantwortlich.[436]

Die Beamten des Amtes Hain überantworteten eine Ursachenforschung den Naturwissenschaftlern. Sie gaben aber an, dass die anhaltenden in mehreren Provinzen aufgetretenen Regenfälle und das »dadurch so schnell bewürkte Schmelzen des Schnees in den Schneegruben des Riesengebürges« zum Hochwasser beigetragen hätten.[437]

---

435 Leipziger Zeitungen. 127 Stück. Montags den 2 Jul. 1804. Berlin den 26 Jun. S. 1265.
436 HStAD: Loc. 14364: Acta, Das im Monat Juny 1804. S. 60a, b, 62a, b.
437 HStAD: Loc. 14364: Acta, Das im Monat Juny 1804. S. 74b, 75a.

Dagegen verneinten sie, dass entfernte Erdbeben, Erdfälle und eingestürzte Vulkane, Veränderungen an Seeufern und Meeresstrudeln einen deutlichen Einfluss auf die sächsischen, schlesischen und böhmischen Hochwasser ausüben konnten. Sie deuteten an, dass durch starke Gewitterregen manche Flüsse wie die Röder erneut gestiegen seien und dass eine dritte Überschwemmung nicht auszuschließen sei.[438] Und tatsächlich, das Amt Radeburg meldete am 14. Juli, dass die Röder die Höhe vom Vormonat erreicht habe.[439]

### 7.3.3 Flussregulierungen

Die Beamten der Elbgemeinden sahen Sandbänke und Heeger weiterhin als Übel an, dem abgeholfen werden sollte. Das den Flüssen entnommene Material wurde teilweise zum Straßenbau verwendet. Beging man den Fehler, das Material nicht aus dem Flussbett, sondern vom Ufer der Flüsse zu verwenden, riss das nächste Hochwasser an der Entnahmestelle Löcher in die Uferwand. Bei der nächsten Flut wurde diese Stelle weiter und tiefer ausgespült.[440]

Dass Korrektionen an den Flüssen weiter betrieben werden sollten, stand außer Frage.[441] Wurde früher allgemein über Regulierungen nachgedacht, suchten die Beamten nun für den jeweiligen Fluss nach den besten Maßnahmen.[442]

### 7.3.4 Schadensausgleich

Da die Flut von 1804 nur regional zerstörte, fielen die Kompensationsmaßnahmen dementsprechend aus. Die Bereiche Landwirtschaft und allgemeine Schäden treten hierbei hervor. Aus dem Amt Hain berichteten die Beamten Johann Friedrich Dietrich und Christian Friedrich Korbinsky, dass im Ganzen die Schäden »immer beträchtlich, und vorzüglich die Heu Erndte nachtheilig gewesen« war. Dennoch konnte das unter Wasser gestandene Getreide so weit gerettet werden, dass »wenigstens keine totale Verwüstung erlitten« wurde.[443] In diesem Zusammenhang gab die Leipziger Ökonomische Societät ein »Verzeich-

---

438 HStAD: Loc. 14364: Acta, Das im Monat Juny 1804. S. 75a, b.
439 HStAD: Loc. 14364: Acta, Das im Monat Juny 1804. S. 78a.
440 HStAD: Loc. 14364: Acta, Das im Monat Juny 1804. S. 101b.
441 HStAD: Loc. 14364: Acta, Das im Monat Juny 1804. S. 100b, 101a.
442 HStAD: Loc. 14364: Acta, Das im Monat Juny 1804. S. 100b, 101a.
443 HStAD: Loc. 14364: Acta, Das im Monat Juny 1804. S. 74a.

niß nützlicher Bücher für Landwirthe über die Verfütterung des verschlämmten Heues und Grummets. Zur Verhütung der gefährlichen Viehseuche«[444] heraus. Ähnliche Bemühungen kennzeichnen auch die im 18. Jahrhundert erschienenen »Intelligenzblätter«, die nicht nur Anregungen für die Landwirtschaft enthielten, sondern auch Bildung und Wissen breiter Volksschichten heben sollten.[445]

Inwiefern die Schäden vom Staat übernommen wurden, dazu schweigen die Quellen. Für die Ämter Hohenstein, Pirna und Meißen liegt lediglich eine Bilanz der Schäden vor, diese betrug für das Amt Hohenstein 20.417 Taler,[446] im Amt Pirna 44.719[447] und im Amt Meißen 8805 Taler.[448] Mussten die Hofbeamten zu Dresden im 18. Jahrhundert die Lokalbeamten vor Ort per Reskript an ihre Vorsorgepflicht erinnern, so war dies jetzt nicht mehr nötig. Ebenso die Einsendung über die erfolgten Hilfsmaßnahmen und Schadenstabellen in den Ämtern erfolgte schneller als in den Jahren zuvor.[449]

In den Berichten, die den privaten Schadensausgleich zum Thema hatten, spiegelt sich bereits die zunehmend wirtschaftliche Bedeutung der inzwischen entstandenen Fabriken wider:

»Noch nie nahmen wir, bey mehrern erlebten Unglücksfällen das mitleidensvolle Publikum in Anspruch. Jetzt aber zwingt uns die überhandnehmende Theuerung aller Lebensbedürfnisse, die sich sehr vermindernde Nahrung der hiesigen Tuchfabrik, und der Mangel an Futter fürs Vieh jeden Menschenfreund, der sich des ungestörten Besitzes seiner Wohnung, Felder, Wiesen und Gärten erfreuet und erndte, wo er säete, jeden begüterten Wohlthäter aufzurufen, seine Theilnahme auch an den hiesigen Wasserbeschädigten zu beweisen.«[450]

Ein begrenzter privater Ausgleich der Schäden wurde in den Anzeigen der Leipziger Zeitungen dokumentiert; die christliche Metaphorik war nicht verschwunden, aber nicht mehr so stark feststellbar wie 1784. Privaterseits wurde ein teilweiser Ausgleich der Schäden in den Anzeigen der Leipziger Zeitungen

---

444 Leipziger Oeconomische Societät (Hg.): Guter Rath. S. 8.
445 Böning, Holger: Das Intelligenzblatt – eine literarisch-publizistische Gattung des 18. Jahrhunderts. In: Internationales Archiv für Sozialgeschichte der deutschen Literatur, Bd. 19. Heft 1. Tübingen 1994. S. 22–32.
446 HStAD: Loc. 14364: Acta, Das im Monat Juny 1804. S. 83a–87b. Das Datum auf S. 83a »14. July« scheint ein Schreibfehler zu sein. Allein für Schandau wurden 3270 Taler veranschlagt, was zugleich den erheblichsten Posten ausmachte.
447 HStAD: Loc. 14364: Acta, Das im Monat Juny 1804. S. 104a–111a.
448 HStAD: Loc. 14364: Acta, Das im Monat Juny 1804. S. 64a.
449 HStAD: Loc. 14364: Acta, Das im Monat Juny 1804. S. 100a, b.
450 Beylage zu den Leipziger Zeitungen. Mittwochs den 27 Jun. 1804. S. 1245.

dokumentiert. Insgesamt fällt auf, dass die Artikel, nicht nur die Spendenaufrufe betreffend, sondern vom allgemeinen Umfang her, länger wurden.

»Ich bin der Erste, der es wagt, um Unterstützung zu bitten, und Gott gebe es, daß ich so glücklich bin, wohlthätige Menschen zu finden, die unsre guten, fleißigen Bürger und Menschen mit unterstützen helfen, und sollte ich denn, hauptsächlich, bey meinen hohen Gönnern, Freunden und Bekannten, eine Fehlbitte thun ? Nein, das läßt sich nicht fürchten! L. G. Müller, Postmeister hieselbst.«[451]

Es wurden durch Aufrufe dieser Art insgesamt 3640 Taler, 3 Groschen und 36 Pf. gesammelt,[452] was mit dem regionalen Ausmaß der Schäden korreliert. Es bestand kein einheitlicher Verteilungsmodus. Kleinere Posten wurden von demjenigen verteilt, der die Anzeige geschaltet hatte. Der zweitgrößte Posten wurde der höchsten Justizinstanz im Markgrafenthum Niederlausitz, »zur weiteren Vertheilung an die vom Wasser beschädigten Städte«[453] geschickt.

Das im 18. Jahrhundert gefundene private Muster wurde beibehalten. Die Spendenbereitschaft und Umfang der eingenommenen Spenden hatten sich seit damals nicht wesentlich verändert. Gleiches galt für die Unterhaltung der Dämme. Das Muster »Ihleburg« wendeten die Behörden auch in diesem Jahr an. Der Tenor der Quellen beschreibt Eigenständigkeiten der betreffenden Gemeinden hinsichtlich der anfallenden Ausbesserungs- und Verbesserungsmaßnahmen. Ebenso die finanzielle Unterhaltung der Uferbauten legten die Behörden größtenteils in die Hände derjenigen, die in den eingedeichten Ämtern lebten und durch die Deiche geschützt wurden.[454]

Zum ersten Mal wies ein Autor auf die Permanenz der Hochwasser hin »dass seit einigen 30 Jahren durch die Ueberschwemmungen viele Einwohner schon ihre besten Wiesen und Aecker eingebüßt (…).«[455] Er betonte auch, dass

---

451 Ebd.
452 Zu den eingegangenen Beträgen siehe Leipziger Zeitungen des ges. Jahrgangs 1804, siehe auch: 148., 153., 161., 165., 174., 214., 253. Stück. Beylage zu den Leipziger Zeitungen. Mittwochs den 12 Sept. 1804. S. 1693, 1694. Beylage 24 Sept., Beylage 5 Dec., Beylage 8 Dec., Beylage 19 Dec. Beylage zu den Leipziger Zeitungen. Montags den 7 Jan. 1805. S. 53. Beylage zu den Leipziger Zeitungen. 6 Febr. 1805. S. 247. Zur Umrechnung von sächs. Talern in Groschen und Pfennige und zu Fragen der Münznominale siehe: Haupt, Walter: Sächsische Münzkunde Teil I und II. Berlin (Ost) 1974.
453 Beylage zu den Leipziger Zeitungen. Mittewochs den 19 Dec. 1804. S. 2397.
454 HStAD: Loc. 6539: Acta, Die Unterstützung der Grundbesitzer bey Damm-Ufer-und Waßerbauen an öffentlichen Flüssen betr. De Anno 1804, 1810, 1811. S. 6a, b. anonym: Nachrichten von der schrecklichen Wassersnoth. O.O. o.J. o.S.
455 anonym: Nachrichten von der schrecklichen Wassersnoth. O.O. o.J. o.S.

die Gemeinden und Städte mit der Instandsetzung der Deiche und Dämme finanziell überfordert waren. Die Schäden, welche diese Katastrophe an den Uferbauten der gesamten sächischen Elbe verursachte, bezifferte dieser anonyme Autor auf eine Million Taler.[456] Die kurrenten Einnahmen und Ausgaben des sächsischen Staates beliefen sich in diesen Jahren auf vier bis fünf Millionen Taler.[457] Durch diese Relation erklärt sich einerseits das nach 1784 zurückhaltender werdende finanzielle Engament des Staates bei den Hilfsgeldern. Andererseits resultierte aus diesen immensen Kosten auch die zunehmende Abwälzung der Unterhaltspflichten für Dämme und Deiche auf die Elbanrainer.

Würden die nächsten Regulierungsmaßnahmen noch finanzierbar sein oder müssen andere Wege beschritten werden, um die Elbe in ihre Ufer zu zwingen? Angst breitete sich in den Gemeinden aus: die Deichbrüche konnten nicht zur Gänze behoben werden: »Und bleiben diese Brüche unausgebauet, so ist für die Zukunft das Unglück nicht zu übersehen.«[458]

## 7.4 Die Eisflut von 1805

Die Leipziger Zeitungen gingen in ihrem Vorwort zum Jahrgang 1805 auf die Flut des Jahres 1804 ein:

> »Nicht unbewölkt ist der Blick, den das verflossene Jahr dem Vaterlandsfreunde gewährt. (…) so werden zuweilen auch ganze Völker durch schreckenvolle Naturereignisse an ihre Abhängigkeit von dem Regierer des Weltalls mächtig erinnert. Ein großer Theil unsrer Mitbürger sahe durch zerstörende Fluthen ihre Wohnungen, die Früchte vieljährigen Fleißes, die reifenden Saaten vernichtet.«[459]

Weiterhin wurde davon gesprochen, dass die »biederen Sachsen nur eine große Familie bilden,«[460] die Mut mache, die Zerstörungen zu beseitigen. Neben der noch häufig verwendeten christlichen Metaphorik zeichnete sich hier bereits eine auf Sachsen bezogene »vaterländische Diktion« ab.

---

456 Ebd.
457 Ulbricht, Gunda: Finanzgeschichte Sachsens im Übergang zum konstitutionellen Staat (1763–1843). St. Katharinen 2001. S. 27.
458 anonym: Nachrichten von der schrecklichen Wassernoth. O.O. o.J. o.S.
459 Leipziger Zeitungen. 1 Stück. Dienstags den 1 Jan. 1805. S. 1.
460 Ebd.

### 7.4.1 Präventivmaßnahmen

Zwei Wochen vor dem Ereignis hatte das Torgauer Rentamt dem Fischer- und Müllerhandwerk den Auftrag gegeben, oberhalb der Elbrücke das Eis aufzubrechen. Diese Maßnahme wurde »wie gewöhnlich und alle Jahre (...) wenn die Elbe oberhalb der alhießigen Elb-Brücke zugefroren« ergriffen.[461]

In Schandau war die dortige Fähre nicht nur außer Betrieb gesetzt, sondern vorsichtshalber in den sogenannten »Fähren Bach« gebracht worden.[462]

### 7.4.2 Schandau

Wegen eines Eisstaus bei Tetschen wurde im Vorfeld die Vermutung geäußert, dies könne Auswirkungen für die »Schandauer Gegend« nach sich ziehen.[463] Am 3. März 1805[464] berichtete der Beamte Günther an den Kurfürsten, dass in der Stadt am 26. Februar »der Eisgang weit fürchterlicher und verheerender als in den Jahren 1784 und 1799 erfolgt«[465] sei. Er berichtete von »über 12 Ellen starken« Eisschollen, die bis zum ersten Stock mancher Häuser reichten.

Auch in Berichten der Leipziger Zeitungen wurde geschildert, dass die Elbe »schreckender und furchtbarer (...) samt dem entsetzlich aufgethürmten Eise in Schandau nicht eindringen konnte.«[466] Der Fährverkehr brach zusammen, weil das stadtnah gelegene Ufer vom Eis und das gegenüberliegende Ufer durch weggespülten Erdboden in Mitleidenschaft gezogen worden war. Eismassen versperrten die Wege nach Königstein. Auch diese Stadt litt schwer unter der Eisflut.[467] Um den Hof des Gleitshauses[468] in Schandau von den Eismassen

---

461 HStAD: Loc. 39815: Acta, Die nach der 1784 gewesenen großen Überschwemmung, denen Unterthanen zugestandenen Befreyung betr. 1784. S. 135a, 145a.
462 HStAD: Loc. 39815: Acta, Die nach der 1784. S. 133a.
463 HStAD: Loc. 39815: Acta, Die nach der 1784. S. 132a.
464 Die Quelle ist mit zwei Daten unterschrieben. Aufgrund des Inhalts gehe ich davon aus, dass sie am 3. März verfasst wurde.
465 HStAD: Loc. 39815: Acta, Die nach der 1784. S. 132b.
466 Leipziger Zeitungen. 47 Stück. Mittwochs den 6 März 1805. S. 420.
467 HStAD: Loc. 39815: Acta, Die nach der 1784. S. 139a, b.
468 Das Wort »Gleits« leitet sich von dem Begriff »Geleit« ab. Darunter versteht man alle Maßnahmen, die die Landesobrigkeit für die Erhaltung der Straßen, Brücken, Dämme und Ufer zu unternehmen hatte. Das Gleitshaus war demzufolge der Ort, in dem u. a. die örtliche Verwaltung dieser Obliegenheiten vonstatten ging. Siehe hierzu: Grosses vollständiges Universal Lexikon Aller Wissenschafften und Künste, (...). Zehnter Band, G.-Gl. Halle u. Leipzig, Im Verlag Johann Heinrich Zedlers, Anno 1735. Sp. 731.

zu befreien, mobilisierte der Beamte Günther nicht nur den Fährmeister und einige Schiffsleute, sondern 30 zusätzliche Hilfskräfte, die das Eis fortschafften.[469]
Sanken die Pegel bei den Fluten in den Jahren zuvor, sobald der Scheitelpunkt der Flutwelle erreicht war, so folgte die Flut von 1805 einem anderen Muster. Nicht nur Torgau, auch Schandau wurde von zwei Flutwellen getroffen. Das erneute Ansteigen des Wassers in Schandau am 3. März verursachte dramatische Szenen. War es den Menschen in den letzten Tagen des Februars gelungen, sich rechtzeitig in Sicherheit zu bringen, entkamen sie den Fluten diesmal »hauptsächlich auf Kähnen und nur noch mit Lebensgefahr.«[470] Erneut verglichen sie ihre Lage mit der Katastrophe von 1784: Zwar sei der damalige Wasserstand höher gewesen als der momentane, »das Eiß sey jedoch bey weitem nicht so fürchterlich und verwüstend gewesen als diesmal.«[471]

Die zentralen Bereiche der Stadt mussten mit Booten befahren werden. Zudem wurden Kähne bereitgestellt, die für die Aufnahme des Fährbetriebs nach Abfließen des Eises vorgesehen waren.[472]

An eine Rückkehr in die Wohnungen war in den ersten Märztagen nicht zu denken. Es mangelte an Holz und Lebensmitteln. Erschwert wurde die Lage durch die gesunkenen Temperaturen und den gefallenen Schnee. Die Beamten vor Ort befürchteten den Ausbruch von Krankheiten.[473]

### 7.4.3 Torgau

Am Pegel in Torgau wurden die höchsten Werte am 27., 28. Februar und 3. März gemessen, wobei das dortige »Waßermaaß« überflutet wurde.[474] Am 1. und 2. März sanken die Pegel leicht, ehe sie am 3. März auf den höchsten in diesen Tagen gemessenen Wert von 8 Ellen und 23 Zoll anstiegen, was 5,11 Metern entsprach.[475] Die Stadt wurde wie Schandau von zwei Flutwellen getroffen. Schon vor der ersten wütete der Eisgang dort so vehement, »daß man beinahe

---

469 HStAD: Loc. 39815: Acta, Die nach der 1784. S. 139b.
470 HStAD: Loc. 39815: Acta, Die nach der 1784. S. 140a. Zum erneuten Ansteigen der Elbe in Schandau und einem Vergleich zum 26. Februar siehe ebenso S. 140a,b.
471 HStAD: Loc. 39815: Acta, Die nach der 1784. S. 140b.
472 HStAD: Loc. 39815: Acta, Die nach der 1784. S. 133a.
473 HStAD: Loc. 39815: Acta, Die nach der 1784. S. 140b, 141a.
474 HStAD: Loc. 39815: Acta, Die nach der 1784. S. 147b, 148a. Siehe zu Meterangaben und Höhe der Flut Kap. zwei.
475 HStAD: Loc. 39815: Acta, Die nach der 1784. S. 147a–148a.

kein Wasser sahe.«[476] Das Aufeisen oberhalb der Elbbrücke musste wiederholt werden. Die Autoren betonten mehrfach den Nutzen dieser Maßnahme, den sie insbesondere in der Sicherung der Brücke sahen.

Am 25. Februar versuchte der Artilleriehauptmann Jau oberhalb von Torgau, das vor einer Brücke gestaute Eis mit Bomben zu sprengen.[477] Vom Erfolg dieses Unternehmens wird nichts berichtet, auch schweigen die Quellen darüber, inwieweit die diversen Eisbarrieren/Eisschütze, die sich an verschiedenen Abschnitten der Elbe gebildet hatten, beseitigt werden konnten.

Allen Aufeisungsversuchen zum Trotz hatten sich die Eismassen am 27. Februar im gesamten Bereich der Torgauer Elbbrücke derart zusammengeschoben, dass das zurückgestaute Wasser den so genannten »Färber Damm« überstieg und damit die Vorstädte gefährdete. Hilfskräfte versuchten, ein Durchbrechen dieses Dammes zu verhindern. Eine Sturmglocke läutete, um einerseits die Vorstädte vor dem eindringenden Wasser zu warnen, andererseits, da ein Dammdurchbruch unmittelbar bevorstand, die Mannschaften zum Verlassen des Dammes zu veranlassen.[478] An diesem Tag wurden die Einwohner Torgaus, deren Häuser und Quartiere unter Wasser standen, mit Kähnen in der Stadt übergesetzt. Aus dem Wortlaut der Quellen ist zu schließen, dass städtische Behörden dies veranlassten und es sich nicht um eine private Maßnahme handelte.[479]

Drei Jahre später lobte der Oberdeichinspektor Dammert in seiner Abhandlung über die Abwehr von Eisgängen die sächsische Organisation der Rettungskräfte. In seiner 87 Spalten langen Abhandlung hebt er als einziges Beispiel einer geglückten Organisation »am Deich« die sächsische Vorgehensweise hervor:

»An der Oberelbe nehmen die Deichdefensionsarbeiten ihren Anfang, wenn das Wasser an den Deichfuß tritt. Die Deichwachen sind in den am Deiche belegenen Dörfern oder in irgends dazu gebauete Häuser unter Aufsicht eines Deichunterbedienten gestellt, der dafür verantwortlich ist, daß die ihm übergebenen Distrikte, bei Tag und bei Nacht fortdauernd begangen werden.«[480]

---

476 HStAD: Loc. 39815: Acta, Die nach der 1784. S. 147a.
477 HStAD: Loc. 39815: Acta, Die nach der 1784. S. 136a.
478 HStAD: Loc. 39815: Acta, Die nach der 1784. S. 142b, 143a, 146a. Die Datierung des Dammbruchs ist in den Quellen nicht einheitlich.
479 HStAD: Loc. 39815: Acta, Die nach der 1784. S. 146a.
480 Dammert, A. H.: Erfahrungen und Bemerkungen über den Eisgang. In: Neues Hannoversches Magazin. 35tes Stück. Freitag, den 29ten April 1808. Sp. 557.

## 7.5 Zusammenfassung der Entwicklungen bis 1805

1804 traf eine Sommerflut Sachsen. Anders als bei den Eisgängen zuvor, hatten die lokalen Behörden dafür gesorgt, dass das an den Ufern gelagerte Floßholz rechtzeitig (24–72 Stunden vor der Flutwelle) in Sicherheit gebracht wurde. Die anno 1785 verfügten Instruktionen wurden nun umgesetzt. Überließ man im 18. Jahrhundert das einmal mitgerissene Holz dem Chaos der Eisflut, versuchte man nun, die Holzstämme aus dem Wasser zu ziehen. Welche Techniken hierbei zur Anwendung kamen, war bisher nicht zu eruieren. Ebenso bleibt die Frage zu beantworten, ob es lediglich bei einer Sommerflut möglich war, die Baumstämme wieder an Land zu ziehen. Eine Berechenbarkeit kam hierbei zur Anwendung. Leider konnte nicht herausgestellt werden, wie diese Berechenbarkeit zu Stande kam. Vergleichswerte lagen für einen längeren Zeitraum nicht vor. Ob die lokalen Behörden das Floßholz bei stärkerem Regen präventiv in Sicherheit brachten, ist eher unwahrscheinlich, weil sie dann zu viele solcher Sicherungsaktionen hätten durchführen müssen. Die Lokalbeamten schätzten anhand von Erfahrungswerten ab, wie weit die Elbe voraussichtlich steigen würde.

Diese Optimierung galt nicht für alle Gemeinden. In Pirna war man zwar ebenso vorsorgend vorgegangen, allerdings hatte man hier das Holz nicht weit genug vom Fluss entfernt, so dass dennoch Schäden auftraten. Die Berechenbarkeit, wann die Flutwelle Pirna erreichen würde, scheiterte an der »24 Stundenregel«. Ging man in anderen Orten davon aus, dass für eine ausreichende Sicherheit 24 Stunden als Minimum eingehalten werden sollten, unterschritt man in Pirna diesen Wert, was Schäden durch mitgerissenes Holz verursachte.

Nach der Flut von 1804 weisen die Quellen aus, dass die Menschen über die seit 30 Jahren andauernden Hochwasser klagten. Besonders die Ackerbautreibenden waren von den »Versandungen« durch die nicht abbrechenden Fluten betroffen. Aber auch eine finanzielle Überbelastung der Städte und Gemeinden trat immer deutlicher zu Tage. Weder den Gemeinden noch dem Staat war es möglich, die immensen Kosten für die Flutopfer und die Instandsetzungen der Dämme aufzubringen. Die Schäden an den Uferbauten beliefen sich allein für 1804 auf eine Million Taler. Bei einem Haushalt von maximal fünf Millionen Talern hätte eine komplette Instandsetzung den sächsischen Staatshaushalt in Schieflage bringen können.[481] Das »engstirnige« Verhalten verschiedener Be-

---

481 anonym: Nachrichten von der schrecklichen Wassersnoth welche die Bewohner an den Ufer der Oder, Neiß,und Elbe den 14ten und 15ten Juni dieses 1804. Jahres erlitten. Ohne Ort. Ohne Jahr. Ohne Seitenangabe.

amter des Geheimen Finanzkollegiums und die Flussregulierungen der nächsten Jahre entsprangen diesen drohenden finanziellen Erdrutschen.

Verschiedene Maßnahmen, die bereits bei den Fluten im 18. Jahrhundert angewandt worden waren, werden auch für 1805 beschrieben. Die Verfasser deuteten die Vorgehensweisen meist nur an, ohne genauere Beschreibungen zu liefern. Im Schreiben des Dresdner Beamten Günther, der diverse Berichte zusammenfasste, ist zu lesen, dass aufgrund starken Geschützlärms auf einen Eisstau bei Hayn geschlossen wurde. Ebenso findet ein Dragonereinsatz bei Mühlberg lediglich Erwähnung. Ähnlich undeutlich wurden die Gegenmaßnahmen eines verhinderten Dammdurchbruchs bei Cosdorf geschildert. Aus dem Hinweis »durch schleunige Vorkehrung noch abgewendet worden«, lässt sich nicht schließen, wie und womit die Rettungsmannschaften den Durchbruch verhinderten.[482]

Überschwemmungen traten insbesondere in denjenigen Gegenden auf, in welchen sich das Eis zusammenschob und auch durch Aufeisen oder Sprengungen ein längerfristiger Eisabfluss nicht gewährleistet werden konnte.[483]

Die schriftliche Kommunikation über präventive und sofortige Gegenmaßnahmen fand auf einer lokalen Verwaltungsebene statt. Wiesen nach der Katastrophe von 1784 noch die Beamten aus Dresden die Ämter an, organisierten nun die Lokalbeamten präventive Maßnahmen oder das Hinzuziehen von Rettungskräften selbst und berichteten über ihr Vorgehen der übergeordneten Behörde, aber nicht mehr direkt dem Verwaltungsapparat in der Hauptstadt.

Das Vorgehen der Lokalbehörden in Ämtern und Kreisen wurde in Dresden zur Kenntnis genommen, wie der zusammenfassende Bericht des dortigen Beamten Günther ausweist.[484] Das Geheime Finanzkollegium wird über die Tätigkeiten in Torgau und Schandau unterrichtet gewesen sein. Eine Reglementierung, teilweise mit mehreren Reskripten, fand nicht mehr statt. Die Vorgehensweisen des lokalen Behördenapparats, wie das »alljährliche« Aufeisen in Torgau, waren zu einer Routine geworden. Dresdens schützende Hand wurde nicht mehr benötigt – doch für wie lange noch?

---

482 HStAD: Loc. 39815: Acta, Die nach der 1784. S. 133b.
483 Die Methode des Eissprengens fand in Sachsen letztmals im Januar 2003 Anwendung.
484 HStAD: Loc.

# VIII. Die Auftaktphase für das Gesetz von 1819

## 8.1 Die Rückkehr zum alten Muster

Die Erlasse aus den Jahren 1809 bis 1811 können als erprobte Bewältigungen angesehen werden. Die Beamten aus Dresden beriefen sich auf Schreiben, die infolge der Fluten in den Jahren zuvor erlassen worden waren.[485] Dass seit 1785 ein Vorsichtsparadigma verinnerlicht worden war, lässt sich daran ablesen, dass auch 1809 die zugefrorene Elbe argwöhnisch beobachtet wurde.

Am 12. Januar informierte das Geheime Finanzkollegium das Geheime Kabinett über einen baldigen, sehr wahrscheinlich Gefahr bringenden Eisaufbruch, »da der Elbstrohm bei hohem Wasserstande eingefroren sey.«[486] Daraufhin erließ das Kabinett an die Zivilobrigkeiten und die Landesregierung ein Schreiben, dass es an das Militär »wie in gleichen Fällen sonst geschehen« Instruktionen schicken würde.[487] Das Militär wurde vorab informiert, um beim Einsetzen der Flut vorbereitet zu sein. Erstens enthielten diese »Ordres« die Anweisung, dass bei Beginn des Hochwassers, das Militär, von welcher örtlichen Behörde auch immer, angefordert werden konnte. Zweitens war in diesen Schreiben enthalten, dass die Soldaten nicht nur das Eis zerkleinern und wegschaffen sollten, sondern jegliche Gefahren abwenden und zur »Conservation der Nothleidenden dienende(n) Arbeit, auch sonst, hülfreiche Hand (zu) leiste(n) hatten.«[488] Drittens sollten die Garnisonen ihre Kräfte in die nächstgelegenen vom Hochwasser betroffenen Orte schicken, die über keine stationierten Soldaten verfügten. Inwieweit diese Anordnungen im Angesicht der Flut griffen, darüber hatten die betroffenen Behörden dem Geheimen Kabinett Bericht zu erstatten.[489] Die Kompetenzen und Aktivitäten des Militärs wurden im Vergleich zu denen des 18. Jahrhunderts erweitert.

---

485 StAD: RA CXVIII 76b: Acta, Die beym harten Winter. S. 97a, 98a,b, 102a, ohne Seitenangabe vom 18. Januar 1809. HStAD: Loc. 5788: Acta Die bevorstehenden Eisfarth halber dem Militari ertheilte Anweisung betr. 1809, 1810, 1811. S. 5a.
486 HStAD: Loc. 5788: Acta Die bevorstehenden Eisfarth halber dem Militari. S. 1a.
487 Ebd. Diese Anweisungen galten auch für die nicht direkt unter der Zentralverwaltung stehenden Ämter im Staatsgebiet; siehe hierzu: HStAD: Loc. 5788: Acta Die bevorstehenden Eisfarth halber dem Militari. S. 3a.
488 HStAD: Loc. 5788: Acta Die bevorstehenden Eisfarth halber dem Militari. S. 1a, b.
489 HStAD: Loc. 5788: Acta Die bevorstehenden Eisfarth halber dem Militari. S. 1a, b.

Anders als 1804 und 1805 waren nun wieder verstärkt die höchsten staatlichen Organe mit den Fluten befasst. Ähnliche Erlasse, mit nahezu identischem Wortlaut, erließ der König an den Stadtrat in Dresden. Das um den 12. Januar[490] eingetretene Tauwetter veranlasste die höchsten staatlichen Organe, die auszuführenden Maßnahmen an die entscheidenden Behörden weiterzugeben. Der König mahnte dem Rat eine »wechselseitige Communication« an und verwies auf Anordnungen der Jahre 1795 und 1798, dementsprechend der Rat zu handeln hatte.[491] Am 27. Januar setzte Regen ein, was eine Aufforderung an die Dresdner Hausbesitzer nach sich zog, einem Anschlag vom Dezember 1804 zu folgen und mit dem Aufeisen und Fortschaffen des Eises zu beginnen. Ebenso am 27. Januar wurde der Polizei geboten, »noch diesen Abend in allen Häußern ansagen zu laßen, daß, wenn nicht in dieser Nacht Frost einträte« sofort mit dem Aufhacken des Eises zu beginnen.[492] Drei Tage später abends um acht Uhr brach das Eis und richtete an der Dresdner Augustusbrücke Schäden an. Schäfer beschrieb diese Flut als »außerordentlich stark(e) Eisfahrt.«[493]

Zu Beginn des Februars 1810 erließ der König sowohl dem Inhalt als auch dem Wortlaut nach dem Vorjahr entlehnte Vorsorgemaßnahmen. Militär und betroffene Behörden wurden in nahezu derselben Weise wie 1809 instruiert, ebenso wurden dieselben Kommunikationswege eingehalten.[494]

## 8.2 Der Ufer- und Dammbau bei Graditz und Werdau

1808 hatte der Oberdeichinspektor des Amtes Hitzacker in Fortsetzungkapiteln des Neuen Hannoverschen Magazins darauf verwiesen, dass die Hochwasser lange Zeit als »Landplagen« angesehen wurden, die mit Geduld ertragen werden mussten. Er strich aber im selben Atemzug präventive Lernschritte heraus:

---

490 Zur Präzisierung müsste eine Kalibrierung der Daten erfolgen. Das wird der weiteren Forschung überantwortet.
491 StAD: RA CXVIII 76b: Acta, Die beym harten Winter und Ergießungen des Elbstrohms im Jahr 1799 allhier getroffenen Veranstaltungen betr. Ergangen beym Rathe zu Dresden 1798, 1799, 1809, 1811, 1820, 1823, 1827, 1830, 1838. S. 97, 98.
492 StAD: RA CVIII 76b: Acta, Die beym harten Winter. S. 102.
493 Schäfer, Wilhem: Chronik der Dresdner Elbbrücke. S. 99.
494 HStAD: Loc. 5788: Acta Die bevorstehenden Eisfarth halber dem Militari. S. 5a, b, 6a, b, 9a, b.

»(…) aber die bedenklichen Folgen dieser Hingebung führten doch nach und nach auf die Mittel, wodurch jenen Uebeln, wo nicht immer, doch in vielen Fällen, vorgebeugt werden konnte.«[495]

Er betonte einerseits die Schwierigkeiten der Durchführung nachhaltiger Verbesserungen (private Ansprüche der Anwohner und die des Staates mussten zur Deckung gebracht werden), andererseits den immensen Kostenaufwand von Durchstichen durch Flusskrümmungen.[496] Er sah aber in ihnen ein probates Mittel, den Eisgängen einen Teil ihrer Kraft zu nehmen.[497]

Das Geheime Finanzkollegium bilanzierte im Juli 1810 die von 1771 bis 1800 für den Ufer- und Dammbau bei Torgau in der Gegend von Graditz und Werdau getätigten Ausgaben auf 51.000 Taler. Seit 1800 waren weitere 16.884 Taler hinzugekommen. Das Finanzkollegium machte den unregelmäßigen Lauf der Elbe in diesem Gebiet für die erheblichen Ausgaben verantwortlich.[498]

Bei den Auseinandersetzungen um die Deichreparaturen bei Ihleburg wurde diese Problematik erstmals deutlich. Der Staat war für die Ausbesserung und Erhaltung der Ufer zuständig und hatte mit diesen chronischen Kosten zu rechnen. Dass solch horrende Summen für die gesamte sächsische Elbe nicht aufzubringen waren, stand für das Geheime Finanzkollegium außer Frage. Im Weiteren musste das Kollegium für den Flussabschnitt bei Torgau konstatieren, dass »es nicht gelungen ist, den Strohm in seine Schranken zu verweisen.«[499] Die Elbe mäandrierte in diesem Gebiet, verstärkte bei Werdau einen vorhandenen Kiesheeger und hatte eine »beträchtliche Anzahl Grundstücke weggerissen.«[500] Schon 1799 war es bei Werdau zu einem Dammbruch gekommen. Die Flut im vergangenen Frühjahr hatte Eis und hohe Pegelstände gebracht. Nur durch »große Thätigkeit der Wasserbau-Officianten und der Gemeinde Werdau«[501] war der Damm gerettet worden.

---

495 Dammert, A. H.: Erfahrungen und praktische Bemerkungen über den Eisgang und die höchsten Anschwellungen der Ströme, und über die zweckmäßigsten Vorkehrungen dagegen. In: Neues Hannoversches Magazin. 18. Jahrgang. 33tes Stück. Freitag, den 22ten April 1808. Sp. 517.
496 Dammert, A. H.: Erfahrungen und praktische Bemerkungen über den Eisgang. 34tes Stück. Montag, den 25ten April 1808. Sp. 541.
497 Dammert, A. H.: Erfahrungen und praktische Bemerkungen über den Eisgang. 37tes Stück. Freitag, den 6ten Mai 1808. Sp. 587.
498 HStAD: Loc. 6539: Acta, Die Unterstützung der Grundbesitzer bey Damm-Ufer- und Waßerbauen an öffentlichen Flüssen betr. 1804. S. 13a.
499 HStAD: Loc. 6539: Acta, Die Unterstützung der Grundbesitzer. S. 13a.
500 Ebd.
501 HStAD: Loc. 6539: Acta, Die Unterstützung der Grundbesitzer. S. 13b.

Ein erneuter Durchbruch hätte nicht nur ganz Werdau samt Viehbestand zerstört, sondern auch erhebliche Schäden an den dortigen landwirtschaftlichen Flächen verursacht. Es wurde vermutet, dass nach einem Dammdurchbruch der Fluss »erst unterhalb Torgau in sein eigentliches Flußbette zurücktreten würde.« Dadurch wäre nicht nur die Schifffahrt gehemmt worden, sondern auch die Torgauer Elbbrücke hätte ihre Funktion verloren, was wiederum den Bau »eine(r) neue(n) Brücke über den neuen Strohmarm« erfordert hätte.[502]

Wie dringend diesem Zustand der Elbe bei Werdau abgeholfen werden sollte, war daran abzulesen, dass der Kabinettsminister Graf Marcolini, der Finanzrat von Manteuffel, der Kreishauptmann Graf von Einsiedel und der Wasserbaukommissar Wagner die dortige Gegend besichtigt und einen Durchstich bei Werdau durch den Loswiger Busch beschlossen hatten. Die Pläne waren vom Kanalbaukommissar Le Plat ausgearbeitet worden, der die Kosten auf knapp 31.000 Taler bezifferte.[503] Der König genehmigte diese Pläne. Dieser Befürwortung waren Formulierungen wie »dringende Wassergefahr für das Dorf Werdau« vorausgegangen.[504] Die Gelder sollten von der Rentkammer bereitgestellt werden. Das Finanzkollegium hatte die Uferbaukommissarien über die »nöthigen Verfügungen« angewiesen.[505]

Diese Behörde schlug dem Geheimen Konsilium zwei Möglichkeiten vor, um der Rentkammer bei der Finanzierung zu helfen. Entweder sollte ein Viertel des Gesamtbetrages dem »Ober-Steuer-Aerario«[506] entnommen werden, oder es sollten durch den »Erlaß von Steuern von denjenigen Unterthanen, welche durch obige Baue in contribuablen Stande erhalten werden, (…)« Gelder frei werden, die dann der Rentkammer zufließen könnten. Die Mittel wurden nicht erlassen, sondern umgebucht und für den Durchstich verwendet. Beide Strategien scheinen befolgt worden zu sein, denn das Obersteuerkollegium lieferte nur einen Teil der Summe.[507]

---

502  HStAD: Loc. 6539: Acta, Die Unterstützung der Grundbesitzer. S. 13b, 14a.
503  HStAD: Loc. 6539: Acta, Die Unterstützung der Grundbesitzer. S. 14a, b.
504  HStAD: Loc. 6539: Acta, Die Unterstützung der Grundbesitzer. S. 17a.
505  HStAD: Loc. 6539: Acta, Die Unterstützung der Grundbesitzer. S. 14b, 15a.
506  Siehe zum Begriff »Aerario«: Grosses vollständiges Universal Lexikon Aller Wissenschafften und Künste, (…). Erster Band A.-Am. Halle und Leipzig, Verlegts Johann Heinrich Zedler, Anno 1732. Sp. 678.
507  HStAD: Loc. 6539: Acta, Die Unterstützung der Grundbesitzer. S. 31a.

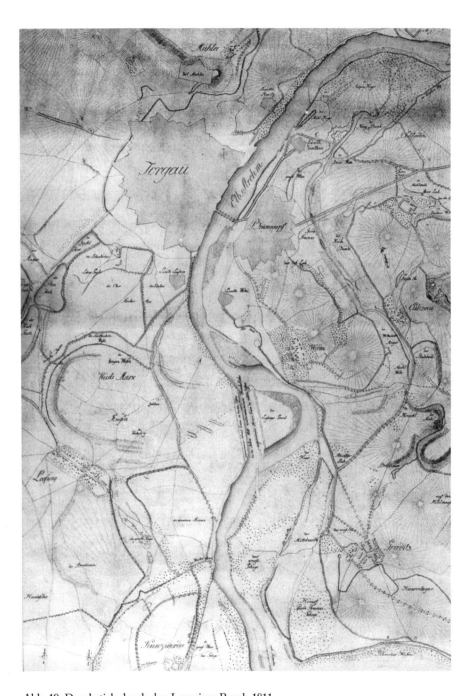

Abb. 19: Durchstich durch den Loswiger Busch 1811

Dass ein vorsorgender Durchstich mit diversen Möglichkeiten und Erwägungen der Finanzierung realisiert werden konnte, dokumentiert das sich verstärkende Engagement des Staates. Gegen die Fluten der Elbe musste offensiver vorgegangen werden. In jenen Kontext ordnet sich auch die Kommunikation des Geheimen Konsiliums mit den beiden Finanzbehörden über eine »Unterstützungs Casse für die unvermögenden Uferbesitzer« ein. Das Geheime Konsilium wies darauf hin, dass das Obersteuerkollegium sich noch nicht zu den »Vorschläge(n) der Gesetzgebungs Commission wegen der Wasserbaue an öffentlichen Flüßen« geäußert hatte und auch das »Communicat vom 14ten Febr. 1807. annoch rückständig ist.«[508] Über Bauten an den öffentlichen Flüssen und das Thema der Unterstützungskasse sollte auf dem nächsten Landtag verhandelt werden.[509] In diesen Jahren erschienen Überlegungen und Elemente, die später in die Elbstrom-Ufer- und Dammordnung einflossen, wodurch ein neues und systematischeres Kapitel der Präventionen und Bewältigungen eingeläutet werden sollte.

In einem weiteren Schritt moderierte der Staat die Steuern für die Gemeinde Werdau. Damit trug er dem Verlust der Gemeinde Rechnung, die ihr aus der Überlassung der für den Durchstich notwendigen Agrarflächen entstanden war.[510]

Rechnet man die für den Durchstich aufgebrachte Summe für den gesamten Flussverlauf der sächsischen Elbe hoch, so waren diese Kosten ein wesentlicher Grund, warum der Staat sich bei der finanziellen Hilfe für die vom Hochwasser Betroffenen zurückhielt. Selbst wenn man in diese Kalkulation miteinbezieht, dass nicht alle Flussabschnitte ein solch immenses finanzielles Engagement erforderten, erklärt sich durch diese Kostenexplosion die Zurückhaltung des Geheimen Finanzkollegiums.[511]

---

508 HStAD: Loc. 6539: Acta, Die Unterstützung der Grundbesitzer. S. 19a.
509 Ebd.
510 HStAD: Loc. 6539: Acta, Die Unterstützung der Grundbesitzer. S. 31a–70a.
511 Aus den Quellen des ausgehenden 18. Jahrhunderts waren bisher nicht in diesem Maße Differenzen bezüglich Deichfinanzierungen zu entnehmen. Ebenso scheinen weder Gesamtsummen, noch längerfristige Bilanzen für einzelne oder längere Flussabschnitte im Quellenkörper auf. Diese Aspekte auszudifferenzieren, wird der weiteren Forschung überantwortet.

## 8.3 Finanzierungsprobleme für Canitz

Um die Gemeinde Canitz schützen zu können, mussten ebenfalls »dringend notwendige Wasserbaue« an der Mulde durchgeführt werden. Ein ähnliches Muster der Finanzierung wie beim Durchstich durch den Loswiger Busch fand hier eine Nachahmung.

Eine Legitimation Maßnahmen per Steuererlass durchzuführen, verschaffte sich das Geheime Konsilium mit dem Hinweis auf Präzedenzfälle der Jahre 1784 und 1803.[512] Diese Steuererlasse waren »auf 5. bis 6. Jahre zu gedachtem Zwecke anzuwenden (...).«[513] Eine solche Finanzierung per Steuererlassen bzw. »Umbuchungen« zu bewältigen, zeigt, dass auch geringere Summen (6316 Taler) als Belastungen für den Fiskus empfunden wurden. Obwohl die Beamten eingestehen mussten, dass von der Mulde her Gefahr drohte, es sich um »dringend nothwendige(n) Wasserbaue« handelte, öffnete dieser Tatbestand allein noch nicht die Türen des Geheimen Finanzkollegiums. Nicht nur der allgemeine Tenor ging dahin, der Staat solle eine übermäßige Beteiligung ablehnen, sondern auch jeder Einzelfall wurde genauestens auf seine Unterstützungswürdigkeit geprüft. Ein anonymer Beamter im Finanzkollegium sprach in seiner Beurteilung davon, dass er den Baumaßnahmen bei Canitz ein »erhebliches Bedenken«[514] entgegenbringe.

Dem König wurde der Vorschlag unterbreitet, die Restfinanzierung für die dort geplanten Baumaßnahmen ebenso über eine »Steuerumbuchung« zu realisieren. Für die dortigen Steuerpflichtigen war diese Maßnahme an die Bedingung gebunden, die durch den Steuererlass frei werdenden Gelder tatsächlich für Baumaßnahmen an den Ufern der Mulde zu verwenden.[515] Wasserbaukommissar Wagner hatte hierüber ein Attest auszustellen.

Eine weitere Möglichkeit Gelder für Canitz zu mobilisieren, lag in der Überprüfung der »außerordentlichen Beyhülfe«, die infolge der Flut von 1804 auf dem »letztern allgemeinen Landtage von den getreuen Ständen« ausgeschüttet worden war. Deshalb musste eine Anfrage bei der Rentkammer gestellt werden, ob die »20000. Taler vielleicht noch nicht völlig vertheilt worden«[516] waren.

---

512 HStAD: Loc. 6539: Acta, Die Unterstützung der Grundbesitzer. Ohne Seitenangabe. Schreiben an das Obersteuerkollegium vom 19. März 1810.
513 HStAD: Loc. 6539: Acta, Die Unterstützung der Grundbesitzer. S. 11b.
514 HStAD: Loc. 6539: Acta, Die Unterstützung der Grundbesitzer. Ohne Seitenangabe. 19. März 1810.
515 HStAD: Loc. 6539: Acta, Die Unterstützung der Grundbesitzer. S. 23a.
516 HStAD: Loc. 6539: Acta, Die Unterstützung der Grundbesitzer. S. 23b.

Im Februar 1811 gab der König dem ersten Vorschlag statt, so dass den Bewohnern von Canitz nicht nur die Steuern, sondern auch die »Cavallerie-Verpflegungsgelder« auf fünf Jahre erlassen wurden und die Baumaßnahmen umgesetzt werden konnten.[517]

Letztgültiges Ziel der Finanz- und Steuerbeamten war es, mit den Unterstützungen die betroffenen Ämter, Gemeinden und Dörfer in einem »contribuablen Zustand (zu) erhalten.«[518] Diese Absicht zieht sich wie ein roter Faden durch den Quellenkörper. Schon nach dem Initialereignis von 1784 legitimierte die Administration ihr Vorgehen und insbesondere ihre Ausgaben mit diesem Endzweck.

Die Ausgaben für die Flussregulierungen setzte man im Geheimen Finanzkollegium in eine Relation zum daraus erwarteten steuerlichen Gewinn, der die Investitionen in die Katastrophenhilfe übersteigen sollte. Das Problem eine tragfähige Finanzierung von Deich- und Dammbauarbeiten zu realisieren, beschäftigte die Behörden eingehend. Da die Katastrophen nicht abbrachen, war der Fiskus neben der direkten finanziellen Katastrophenhilfe auch in den Jahren mit schwächeren oder ausbleibenden Hochwassern deutlich gefordert. Finanzierungen über Steuererlasse, Umbuchungen und möglichen »Resten« zu realisieren, dokumentieren sogar eine Überforderung. Die Maßnahmen bei Werdau und Canitz können als Präventionen angesehen werden, die sich langfristig auszahlen sollten. Andererseits waren sie Vorboten einer stärkeren Regulierung der Flüsse.

In diesen Kontext reihen sich auch die während der Vorarbeiten für die Elbstrom-Ufer- und Dammordnung getroffenen Überlegungen hinsichtlich eines Fonds für die Hochwassergeschädigten und Elbanrainer.[519] Der König, respektive seine Beamten Körner und Jänkendorf, die maßgeblich an der Finanzierung für die Maßnahmen bei Werdau und Canitz beteiligt waren, argumentierten den Ständen gegenüber folgendermaßen: da die auf dem letzten Landtag bewilligte Summe von 20.000 Talern plus »einer gleichen von Seiten des Königlichen Fisci zu eben diesem Zwecke bestimmten Summe« nicht ausreichten, wollte der König zu diesem Zweck einen Fonds gründen.[520] Er begründete sein Vorgehen damit, dass die finanziellen Mittel schon nicht für

---

517 HStAD: Loc. 6539: Acta, Die Unterstützung der Grundbesitzer. S. 72a.
518 HStAD: Loc. 6539: Acta, Die Unterstützung der Grundbesitzer. S. 17b, 18a.
519 HStAD: Loc. 5458: Acta, Den Elb-Ufer- und Dammbau s.w.d.a. betr: de Anno 1812. S. 10a.
520 HStAD: Loc. 5458: Acta, Den Elb-Ufer- und Dammbau s.w.d.a. betr: de Anno 1812. S. 10a.

die Flutopfer gereicht hätten und deshalb den Elbanrainern, die zudem die Unterhaltung der Dämme nicht finanzieren konnten, per Fonds geholfen werden müsste. Der Fonds sollte in den kommenden sechs Jahren jährlich mit 5.000 Talern »aus allerhöchsten Cassen«[521] ausgestattet werden. Daran war die Forderung gebunden, dass die Stände »aus dem Steueraerario auf eben diese Zeit eine gleiche jährliche Summe« bereitzustellen hatten.[522] Die Erkenntnis, dass den Elbanrainern per Fonds geholfen werden musste, entsprang den Erfahrungen der letzten Jahre. Dieses Statement floss später in die Konzeption der Elbstrom-Ufer- und Dammordnung ein.

Die finanziellen Engpässe, die durch die Baumaßnahmen bei Werdau und Canitz offen zu Tage traten, sollten sich nicht wiederholen, andernfalls wäre eine progressive »Bezwingung der Flüsse«, die letztlich eine monetäre Entlastung versprach, nicht zu realisieren gewesen.

Diese Jahre können als Auftaktphase für eine systematische Bewältigung der nicht abbrechenden Hochwasser angesehen werden, die in das Gesetz von 1819 mündete. Der Staat war aufgrund seiner ohnehin finanziell angespannten Situation nicht mehr in der Lage, solche Summen zu bewältigen. Er wurde gezwungen, andere Wege zu beschreiten, wollte er finanziell nicht noch mehr ins Abseits geraten.

## 8.4 Spenden 1811

Das Hochwasser von 1811[523] wütete besonders in der Gegend von Riesa und Belgern. Eisbarrieren hatten dort das Wasser besonders gestaut, wodurch »Gebäude und Besitzungen der Bewohner des linken Elbufers ausserordentlich beschädiget worden«[524] (waren). Der Kreishauptmann des Meißnischen Kreises Graf von Einsiedel ordnete an, dass der Herr von Miltitz auf Siebeneichen den Dorfgerichten aufgeben sollte, unter Hinzuziehung der örtlichen

---

521 Ebd.
522 HStAD: Loc. 5458: Acta, Den Elb-Ufer- und Dammbau s.w.d.a. betr: de Anno 1812. S. 10b.
523 Die Präventivmaßnahmen verharrten hinsichtlich Wortlaut und Inhalt auf dem Stand der Jahre 1809 u. 1810. Vgl.: HStAD: Loc. 5788: Acta Die der bevorstehenden Eisfarth. S. 8a, 9a–10b.
524 HStAD: Loc. 14356: Die am 5ten März 1811 von der Ritterschaft im Engern Ausschuß-Collegio zur Unterstützung der Elbwaßerbeschädigten gesammelten Gelder und deren Vertheilung betr. Ohne Seitenangabe. 30. März 1811.

Polizei Schadenslisten für die betreffenden Orte zu erstellen. Die Gendarmen kamen dieser Aufforderung nach und ermittelten für 14 Orte eine Schadenssumme von 23.383 Taler und acht Groschen.[525]

Von Miltitz schlug vor, den Geschädigten fünf Prozent ihres Schadens zu vergüten. Dem hielt von Einsiedel entgegen, man solle die Unterstützung »auf die ärmste Klaße der Beschädigten und namentlich« auf die »Häußler ein(zu)schränken.«[526] Hierfür forderte von Einsiedel von den Ständen, die eine Spendenaktion durchgeführt hatten, 400 Taler, die er sofort an die Betroffenen in den stark überschwemmten Orten verteilen ließ.[527] Wer, wie viel in welchem Ort von den 400 Talern erhalten hatte, wurde genauestens aufgezeichnet. Demnach wurde diese Summe unter 59 Einwohnen aufgeteilt, wobei Gröba mit 101 Talern den größten Posten erhielt. Von Einsiedel ging auch auf Einzelschicksale ein. Für zwei Schiffsleute in Altboritz setzte er sich bei den Ständen dafür ein, dass beide eine Gratifikation in Höhe von 30 Talern erhielten. Sie hatten unter Einsatz ihres Lebens »die dasigen Einwohner und deren Sachen gerettet.«[528]

Ebenso unter den separat zu unterstützenden Flutopfern hob von Einsiedel den Häusler Christoph Hofmann in Lorenzkirchen hervor. Hofmanns Haus war durch die Fluten von 1784 und 1799 bereits zweimal zerstört worden. Die Schulden, die entstanden waren, um sein Haus nach der letzten Überschwemmung wieder aufzubauen, hatte Hofmann noch nicht zurückzahlen können.[529]

---

525 Ebd. Pro Ort ergab sich eine durchschnittliche Schadenssumme für Gebäude, Ackerflächen, Bäume, Hecken und Mauern von 1670 Talern. Dabei differierten die einzelnen Schäden von Ort zu Ort. Betrug der Schaden an Gebäuden in Altboritz 2051 Taler, verzeichnete man in Hoelbelleg nur 30 Taler Schaden. Oppitzsch bezifferte seinen Schaden an Ackerflächen auf 2339 Taler und 12 Groschen, hingegen in Althirschstein diese Summe nur 130 Taler betrug. Bei den Schäden an Bäumen, Hecken und Mauern war Neuboritz am härtesten betroffen – 1292 Taler nahmen hier die Polizisten in die Schadenslisten auf, hingegen in Althirschstein nur 148 Taler. Die unterschiedliche Größe der einzelnen Orte und die differente Heimsuchung durch das Wasser werden zu diesen unterschiedlichen Schadenssummen beigetragen haben.
526 HStAD: Loc. 14356: Die am 5ten März 1811 von der Ritterschaft. Ohne Seitenangabe. 30. März 1811.
527 Ebd. Vgl. hierzu: HStAD: Loc. 14356: Die am 5ten März 1811 von der Ritterschaft. Ohne Seitenangabe. 1. April 1811.
528 HStAD: Loc. 14356: Die am 5ten März 1811 von der Ritterschaft. Ohne Seitenangabe. 30. März 1811.
529 HStAD: Loc. 14356: Die am 5ten März 1811 von der Ritterschaft. Ohne Seitenangabe. 30. März 1811.

Die Flut dieses Jahres veranlasste die Stände eine Spendenaktion durchzuführen. In den drei ritterschaftlichen Kollegien und im Prälaten Kollegium waren 868 Taler und 22 Groschen gesammelt worden.[530] Bevor das Geld verteilt wurde, holte die Ritterschaft Erkundigungen über die besonders hart Betroffenen ein. Kammerherr von Lindenau fragte beim Kreishauptmann des Meißnischen Kreises Graf von Einsiedel an, ob er ihm eine »Übersicht der Calamitosen« zukommen lassen könnte.[531] Der Gerichtsrat und Amtshauptmann des Wittenbergischen Kreises, von Leipziger, stellte zusätzlich »gleichmäßige Nachforschungen« an. Diese Befunde wurden »zum Grunde der Geldvertheilung geleget.«[532] Explizit benannte die Ritterschaft zwei Institutionen, die sie gesondert bedenken wollte. Zum einen ein »Erziehungsinstitut für Blindgebohrne« in der Dresdner Neustadt, zum anderen wollte sie einen Beitrag für eine nicht fertig gestellte Schule in Marienburg leisten. Das »Blindeninstitut« erhielt 40 Taler, die Schule 30 Taler.[533] Einer besonders »hülsbedürftigen Familie« ließ die Ritterschaft 52 Taler und 14 Groschen zukommen, so dass letztlich 816 Taler und 8 Groschen zur Auszahlung kamen.

Die einzelnen ausgezahlten Summen wurden in einem Verzeichnis festgehalten, in dem nicht nur Name und Beruf der Flutopfer vermerkt wurde, sondern auch das jeweilige Schicksal der Familie, Person oder Institution.[534] Sehr dezidiert geben die Spendenlisten Aufschluss über die Geschädigten. Teilweise wurden einzelne Biographien als Legitimation für eine Auszahlung aufgeführt. Eine Vorgehensweise, die in dieser ausführlichen Form, bisher nicht durchgeführt worden war. Bei der Flut von 1811 ertranken insgesamt sechs Personen. Fünf der Ertrunkenen hinterließen Frau und Kinder, die mit insgesamt 210 Talern, dem größten ausgezahlten Posten, unterstützt wurden.[535] Es ist bezeichnend, dass die Lokalbeamten zwar ausführliche Aufstellungen der Schäden erstellten, die Gelder aber von privater Seite kamen. Den Fluten gleichzeitig mit aufwändigen Regulierungsarbeiten und umfänglichen Ausgleichszahlungen zu begegnen, schien dem Staat nicht möglich zu sein. Nur die Ärmsten und am härtesten Betroffen konnten unterstützt werden. Es liegt die Annahme

---

530 Ebd.
531 HStAD: Loc. 14356: Die am 5ten März 1811 von der Ritterschaft. Ohne Seitenangabe. 2. April 1811.
532 Ebd.
533 Ebd.
534 HStAD: Loc. 14356: Die am 5ten März 1811 von der Ritterschaft. Ohne Seitenangabe. 2. April 1811.
535 Siehe hierzu ges. Akte: HStAD: Loc. 14356: Acta Die am 5ten März 1811 von der Ritterschaft.

nahe, dass die nicht vergüteten Flutopfer die Schäden an Gebäuden etc. – wie sonst auch – selbst zu tragen hatten.

Die Stände hatten zu Beginn des 19. Jahrhunderts ihre politische Einflussnahme weitestgehend verloren. Bisher dokumentierten die Quellen die Stände lediglich als »Bewilliger« für Gelder des Ufer- und Dammbaus. Bei der gesetzlichen Verankerung der Elbstrom-Ufer- und Dammordnung war dieser Gegenstand erneut auf der Agenda. Die vom Monarchen verfügten Maßnahmen konnten die Stände maximal behindern, aber nicht verhindern. Bei den Konzeptionen für die Elbstrom-Ufer- und Dammordnung schalteten sich die Stände vehement in den Prozess der neuen Ordnung ein. Dass sie dies hauptsächlich aus finanziellen Beweggründen taten, lag im Tenor der neuen Ordnung begründet, da in Zukunft die hauptsächlichen Kosten für die Uferbauten von den Anliegern aufgebracht werden sollten.[536]

## 8.5 Die Folgen des Wiener Kongresses

Durch die Völkerschlacht bei Leipzig wurde das Bündnis zwischen Sachsen und Frankreich beendet. Die sächsischen Truppen liefen teilweise zu den Alliierten über. Friedrich August wurde gefangen genommen, nachdem er in den Befreiungskriegen unbeirrt zu dem Bündnis mit Napoleon gestanden hatte.

Nach der Niederlage Sachsens richteten die Alliierten vom 21. Oktober 1813 bis zum 9. November 1814 ein Generalgouvernement ein, das unter der Führung des russischen Fürsten Repnin-Wolkonski stand. Ab dem 10. November übernahmen die Preußen die Oberhoheit in Sachsen.[537] Sachsen hatte nun den Status eines Herzogtums inne.

Infolge des Wiener Kongresses wurde Friedrich August als Regent und König wieder eingesetzt. Sachsen musste 57 Prozent seines Staatsgebietes und 43 Prozent seiner Bevölkerung an Preußen abtreten. Katrin Keller nannte diesen Verlust ein »territorialpolitisches Desaster.«[538] Auch die finanziellen Ein-

---

536 Vgl. zu den Jahren bis 1819 und den Anträgen der Stände: HStAD. Loc. 5458 Acta, Den Elb-Ufer- und Dammbau s.w.d.a. betr: de Anno 1812. S.120 a, b. Der in der Literatur beschriebene »metternichsche« Politikstil von v. Einsiedel zeichnete sich auch in der Diktion dieses Schreibens ab. Vgl. hierzu z. B.: Keller, Katrin: Landesgeschichte Sachsen. Stuttgart 2002. S. 164.
537 Groß, Reiner: Geschichte Sachsens. Leipzig 2001. S. 186.
538 Keller, Katrin: Landesgeschichte Sachsen. Stuttgart 2002. S. 163.

nahmen waren davon erheblich betroffen: Sachsen verlor 42,5 Prozent seiner Einkünfte.[539] Die Teilung Sachsens war unter Nichtbeachtung der historischen Strukturen durchgeführt worden. Dadurch wurde 1815 eine teilweise Neustrukturierung der Verwaltung nötig. 16 Amtshauptmannschaften gingen aus dieser Reform hervor.[540]

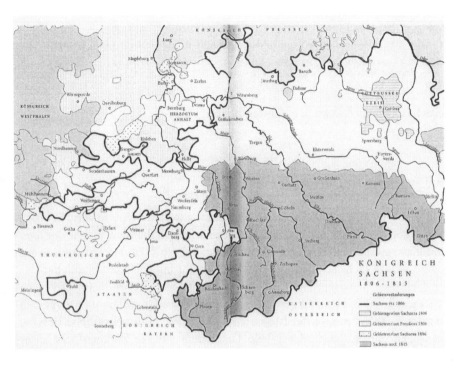

Abb. 20: Sachsens Territorien bis 1806 und nach 1815

Die Fluten in diesen Jahren sind nur schwach dokumentiert. Nach der Flut von 1814 erließ der Generalgouvernementskommissar und Kreishauptmann des Leipziger Kreises von Nizschwitz eine Bekanntmachung die Gesundheitsvorsorge betreffend. Der Wortlaut hatte sich im Vergleich zu den Erlassen des 18. Jahrhunderts kaum geändert. Auch in der Zeit des Generalgouvernements griff die Obrigkeit auf die Erfahrungen der Vergangenheit zurück. Obwohl

---

539 Ulbricht, Gunda: Finanzgeschichte Sachsens. S. 24.
540 Keller, Katrin: Landesgeschichte Sachsen. S. 163.

Sachsen sich zu diesem Zeitpunkt in einer politischen Übergangsphase befand – die Gesundheitsvorsorge wollte auch die Übergangsregierung nicht vernachlässigen.[541]

Mehrere Schreiben des Jahres 1815 weisen aus, dass die Kanonenschüsse bei Eisaufbruch, aber auch bei Sommerhochwassern, nicht durchgängig abliefen. Die am Unterlauf der Elbe gelegenen Gebiete, die nach den Beschlüssen des Wiener Kongresses nun unter preußischer Verwaltung standen, wurden zu spät per Signalschüssen bzw. reitenden Boten informiert, so dass eine rechtzeitige Ergreifung der nötigen Maßnahmen nicht mehr möglich war.[542] Die häufig in der Literatur beschriebene Aversion der sächsischen Bevölkerung gegen den erheblichen Gebietsverlust und die Machtdemonstration durch den nördlichen Nachbarn[543] mag in dieser Kommunikationsstörung- bzw. Unterbrechung einen Ausdruck gefunden haben.

## 8.6 Prämien für private Retter

Ein in diesen Jahren aufgetretenes Muster muss schon früher in vergleichbarer Weise abgehandelt worden sein: Die Retter erhielten Prämien. So wie der unermüdlich rettende Holzhändler Mundt in den Jahren 1784–1799 bemühten sich eine Vielzahl sächsischer Bürger um die Bewahrung von Menschenleben.

Gratifikationen wurden schon im 18. Jahrhundert gewährt. Im Dezember 1773 wurde ein Mandat aufgesetzt, das besagte, dass Gratifikationen zu gewähren seien. 1816 forderte der Monarch, dass künftig ohne schriftliche Bescheinigungen der Amtshauptleute kein Geld mehr aus der Prämienkasse zu erwarten sei.[544] Die Verteilung der Prämien 1816 nahm zentralistisch die Landes-Ökononomie und Kommerziendeputation vor. Verschiedene Quellen betonen, dass Missbrauch mit der Möglichkeit getrieben wurde, sich unter Vorspiegelung falscher Tatsachen eine Gratifikation zu erschleichen. Diese Institution machte den König auf jenen Missstand aufmerksam. Deshalb verfügte er selbst diese Überprüfung. Dass sich das Geheime Konsilium, die Landes-

---

541 Siehe hierzu: Leipziger Zeitung. Nr. 75. Sonnabends den 16. April 1814. S. 1091.
542 HStAD: Loc. 5788: Acta Die bevorstehenden Eisfarth halber dem Militari. S. 12a–18. Zu den unter preußischer Verwaltung stehenden Gebieten besonders S. 16.
543 Keller, Katrin: Landesgeschichte Sachsen. Stuttgart 2002. S. 163.
544 HStAD. Loc. 35063: Acta, Die für die Rettung verunglückter Menschen ausgesetzten Prämien betreffend. 1816. Extract Special-Rescripts, d. d. Schloß Pillnitz am 4.Sept. 1816.

regierung und das Geheime Finanzkollegium mit den Prämien befassten, erstaunt, da der mögliche Verlust an Mitteln nicht unbedingt mit dem betriebenen Aufwand in einer angemessenen Relation zu stehen scheint. Die angespannte Situation im Staatshaushalt mag diese Überprüfungen verursacht haben.[545]

Die Gründung eines Rettungsvereins sollte erst in der dritten Lernphase realisiert werden, wobei diese Initiative von Privatleuten und nicht vom Staat getragen war. Es kann davon ausgegangen werden, dass vom Staat initiierte Gratifikationen im gesamten Untersuchungszeitraum gewährt wurden.[546]

---

545 Ebd. Vgl.: Ulbricht, Gunda: Finanzgeschichte Sachsens. S. 24–27.
546 HStAD.: Loc. 35063: Acta, Die für die Rettung verunglückter Menschen. 4. Sept. 1816.

# LERNPHASE III: AUF DEM RICHTIGEN WEG 1820-1845

## IX. Der Beginn der Systematisierungsphase

### 9.1 Die Elbstrom-Ufer- und Dammordnung

Ein Meilenstein für die Bewältigung der Katastrophen war die erste, umfassende gesetzliche Rahmengebung von 1819. In der neuen Ordnung sollten die die Elbe betreffenden juristischen wie ökonomischen Belange vereint werden. Seit dem 18. Jahrhundert wurden die Ufer- und Dammbauten an den schiffbaren Flüssen, vom Staat unterhalten. Seit 1781 arbeitete man an Konzepten für eine Ordnung, die Ufer- und Dammbauten betreffend. Wegen wachsender Aufgaben wurden 1811 zwei Wasserbaudepartements eingerichtet, die von einem Wasserbaudirektor in Torgau und Dresden geleitet wurden.[547]

Der König ernannte 1812 Christian Friedrich Wagner zum Wasserbaudirektor in Torgau. Er hatte 1799 das Amt seines verstorbenen Vaters P. S. Wagner übernommen. In Dresden trat J. F. Le Plat das Amt des Wasserbaudirektors an.[548] Seit 1806 arbeitete er in Weißenfels als Kanalbaumeister an Saale und Unstrut. Nach der Teilung Sachsens 1815 fiel Torgau an Preußen und C. F. Wagner übernahm zusätzlich die Wasserbaudirektion in Dresden. Als Mitarbeiter standen ihm zwei Baukondukteure zur Seite. Seit 1815 wandelte sich die Stelle des Wasserbaudirektors hin zu einer eigenständigen Dienststelle, die dem Geheimen Finanzkollegium unterstellt war.[549]

Am 7. August 1819 trat die seit 1781 erarbeitete Elbstrom-Ufer- u. Dammordnung als Gesetz in Kraft. Auch in den Jahren des Generalgouvernements tauschten sich die Stände und das Geheime Finanzkollegium über die zu erarbeitende Ordnung aus. Nach der Rückkehr Friedrich Augusts aus der Gefangenschaft wurde an denen in dieser Zeit gewonnenen Erkenntnissen weiter gearbeitet.[550]

---

547 Siehe zu Datierung und den unmittelbaren Vorarbeiten zu diesem Gesetz: HStAD: Loc. 5458: Acta, Den Elb-Ufer- und Dammbau s.w.d.a. betr. 1812. S. 10a–11a, 20a, 58a, b.
548 Siehe hierzu: HStAD: Loc. 5458: Acta, Den Elb-Ufer- und Dammbau. S. 59a, b.
549 HStAD: Loc. 5458: Acta, Den Elb-Ufer- und Dammbau. S. 61a, b, 62a–68a.
550 HStAD: Loc. 5458: Acta, Den Elb-Ufer- und Dammbau. S. 66a-126b. Im Besonderen S. 75a.

»Diese Verordnung und die Elbschifffahrtsakte von 1821 waren die Grundlage für den Beginn planmäßiger, umfangreicher Arbeiten zur Verbesserung der Fahrbahnverhältnisse der Elbe und der Uferbauten. Das Mandat war mit Rücksicht auf das Lokale auch auf kleinere Flüsse anzuwenden. Dazu wurden dem Wasserbaudirektor Kondukteure bzw. Bauinspektoren beigegeben. Sie besorgten die technische Kleinarbeit der Wasserbaukommission, in denen der Kreishauptmann und der zuständige Amtshauptmann vertreten waren, sofern es sich um Baumaßnahmen auf Staatskosten handelte.«[551]

Alle Belange die von außen an den Staat bezüglich der Elbe herangetragen wurden, unterstanden der Jurisdiktion des Geheimen Finanzkollegiums. Sie war diejenige Behörde, die über etwaige Arbeiten an der Elbe zu entscheiden hatte. Tenor der Ordnung war die stärkere Beteiligung der Eigentümer an den Ufer- und Dammbauten, die ihren Besitz an der Elbe hatten. Paragraph fünf beschrieb die Zusammenlegung der Grundbesitzer und Gemeinden in den einzelnen Abschnitten zu Dammkommunen.[552] Hier tauchte das Muster »Ihleburg« erneut auf. Die Streitigkeiten waren damals auch deswegen entstanden, weil die Gemeinde *allein* den Verpflichtungen gegenüberstand. Ebenso die Finanzierungsprobleme für die Regulierungsarbeiten bei Werdau und Canitz veranlassten die Beamten stärkere Einheiten zu bilden. So konnten die permanenten Kosten unter Hilfestellung des Staats besser bewältigt werden. Deshalb errichtete das Finanzkollegium Dammkassen, in die die Kommunen einen jährlichen Beitrag zu zahlen hatten, unabhängig davon, ob Bauten anstanden oder nicht. Dieser Beitrag wurde von der Uferbaukommission festgelegt.[553]

Aus der Mitte der Dammkommunen bestimmte die Kommission den Dammrichter, der vor einem Eisaufbruch für Aufeisungen zu sorgen, die Alarmierung der Rettungsmannschaften, das Material zur Dammsicherung sowie die Instruierung der Boten für die benachbarten Gemeinden durchzuführen hatte. *Er* war das entscheidende Glied in der Kette für die Katastrophenabwehr. Versagte er, war größerer Schaden auch für die benachbarten Gemeinden zu befürchten.[554]

---

551 Meinert, o. V.: Vorwort. Findbuch Sächsisches Hauptstaatsarchiv Dresden. 10940 Sächsische Wasserbaudirektion Band 1 – Wasserbauverwaltung. Dresden 1980.
552 Eine vergleichbare Entwicklung am Rhein wird beschrieben bei: Schmidt, Martin Historische Krisen des Hochwasserschutzes in Deutschland. In: Wasserwirtschaft. 2002. Jahrgang 92. Nr. 11/12. S. 27.
553 HStAD: Loc. 5458: Acta, Den Elb-Ufer- und Dammbau. S. 30b–31b.
554 HStAD: Loc. 5458: Acta, Den Elb-Ufer- und Dammbau. S. 32a, b.

In denjenigen Dörfern, die mehrfach von Überschwemmungen heimgesucht worden waren, sollten sichere Plätze angelegt werden, »die geräumig genug seyn müßen, um zur Zeit der Gefahr Menschen und Vieh darauf retten (zu) können.«[555] Ebenso sollte dafür gesorgt werden, dass in jedem Dorf ein bis zwei so genannte »Backhäuser« gebaut wurden, die vom Wasser nicht erreicht würden.

Nach Eisgängen und Hochwassern besah sich eine Deichschaukommission die Schäden und beriet, welche Instandsetzungen und Verbesserungen in welchem Zeitraum vorzunehmen waren.[556] Durchstiche an den Krümmungen der Elbe wurden in der neuen Ordnung als wünschenswerte Verbesserungen herausgestellt. Sollte ein an der Elbe wohnender Grundbesitzer einen Heeger mit dem Festland verbinden und damit einen Altarm trockenlegen, so erlaubte ihm die Uferbaukommission, das gewonnene Land zu nutzen.[557]

Ein weiterer Paragraph der Elbstrom-Ufer- und Dammordnung war dem Verhalten der Anrainer bei drohenden Eisfluten gewidmet. Sobald das Wasser deutlich stieg, wurden Dammwachen an die Deiche beordert. Alle anrainenden Gemeinden wurden zur Katastrophenabwehr entlang der Elbe herangezogen. Lagen die Dörfer, die diese Dienste auszuführen hatten zu weit auseinander, legte man Hütten und Wachhäuschen in der Mitte des Distrikts an, in die die Rettungskräfte rechtzeitig einzurücken hatten. Dort fanden sie alle zur Arbeit notwendigen Gerätschaften und Materialien vor, oder mussten diese selbst mitbringen. Bereits 1805 hatte man per Sturmleuten die Rettungsmannschaften nicht nur zum, sondern auch vom Deich gerufen, damit sie sich vor einem nicht mehr abwendbaren Deichbruch noch in Sicherheit bringen konnten. Die Bewohner der Vorstädte von Torgau waren nach einem Deichdurchbruch durch eben dieses Sturmläuten gewarnt worden, dass Ihr Stadtteil nicht mehr zu retten war.[558]

Die Mobilisierung aller verfügbaren Kräfte, wurde durch diesen Paragraphen gesetzlich verankert. Ein Nichterscheinen zur Dammwache oder gar Hochwasserabwehr wurde mit finanziellen Strafen geahndet. Gingen den Rettungskräften während der Katastrophenabwehr die Materialien aus, waren sie befugt, diese überall zu requirieren, wo sie deren habhaft werden konnten. Der entstandene Schaden sollte aus Staatsmitteln ersetzt werden.

---

555 HStAD: Loc. 5458: Acta, Den Elb-Ufer- und Dammbau. S. 26b.
556 HStAD: Loc. 5458: Acta, Den Elb-Ufer- und Dammbau. S. 34a–35a.
557 HStAD: Loc. 5458: Acta, Den Elb-Ufer- und Dammbau. S. 27b.
558 HStAD: Loc. 5458: Acta, Den Elb-Ufer- und Dammbau. S. 35b–37b. In Löwen ging man bereits 1784 ähnlich vor. Mit dem Läuten der Glocken konnte allerdings nur noch der Tatbestand der Überflutung vermeldet werden. Vgl. Zürcher Zeitung. No. 22. 1784. Mitwoch, den 17. Merz. Löwen, den 26. Febr. Ohne Seitenangabe.

Öffnete eine Gemeinde zu spät ihre Wehre und Schleusen wurde sie bestraft. Der den unterhalb gelegenen Gemeinden dadurch entstandene Schaden musste von der säumigen Gemeinde getragen werden.[559] Ebenso in diesen Jahren, wahrscheinlich als Folge dieser ersten Gesetzgebung, erschien eine »Technische Anweisung zu Ufer- und Damm-Bauen«, die als technisches Pendant zur Elbstrom-Ufer- und Dammordnung angesehen werden kann.[560] Beide Ordnungen können einerseits als Ausdruck der anhaltenden, nahezu permanenten Hochwasserschäden betrachtet werden, andererseits als Ausdruck der verstärkten wasserbaulichen und damit finanziellen Beanspruchungen. Diese finanziellen Engpässe, wie an den Beispielen Werdau und Canitz vorgeführt, machten umfassende (ökonomische und juristische) Vereinheitlichungen unumgänglich, wollte Sachsen seinen Haushalt nicht noch weiter belasten.

## 9.2 Präventionen 1820

Für den gesamten Elbabschnitt des Meißnischen Kreises, und damit für den größten Teil der sächsischen Elbe, kommandierte die Amtshauptmannschaft drei Tage vor Eisaufbruch Gendarmen zur Eiswache ab. Diese Maßnahme beschränkte sich nicht nur auf den Bezirk Meißen. Auch die angrenzenden Bezirke verfuhren derart. Dadurch war es möglich, dass die Meißnischen Eiswächter sich auf ihren Kontrollgängen mit den Posten der angrenzenden Bezirke und Kreise austauschen konnten. Die Amtshauptmannschaft hatte diese Art von Kommunikation von den Gendarmen eingefordert. Hauptsächliche Aufgabe der Polizisten war es »alle Veränderungen des Eisgangs und Wasserstands, sowie andere eintretende besondere Vorfälle sofort mit Bothen anher anzuzeigen.«[561] Damit schuf die Amtshauptmannschaft einen Kontrollmechanismus, der es ihr erlaubte, auf die jeweiligen Situationen an den Deichen reagieren zu können. Am 20. Januar stellte das Militär die Signalkanonen für diesen Elb-

---

559 HStAD: Loc. 5458: Acta, Den Elb-Ufer- und Dammbau. S. 37b.
560 HStAD: Loc. 5458: Acta, Den Elb-Ufer- und Dammbau. S. 127a–163a.
561 HStAD: Loc. 14376: Fasciculus Gutachtliche Vorschläge in Beziehung auf die bei Eisfahrten und Ueberschwemmungen wegen Abwendung der Gefahr und Linderung des Nothstandes zu ergreifenden Maaßregeln enthaltend. Behalten bei der Königl. Sächß. Kreishauptmannschaft des Meisner Kreises im Jahr 1820. Ohne Seitenangabe. Vom 7ten Febr. 1820, prs., 9. Febr. 1820. II. Die deshalb getroffenen allgemeinen und localen Maasregeln betr.

abschnitt bereit. Gleiches galt für den Elbabschnitt, zu dem auch Dresden gehörte. Die Kanonen wurden wie bei der letzten Eisfahrt 1818 an denselben Orten (z. B. Pillnitz und Loschwitz) aufgestellt. Die Gemeinden, in denen das Militär die Geschütze positionierte, hatten die »Artillerie-Commandos«, bestehend aus einem Ober- und zwei Unterkanonieren, zu verpflegen.[562]

Die Gendarmen hatten die Signalkanonen ebenso zu bewachen, wie die Deiche zu bereiten und zu begehen. Darüber hinaus waren sie dafür verantwortlich, der Bevölkerung an der Elbe die Signale und Schussabfolge zu erklären und den Einwohnern zu verdeutlichen, dass sie sich auf eine »starke Eisfahrth« einzustellen hatten. Darüber hinaus waren sie dafür verantwortlich, die im Angesicht der Flut notwendig werdenden Materialien präventiv an den Ufern bereitzustellen, damit etwaige Ausbesserungen an den Dämmen während des Eisgangs unverzüglich durchgeführt werden konnten.[563]

Solche Vorsorgemaßnahmen unterstrich der Amtshauptmann des 3. Meißnischen Kreises besonders für Kötzschenbroda, da diese Gemeinde über eine besonders ausgedehnte Dammlänge verfügte. Hier musste besonders darauf geachtet werden »für die Herbeischaffung der zu Sicherung der Dämme erforderlichen Materialien an Bretern, Faschinen etc. besorgt zu sein.«[564] Um diesen Anordnungen Nachdruck zu verleihen, entsandte die Amtshauptmannschaft den Obergendarm Müller nach Kötzschenbroda, der den Auftrag hatte, »daß die ertheilten Anordnungen befolgt würden und die etwas säumigen Gerichtspersonen« angetrieben würden.[565] Amtshauptmann Nostitz erschien am 20. Januar persönlich in Kötzschenbroda und drängte die Verantwortlichen zur Eile: »Die Leute mußten mit Ernst zu verdoppelter Thätigkeit angehalten werden.«[566]

Am 22. Januar stellten die lokalen Hilfskräfte überall, wo das Wasser in Städte und Dörfer gedrungen war, Kähne bereit. Nicht nur um übersetzen zu können und mobil zu sein, wurde diese Vorkehrung getroffen, sondern auch um bei einem Versorgungsengpass versorgbar zu bleiben. Weiterhin stellten die Hilfskräfte in den überfluteten Orten überall dort, wo es der Wasserstand zuließ, Holzböcke auf und legten Bretter zum Passieren innerhalb des Ortes aus. Die Gendarmen wurden von der Amtshauptmannschaft für etwaige

---

562 Ebd.
563 Ebd.
564 HStAD: Loc. 14376: Fasciculus Gutachtliche Vorschläge. Ohne Seitenangabe. Vom 5. Februar 1820, prs. 6. Febr. 1820.
565 Ebd.
566 HStAD: Loc. 14376: Fasciculus Gutachtliche Vorschläge. Ohne Seitenangabe. Vom 5. Februar 1820, prs. 6. Febr, 1820.

»unvorhergesehene Fälle« instruiert, was einschloss, bei Versorgungsengpässen, die benötigten Lebensmittel aus den angrenzenden Gemeinden an sich nehmen zu dürfen.[567]

Der Amtshauptmann des fünften amtshauptmannschaftlichen Bezirks im Meißnischen Kreis berichtete an von Zeschau, er habe den Gendarmen, die in den an der Elbe gelegenen Ortschaften stationiert waren, aufgetragen, die Dämme zu inspizieren. Darüber hinaus übernahmen die Polizisten auch hier eine Aufstellung der Dammwachen und waren für die Bereitstellung von Material von den Anrainern für die Dammsicherung verantwortlich. Sie organisierten die Rettung der Überfluteten, brachten deren Habe in Sicherheit und sorgten für eine Aufrechterhaltung der Kommunikation mit einer Bereitstellung von Kähnen.[568]

## 9.3 Die Katastrophe von 1820

Der Amtshauptmann des 1. amtshauptmannschaftlichen Bezirks Georg Heinrich von Carlowitz, dessen Verwaltungseinheit auch als »Elbebezirk« bezeichnet werden kann, berichtete am 7. Febr. 1820 an den Kreishauptmann und Geheimen Finanzrat von Zeschau über die Flut dieses Jahres. Am 21. Januar morgens um neun brach das Eis bei Königstein, um zehn Uhr in Pirna und in Meißen gegen elf Uhr. Im selben Atemzug wies Carlowitz auf das Fehlen »eines Elbemessers in Pirna und Königstein« hin, weshalb er nur eine Beschreibung aus diversen Orten liefern konnte.[569] Um 11.30 Uhr brach das Eis bei Kötzschenbroda. Bis abends um acht stieg die Elbe dort um mehr als einen Meter.

Am Unterlauf verursachte das Hochwasser dramatische Szenen. Nach milder Witterung und Regen setzte am 21. Januar nachmittags gegen drei Uhr die Eisflut bei Riesa und Strehla ein. Da sich Eisbarrieren auf der Elbe bildeten, stieg die Elbe »mit solcher Gewalt und Schnelligkeit, daß ohne irgend eine Vorkehrung möglich werden zu lassen, die Dämme bei Oppitzsch, Forberge und

---

567 HStAD: Loc. 14376: Fasciculus Gutachtliche Vorschläge. Die Eisfahrt des Jahres 1820 betr. II. Die deshalb getroffenen allgemeinen und localen Maasregeln betr.
568 HStAD: Loc. 14376: Fasciculus Gutachtliche. Ohne Seitenangabe. Vom 5. Mai 1820, prs., 8. Mai 1820.
569 HStAD: Loc. 14376: Fasciculus Gutachtliche Vorschläge. Ohne Seitenangabe. Vom 7ten Febr. 1820, prs., 9. Febr. 1820.

Gröba überstiegen wurden.«[570] Diese Orte überflutete die Elbe, mit abschnittsweise höheren Pegeln als 1784 und 1799. In Zschieren ordnete Carlowitz am 21. Januar eine Evakuierung an, woraufhin Kinder, alte Menschen und Vieh in Sicherheit gebracht wurden.[571] Nachdem das Eis gebrochen war, hielten die zur Wache kommandierten Gendarmen die »unmittelbar an der Elbe liegenden Hausbewohner«, dazu an, zuerst ihr Vieh und ihre Habe in Sicherheit zu bringen, um dann die Häuser zu verlassen.[572]

In Dresden stieg der Pegel am 22. Januar auf lediglich auf 6,80 Meter und kann zumindest für die Hauptstadt nicht als Extremflut (Pegel mehr als 7,30 m) angesehen werden.[573]

Ein vergleichbares Schicksal wie Oppitzsch, Forberge und Gröba ereilte die am anderen Ufer liegenden Dörfer Lorenzkirchen, Gohlis, Lobersen, Röderau und Promnitz. Der Druck der Eisbarrieren sprengte z. B. einen Teil des Görziger Dammes, so dass auch diese Ortschaft unter Wasser gesetzt wurde.[574]

## 9.4 Der Kampf gegen die Flut

Aufgrund der prekär werdenden Situation in Kötzschenbroda schickte der Obergendarm Müller reitende Boten zu Nostitz, die ihm mitteilten, Müller habe die Anweisungen von Nostitz umgesetzt. Am nächsten Tag sandte Müller erneut Kuriere zu Nostitz, da wegen des schlechten Zustands der dortigen Uferbauten, ein Dammbruch zu befürchten war. Daraufhin fuhren Nostitz und der Wasserbaudirektor Wagner sofort nach Kötzschenbroda. Die Hauptschleusen »wie einige andere wunde Stellen derselben ließen unaufhörlich bedeutende Wassermassen durch.«[575] Nostitz stoppte die bisherigen Arbeiten an den Dämmen und ordnete stattdessen auf einer Länge von 280 Metern ein-

---

570 HStAD: Loc. 14376: Fasciculus Gutachtliche Vorschläge. Ohne Seitenangabe. Vom 5. Mai 1820, prs., 8. Mai 1820.
571 Ebd.
572 HStAD: Loc. 14376: Fasciculus Gutachtliche Vorschläge. Die Eisfahrt des Jahres 1820 betr. II. Die deshalb getroffenen allgemeinen und localen Maasregeln betr.
573 HStAD: Loc. 14376: Fasciculus Gutachtliche Vorschläge. Ohne Seitenangabe. Vom 7. Febr. 1820, prs. 9. Febr. 1820.
574 HStAD: Loc. 14376: Fasciculus Gutachtliche Vorschläge. Ohne Seitenangabe. Vom 5. Mai 1820, prs., 8. Mai 1820.
575 HStAD: Loc. 14376: Fasciculus Gutachtliche Vorschläge. Ohne Seitenangabe. Vom 5. Februar 1820, prs. 6. Febr, 1820.

fache Aufkastungen an.[576] Er trieb die, wie er sie nannte, »saumseligen, die nahe Gefahr weniger beachtende(n) Dorfbewohner(n) mit Strenge« an, so schnell und so intensiv zu arbeiten, wie es eben nur ging. Die Hilfskräfte fuhren mehr Erdboden heran, beschleunigten Lieferung und Menge der zu verarbeitenden Steine und Faschinen und auch die Anzahl, der an den Dämmen tätigen Arbeiter nahm zu. Nur so konnte Nostitz »jene ansehnliche Aufkastung, die an einigen Stellen in doppelter Brethöhe bewirkt werden mußte, noch vor Eintritt der Dunkelheit (zu) vollenden.«[577] Nachts wurden Dammwachen aufgestellt, die insbesondere diesen Abschnitt im Auge behielten. Gegen Mitternacht fiel der Pegel zu Kötzschenbroda beträchtlich, so dass Entwarnung gegeben werden konnte.[578]

Ebenso der Meißnischen Amtshauptmannschaft entstammte eine »Kurze chronologische Geschichts Erzählung der Sache.«[579] Mittags gegen halb Eins nahm man in Meißen das Donnern der Kanonen wahr – der Eisaufbruch hatte begonnen. Die Vorstädte und die Stadt selbst, ebenso diverse Dörfer und auch Riesa wurden unter Wasser gesetzt. Da die Bewohner aber mit einer Flut gerechnet hatten, entstand vergleichsweise geringer Schaden.[580]

Da die Uferbewohner rechtzeitig alle nötigen Vorsichtsmaßnahmen ergriffen hatten, beschränkte sich die polizeiliche Unterstützung auf die überschwemmten Ortschaften. Für den Görziger Damm und die anderen überschwemmten Gebiete räumte v. Carlowitz ein, dass die »Stromergießung eine so beyspiellose Höhe erreicht hätte, der jeder menschliche Wiederstand unterliegen mußte.«[581]

Noch bedrohlicher wirkte ein Eisschutz, der sich von Strehla bis nach Promnitz erstreckte. Diese Barriere wuchs bis zum 23. Januar zu einer solchen Eismasse an, dass die Elbe einen neuen Lauf nahm. Hierbei führte sie gewaltige Eisschollen mit sich und umfloss mehrere Dörfer – Promnitz, Röderau, Gohlis u. a. »wurden ringsum mit einer Eisfläche umzogen.«[582] Das Wasser stieg

---

576 Der Begriff »Aufkastung« beschreibt das Erhöhen eines Deiches mit Erde, Sandsäcken und Abstützungen durch Holz etc.
577 HStAD: Loc. 14376: Fasciculus Gutachtliche Vorschläge. Ohne Seitenangabe. Vom 5. Februar 1820, prs. 6. Febr, 1820.
578 Ebd.
579 HStAD: Loc. 14376: Fasciculus Gutachtliche Vorschläge. Die Eisfahrt des Jahres 1820 betr. I. Kurze chronologische Geschichts Erzählung der Sache. 27. März 1820.
580 HStAD: Loc. 14376: Fasciculus Gutachtliche Vorschläge. Die Eisfahrt des Jahres 1820 betr. I. Kurze chronologische Geschichts Erzählung der Sache. 27. März 1820.
581 Ebd.
582 HStAD: Loc. 14376: Fasciculus Gutachtliche Vorschläge. Die Eisfahrt des Jahres 1820 betr. II. Die deshalb getroffenen allgemeinen und localen Maasregeln betr.

in Riesa und Promnitz bis an den ersten Stock. Die Kommunikation zwischen diesen Orten und den umliegenden Dörfern brach zusammen. Floss das Wasser an anderen Orten seit dem 24. Januar ab, verhinderte der fester werdende Eisschutz bei Riesa und umliegenden Dörfern eine Entwarnung. Die Menschen nutzten das geschlossene Eis, um darüber zu ihren abgeschnittenen Nachbarn zu gelangen und zumindest auf diese Art eine Kommunikation wiederherzustellen. Lebensmittel transportierten sie nicht über das Eis, »weil man eine starke Eisfarth fürchtend, sich allenthalben möglichst reichlich damit versehen hatte.«[583] Erst in den nachfolgenden Tagen bis zum 8. Februar machten die Menschen von dieser Möglichkeit Gebrauch – Mangelsituationen waren dem nicht vorausgegangen.[584] Für den Fall eines längeren Abgeschnittenseins von Riesa begann die Amtshauptmannschaft am 9. Februar mit einer externen Versorgung mit Lebensmitteln. 3000 Laibe Brot und 60 Zentner Mehl erreichten Riesa. Zusätzlich beaufsichtigte der Obergendarm Geidner eine Verteilung an die Hilfsbedürftigen aus den dortigen Magazinen.[585] Die Obrigkeiten waren für Eventualitäten und mögliche Krisensituationen gerüstet. Mögliche Versorgungsengpässe ließ die Amtshauptmannschaft gar nicht erst entstehen.

Schon am nächsten Tag löste sich der Eisschutz auf. Weitere von außen kommende Versorgungsmaßnahmen wurden überflüssig und bereits am 10. Februar war die Elbe eisfrei. Noch einen Tag später hatte die Eisbarriere bereits das sächsische Hoheitsgebiet verlassen.[586]

## 9.5 Maßnahmen nach dem Hochwasser

Nach dem Zurückweichen der Fluten wurden, wie in den Jahren zuvor, die »betreffenden Obrigkeiten« angewiesen, Sorge zu tragen, dass die vom Wasser geschädigten Häuser und Wohnungen nicht vor einer eingehenden Säuberung und Trocknung zum Wiederbezug freigegeben würden. Dieser Maßnahmenkatalog war seit den Anordnungen der 1780er Jahre auf ein Minimum zusam-

---

583 Ebd.
584 Ebd.
585 HStAD: Loc. 14376: Fasciculus Gutachtliche Vorschläge. Die Eisfahrt des Jahres 1820 betr. II. Die deshalb getroffenen allgemeinen und localen Maasregeln betr.
586 HStAD: Loc. 14376: Fasciculus Gutachtliche Vorschläge. Die Eisfahrt des Jahres 1820 betr. I. Kurze chronologische Geschichts Erzählung der Sache. Vgl. hierzu: HStAD: Loc. 14376: Fasciculus Gutachtliche. Ohne Seitenangabe. Vom 5. Mai 1820, prs., 8. Mai 1820.

mengeschmolzen und zeigte, sechs Jahre nach den letztmalig nahezu identischen Formulierungen des 18. Jahrhunderts, nur noch das Wesentlichste auf. Neben Trocknen, Säubern und Lüften ordnete die Amtshauptmannschaft eine Besichtigung der betroffenen Gebiete durch einen Amtsarzt an. Doktor Lutheritz wurde in die überschwemmten Gemeinden entsandt, um die »nöthigen Vorkehrungen zu Verminderung ansteckender Krankheiten« zu treffen.[587] Im selben Atemzug befahl die Amtshauptmannschaft den Kommunen die Wiederherstellung und Räumung der Straßen.[588]

Danach nahmen zuerst die Gendarmen die Schäden in den Ortschaften auf, wobei die Meinung der Flutopfer hinsichtlich ihres Verlustes beachtet werden sollte. In einem zweiten Schritt taxierte man die Schäden, versah jedes Objekt mit Bemerkungen und nahm es in eine Liste auf.[589] Eine 1820 durchgeführte Sammlung erzielte 11.653 Taler, 12 Groschen und 4 Pfennige.[590] Über die Geber und den Verteilungsmodus waren keine weiteren Angaben zu finden.

## 9.6 Erfahrungen aufgrund der Flut

Die Amtshauptmannschaften hatten bei den von ihren Beamten durchgeführten Maßnahmen eine Reihe von Erfahrungen sammeln können, die nach dem Zurückweichen der Elbe geäußert wurden. Diese Erfahrungen beruhten zu einem großen Teil auf dem Katastrophenmanagement der Jahre zuvor und erstreckten sich auf die gesamte Breite der Maßnahmen.

Die Evakuierungen führten die Rettungskräfte zuweilen unter dem lautstarken Protest der zu Rettenden durch. Teilweise verließ der ein oder andere Hausbesitzer seine Behausung erst, wenn »ihn die höchste Noth dazu zwingt.«[591] Eine bekannte Verhaltensweise, die auch heute von den Medien immer wieder vorgeführt wird. Oftmals verweisen die Bewohner darauf, dass sie schon frühere Fluten in ihrem Haus überstanden haben. Eine Einschätzung,

---

587 HStAD: Loc. 14376: Fasciculus Gutachtliche Vorschläge. Die Eisfahrt des Jahres 1820 betr. II. Die deshalb getroffenen allgemeinen und localen Maasregeln betr.
588 Ebd.
589 Ebd.
590 HStAD: Loc. 5619: Ministerium des Innern II. Abthl.: Acta die Elbüberschwemmung im Jahre 1845 betr. S.198a.
591 HStAD: Loc. 14376: Fasciculus Gutachtliche Vorschläge. Die Eisfahrt des Jahres 1820 betr. III. Anlangend, die bey dieser Eisfarth gemachten Erfahrungen.

die oftmals nicht der realen Bedrohung entspricht. Ebenso bemängelten die Hilfskräfte, dass ihre Anweisungen (teilweise Befehle), hinsichtlich gesundheitlicher Vorsorge die durchnässten Gebäude betreffend, von der Landbevölkerung ignoriert wurden, da sie »sogleich wieder in die nassen Gebäude kriecht.«[592]

Ein weiterer Kritikpunkt waren die nicht wahrgenommenen Signalschüsse der Kanonen. Man vermutete, dass die Kanonen mit einer zu schwachen Ladung versehen worden waren. Die Bewachung der Geschütze fiel der dazu herangezogenen Landbevölkerung äußerst schwer.[593] Dezidierter äußerten sich zu diesen Problemen die Amtshauptmänner des 3. Meißnischen Kreises von Nostitz und Zänkendorf. In vier Unterpunkten gingen sie auf diese Umstände ein. Der Landbevölkerung fiel nicht nur die Bewachung, sondern auch die jeweilige Bedeutung der Signale schwer, weil sie ihnen nicht an allen Abschnitten bekannt waren. Die Signale erschienen zu kompliziert, um von einfachen Landleuten vollständig verstanden werden zu können, da sie hierin nicht ausreichend unterrichtet worden waren. Dieser Hinweis richtete sich an die zur Eiswache beorderten Polizisten, denen die Unterrichtung der Elbanrainer vor der Eisflut oblag. Die Distanzen zwischen den Signalgeschützen waren zu groß und ein Windstoß reichte aus, dass das Signal bei der nächsten Station nicht mehr gehört wurde.[594]

Bei Strehla, der letzten Station vor der preußischen Grenze, seien die Signale »wenig oder gar nicht gehört worden.« Deshalb sei es »unumgänglich nöthig« bei Riesa eine weitere Signalkanone aufzustellen, um nicht nur die dortige Gegend, sondern auch die weiter flussabwärts gelegenen Gebiete besser warnen zu können.[595] Ob auch 1820 ein Aussetzen von Warnsignalen wie 1815 in Richtung der preußischen Grenze vorsätzlich erfolgte, bleibt offen. Es kann festgehalten werden, dass die Signalkanonen seit 1815 wenigstens zum zweiten Mal in der Nähe der Grenze nahezu verstummten.

Aus dem fünften Bezirk merkte der dortige Amtshauptmann an, dass die zu errichtenden Dammkommunen und die »damit zusammenhängenden Institute« einen beträchtlichen Mehraufwand verursachen würden. Weiterhin eine »stete Bereithaltung aller jener Materialien und Geräthe« im Bereich der

---

592 Ebd.
593 Ebd.
594 HStAD: Loc. 14376: Fasciculus Gutachtliche Vorschläge. Ohne Seitenangabe. Vom 5. Februar 1820, prs. 6. Febr, 1820.
595 HStAD: Loc. 14376: Fasciculus Gutachtliche Vorschläge. Ohne Seitenangabe. Vom 5. Mai 1820, prs., 8. Mai 1820.

Dämme unter ständiger Aufsicht stehen müssten, um deren Einsatzbereitschaft zu gewährleisten.[596]

Ebenso wichtig wog eine flächendeckende Versorgung mit Brot. Da die Backöfen nahe an den Häusern standen und durchfeuchtet waren, konnte in ihnen kein Brot gebacken werden. Hieran schloss sich für die Amtshauptleute der Wunsch, für die am härtesten von der Flut Betroffenen auf Kosten des Staats »freye Hand« zu erhalten, um damit potenzielle Hungersnöte in den Dörfern zu vermeiden.[597]

Die Amtshauptleute berichteten, dass die Betroffenen unmittelbar nach dem Hochwasser, aufgrund ihrer Eigeninitiative und nachbarlicher Solidarität, weniger hilfsbedürftig waren als in einem mittelbaren Zeithorizont. Erst dann seien materielle und pekuniäre Unterstützungen wichtiger als in den ersten Tagen nach der Flut.[598] Sie beschrieben damit eine verloren gegangene Distanz, die das Extremereignis den Bürgern genommen hatte, die sich aber nach Abklingen dieses »Schocks« langsam wieder einstellte. Die Charakteristika einer effizienten kurz- wie langfristigen Unterstützung können hieran abgelesen werden. Ging es in den ersten Tagen nach der Flut darum, Ordnung für die Betroffenen zu schaffen und sie mit dem Notwendigsten zu versorgen, änderten sich diese Ansprüche im Verhältnis zu der sich nach und nach einstellenden Normalität bzw. einem Zustand, der mehr und mehr mit dem Leben vor der Katastrophe vergleichbar wurde. Aufgrund dieser Vergleichbarkeit strebten die Opfer an, den Normalzustand, respektive ein Leben wie sie es vor der Flut geführt hatten, wiederherzustellen. In dieser »Normalisierungsphase« benötigten sie eine andere Unterstützung als unmittelbar nach der Katastrophe. Diese Hilfe hätte auf die individuellen Bedürfnisse abgestimmt sein sollen, richtete sich aber zumeist nach den taxierten Schäden, die mittels einer Verhältnisverteilung ausgeglichen werden sollten. Die Normalisierungsphase bot die Möglichkeit zu ermitteln, welche Gemeinde welche spezifische Hilfe benötigte.

---

596 Ebd.
597 HStAD: Loc. 14376: Fasciculus Gutachtliche Vorschläge. Die Eisfahrt des Jahres 1820 betr. III. Anlangend, die bey dieser Eisfarth gemachten Erfahrungen.
598 HStAD: Loc. 14376: Fasciculus Gutachtliche Vorschläge. Die Eisfahrt des Jahres 1820 betr. III. Anlangend, die bey dieser Eisfarth gemachten Erfahrungen.

Der letzte Hinweis der Amtshauptmannschaft galt einem weiteren Missstand. Es seien gerade die begüterten Bürger gewesen, die am

»meisten schreyen, wenn ihnen nicht gleich der Mund vollgefüllt wird, und durch ihr unzeitiges unnöthiges Geschrey bey Leuten, die die Sache nicht verstehen, und noch keine Eisfahrth gesehen haben, Aufmerksamkeit erregen und dadurch der guten Sache leicht mehr schaden als helfen.«[599]

## 9.7 Vorschläge aufgrund der Erfahrungen

Aufgrund der während der Eisflut gemachten Erfahrungen unterbreitete die Amtshauptmannschaft dem Kreishauptmann von Zeschau »Vörschläge für künftige Einrichtungen bey ähnlichen Nothfällen.«[600]

Direkt an das neue Gesetz vom Vorjahr knüpfte eine Überlegung an, die Amtshauptleute schon vor dem Hochwasser zu autorisieren, bei Beginn der Eisflut, Getreide aus den Rentamtsvorräten zu entnehmen.[601] Man versprach sich von diesem Vorschlag, dass Unterversorgungen in den besonders schwer überfluteten, oder gar von Eisbarrieren eingeschlossenen Orten, in Zukunft vermieden werden könnten. Die Amtshauptleute sollten zu solchen »Entnahmen« befähigt werden, »ohne daß es deshalb vorheriger zeitraubender Anfragen bedürf(t)e.«[602] Die Rechnung sollte auf das Konto des Finanzkollegiums gehen, das den entstandenen Minderbetrag auszugleichen hatte.

Ebenso müsste es den Amtshauptleuten künftig erlaubt sein, »Requisitionen von Lebensmitteln und Fourage gegen zuzusichernde Bezahlung« bei Gemeinden durchzuführen, die nicht vom Hochwasser betroffen waren.[603]

1799 waren die Amtshauptleute unmittelbar nach der Flut vom Kurfürsten angewiesen worden, Brot, Holz, Geld etc., von welcher Quelle auch immer, für die Flutopfer in Beschlag zu nehmen. Staatliche wie private Quellen standen zur Hilfe bereit. Relativ zu betrachten bleibt dieser Vergleich insofern, als das

---

599 Ebd.
600 HStAD: Loc. 14376: Fasciculus Gutachtliche Vorschläge. Die Eisfahrt des Jahres 1820 betr. IV. Die in Beziehung auf die gemachten Erfahrungen zu thuenden Vörschläge für künftige Einrichtungen bey ähnlichen Nothfällen.
601 Ebd.
602 Ebd.
603 HStAD: Loc. 14376: Fasciculus Gutachtliche Vorschläge. Die Eisfahrt des Jahres 1820 betr. IV. Die in Beziehung auf die gemachten Erfahrungen zu thuenden Vörschläge für künftige Einrichtungen bey ähnlichen Nothfällen.

Ereignis von 1799 für den gesamten Staat eine Katastrophe war, was für 1820 nur für einzelne Dörfer und Gemeinden am Unterlauf der Elbe konstatiert werden kann. Ebenso sollte beachtet werden, dass die vom Kurfürsten gegebene »freie Hand« anno 1799 angesichts chaotischer Zustände im Krisengebiet erfolgte. Der Impuls für die Flutopfer frei requirieren zu dürfen, entstammte 1820 der lokalen Verwaltungsebene – 1799 hatte der Monarch den Befehl erteilt, damit die Amtshauptleute der Situation Herr werden konnten. Dennoch bleibt darauf zu verweisen, dass vergleichbare Maßnahmen, wenn auch bei differenten Ereignissen, nahezu identische Vorgehensweisen bzw. Forderungen hervorriefen. Es bleibt zu überdenken, warum dieser bereits 1799 angewandte Katalog vorsorgend erst nach der 1820er Flut überdacht und nicht schon eher zur Routine wurde. Zwischen 1799 und 1820 waren die Hochwasser nicht derart katastrophal, dennoch verbesserten die Beamten die übrigen Maßnahmen. Außerdem konnte nicht ausgeschlossen werden, dass Notlagen wie 1799 nicht erneut auftreten würden.

Weiterhin forderten die Amtshauptleute, dass die von den Wassermassen Heimgesuchten strengen Befehl erhalten sollten, ihre Gebäude zu verlassen und bei Nachbarn aufgenommen werden müssten. Ebenso dem Geist der neuen Ordnung entlehnt, war die Forderung, in jedem Ort einen erhöhten, und damit von kommendem Hochwasser nicht zu erreichenden, allgemein zugänglichen Notbackofen zu bauen.[604] Es verwundert, dass diese Maßnahme erst 1820 gestellt wurde, ergab sich doch das Problem einer Unterversorgung mit Brot nach jeder schwereren Flut.

Ebenso anknüpfend an die Elbstrom-Ufer- u. Dammordnung feilten die Beamten z. B. an den seit 1804 nicht durchlaufend wahrgenommenen Signalgebungen mittels Kanonen. Es mag angedacht werden, dass auch bei der 1799er Flut kein perfektes Übermitteln der Signale erfolgte. Von Carlowitz sah die »Landleute«, die die Kanonen zu bewachen und die Signale zu übermitteln hatten, als Ursache für die Fehler bei der Übermittlung an. Deshalb schlug er vor, Militäreinheiten hierfür einzusetzen.[605] Nostitz wies darauf hin, dass die

---

604 HStAD: Loc. 14376: Fasciculus Gutachtliche Vorschläge. Die Eisfahrt des Jahres 1820 betr. IV. Die in Beziehung auf die gemachten Erfahrungen zu thuenden Vörschläge für künftige Einrichtungen bey ähnlichen Nothfällen.
605 HStAD: Loc. 14376: Fasciculus Gutachtliche Vorschläge. Ohne Seitenangabe. Vom 7ten Febr. 1820, prs., 9. Febr. 1820. Zwischen 1799 und 1820 sind die Artilleriekommandos durch »Landleute« ersetzt worden. An diesem Punkt kann von einem Verlernen gesprochen werden. Ob die schwächeren Fluten zu dieser Reduktion führten, oder ob gänzlich andere Gründe für diese Änderung ausschlaggebend waren, wird der weiteren Forschung überantwortet.

Artillerie über Erfahrungen mit dem Abbrennen von Pechpfannen verfüge, was vor dem Abfeuern der Kanonen als »Auftaktsignal« gegeben werden könnte.[606]

Der nächste Punkt, den er herausstellte, war eine »tüchtige Ausbesserung der Elb-Dämme«, da die Uferbauten eine zweite, ähnlich hohe Flut nicht überstehen würden.[607] Abschließend betonte er, dass es nützlich wäre, wenn die Gemeinden an der Elbe und die betreffenden Gendarmen »eine kurze Anweisung bekommen, wie sie sich bei Eisfahrten und Eis-Commandos zu verhalten haben.« 1816 sei von der Kreishauptmannschaft eine solche Vorschrift erschienen, sie befinde sich jedoch »nicht in den Händen der mir untergebenen Gendarmen, und eben so wenig scheint sie den meisten Elb-Gemeinden bekannt zu sein.«[608]

Die Kommunikation über die Katastrophenprävention und auch die im Angesicht der Flut notwendig werdende Organisation lief auf den lokalen Verwaltungsebenen ab. Die Amtshauptmannschaft instruierte die lokalen Beamten vor Ort und berichtete nach dem Hochwasser an den Geheimen Finanzrat von Zeschau nach Dresden. Damit war das Geheime Finanzkollegium über die Maßnahmen informiert, musste aber nicht selbst die Präventionen und Maßnahmen anordnen oder überwachen. Auf der anderen Seite war über diesen Kommunikationsweg gewährleistet, dass diejenige für die Flüsse zuständige Behörde das jeweilige Katastrophenmanagement nachvollziehen konnte. Ob ein Durchstich vorgenommen, ein Dammabschnitt in Stand gesetzt werden konnte, entschied sich im Geheimen Finanzkollegium.[609] Auch wenn im Wasserbaudepartement das »know how« vorhanden war – Wagner machte lediglich Vorschläge und war in seinen Aktivitäten auf die Weisungen des Geheimen Finanzkollegiums angewiesen.

Die Beamten breiteten einen Katalog aus, der größtenteils die in der Vergangenheit beschrittenen Wege auszubauen oder sie erst gangbar zu machen versuchte. Weitere Elbpegelmesser sollten in Pirna, Laubegast und Königstein eingerichtet werden.[610] Vereinheitlichung und Perfektionierung waren die

---

606 HStAD: Loc. 14376: Fasciculus Gutachtliche Vorschläge. Ohne Seitenangabe. Vom 5. Febr. 1820, prs. 6. Febr. 1820.
607 HStAD: Loc. 14376: Fasciculus Gutachtliche Vorschläge. Ohne Seitenangabe. Vom 5. Febr. 1820, prs. 6. Febr. 1820.
608 Ebd.
609 HStAD: Loc. 14376: Fasciculus Gutachtliche Vorschläge. Die Eisfahrt des Jahres 1820 betr. IV. Die in Beziehung auf die gemachten Erfahrungen zu thuenden Vörschläge für künftige Einrichtungen bey ähnlichen Nothfällen.
610 HStAD: Loc. 14376: Fasciculus Gutachtliche Vorschläge. Ohne Seitenangabe. 7ten Februar 1820.

wesentlichsten Charakteristika dieser Überlegungen. Der Katalog enthielt diverse weitere Verbesserungsvorschläge:

- Die Beamten stellten Überlegungen an, eine »Wasserassecuranz« zu gründen und diese mit einer ausländischen »Schloßenschlagaßecuranz« zu verbinden.[611]

- Diejenigen, die die Signalübermittlung des Kanonendonners zu überwachen hatten, sollten durch »Lohnleute« ersetzt werden, um so eine höhere Effizienz und insbesondere die Gewährleistung einer sicheren Übermittlung herzustellen.[612]

Diese Forderung schloss an die Vorschläge des Amtshauptmanns v. Carlowitz an und zeigte, dass die Signalübermittlung in verschiedenen Bezirken an der Elbe nicht ausreichend war.

Durch die Berichterstattung der Amtshauptmänner war das Geheime Finanzkollegium (insbesondere Finanzrat v. Zeschau) über Präventionen, Maßnahmen und Verbesserungsvorschläge umfassend ins Bild gesetzt worden. Noch im selben Jahr erhielt v. Zeschau einen Bericht, der darüber hinausgehen und nicht nur den Status quo vergangener, gegenwärtiger, sondern auch künftiger Bewältigungsmöglichkeiten aufzeigen sollte. Die Routine der letzen Jahre ging in Innovationen über.

---

611 HStAD: Loc. 14376: Fasciculus Gutachtliche Vorschläge. Ohne Seitenangabe. 27. März 1820.
612 Ebd.

# X. Schlüssel zur Macht –
# Der Bericht des Wasserbaudirektors

Am 25. November 1820 forderte das Geheime Finanzkollegium Wasserbaudirektor Wagner auf, Kommentare und Vorschläge hinsichtlich Eisfluten zu erarbeiten und diese dem Geheimen Finanzrat von Zeschau mündlich vorzutragen. Wagner erkrankte und legte von Zeschau dafür einen Monat später eine fünfunddreißigseitige schriftliche Ausarbeitung vor, die Wagner für den mündlichen Vortrag lediglich als »Leitfaden« verstanden wissen wollte.[613] Wagner nannte seine Abhandlung »Bemerckungen und Vorschläge die bei Eisfarthen zu treffenden Veranstaltungen betreffend.«[614]

## 10.1 Die Kostenverteilung für Instandsetzung der Uferbauten

Für alle Dämme an der Elbe forderte Wagner, dass vor Beginn des Winters eine Untersuchung durchzuführen sei, ob die Dämme einer Eisflut im Frühjahr standhalten würden – Gleiches galt für die Dammschleusen.[615] Für 1820 musste Wagner jedoch einräumen, dass »diese Untersuchung sich nur auf die in augenscheinlich schlechten Zustande sich befindenden Dammstrecken anwenden laßen.«[616] Die Privatdämme waren in einem derart schlechten Zustand, dass alle daran durchzuführenden Maßnahmen bis zum nächsten Hochwasser zeitlich nicht bewältigt werden konnten – die ungünstige Witterung trug das ihrige dazu bei, wodurch dieses Vorhaben kurzfristig »nicht ausführbar sein würde.«[617]

Für einen längeren Zeithorizont eröffnete er, dass nachdem sich die Uferbaukommission einen Überblick über den genauen Zustand der Dämme und

---

613 HStAD: Loc. 14376: Fasciculus Gutachtliche Vorschläge. Ohne Seitenangabe. 28. Dez. 1820, prs. 31. Dez.1820.
614 Die Ausführungen Wagners folgen dem Schreiben vom 28. Dez. und sind ohne Datum und Unterschrift.
615 HStAD: Loc. 14376: Fasciculus Gutachtliche Vorschläge. Ohne Seitenangabe. 28. Dez. 1820, prs. 31. Dez. 1820.
616 Ebd.
617 Ebd.

Deiche verschafft habe, müssten die Elbanrainer[618] instruiert werden, was sie an Arbeiten durchzuführen hatten. Sie waren für die Unterhaltung der sie schützenden Dämme verantwortlich. Deshalb forderte Wagner eine Frist, innerhalb derer sie die Reparaturen durchzuführen hätten. Er wies darauf hin, dass bei Überschreitung der Frist man überlegen sollte, »auf welche Art die Säumigen zu bestrafen sein werden.«[619] Um sich von der Fertigstellung der angeordneten Maßnahmen wie der Einhaltung der aufgegebenen Frist »zu überzeugen, wird eine öftere Revision der angeordneten Veranstaltungen, nothwendig werden.«[620] Bei unvollkommener oder gänzlich nicht erfolgter Instandsetzung der Dämme innerhalb der angegebenen Frist sollten die »Dammintereßenten« dies auf eigene Kosten sofort nachholen.

Damit die Uferbaukommission ihre Drohungen in Zukunft auch werde wahr machen können, wies Wagner auf einen einzurichtenden Fonds hin, der sie dazu befähigen sollte. In der Vergangenheit hatte die Kommission zwar die mangelhaften Ausbesserungen aufzeigen und mit Konsequenzen drohen können, eine Realisierung der Instandsetzungsarbeiten auf Kosten der Elbanrainer blieb aber meist aus.[621]

## 10.2 Materialbeschaffung

Das für Notfallarbeiten an den Deichen und Dämmen notwendig werdende Holz, sollte entweder von den »Intereßenten« bereitgestellt oder von den der Baustelle am nächsten liegenden Forstbeamten beschafft werden. Hierzu sollten die Förster entweder von der Kommission oder von den »Bauofficianten, sofort, und ohne zuvörderst die Genehmigung hierzu«[622] von der ihnen übergeordneten Forstbehörde oder gar dem Geheimen Finanzkollegium abzuwarten, die Erlaubnis erhalten, dass Holz bereitzustellen. Um eine drohende Gefahr an den Deichen noch abwehren können, hatte in der Vergangenheit eine Beschaffung des Holzes auf gewöhnlichem Weg zu viel Zeit gekostet. Die Bauoffizianten mussten nach Beendigung der Aktion den Forstbeamten eine

---

618 Die für den Unterhalt der privaten Dämme Verantwortlichen wurden als »Dammintereßenten« bezeichnet.
619 HStAD: Loc. 14376: Fasciculus Gutachtliche Vorschläge. Ohne Seitenangabe. 28. Dez. 1820, prs. 31. Dez. 1820.
620 Ebd.
621 Ebd.
622 Ebd.

Quittung über den Wert des Holzes ausstellen und ein Verzeichnis an die Kommission einreichen, damit diese den Minderbetrag über die »Forst-Caße« ausgleichen konnte.[623]

Den Kommunen oblag die Erhaltung der Dämme. Ihnen sollte wie bisher, eine Anweisung zugestellt werden, was sie für die anfallenden Dammarbeiten an Materialien und Baugeräten benötigten. Wagner bemerkte hierbei, dass oftmals viel Zeit verging, ehe Holz aus den königlichen Forsten an Ort und Stelle eintraf, weil erst eine Verordnung hierfür erbracht werden musste. Deshalb schlug er vor, dass die Forstbeamten angewiesen würden, den Kommunen und den Grundstücksbesitzern das Holz ohne vorherige Verordnung gegen Ausweis eines Schreibens der Uferbaukommission und gegen Bezahlung direkt auszuliefern.[624]

## 10.3 Die Aufgaben der Bauoffizianten und des Kommundammmeisters

War Gefahr im Verzug, lag es an den Bauoffizianten, die nötigen Baumaßnahmen an den Deichen zu leiten. Für alle Ortschaften an der Elbe standen aber nicht genügend Offizianten zur Verfügung. Deshalb schlug Wagner vor, bis zur Etablierung von Dammkommunen sollte die Kommission für jeden Ort einen »Commundammeister ernennen, dem die Besorgung bei den auszuführenden Bauen und Veranstaltungen übertragen werden kann.«[625] Den Offizianten war damit die Möglichkeit gegeben, sich in Fragen der Bereitstellung von Hilfskräften, Baumaterialien und Geräten an den Kommundammmeister zu wenden. Da die Offizianten nicht chronisch auf den Dämmen oder Baustellen präsent sein konnten, um die Aufsicht über Arbeiter und Materialien zu führen, oblag es dem jeweiligen Kommundammmeister dieses Defizit auszugleichen.[626] Ihm sollte ein Stellvertreter zur Seite gestellt werden, der ihn in Zeiten tagelanger Gefahr, insbesondere nachts, ablösen konnte. Für diejenigen Ortschaften, die längere Dammabschnitte zu versehen hatten, erwog

---

623 HStAD: Loc. 14376: Fasciculus Gutachtliche Vorschläge. Ohne Seitenangabe. 28. Dez. 1820, prs. 31. Dez. 1820.
624 HStAD: Loc. 14376: Fasciculus Gutachtliche Vorschläge. Ohne Seitenangabe. 28. Dez. 1820, prs. 31. Dez. 1820.
625 Ebd.
626 HStAD: Loc. 14376: Fasciculus Gutachtliche Vorschläge. Ohne Seitenangabe. 28. Dez. 1820, prs. 31. Dez. 1820.

Wagner sowohl einen, als auch mehrere Stellvertreter dem Kommundammmeister beizugeben.[627] Die Elbanrainer müssten instruiert werden, den Anweisungen des Kommundammmeisters Folge zu leisten und ihn zu unterstützen. Befolgten die Einwohner diese Vorschrift nicht, sollte der betreffende Dammmeister bei der Kommission eine Eingabe tätigen, damit die widerspenstigen Einwohner streng bestraft werden könnten.[628]

Zur Bezahlung des Kommundammmeisters äußerte sich Wagner ebenso verhalten, wie zu der Überlegung woher die für eine Vergütung aufzubringenden Gelder stammen sollten.[629]

## 10.4 Mannschaftslisten für Dammwachen und Abwehr von Deichbrüchen

Für alle Orte an der Elbe forderte der Wasserbaudirektor »in Zeiten vor jeder bevorstehenden Eisfarth«[630], es solle eine schriftliche Aufstellung angefertigt werden, welche Mannschaften für Dammwache und Arbeiten an den Uferbauten während des Eisgangs einsetzbar wären. Er vergaß allerdings zu erwähnen, wer ein solches Verzeichnis erstellen sollte.

Die Übersichten müssten zuerst den Dorfgerichten vorgelegt werden, ehe sie der Uferbaukommission eingereicht werden könnten. Die Kommission entschied weiter über die Richtigkeit der Listen. Anhand der Listen sollte die Reihenfolge der Mannschaften für die Dammwachen zu ersehen sein, sowie deren Ablösung. Im Fall drohender Gefahr müssten die Verzeichnisse auch darüber Auskunft geben, wie viele Arbeiter (notfalls auch deren Verstärkung) auf den betreffenden Damm entsandt werden konnten. Wagner vergaß nicht zu erwähnen, dass diese Einteilungen erst nach Vorliegen der Verzeichnisse und einer »Berücksichtigung der örtlichen Beschaffenheit«[631] festzustellen wären.

Waren die Mannschaften einmal eingeteilt, mussten die für die jeweilige Gegend zuständigen Bauoffizianten, Kommundammmeister und Polizisten

---

627 Ebd.
628 Ebd.
629 Ebd.
630 Ebd.
631 HStAD: Loc. 14376: Fasciculus Gutachtliche Vorschläge. Ohne Seitenangabe. 28. Dez. 1820, prs. 31. Dez. 1820.

hierüber informiert werden. Der Kommundammmeister sollte »über die genaue Stellung der Mannschaften genaue Aufsicht führen.«[632]
Träten die Mannschaften nicht zur Dammwache oder Arbeiten an den Uferbauten an, sollte der Kommundammmeister sie zwecks Bestrafung anzeigen. Auch hier blieb Wagner undeutlich, denn er führte nicht aus, bei welcher Behörde die säumigen Hilfskräfte angezeigt werden sollten. Ob die Meldung bei der lokalen Gerichtsbarkeit oder der Uferbaukommission eingehen sollte, führte er nicht aus. Die Bauoffizianten und Polizisten sollten aber darauf achten, dass der Dammmeister dieser Vorschrift nachkam.[633] Eine solche »Listenregelung« schlug Wagner für die Orte Stetzsch, Ober- und Niedergohlis, Kostebaude, Nünchritz, Grödel, Moritz, Röderau, Zeithayn, Gröba, Forberge, Oppitzsch, für den Damm oberhalb Strehla, Klein- und Groß-Zschöpa, Lorenzkirchen und Görzig vor; für die Riesaer Dämme bemerkte er, da sie nur das dortige Rittergut schützten, wäre man dort selbst für die Uferbauten verantwortlich.[634]

Drohte ein Deich zu brechen, während die Dorfbewohner versuchten diesen zu stabilisieren, flüchteten sie, um ihr bedrohtes Hab und Gut noch rechtzeitig in Sicherheit zu bringen. Dieses Zurückweichen vom Deich geschah just in dem Moment, wenn »die Arbeiten zu Erhaltung eines Dammes am dringensten sind.«[635] Deshalb schlug Wagner vor, die verlorengegangenen Kräfte sofort durch neue zu ersetzen. Hierfür sollten Einwohner derjenigen Ortschaften herangezogen werden, die nicht unmittelbar von einem Dammbruch oder einer Überschwemmung bedroht waren. Folglich müssten diese neuen Kräfte aus dem ungefährdeten »Hinterland« an die Deiche beordert werden. Diese Orte sollten auch dann Hilfskräfte in Gefahrenzeiten bereitstellen, wenn die Arbeiter der direkt bedrohten Ortschaften nicht ausreichten, um den Damm zu retten.[636]
Um die Hilfskräfte dieser Ortschaften zu erfassen, schlug Wagner vor, ebenso wie bei den direkt bedrohten Orten zu verfahren und Verzeichnisse anzulegen. Er wählte anhand von Landkarten diejenigen Orte aus, die die zusätz-

---

632 Ebd.
633 Ebd.
634 HStAD: Loc. 14376: Fasciculus Gutachtliche Vorschläge. Ohne Seitenangabe. 28. Dez. 1820, prs. 31. Dez. 1820.
635 Ebd. Schreibweise bei »dringensten« ohne »d«.
636 HStAD: Loc. 14376: Fasciculus Gutachtliche Vorschläge. Ohne Seitenangabe. 28. Dez. 1820, prs. 31. Dez. 1820.

lichen Kräfte zu stellen hatten. Er vergaß nicht zu erwähnen, dass diese Vorschläge geprüft und durchaus berichtigt werden könnten.[637]

## 10.5 Anlegung von Elbpegeln und Backöfen

Um in Zukunft die »Waßerstände allenthalben mit hinlänglicher Zuverläßigkeit beobachten zu können, wird die Anlegung von Elbmessern an mehrn Punkten nothwendig.«[638] Eine Festlegung an welchen Orten die Pegel eingerichtet werden sollten, behielt sich Wagner für einen späteren Zeitpunkt vor. Er würde dies beim Finanzkollegium schriftlich einreichen, da momentan die Schaffung von mehreren Pegeln ohnehin nicht möglich sei.[639]

Die Vorschläge der Amtshauptleute, dass der Bevölkerung nach der Flut die Möglichkeit gegeben sein sollte, backen zu können, unterstützte Wagner. Es sei nötig, in allen Orten, die überschwemmt worden waren, Erde heranzufahren, um einen erhöhten Platz zu schaffen, der vom Hochwasser nicht überstiegen werden könne. Hierauf sollte ein allgemein zugänglicher Backofen errichtet werden.[640]

---

637 Ebd. Für die Dämme bei Stetzsch, Ober- und Nieder-Gohlis und Kostebaude sollten Hilfskräfte aus den Orten Priesnitz, Chemnitz, Mobschütz und Oberwartha herangezogen werden. Für die Dämme bei Kötzschenbroda schlug Wagner die Ortschaften Serkowitz und Naundorf vor; für die Dämme bei Nünchritz die Orte Grödel, Moritz, Röderau, Zeithain, und Promnitz, Sagewitz, Glaubitz, Roda, Zscheilen, Radewitz und Streumen. Zusätzliche Arbeiter sollten für die Dämme bei Gröba, Forberge und Oppitzsch aus den Orten Merzdorf, Reußen, Groß-Rügeln, Bochra und Zausnitz stammen; für den Damm oberhalb von Strehla sollten weitere Kräfte aus der Stadt selbst herangezogen werden. Für die Dämme bei Groß- und Klein-Zschöpa und Lorenzkirchen hatte Wagner die Orte Jakobsthal, Kreinitz, Lichtensee und Gorisch im Auge; für den Damm bei Görzig empfahl er die Orte Salsen, Leckwitz und Liebschütz.
638 Ebd.
639 HStAD: Loc. 14376: Fasciculus Gutachtliche Vorschläge. Ohne Seitenangabe. 28. Dez. 1820, prs. 31. Dez. 1820.
640 HStAD: Loc. 14376: Fasciculus Gutachtliche Vorschläge. Ohne Seitenangabe. 28. Dez. 1820, prs. 31. Dez. 1820.

## 10.6 Die Ineffizienz der Signalkanonen

Sowohl die Amtshauptleute als auch Wasserbaudirektor Wagner verwendeten in Ihren Schreiben nach der Flut von 1820 sehr häufig den Begriff »Erfahrung«. Mit ihren Ausführungen was die »Erfahrung« der vergangenen Fluten gezeigt hatte und was daraus in Zukunft zu lernen wäre, zeigten die Beamten eine breite Palette an Möglichkeiten auf. Sie beschrieben Schwachstellen bei vergleichbaren Maßnahmen, die vor, während und nach einem Hochwasser einer Verbesserung bedurften. Den Begriff »Erfahrung« verwendeten die Beamten hierbei teilweise inflationär. Wagner begann denn auch seine Ausführungen zur Effizienz der Signalgebung mittels Kanonen mit den Worten:

> »Die bisherige Erfahrung hat stets bestätigt, daß durch die Signalisierung mittelst Geschützen vom Eisaufbruche, Entstehung und Fortgang von Eisschützen, (…) der beabsichtete Zweck bei der bis jetzt stattgefundenen Einrichtung nie hat gehörig erreicht werden können, auch stimmen hiermit sämtliche Anzeigen der Herrn Amtshauptleute überein.«[641]

Das Urteil des Wasserbaudirektors mutet hart an. Das gefundene Warnsystem erfüllte – laut seiner und der Ansicht der Beamten vor Ort – weder für den Eisaufbruch, noch für den Eisgang oder gar die gefürchteten Eisbarrieren den beabsichtigten Zweck. Lagen die Ansprüche Wagners diesem System gegenüber zu hoch? Lief der Kanonendonner im 18. Jahrhundert perfekter ab, als vor und nach der Zäsur von 1815, obwohl in den letzten Jahren ein deutlich kleineres Territorium beschallt werden musste?

Wagner sprach davon, dass der Zweck der Signalgebungen bis 1820 »nie« erreicht worden sei. Er führte aber nicht aus, für welchen Zeitrahmen dieses Urteil galt. Seit 1812 war Wagner Wasserbaudirektor in Torgau, ab 1815 in Dresden. Sein Vater hatte bis 1799 diese Tätigkeit ausgeübt, dessen Amt der Sohn weiterführte. Wagner war also die Möglichkeit gegeben, die »Geschichte der Signalkanonen« vom Ende des 18. Jahrhunderts an mitzuverfolgen.[642]

Als wesentlichen Grund für die Ineffizienz stellte er eine zu große Distanz zwischen den Geschützen heraus. Stärkere Windböen reichten aus, damit die Signale nicht mehr deutlich wahrnehmbar und unterscheidbar waren. Auf

---

641 Ebd.
642 Vgl. Meinert, o. V.: Vorwort. Findbuch Sächsisches Hauptstaatsarchiv Dresden. 10940 Sächsische Wasserbaudirektion Band 1 – Wasserbauverwaltung. Dresden 1980.

diesen Mangel hatte er bereits Ende Dezember 1817 in einem Gutachten hingewiesen und dies an das Kollegium eingereicht.[643]

Ebenso trug zu dem unbefriedigenden Bild des Warnsystems bei, dass die Beobachter der Signale aus »Landleuten« bestanden, die Wagner bei schlechter Witterung »in den Wachhütten auch sogar schlafend angetroffen habe.«[644] Er unterstrich die Forderung der Amtshauptleute, die »Landleute« durch Militäreinheiten für die Überwachung der Signale zu ersetzen. Das böte sich schon aus dem Grund an, da eine solche Aufgabe für »dieselben ohnehin beschwerlich ist, diese auch nicht zu dieser Dienstleistung geeignet sind.«[645] Die Bevölkerung hatte tagsüber entweder auf den Feldern, in Manufakturen oder Fabriken gearbeitet, deshalb waren die Wachen, insbesondere bei einem nachts erfolgten Eisaufbruch, eingeschlafen. Dieser Hinweis Wagners bezog sich auf vorhergehende Fluten, denn 1820 geschah der Eisaufbruch vormittags.

Er schlug dafür vor, die Geschütze besser zu positionieren und zu bewachen. Man solle doch darüber nachdenken, inwieweit weitergehende Maßnahmen hierfür notwendig seien. Nachts könnten z. B. Feuersignale eingesetzt werden. Tagsüber ließe sich »durch eine telegraphische Einrichtung durch verschiedenfarbige Fahnen« eine Verbesserung erzielen. Schlechtes Wetter und Nebel würde diese Art der Übermittlung allerdings behindern.[646] Sollten sich für die Ausführung seiner Vorschläge zu viele Schwierigkeiten ergeben, oder für eine ausreichende Aufstellung von Signalkanonen mit militärischem Personal »von Seiten der Militairbehörden Widerspruch erhoben werden«, schlug Wagner vor, reitende Boten für eine Übermittlung einzusetzen. Er habe hierzu bereits Vorschläge eingereicht, wie seinem Bericht vom 12. November 1804 zu entnehmen sei.[647]

Betrachte man im Finanzkollegium diesen Vorschlag für begrüßenswert, so würde er sowohl den von den Reiterstafetten zu wählenden Weg, als auch »über die Ortschaften, welche die Nachricht in die umliegende Gegend weiter zu befördern haben« eine Tabelle anfertigen.[648] Auf einen unbestimmten

---

643 HStAD: Loc. 14376: Fasciculus Gutachtliche Vorschläge. Ohne Seitenangabe. 28. Dez. 1820, prs. 31. Dez. 1820.
644 Ebd.
645 Ebd.
646 HStAD: Loc. 14376: Fasciculus Gutachtliche Vorschläge. Ohne Seitenangabe. 28. Dez. 1820, prs. 31. Dez. 1820.
647 HStAD: Loc. 14376: Fasciculus Gutachtliche Vorschläge. Ohne Seitenangabe. 28. Dez. 1820, prs. 31. Dez. 1820.
648 Ebd.

Zeitpunkt verschob Wagner eine Erörterung der Frage, inwieweit Kavallerieeinheiten die Übermittlung übernehmen sollten. Er gab an, dass damit eine zügige Weiterleitung gewährleistet werden könne, da die »Kavallerie in ihren Standquartieren ohne Beschäftigung ist.«[649] Solche Vorstöße seien aber in der Vergangenheit von den Militärbehörden nicht gutgeheißen worden.

Eine Entscheidung welche der vorgeschlagenen Übermittlungsarten nun gewählt würde, überließ er dem Finanzrat von Zeschau. Gab aber an, dass eine »ausführliche Bekanntmachung derselben an alle die Ortschaften, welche am Elbstrome gelegen sind, nothwendig werden, woran es aber bisher gemangelt hat.«[650]

## 10.7 Wagners Durchmusterung der amtshauptmannschaftlichen Bezirke

Im zweiten Teil seiner Abhandlung »Bemerckungen und Vorschläge die bei Eisfarthen zu treffenden Veranstaltungen betreffend« musterte Wagner die einzelnen amtshauptmannschaftlichen Bezirke der Reihe nach durch.

Zum ersten Bezirk bemerkte er, dass für den vorgeschlagenen Durchstich der Anheegerungen der Müglitz auf Heidenauer Seite zuerst eine eingehende örtliche Untersuchung durchgeführt werden müsste.

Da die Riesaer Dämme auch 1820 »ihre Schädlichkeit hinlänglich während der Eisfarth documentiret haben« solle man die Fertigstellung der Stromkarte dieser Gegend abwarten. Ebenso für den vierten Bezirk stellte er heraus, dass über die dortigen Regulierungs- und Ausbesserungsarbeiten vorerst erneut nachgedacht werden müsse.[651]

Wagner strich heraus, dass die Eisfluten »nach allen eingezogenen Erkundigungen immer gefährlicher und bedeutender« würden. Das Strombett sei »zu sehr verschlämmt, und der Lauf des Waßers durch die vielen, zum Theil unzweckmaßig erbauten, in keinem inneren Zusammenhange stehenden Dämme zu unregelmäßig gemacht worden.«[652] Er bezog diesen Kommentar auch auf die Gebäude an der Elbe. Die Gebäude wie die Dämme seien nicht

---

649 Ebd.
650 HStAD: Loc. 14376: Fasciculus Gutachtliche Vorschläge. Ohne Seitenangabe. 28. Dez. 1820, prs. 31. Dez. 1820.
651 HStAD: Loc. 14376: Fasciculus Gutachtliche Vorschläge. Ohne Seitenangabe. 28. Dez. 1820, prs. 31. Dez. 1820.
652 Ebd.

nur unvollkommen, sondern »selbst oft zweckwidrig«. Dies gelte nicht nur für den 4. Bezirk, sondern für die meisten Dammabschnitte an der Elbe.[653]

Bis zur Einführung der Elbstrom-Ufer- und Dammordnung legten die privaten Uferbesitzer ihre Dämme und Uferbauten nach eigenem Gutdünken an. Sie verfügten aber über unzureichende Kenntnisse des Wasserbaus, außerdem waren ihre Tätigkeiten meist nur auf den eigenen Vorteil ausgerichtet gewesen. Sie beachteten nicht, dass dem Nachbar durch solche Aktivitäten ein Nachteil entstehen konnte. Deshalb seien solche Dammbauten sowohl für die Uferbewohner, als auch die Schifffahrt »höchst nachteilig«. Das wiederum hätte eine »Verschlimmerung der Strombahn, sowohl bei gewöhnlichen Waßerständen, als auch besonders bei Stromergießungen« zur Folge.[654] Wagner riet der Uferbaukommission davon ab, »dergleichen unzweckmäßige und nachtheilige Bauunternehmungen zu verhindern.« Das würde im schlimmsten Fall eine Unzahl von Prozessen nach sich ziehen, das beabsichtigte Ziel aber, ganze Elbbezirke von diesem Übel zu befreien, würde verfehlt werden. Als Beispiel unter anderen nannte er die Riesaer »Dammangelegenheit.«[655]

Die Einführung der neuen Ordnung konnte diesen Missstand nicht aus der Welt schaffen und »wie die Erfahrung bisher gelehrt hat, (würden) die von der Commißion erlaßenen Verfügungen, fast nirgends gehörig befolgt werden.«[656] Der Lauf der Elbe verwildere zusehends, was negativste Folgen nach sich ziehe. Gegen diese Entwicklung konnte bisher »fast gar nicht getan werden«, die dafür benötigten Gelder stünden nicht zur Verfügung. Die 5000 Taler aus dem Etat reichten kaum aus, die Dämme an der Elbe in Stand zu halten, da hieraus auch Arbeiten an den kleineren Flüssen und private Unternehmungen zu finanzieren waren.[657]

Am Grundübel, der unregulierten Elbe hatte sich nichts wirklich geändert. Die seit 1784 geäußerten Missstände waren noch nicht ausgeräumt worden, sondern beschäftigten die Beamten weiterhin. Ähnlich pessimistisch äußerte sich Wagner über den weiteren Unterhalt und eine Vereinheitlichung der Dämme. Die Uferbauten seien derart uneinheitlich, dass »die Mittel, welche während der Hochgewäßer zu Erhaltung der Dämme angewendet werden können, (…) nie ausreichend sein können, unvollkommene Dämme in so vollkommenen Stand zu setzen, um die Gefahr allenthalben hinreichend abwenden

---

653 Ebd.
654 Ebd.
655 HStAD: Loc. 14376: Fasciculus Gutachtliche Vorschläge. Ohne Seitenangabe. 28. Dez. 1820, prs. 31. Dez. 1820.
656 Ebd.
657 Ebd.

zu können.« Eine Vereinheitlichung sei aber »nach und nach ausführbar«, wenn der »Nachläßigkeit der Dammintereßenten, sobald die Gefahr einmal vorüber ist, nicht nachgesehen« werde.[658] Die Kommission solle den Vermögensverhältnissen der Uferbewohner zwar Rechnung tragen, aber dennoch den Anwohnern die finanziellen Lasten der Dammvereinheitlichung aufbürden. Wagner strich heraus, das eine solche Übertragung »nicht ausführbar« sei, da alle in diesem Jahr erlassenen diesbezüglichen Anweisungen »ohne Wirkung geblieben sind.« Die Lösung dieses Problems stünde in Zukunft an.[659]

### 10.8 Die Antwort auf Wagners Vorschläge

Am 5. Januar 1821 antwortete Finanzrat von Zeschau auf die Vorschläge Wagners. Hatte Wagner einen ausführlichen, klar strukturierten Bericht vorgelegt, der die wesentlichen Missstände präzise benannte, ging v. Zeschau nicht auf alle Punkte dieses Berichts ein.

Er stimmte zu, dass in Zukunft vor Beginn des Winters die Dämme untersucht werden müssten, um das Schlimmste noch abwenden zu können. Ebenso stützte er Wagners Ansicht, dass die Dammanrainer fristgerecht, die ihnen angezeigten Arbeiten an den Dämmen auszuführen hätten. Sollten die Anrainer dem nicht nachkommen, müssten sie »mittelst militärischer Execution zu Erfüllung ihrer Obliegenheiten« angehalten werden.[660]

Wagner hatte v. Zeschau vorgeschlagen, eine Überwachung der Arbeiten durch Straßenbau- und Dammoffizianten durchführen zu lasssen. Die Offizianten sollten eine mangelhafte oder nicht fristgerechte Ausführung der Arbeiten den Amtshauptleuten melden und die Instandsetzungen auf Kosten der Anrainer durchführen lassen. Dem wollte v. Zeschau nur zustimmen, »wenn wegen Dringlichkeit der Sache der Weg der militärischen Execution nicht anzuwenden wäre.«[661]

Den Vorschlag Wagners Kommundammmeister anzustellen, leitete v. Zeschau an die Amtshauptleute seines Kreises weiter. Es ist davon auszuge-

---

658 Ebd.
659 HStAD: Loc. 14376: Fasciculus Gutachtliche Vorschläge. Ohne Seitenangabe. 28. Dez. 1820, prs. 31. Dez. 1820.
660 HStAD: Loc. 14376: Fasciculus Gutachtliche Vorschläge. Ohne Seitenangabe. 5. Januar 1821.
661 Ebd.

hen, dass v. Zeschau seine Beamten darauf hinwies, eine Anstellung von Kommundammmeistern noch im laufenden Jahr in Erwägung zu ziehen.[662]

Den nächsten von Wagner vorgebrachten Punkt, den Kommunen und auch den Grundstücksbesitzern das Holz ohne vorherige Verordnung gegen Ausweis eines Schreibens der Uferbaukommission und gegen Barzahlung direkt auszuliefern, versah v. Zeschau mit dem Hinweis, »dass ich dieses Gegenstandes in einem heutigen Dato erstelleten Berichte beyfällig mit Erwähnung gethan habe.«[663] Der Finanzrat erwähnte nicht, an wen bzw. welche Behörde er dieses Schreiben gerichtet hatte. Zwar schien er dem Ansuchen Wagners positiv eingestellt zu sein, blieb aber in seinen Ausführungen ungenau.

Auf eine weitere Anlegung von »Elbmessern« ging v. Zeschau nicht dezidiert ein. Er ließ den Wasserbaudirektor wissen, dass er dessen weiteren Ausführungen zu diesem Thema entgegensehe.[664]

Der Finanzrat führte aus, dass es in diesem Jahr schon zu spät sei, die Vorschläge für eine verbesserte Signalübermittlung der Kanonen anzuwenden, deshalb habe er die Amtshauptleute angewiesen, wie im vorigen Jahr zu verfahren. Ebenso die Aufstellung der Kanonen sollte wie 1820 erfolgen.

Weiter forderte v. Zeschau eine »beschleunigende Beendigung der vorhabenden sehr wünschenwerthen Anleitungs-Schrift zu Erhaltung der Dämme.« Wagner hatte mit einer solchen Ausarbeitung begonnen, war aber durch »anderweite überhäufte Dienstgeschäfte«[665] nicht dazu gekommen, diese fertig zu stellen.[666]

Den Vorschlag in allen überschwemmten Orten Erde aufzufahren und auf erhöhten Punkten einen Notbackofen zubauen, bezeichnete v. Zeschau »als sehr zweckmäßig.« Er habe »auch sämtlichen Amtshauptleuten die Aufmunterung der Gemeinden zu Realisierung dieses Vorschlags anempfohlen.«[667]

Er schloss seine Antwort mit dem Hinweis, dass er die Amtshauptleute darüber in Kenntnis gesetzt habe, dass sie ihren überschwemmt gewesenen

---

662 Ebd. Zwei Worte sind in diesem Satz durch Verbesserungen nur schwer zu entziffern. Selbst unter Weglassung dieser Worte kann aufgrund des restlichen Satzes auf den angegebenen Sinn geschlossen werden.
663 Ebd.
664 HStAD: Loc. 14376: Fasciculus Gutachtliche Vorschläge. Ohne Seitenangabe. 5. Januar 1821.
665 HStAD: Loc. 14376: Fasciculus Gutachtliche Vorschläge. Ohne Seitenangabe. 28. Dez. 1820, prs. 31. Dez.1820.
666 HStAD: Loc. 14376: Fasciculus Gutachtliche Vorschläge. Ohne Seitenangabe. 5. Januar 1821.
667 HStAD: Loc. 14376: Fasciculus Gutachtliche Vorschläge. Ohne Seitenangabe. 5. Januar 1821.

Gemeinden »einen Beitrag aus den vorhandenen Unterstützungsgeldern« zukommen lassen könnten.[668] Von Zeschau ging in seiner Antwort einerseits auf die grundsätzlichen Vorschläge Wagners ein – andererseits stellte er auch seine eigenen, schon vorgenommenen Anweisungen für 1821 hinsichtlich einer bevorstehenden Eisflut heraus. Die von Wagner für das Amt des Kommundammmeisters genannten Aufgaben kommentierte v. Zeschau nicht. Deshalb kann davon ausgegangen werden, dass er die Vorschläge, wie in dem Bericht aufgeführt, den Amtshauptleuten vorlegte. Auch auf den Vorschlag Mannschaftslisten einzuführen, ging v. Zeschau ebenfalls nicht ein. Wagner hatte in diesem Zusammenhang darauf verwiesen, weitere Hilfskräfte für Notfälle aus dem Hinterland über Listen zu erfassen.

Gleichfalls unkommentiert blieben die Ausführungen des Wasserbaudirektors zu den Signalkanonen. Auch hier schwieg v. Zeschau zu den Vorschlägen. Wagner hatte mehrere Übermittlungsarten (Feuersignale, Fahnen, Reiterstafetten) vorgeschlagen und die Entscheidung, welche zu wählen sei, dem Finanzrat v. Zeschau überantwortet. Diese Entscheidungsfindung schien noch anzudauern, denn v. Zeschau ließ anklingen, dass die Vorschläge künftig mehr Beachtung finden sollten.

Der Gedanke Notbacköfen einzurichten, hatte v. Zeschau den Amtshauptleuten »anempfohlen«. Er überließ es den einzelnen Amtshauptleuten, ob sie in den überschwemmt gewesenen Orten diese Backöfen errichteten oder nicht.

Lediglich in dem Punkt auf welche Art und Weise die Elbanrainer zur fristgerechten und vollständigen Durchführung von Arbeiten an den Dämmen angehalten werden sollten, bestand zwischen Wagner und v. Zeschau eine differente Ansicht. Ansonsten folgte der Finanzrat weitgehend den Vorschlägen des Wasserbaudirektors. Es bleibt darauf hinzuweisen, dass gerade die für die Hochwasserabwehr wichtigen Punkte der Signalkanonen, Mannschaftslisten und Notbacköfen zentrale Maßnahmen vor, während und nach einer Flut waren, die v. Zeschau entweder gar nicht, erst künftig oder nicht konkret behandelte. Die innovativen Impulse Wagners scheinen in ihrer ausführlichen Form im Geheimen Finanzkollegium, zumindest kurzfristig, nicht auf fruchtbaren Boden gefallen zu sein.

---

668 Ebd.

## 10.9 Zusammenfassung der Entwicklungen bis 1820

Die Kommunikation über die Katastrophenabwehr fand in den Jahren 1809 und 1810 wieder zwischen der obersten und der lokalen Verwaltungsebene statt.
Nicht nur um die mäandrierende Elbe zu regulieren, sondern auch die hierdurch verursachten Kosten künftig nicht in so erheblichem Maß entstehen zu lassen, entschloss sich das Geheime Finanzkollegium verschiedene Regulierungsmaßnahmen bei Torgau und an der Mulde durchzuführen. Finanzierungsprobleme traten hierbei deutlich zutage, die mit variablen Maßnahmen überbrückt werden konnten. Der finanzielle Rahmen, der durch Ihleburg gesetzt wurde, war hier erweitert worden. Die Nutznießer der Regulierungen mussten sich an den Lasten beteiligen, wurden aber hierbei gleichzeitig per Fonds unterstützt. Sowohl der Staat als auch die Stände zahlten Gelder in diesen Fond ein, egal ob Uferbauten anstanden oder nicht. Auf die massiven Finanzierungsprobleme, die sich schon nach der Katastrophe von 1804 für die Uferbauten und die Kommunen abgezeichnet hatten und bei den Flussregulierungen ab 1811 nochmals zu Tage traten, wurde mit diesem Fonds reagiert. 30 Jahre hatten die Hochwasser nun in Sachsen gewütet und dadurch insbesondere die Gemeinden und Städte an die Grenzen ihrer Belastbarkeit geführt. Aufgrund der nicht abbrechenden Fluten und dem schlechten Zustand der Dämme wurden diese Mittel voll ausgeschöpft. Ein Nachhaltigkeitsgedanke hatte Einzug gehalten, der die finanziellen Probleme zwar nicht gänzlich löste, aber in die richtige Richtung wies.

Die Zeit der napoleonischen Kriege stürzte Sachsen in politische wie finanzielle Turbulenzen.[669] Zu diskutieren bleibt die Frage, auf welche Art von Extremereignis (Krieg/Naturkatastrophe) eine Gesellschaft stärker reagiert. Im Untersuchungszeitraum bis 1813 trafen vergleichbare Ereignisse nicht zeitgleich aufeinander.

Mit der Elbstrom-Ufer- und Dammordnung war 1819 ein Rahmen geschaffen worden, der es dem Staat insbesondere aus juristischer und ökonomischer Sicht leichter machen sollte, mit den umfassenden Problemen der Hochwasser umgehen zu können. Unmittelbar nach dem Gesetz von 1819 begegneten die Akteure den Fluten effizienter und systematischer. Durch das schwere Hochwasser von 1820 schlugen insbesondere Lokalbeamte Verbesserungen vor. Diese Innovationen fasste Wasserbaudirektor Wagner in seinem Bericht an das Finanzkollegium im selben Jahr nicht nur zusammen, sondern lieferte

---

669 Ulbricht, Gunda: Finanzgeschichte Sachsens im Übergang zum konstitutionellen Staat (1763 bis 1843). St. Katharinen 2001. S. 52–56.

einen umfassenden Bericht. Dieser Bericht enthielt nicht nur den Status quo, mit allen seinen Schwachstellen, sondern Wagner schilderte, welche Bereiche und Einzelheiten verbessert werden mussten. Würden die Sachsen diesen Schlüssel wieder aus der Hand geben?

# XI. Die zweite Hälfte der 1820er Jahre – Disparitäten und wichtige Weiterführungen

## 11.1 Streit um finanzielle Zuständigkeiten und Erklärungsversuche für die Flut von 1824

Am 18. Januar 1823 schrieb der Kreishauptmann des Meißnischen Kreises, Graf v. Hohenthal an den Stadtrat zu Dresden. Er ging davon aus, dass eine »starke Eisfahrt« bevorstünde und deshalb solle der Stadtrat vor der Elbbrücke aufeisen lassen.[670] Das Rentamt in Dresden hatte eine Summe von 278 Taler und 15 Groschen »an die hiesigen Fischer für die Aushauung eines Canals oberhalb der Elbbrücke bezahlt.« Diese Summe hatte sich das Rentamt vom Geheimen Finanzkollegium zurückerstatten lassen.[671]

Anfang Oktober wies v. Hohenthal den Stadtrat darauf hin, dass »niemals, und selbst nicht im Jahre 1799 etwas an die hiesigen Fischer für Aufeisung der Elbbrücke aus dem Königl. Fisco bezahlt worden (war).«[672] Das sei Aufgabe des Stadtrates, der ja auch Eigentümer der Brücke sei und den Brückenzoll einnehme. Deshalb sei in Zukunft mit einer solchen »Restitution« nicht mehr zu rechnen. Er wies abschließend darauf hin, dass er im Auftrag des Geheimen Finanzkollegiums diesen Hinweis nun weitergegeben habe.[673]

Der Stadtrat antwortete, dass das Aufeisen vor der Elbbrücke »nicht zu diesen Obliegenheiten der Fischer« gehöre. Das Aufeisen sei »niemals von Seiten des Brücken-Amtes veranlaßt und bezahlt worden, vielmehr sind (…) die dadurch entstandenen Kosten stets aus Königlichen Fonds bestritten worden.«[674] Die Brückenamtskasse werde auch in Zukunft diese Kosten nicht übernehmen. Der Stadtrat informierte im selben Atemzug die Fischerinnung, dass sie für das Aufeisen künftig nicht von der Stadt entlohnt würde.[675] Damit verweigerten sowohl der staatliche Fiskus als auch die Stadtbehörden, die Fischer in Zukunft zu entlohnen.

---

670 StAD: RA GXXIV 76: Acta, die Eisgänge des Elbstroms betr. 1823–1847. S. 1a.
671 StAD: RA GXXIV 76: Acta, die Eisgänge des Elbstroms betr. 1823–1847. S. 3a.
672 StAD: RA GXXIV 76: Acta, die Eisgänge des Elbstroms betr. 1823–1847. S. 3a,b.
673 StAD: RA GXXIV 76: Acta, die Eisgänge des Elbstroms betr. 1823–1847. S. 3b.
674 StAD: RA GXXIV 76: Acta, die Eisgänge des Elbstroms betr. 1823–1847. S. 4a.
675 StAD: RA GXXIV 76: Acta, die Eisgänge des Elbstroms betr. 1823–1847. S. 4b.

Stadtrat und Brückenamt wiesen v. Hohenthal respektive dem Geheimen Finanzkollegium die Kompetenz in diesem Fall zu. Bisher war die Bezahlung vom Staat übernommen worden, der diesen Posten der Stadt übergeben wollte. Gegen diese Verlagerung wehrten sich die Lokalbehörden. Wodurch kam es zu einer solchen Zuständigkeitsverweigerung? War die Finanzlage des Staates dermaßen angespannt, dass sogar 278 Taler auf die Lokalebene abgewälzt werden mussten? Oder war dies ein Vorgang im Rahmen einer allgemeinen Verlagerung der Kosten weg vom Staat hin zu lokalen Instanzen und Privatpersonen? Nicht nur von ständischer Seite regte sich gegen diese Ambitionen sofort Widerstand, den die Stände in immer neuen Verbesserungen der Elbstrom-Ufer- und Dammordnung umsetzten wollten. Nun war Dresden in den Fokus der Sparmaßnahmen geraten und reagierte ähnlich. Wurde dennoch weiterhin das Eis vor der Augustusbrücke aufgehauen und wenn ja, wer kam für die Kosten auf?

Die Fluten in den 1820er Jahren brachen nicht ab und bescherten abschnittsweise desaströse Schäden, selbst wenn wie 1820 der Pegel in Dresden keine Extremflut auswies. 1823 hatte es wiederum ein Winterhochwasser gegeben, das aber nicht ausführlich dokumentiert ist. Die Flut von 1823 erreichte am 26. Februar ca. 5,30 Meter, dennoch richtete sie Schäden an der Brücke in Höhe von 5798 Taler an, die das Brückenamt übernahm.[676]

1823 wurde »eine Bekanntmachung an die Uferbewohner erlaßen, wovon hierdurch (...) (dem) Stadtrath zu Dresden 6. Exemplare mit dem Ersuchen zugefertigt werden, solche durch Anschlag und Vertheilung, namentlich unter die Fischer thunlichst zu verbreiten.«[677] Die Forderungen von v. Nostitz die Uferbewohner schriftlich zu instruieren, waren 1816 erstmals realisiert worden. Eine umfassende, insbesondere präventive Instruktion zur Katastrophenabwehr schien nun möglich zu werden. Seit 1823 erschien dieser Punkt verstärkt auf der Agenda und gipfelte in der Bekanntmachung von 1826, die die Handschrift des Wasserbaudirektors Wagner tragen sollte.

1825 erschien anonym in Leipzig eine Abhandlung, in der die Sommerflut von 1824 behandelt wurde. Sie trug den Titel: »Die großen Stürme und Ueberschwemmungen in Teutschland, England, Frankreich, Rußland und andern Ländern Europas im Jahre 1824. Eine Erzählung der wichtigsten Thatsachen

---

676 Schäfer, Wilhem: Chronik der Dresdner Elbbrücke, nebst den Annalen der größten Elbfluthen von der frühesten bis auf die neueste Zeit. Dresden 1848. S. 122.
677 StAD: RA C XVIII 76b: Acta, Die beym harten Winter. S. 119.

nebst Betrachtungen über ihre Ursachen und Folgen und kurzen Nachrichten von ähnlichen Naturereignissen alter und neuer Zeit.«[678] Darin schilderte der anonyme Autor wie Sachsen Ende Juni nicht nur von der Elbe, sondern auch von der Mulde, der Pleiße und Elster überschwemmt worden war. In der Gegend von Prag setzte am 25. Juni abends heftiger Regen ein, der 36 Stunden anhielt und Böhmen schwere Überschwemmungen brachte. Die Prager Neu- und Altstadt stand einen Tag später gänzlich unter Wasser. Weitere zwei Tage dauerte es, bis die Flutwelle die sächsische Hauptstadt erreichte. Die Elbe stieg auf 7,53 Meter[679], nahm »viele tausend Klaftern Holz mit, die da aufgestellt standen, überschwemmte die Fluren weit und breit und richtete vorzüglich großen Schaden an Heu und Getreide an.«[680] Der Juni war in Sachsen sehr trocken gewesen, zudem waren dieser Flut keine erheblichen Niederschläge vorausgegangen, deshalb vermutete der anonyme Autor, dass Erdbeben für das Hochwasser verantwortlich waren. Dieser Flut haftete etwas Unerklärliches an:

»Man konnte sich daher ihre Größe gar nicht erklären, wenn man nicht etwa Erderschütterungen dabei annehmen will, welche das Wasser aus dem Innern der Erde auf die Oberfläche hervorgedrängt haben.«[681]

## 11.2 Der Dammbau bei Promnitz

Die nachfolgenden Ausführungen sind wie die über Ihleburg als Fallbeispiel zu verstehen. Diese Beispiele werden vorgeführt, um einerseits die inneren Abläufe und Motivationen der sächsischen Verwaltungen darzustellen und andererseits, um den Tenor der Beamten und der Prozesse vorzuführen, die in Verordnungen, Gesetzen und Handlungsweisen mündeten.

1821 begann der Besitzer des Rittergutes Promnitz, von Thielau, einen Damm zu bauen, um sein Rittergut gegen weitere Überschwemmungen zu schützen. Für diesen Bau, im Amtsbezirk Hayn, besaß er von der Uferbaukommission

---

678 anonym: Die großen Stürme und Ueberschwemmungen in Teutschland, England, Frankreich, Rußland und andern Ländern Europas im Jahre 1824. Leipzig 1825.
679 Sächsisches Staatsministerium für Umwelt und Landwirtschaft (Hg.).: Hochwasserschutz in Sachsen. Materialien zur Wasserwirtschaft. Dresden 2002. S. 23.
680 anonym: Die großen Stürme und Ueberschwemmungen in Teutschland, England, Frankreich, Rußland und andern Ländern Europas im Jahre 1824. Leipzig 1825. S. 8.
681 anonym: Die großen Stürme und Ueberschwemmungen in Teutschland. S. 9.

keine Genehmigung, baute aber weiter und missachtete das von der Kommission an ihn erlassene Verbot. Auch »mit Einlegung militairischer Execution verbundenen Strafauflagen« war er nicht zu stoppen und vollendete seinen Dammbau.[682] 1824/25 befassten sich diverse staatliche Organe mit diesem Fall, bis hin zum Geheimen Rat und dem Monarchen Friedrich August.

Das Geheime Finanzkollegium, der Wasserbaudirektor Wagner und eine Reihe von Sachverständigen waren der Ansicht, dass der Damm kommenden Hochwassern Vorschub leisten würde, weil er »das Überschwemmungs Profil zu sehr verenge, bei Stromergießungen und Eisfahrten für die ganze Umgegend und die Strombahn höchst nachtheilig und gefährlich werden könne.«[683] Deshalb forderte diese Seite, den Damm wieder »abzutragen.«

Der Kreis- und Amtshauptmann wie der Justizbeamte des Amtes Hayn erachteten den Damm als ungefährlich. Die Landesregierung behandelte die Angelegenheit im Zweifel für den Angeklagten, was die Gegenseite dementsprechend vermerkte. So stellte sich die Situation im April 1824 dar, als Graf v. Einsiedel an den Geheimen Rat ein Schreiben aufsetzte, das diesen Sachverhalt deutlich machte.[684] Von Thielau hatte mit seinem Bau gegen den Paragraphen vier der Elbstrom-Ufer- und Dammordnung verstoßen, weil er ohne Genehmigung und entgegen einem ausdrücklichen Verbot den Bau fortgesetzt hatte. Da das Geheime Finanzkollegium und die Landesregierung konträre Meinungen vertraten, wurden der Geheime Rat respektive der König erneut mit der Auseinandersetzung konfrontiert.[685] Es entwickelte sich ein reger Schriftwechsel[686] zwischen den involvierten Behörden, deren Positionen durch die Flut des Jahres 1824 weitere Impulse erhielten. Der neue Damm bei Promnitz wurde nicht nur überspült, sondern teilweise sogar durch die Flut durchbrochen. Die Gemeinden Bobersen, Röderau, Zeithayn und Moritz sprachen sich dennoch für eine Beibehaltung und eine Erhöhung des Dammes aus. Im Geheimen Rat überlegte man sogar v. Thielau finanziell zu unterstützen.[687]

An den Monarchen repetive den Geheimen Rat schrieb der Kreis- und Amtshauptmann des 4. Meißnischen Kreises von Wolf einen durchweg posi-

---

682 HStAD: Loc. 6589: Den Dammbau bei Promnitz betr. 1824. S. 1a.
683 HStAD: Loc. 6589: Den Dammbau bei Promnitz betr. 1824. S. 1b.
684 HStAD: Loc. 6589: Den Dammbau bei Promnitz betr. 1824. S. 1a–2b.
685 HStAD: Loc. 6589: Den Dammbau bei Promnitz betr. 1824. S. 38a–39b. Zu den differenten Ansichten zwischen Landesregierung und Geh. Finanzkollegium siehe: HStAD: Loc. 6589: den Dammbau bei Promnitz betr. 1824. S. 55b.
686 HStAD: Loc. 6589: Den Dammbau bei Promnitz betr. 1824. S. 1a–54b.
687 HStAD: Loc. 6589: Den Dammbau bei Promnitz betr. 1824. S. 57b, 59b.

tiven Bericht über den Promnitzer Damm. Er hatte die Mitglieder der angrenzenden Gemeinden und »sonstige Intereßenten allenthalben an Ort und Stelle, Mann für Mann« einberufen, um mündliche Stellungnahmen zu erhalten.[688] Auch die Beurteilungen der »Intereßenten« fiel postiv aus. Sie bemerkten, dass ohne den Damm ihre Besitzungen 1820 schwerer gelitten hätten, als es der Fall war. Deshalb sprachen sie sich nicht nur für die weitere Existenz des Dammes, sondern auch für seine Erhöhung aus.[689]

Von Wolf erwähnte, dass bei der Flut von 1820 auch die an den Promnitzer Damm anschließenden Dämme an einzelnen Abschnitten überflutet wurden. Er gab zu Bedenken, ob es nicht möglich wäre, v. Thielau bei der Instandsetzung des Dammes von Dresden aus finanziell zu unterstützen. Ebenso legte er dem Geheimen Rat und dem Monarchen nahe, die weitere Existenz des Promnitzer Dammes mit einer definitiven Entscheidung zu belegen.[690] Damit tat sich der König schwer. Weitere Gutachten, weitere Stellungnahmen wurden eingeholt und gegeneinander gestellt, ohne dass in der Sache Konstruktives erreicht werden konnte.[691]

Der um wenige Jahre jüngere Bruder Anton übernahm 1827 die Regentschaft vom verstorbenen Friedrich August. 1828 wurde der Promnitzer Damm auf 50 Metern durchbrochen, König Anton war nicht mehr gewillt »die Entscheidung der streitigen Frage über die Beibehaltung jenes Dammes von einer noch längeren Erfahrung abhängig zu machen.«[692] Da sich Beamte und Experten in eine Pattsituation manövriert hatten, berief er einen »mit dem Elbstrom bekannten auswärtigen Wasserbau-Verständigen, vorzüglich aus dem Königreiche Hannover, zur Abgabe eines technischen Gutachtens.«[693] Es dauerte weitere zwei Jahre bis eine vorerst endgültige Entscheidung über den Promnitzer Damm fiel. Der hannoversche Sachverständige entlastete v. Thielau – der Damm blieb stehen.[694]

Fast ein ganzes Jahrzehnt zogen sich die Auseinandersetzungen um den Promnitzer Damm hin. Nachbarn, Amts- und Kreishauptmann, Wasserbaudirektor, Justizbeamte, die Uferbaukommission, Landesregierung, Geheimes Finanzkollegium, Geheimer Rat und der König selbst waren der Frage nachgegangen, ob der eigenmächtig errichtete Damm stehen bleiben dürfe oder

---

688 HStAD: Loc. 6589: Den Dammbau bei Promnitz betr. 1824. S. 76a.
689 HStAD: Loc. 6589: Den Dammbau bei Promnitz betr. 1824. S. 76b, 80b.
690 HStAD: Loc. 6589: Den Dammbau bei Promnitz betr. 1824. S. 81b, 82a.
691 Siehe hierzu: HStAD: Loc. 6589: Den Dammbau bei Promnitz betr. 1824. S. 83–118.
692 HStAD: Loc. 6589: Den Dammbau bei Promnitz betr. 1824. S. 119b.
693 Ebd.
694 HStAD: Loc. 6589: Den Dammbau bei Promnitz betr. 1824. S. 143a, b.

»abgetragen« werden sollte. Erst ein neuer König, der zumindest in der Promnitzer Dammangelegenheit einen definitiveren Kurs einschlug, und ein auswärtiger Sachverständiger waren notwendig, damit sich die sächsische Bürokratie aus ihren eigenen Fesseln in dieser Frage befreien konnte. Diese hatte sie infolge einer einzelnen Angelegenheit selbst geschaffen. Das Vorgehen der Behörden (auch untereinander) mag als Sinnbild für die erstarrte, nicht entscheidungsfreudige Politik verstanden werden, wie sie sich am Ende der Regierungszeit Friedrich Augusts – auch in anderen politischen Bereichen – darstellte.

Wasserbaudirektor Wagner hatte in seinem Bericht anno 1820 der Uferbaukommission davon abgeraten, gegen eigenmächtige Dammbauten vorzugehen. Er sagte Prozesse voraus und verwies auf einen Fall bei Riesa. Auch die neue Elbstrom-Ufer- und Dammordnung werde daran nichts ändern. Nun lag das erste Beispiel für Wagners negative Prognose vor. Die Bemühungen der Kommission und ihrer Mitstreiter, den Damm wieder abtragen zu lassen, hatten ihr Ziel verfehlt. Ein Präzedenzfall war mit der Promnitzer Angelegenheit geschaffen worden, der die Gültigkeit und Verbindlichkeit der neuen Ordnung ins Abseits stellte.

## 11.3 Die Weiterführung der Systematisierungen

Vor der Flut von 1826 erließ der Kreishauptmann des Meißnischen Kreises, Graf v. Hohenthal eine öffentlich angeschlagene Bekanntmachung:

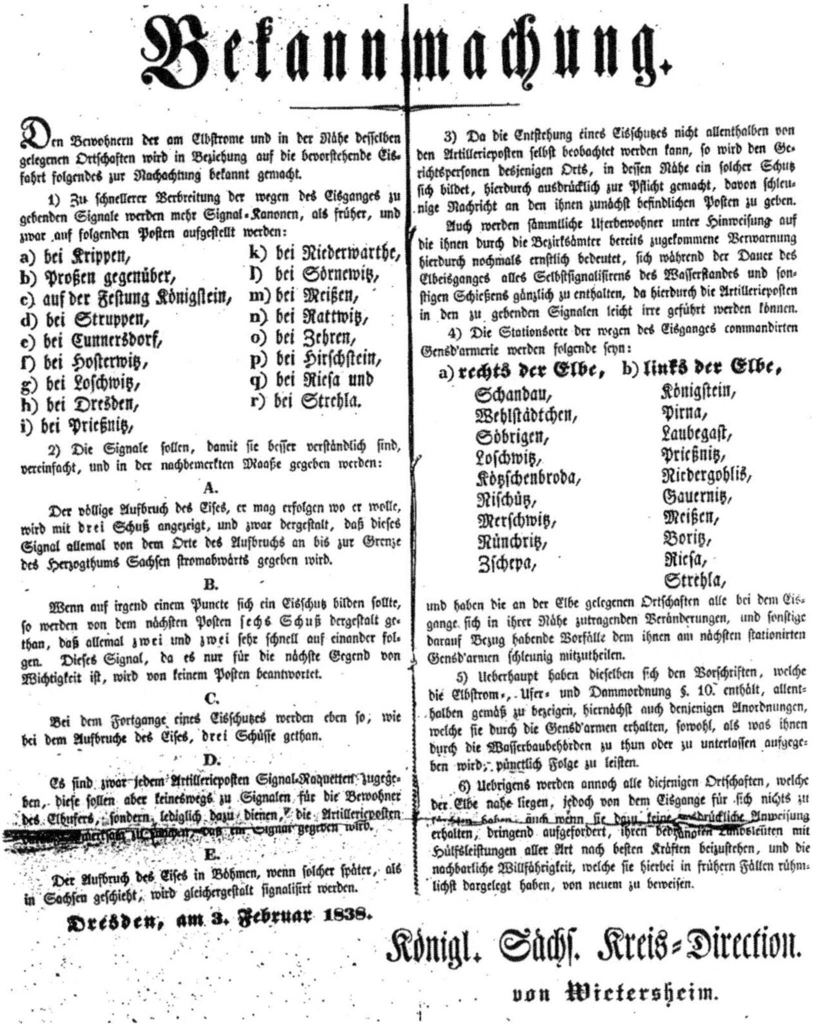

## Bekanntmachung.

Den Bewohnern der am Elbstrome und in der Nähe desselben gelegenen Ortschaften wird in Beziehung auf die bevorstehende Eisfahrt folgendes zur Nachachtung bekannt gemacht.

1) Zu schnellerer Verbreitung der wegen des Eisganges zu gebenden Signale werden mehr Signal-Kanonen, als früher, und zwar auf folgenden Posten aufgestellt werden:

a) bei Krippen,
b) Prößen gegenüber,
c) auf der Festung Königstein,
d) bei Struppen,
e) bei Cunnersdorf,
f) bei Hosterwitz,
g) bei Loschwitz,
h) bei Dresden,
i) bei Prießnitz,
k) bei Niederwartha,
l) bei Sörnewitz,
m) bei Meißen,
n) bei Rattwitz,
o) bei Zehren,
p) bei Hirschstein,
q) bei Riesa und
r) bei Strehla.

2) Die Signale sollen, damit sie besser verständlich sind, vereinfacht, und in der nachbemerkten Maaße gegeben werden:

**A.**
Der völlige Aufbruch des Eises, er mag erfolgen wo er wolle, wird mit drei Schuß angezeigt, und zwar dergestalt, daß dieses Signal allemal von dem Orte des Aufbruchs an bis zur Grenze des Herzogthums Sachsen stromabwärts gegeben wird.

**B.**
Wenn auf irgend einem Puncte sich ein Eisschub bilden sollte, so werden von dem nächsten Posten sechs Schuß dergestalt gethan, daß allemal zwei und zwei sehr schnell auf einander folgen. Dieses Signal, da es nur für die nächste Gegend von Wichtigkeit ist, wird von keinem Posten beantwortet.

**C.**
Bei dem Fortgange eines Eisschubes werden eben so, wie bei dem Aufbruche des Eises, drei Schüsse gethan.

**D.**
Es sind zwar jedem Artillerieposten Signal-Raquetten zugegeben, diese sollen aber keineswegs zu Signalen für die Bewohner des Elbufers, sondern lediglich dazu dienen, die Artillerieposten unter einander, daß ein Signal gegeben wird.

**E.**
Der Aufbruch des Eises in Böhmen, wenn solcher später, als in Sachsen geschieht, wird gleichergestalt signalisirt werden.

Dresden, am 3. Februar 1838.

3) Da die Entstehung eines Eisschutzes nicht allenthalben von den Artillerieposten selbst beobachtet werden kann, so wird den Gerichtspersonen desjenigen Orts, in dessen Nähe ein solcher Schutz sich bildet, hierdurch ausdrücklich zur Pflicht gemacht, davon schleunige Nachricht an den ihnen zunächst befindlichen Posten zu geben.

Auch werden sämmtliche Uferbewohner unter Hinweisung auf hierdurch nochmals ernstlich bedeutet, sich während der Dauer des Elbeisganges alles Selbstsignalisirens des Wasserstandes und sonstigen Schießens gänzlich zu enthalten, da hierdurch die Artillerieposten in den zu gebenden Signalen leicht irre geführt werden können.

4) Die Stationsorte der wegen des Eisganges commandirten Gensd'armerie werden folgende seyn:

a) **rechts der Elbe,**   b) **links der Elbe,**
Schandau                  Königstein,
Weblstädtchen,            Pirna,
Söbrigen,                 Laubegast,
Loschwitz,                Prießnitz,
Kötzschenbroda,           Niedergohliß,
Nischütz,                 Gauernitz,
Merschwitz,               Meißen,
Münchritz,                Boriß,
Zscheya,                  Riesa,
                          Strehla,

und haben sie an der Elbe gelegenen Ortschaften alle bei dem Eisgange, sich in ihrer Nähe zutragenden Veränderungen, und sonstige darauf Bezug habenden Vorfälle dem ihnen am nächsten stationirten Gensd'armen schleunig mitzutheilen.

5) Ueberhaupt haben dieselben sich den Vorschriften, welche die Elbstrom-, Ufer- und Dammordnung §. 10. enthält, allenthalben gemäß zu bezeigen, hierdurch auch denjenigen Anordnungen, welche sie durch die Gensd'armen erhalten, sowohl, als was ihnen durch die Wasserbaubehörden zu thun oder zu unterlassen aufgegeben wird, pünctlich Folge zu leisten.

6) Uebrigens werden annoch alle diejenigen Ortschaften, welche der Elbe nahe liegen, jedoch von dem Eisgange für sich nichts zu befürchten haben, auch wenn sie dazu keine ausdrückliche Anweisung erhalten, dringend aufgefordert, ihren bedrängten Landesleuten mit Hülfsleistungen aller Art nach besten Kräften beizustehen, und die nachbarliche Willfährigkeit, welche sie hierbei in früheren Fällen rühmlichst dargelegt haben, von neuem zu beweisen.

**Königl. Sächs. Kreis-Direction.**

von **Wietersheim.**

Abb. 21: Bekanntmachung hinsichtlich Maßnahmen vor, während und nach einer Eisflut[695]

---

[695] Diese Version ist auf das Jahr 1838 datiert, steht aber exemplarisch für die seit 1826 erschienene Bekanntmachung. Siehe hierzu: StAD: RA CXVIII 76b: Acta, Die beym harten Winter und Ergießungen des Elbstrohms im Jahr 1799 allhier getroffenen Veranstaltungen betr. 1826.

Elemente, die Wagner anno 1820 vorgeschlagen hatte, fanden nun Eingang in den Kanon. Die Bemühungen anno 1816 und 1823 vor einem Hochwasser eine präventiv ausgerichtete umfassende Instruktion für Einsatzkräfte und Bevölkerung zu verfügen, mündete in dieser Auflistung. Damit war die Katastrophenabwehr auf eine höhere/innovativere Ebene gehieft worden. Nun war ein einheitliches Agieren möglich, das juristisch abgesichert und ökonomisch ausgerichtet war.

Eine höhere Anzahl an Signalkanonen wurde längs der Elbe positioniert, mit genauer Angabe der jeweiligen Standorte. Die Signalgebung erfolgte durch Soldaten. Ebenso wurde die auch von den Amtshauptleuten geforderte Vereinfachung der Signale durchgesetzt, damit die Landbevölkerung in die Lage versetzt wurde, die Signale zu verstehen. Die genaue Schussabfolge wurde ebenso erklärt, wie die Schussabfolge für die jeweilige Situation.[696] An dem Ort, wo der Eisaufbruch stattfand, (gleich wo sich dieser befand) wurden drei Signalschüsse wiederholend bis zur Grenze abgefeuert.[697] Als Vorankündigung für den nächsten Posten erhielten die Kanoniere »Signal-Raquetten«, die vor dem Beginn der Schussabfolge zu zünden waren. Sollte das Eis in Böhmen später als in Sachsen brechen, wurde dies mit demselben Gerät signalisiert.[698]

Die Lokalbeamten respektive die Gerichtsbeamten waren seit spätestens 1826 dazu verpflichtet worden, einen Eisschutz an den nächst gelegenen Artillerieposten zu melden. Der Posten hatte sechs Schuss abzugeben, und zwar dreimal zwei Schüsse unmittelbar nacheinander.[699]

Sollten nach dem Eisaufbruch sechs Ellen am Dresdner Elbmesser überstiegen werden und pro Stunde mehr als ein Zoll hinzukommen (was 2,54 Zentimetern entspricht), so feuerte der Posten in Dresden als einziger abermals drei Schuss. Dieses Signal lief wiederholend die Elbe hinab bis Strehla.[700] Sich bildende Eisbarrieren hatten die Gerichtspersonen in den jeweiligen Ortschaften im Auge zu behalten und an den nächst gelegenen Artillerieposten zu melden.

Es war den Uferbewohnern geboten worden, »sich während der Dauer des Elbeisganges alles Selbstsignalisirens des Wasserstandes und sonstigen Schie-

---

696 StAD: RA CXVIII 76b: Acta, Die beym harten Winter. Ohne Seitenangabe. 14. Januar 1826.
697 Ebd.
698 Ebd.
699 Ebd.
700 StAD: RA CXVIII 76b: Acta, Die beym harten Winter. Ohne Seitenangabe. 14. Januar 1826.

ßens gänzlich zu enthalten.«[701] In den ersten Jahrzehnten des 19. Jahrhunderts muss es mehrfach zu solchen »privaten Signalgebungen« gekommen sein, die die Kanoniere aus dem Konzept brachten. Die Uferbewohner waren bereits vor der Bekanntmachung von 1826 von den Bezirksämtern verwarnt worden, diese privaten Aktivitäten zu unterlassen. Es mag vermutet werden, dass die Uferbewohner sowohl aus gutem Willen, als auch aus Angst, zu diesem Mittel griffen.

Es wurde der Bevölkerung aufgegeben, alle wichtig erscheinenden Vorfälle während des Eisgangs dem nächsten Polizeiposten zu melden. Die Bekanntmachung wies aus, in welchen Orten »commandirte Gendarmerie« stationiert war.

Aufgrund Paragraph zehn der Elbstrom-Ufer- und Dammordnung war die Bevölkerung an der Elbe gesetzlich dazu verpflichtet, Dammwachen abzustellen. Zudem waren alle anrainenden Gemeinden aufgerufen, Katastrophenabwehr an den Deichen zu leisten. Ein Nichterscheinen war unter Strafe gestellt. Auf den Paragraphen zehn wies die Bekanntmachung anno 1826 explizit hin. Bei Einführung der Elbstrom-Ufer- und Dammordnung 1819 waren diese Maßnahmen gesetzlich verankert worden – nun folgte die praktische Umsetzung.

Auch die Überlegung Wagners, die Bevölkerung der im »Hinterland« der Dämme gelegenen, sicheren Orte zur Katastrophenabwehr heranzuziehen, fand abgeschwächt Eingang in diese Bekanntmachung, da sie aufgefordert wurden, »ihren bedrängten Landsleuten mit Hülfleistungen aller Art nach besten Kräften beizustehen.«[702]

Für die Hauptstadt schlug Graf Hohenthal nur drei Tage später dem Stadtrat vor, wie 1823 zu verfahren und eine Bekanntmachung besonders unter den Fischern verteilen und anschlagen zu lassen. Er schickte mit seinem Schreiben sechs Exemplare einer »Stadtversion« der Bekanntmachung vom 14. Januar mit, die an zentralen Punkten der Stadt publiziert werden sollten. Der Stadtrat kam dem nach und ließ die mitgeschickten Exemplare z. B. am Rathaus, in der Gemeinde am Elbberg und am Neustädter Rathaus anschlagen; in der Fischergasse sollte der Fischerinnung der Inhalt bekannt gemacht werden.[703] Die Fischer ruderten die Menschen während der Flut in der Stadt umher – waren diejenigen, die die Kommunikation neben den Polizeikräften aufrechterhielten. Ihnen war es vom Stadtrat verboten worden, sich während der Flut, selbst wenn sie nicht benötigt wurden, von ihren Booten zu entfernen.[704]

---

701 StAD: RA CXVIII 76b: Acta, Die beym harten Winter. Ohne Seitenangabe. 14. Januar 1826.
702 Ebd.
703 StAD: RA CXVIII 76b: Acta, Die beym harten Winter. S. 119a.
704 StAD: RA CXVIII 76b: Acta, Die beym harten Winter. S. 154a. Wie 1823 entstand auch 1827 Streit über die Bezahlung der Fischer. Siehe hierzu: S. 154 a, b.

## 11.4 Permanenz und Prognose der Hochwasserkonfrontation

Das Polizeikollegium von Dresden wandte sich am 27. Februar 1827 mit einer schriftlichen Aufstellung an den Stadtrat. Es ging davon aus, dass Dresden bei der nächsten Eisflut samt Vorstädten überflutet würde.[705] Damit die einzelnen Stadtteile nicht voneinander abgeschnitten würden, hatte das Polizeikollegium den Bedarf an Brettern, Böcken, Steinen, Kähnen, Fischern und Arbeitern »ausmitteln laßen«. Die Aufstellungen in diesem Schreiben zeigten dem Stadtrat, welche Materialien und Hilfskräfte für die einzelnen Stadtteile bereitgestellt werden mussten.[706]

Das Polizeikollegium wies den Rat an, diese Vorschläge auch umzusetzen »die nöthigen Verfügungen zu treffen und die benöthigte Zahl an Bretern und Böcken in Zeiten in Bereitschaft zu halten, die zu Beschwerung der Schleußenbedeckungen nöthigen Steine aber, da das Thauwetter eingetreten ist, ungesäumt an Ort und Stelle bringen, so wie die erforderlichen Kähne anfahren zu laßen.«[707] Bemerkungen unter dem Schreiben ist zu entnehmen, dass der Rat den Vorschlägen des Kollegiums weitestgehend nachkam.

Am 4. März 1827 verfassten diverse Beamte der Viehweider Gemeinde in Dresden einen Bericht an den dortigen Stadtrat. Anschaulich beschrieben Sie die wesentliche Problematik, der sich Sachsen besonders in den 1820er Jahren ausgesetzt sah:

> »Es ist bekannt, daß nicht nur im Frühjahr sondern auch öfters in Sommerszeiten, fast jeden Jahres, eine große Eisfahrt und großes Waßer zu befüchten, auch diese Fälle neuerlich im Juny 1824. und jetzigen Monat, wieder eingetreten sind (...) und (uns) in Zukunft wieder betreffen wird.«[708]

Da sich die Gemeinde vom Stadtrat eine Unterstützung erbat, ist die Betonung der eigenen Bedrängnis durch die Permanenz der Hochwassergefährdung beabsichtigt gewesen. Des Weiteren erörterten die Beamten die Versorgung der Stadt mit Brettern und Böcken, damit sich die Bürger auch während des Hochwassers bewegen konnten. Sie beklagten, dass das von der Stadt gestellte Material nicht komplett zurückgegeben, sondern von den Hausbesitzern für

---

705 StAD: RA CXVIII 76b: Acta, Die beym harten Winter. S. 135a.
706 StAD: RA CXVIII 76b: Acta, Die beym harten Winter. S. 135b, 136a. Es verwundert, dass das Polizeikollegium die Fischer und Arbeiter wie Materialien in einem Atemzug nannte.
707 StAD: RA C XVIII 76b: Acta, Die beym harten Winter. S. 136b.
708 StAD: RA C XVIII 76b: Acta, Die beym harten Winter. S. 139.

die nächste Flut gehortet würde. Sie schlugen vor, auch diese Versorgung auf private Kosten übergehen zu lassen.[709] Von Beamtenseite kam ebenso der Vorschlag, die vom Hochwasser bedrohten Hausbesitzer zu verpflichten, sich bereits im Voraus mit genügend »Stegen« auszurüsten.[710] Nicht nur im Beamtenapparat, auch in der Bevölkerung hatte sich die Ansicht verbreitet, dass die Fluten nicht abbrechen würden. Die sonstigen Präventionen im Jahr 1827 wiesen keine wesentlichen Neuerungen auf.[711]

Es ist auffällig, dass die Beamten anno 1827 eine permanente und auch künftige Hochwasserkonfrontation konstatierten. Nach dem Trauma von 1784 arbeiteten diverse Behörden, Privatleute und Wissenschaftler an Abwehrmaßnahmen, die als Ausdruck der Annahme gewertet werden können, dass Fluten und Katastrophen nicht abbrechen würden. Von Keinholds frühen Präventionen 1785 bis zum Bericht des Wasserbaudirektors 1820 waren die Erlasse, Reskripte und Maßnahmen von dem Willen getragen, für die Flut im nächsten Jahr besser gerüstet zu sein. Es kann davon ausgegangen werden, dass im Beamtenapparat die Erkenntnis einer chronischen Hochwassergefahr ausgesetzt zu sein, deutlich früher vorhanden war. 1827 dokumentierten die Beamten diese Permanenz sowohl für Winter- wie für Sommerfluten. Die Prognose auch in Zukunft damit konfrontiert zu werden, leiteten sie aus den Erfahrungen der vergangenen Jahrzehnte ab.

Leonhardi unterschied bereits 1802 zwischen den Begriffen »Eisgang« und »Ueberschwemmung.« Neben dieser letztlich meteorologischen Differenzierung in Winter- und Sommerfluten schrieb er von »jährlichem Eisgang«, was annehmen lässt, dass schon nach den wiederkehrenden Fluten am Ende des 18. Jahrhunderts, zumindest in wissenschaftlichen Kreisen, von einem Nichtabbrechen der Fluten ausgegangen wurde.[712]

---

709 StAD: RA C XVIII 76b: Acta, Die beym harten Winter. S. 135a–142b.
710 StAD: RA C XVIII 76b: Acta, Die beym harten Winter. S. 143a–144a.
711 StAD: RA C XVIII 76b: Acta, Die beym harten Winter. 20. Juni 1827. Auf S. 154 a, b wird die Vergütung der Fischer erörtert. Vgl. hierzu: S. 156a–157b.
712 Leonhardi, M. F. G.: Erdbeschreibung der Churfürstlich- und Herzoglich-Sächsischen Lande. Erster Band. Leipzig 1802.

# XII. Der Ausbau der Systematisierungsphase

## 12.1 Präventivmaßnahmen 1830

Die Kälte im Winter 1830 war ein europäisches Großereignis[713], das den gesamten Kontinent im Griff hielt und auch in Sachsen Gegenmaßnahmen nötig werden ließ. Im Januar setzten sich die Dresdner Behörden mit den »das Wasser ableitende(n) Gräben« auseinander. Die Anwohner wurden aufgefordert, Schnee und Eis aus den Gräben zu heben, damit bei einsetzendem Tauwetter »dem Wasser freier Abzug verschaffet werde.«[714]

Am 10. Februar wies die Uferbaukommission den Stadtrat zu Desden darauf hin, »daß die Bögen der hiesigen Elbbrücke, auf das Schleunigste ausgeist werden« müssten.[715] Ziel war es, keinen Eisschutz weder vor noch hinter der Brücke entstehen zu lassen. Wasserbaudirektor Wagner hatte das Schreiben für Carl Theodor Kunz, ein anderes Mitglied der Kommission, aufsetzen lassen und unterschrieben.[716] Einen Tag später antwortete der Rat auf den Bericht. Er habe die nötigen Anordnungen bereits gegeben und die Fischer würden heute mit dem Aufeisen beginnen. Er fragte bei der Kommission an, ob sie es für ratsam hielte, wie 1828 einen Kanal in das Eis der Elbe zu hauen.[717] Eine Antwort ist nicht überliefert, da die Elbe aber ohnehin fast jedes Jahr zufror, gehörten solche Maßnahmen seit 1785 zum Routinekatalog. Es kann davon ausgegangen werden, dass auch 1830 nicht nur an Brücken das Eis aufgehauen wurde, sondern weitere Aufeisungen, wie das beschriebene »Kanalhauen« etc., durchgeführt wurden.

Ein anderes Problem beschäftige die städtischen Behörden im Februar und zu Beginn des März 1830. Durch die extreme Kälte froren Wasserleitungen ein, so dass drei Stadtteile der Hauptstadt ohne Wasserversorgung waren und es zu »Wassermangel« kam.[718] Dem wurde durch Auftauen der Wasserleitungen be-

---

713 Auch aus Württemberg liegen Berichte über die Eisflut von 1830 vor. Vgl. Düwel-Hösselbarth, W.: Ernteglück und Hungersnot. 800 Jahre Klima und Leben in Württemberg. Stuttgart 2002. S. 94.
714 StAD: RA CXVIII 76b: Acta, Die beym harten Winter. S. 160, weiterhin S. 160–163.
715 StAD: RA CXVIII 76: Acta, die Eisgänge des Elbstroms betr. 1823–1847. 10. Februar. S. 5a.
716 Ebd.
717 StAD: RA CXVIII 76: Acta, die Eisgänge des Elbstroms betr. 1823–1847. Ohne Seitenangabe. 11. Februar 1830.
718 StAD: RA CXVIII 76b: Acta, Die beym harten Winter. S. 166a.

gegnet, doch vom 17. Februar bis zur ersten Märzwoche mussten das 2., 3. und 4. Stadtviertel ohne fließendes Wasser auskommen.[719]

## 12.2 Die Katastrophe von 1830

Ähnlich schwer wie Sachsen wurde Österreich heimgesucht. Das Wasser stieg äußerst schnell, so dass Rettungsmaßnahmen kaum angewendet werden konnten. Vergleichbar der Katastrophe von 1784 wurden die Menschen größtenteils ihrem Schicksal überlassen. Wie in Sachsen kündigten Kanonenschüsse das Unheil an. Wie für Sachsen beschrieben, äußerte sich die Zürcher Zeitung über die psychologischen »Begleiterscheinungen« während des Eisaufbruchs: »(…) das Angstgeheul und Sturmgeläute machten einen furchtbaren Eindruck.«[720] Der Begriff »Katastrophe« wurde von der Neuen Zürcher Zeitung auch für 1830 angewandt, was für 1784 bereits festgestellt werden konnte und als bisher früheste Verwendung des Begriffs bezogen auf eine Naturgewalt gelten kann.[721]

Die Flut forderte in Österreich über 80 Todesopfer und verheerende Schäden an diversen Orten.[722] Seit 1799 war eine solche Flut über Wien nicht mehr hereingebrochen. So vernichtend das Hochwasser an der Donau wütete, so nahmen sich die Menschen der Betroffenen an. Wenigstens 92.000 Gulden wurden vom Kaiserhaus, vier Banken und anderen Posten unmittelbar nach Fallen der Pegel aufgebracht.[723] Strömmer berichtet, dass die Summe 358.000 Gulden betragen haben soll.[724] Die Cholera brach aus[725], doch aus Sachsen liegen solche Berichte nicht vor, obwohl hier die Flut ähnlich gewütet haben muss. Es ist davon auszugehen, dass hier die Gesundheitspräventionen wie in den Jahren zuvor stattfanden.

---

719  StAD: RA CXVIII 76b: Acta, Die beym harten Winter. Ohne Seitenangabe. 2. März 1830.
720  Neue Zürcher Zeitung. Nro. 21. Sonnabend den 13. März 1830. Deutschland, Berlin 1. März. S. 84.
721  Ebd.
722  Neue Zürcher Zeitung. Nro. 22. Mittwoch den 17. März 1830. Deutschland, Wien, 6. März. S. 87, 88.
723  Zürcher Zeitung. Nro. 22. Mittwoch den 17. März 1830. Deutschland, Wien, 6. März. S. 88.
724  Strömmer, Elisabeth: Klima-Geschichte. Methoden der Rekonstruktion und historische Perspektive Ostösterreichs 1700 bis 1830. Wien 2003. S. 297.
725  Strömmer, Elisabeth: Klima-Geschichte. S. 297.

Im »preußischen Sachsen« bewahrheitete sich einmal mehr, dass der Unterlauf der Elbe der am heftigsten gefährdete Bereich war. Der Torgauer Kreis wurde besonders zerstört. Am 1. März schob sich in den Krümmungen der Elbe, an den flachen Ufern bei Belgern und Mühlberg ein Eisschutz zusammen, wodurch das Wasser zu »einer noch nie gesehenen Höhe« stieg.[726] Abends um 18 Uhr überschwemmte die Elbe alle dortigen Dämme, zerstörte weitere, brach sich einen neuen Weg ins Landesinnere, wogte stundenlang auf dem rechten Ufer und kam erst unmittelbar vor der Elster zum Stehen. Die Kommunikation brach im Kreis Torgau völlig zusammen.

Auf dem linken Ufer sprengte die Elbe den 1827 neu gebauten Pausnitzer Elbdeich und überflutete, gewaltige Eismassen mit sich führend, zwölf Ortschaften. Diese Orte lagen außerhalb des gewöhnlichen Überschwemmungsgebietes und waren so schwer das letzte Mal am 1. März 1784 heimgesucht worden, damals stand das Wasser allerdings 1,7 Meter niedriger als anno 1830.[727] Wie dramatisch sich die Situation im Torgauer Kreis gestaltete, ist einem Bericht aus Oelzschau vom 3. März zu entnehmen, den die Neue Zürcher Zeitung übernahm:

> »Unbeschreiblich ist die Noth und Bedrängniß seit den drey Tagen dieses Monats; von den meisten Ortschaften ist noch keine nähere Kunde vorhanden, man sieht jedoch die Leute auf den Dächern sitzen und mit Tüchern wehen; angstvoller Hülferuf tönt durch die Lüfte, aber nur einer Ortschaft, Staritz, konnte bis jetzt Hülfe geleistet werden, nachdem von dem anderthalb Stunden entfernten Städtchen Belgern ein Fahrkahn mit den dortigen Fährleuten herbeygeholt war. Diesen wackern Leuten, die sich bereits bey dem Hochwasser 1828 sehr verdient gemacht haben, wie solches auch damals Allerhöchsten Orts belohnend anerkannt worden ist, gelang es mit beyspielloser Anstrengung und augenscheinlicher Lebensgefahr, 108 Menschen vom Pietzsch und Kleinstaritz zu retten, meist Weiber, Kinder und Greise, da die Männer bey Vertheidigung der Deiche beschäftiget gewesen und sich nur nach dem Rittergute Droschkay hatten flüchten können, wo ihr Schicksal noch ungewiß ist. Jene Unglücklichen hatten zum Theil eine, zum Theil zwey Nächte auf Dächern und Bäumen zugebracht; erstarrt vor Kälte und Hunger, den Todeskampf in den blassen Gesichtern, dankten sie sprachlos ihren edlen Lebensrettern (...). Auf den Dächern mehrerer Häuser sieht man mächtige Eisschollen liegen. In anderen Gebäuden, welche massiv genug waren, um dem Strome und Andrang der Eisschollen zu wiederstehen, ist das Schwanken so arg gewesen, daß auf den

---

726 Neue Zürcher Zeitung. Nro. 22. Mittwoch den 17. März 1830. Deutschland, Wien, 6. März. S. 88.
727 Ebd.

obersten Dachräumen, (…), die Lampe nicht auf dem Tisch stehen konnte. Im ganzen Bereich des Torgauer Kreises, 5 Meilen an der Elbe entlang, ist die Wassersnoth sehr groß; trotz der anhaltendsten kräftigsten Vertheidigung hat das Wasser ziemlich über alle Dämme geschlagen.«[728]

Die dramatische Schilderung der katastrophalen Zustände im Torgauer Kreis zeigt die Maßnahmen während der Flut. Wie in den Jahren zuvor wurde auf den Zusammenbruch der Kommunikation hingewiesen. Der Autor hatte beim Verfassen des Artikels keine Informationen über die Situation in den einzelnen Orten, sondern schilderte die allgemeine Lage. Auf einer Länge von 45 Kilometern waren die Deiche vom Wasser überspült, teilweise durchbrochen worden.[729] Die in Staritz auf den Dächern Ausharrenden konnten durch Fährleute aus Belgern gerettet werden. Der Hinweis, dass sie dies 1828 bereits getan hatten und diesmal 108 Menschen retten konnten, zeigt, dass mehr Fluten stattgefunden haben müssen, die zwar nicht ausführlich dokumentiert sind, Rettungsaktionen allerdings nötig machten. Die Feststellung, dass die Pegelstände von Böhmen bis nach Preußen mitunter erheblich differierten (und damit Maßnahmen während der Flut an einzelnen Abschnitten nötig wurden), folglich der Pegel zu Dresden lediglich als Richtwert angesehen werden sollte, kann auch für dieses Ereignis bestätigt werden.

Die Unterscheidung zwischen Geretteten und den zur Abwehr des Wassers an den Deichen tätigen Männern kann als Hinweis verstanden werden, dass die Rettungsmannschaften an den Deichen schon vor dem Hochwasser die Katastrophe abzuwehren versuchten. Als das Wasser die Deiche überstieg, retteten sie sich auf ein nahe gelegenes Rittergut. Die Erwähnung, dass trotz der »anhaltendsten kräftigsten Vertheidigung« die Deiche im gesamten Kreis die Wassermassen nicht abhalten konnten, zeugt von der Schwere des Hochwassers. In diesen Kontext ist auch das beschriebene »Schwanken« der Lampen auf Tischen in den obersten Stockwerken der Häuser einzuordnen. Die Gewalt der Eisschollen muss außerordentlich gewesen sein. Der Bericht aus dem Torgauer Kreis kann als Vergleichswert für die »oberen« Bereiche der sächsischen Elbe herangezogen werden.

---

728 Neue Zürcher Zeitung. Nro. 22. Mittwoch den 17. März 1830. Deutschland, Wien, 6. März. S. 88.
729 Zur Umrechnung von sächsischen Meilen in Kilometer siehe: http://www.wbs-dresden.de/projekte/silberblicke/kapfern/art4/art21s01.shtml (Stand: 10.2.2003).

Aus dem Erzgebirge ging in Dresden ein Bericht ein, der von Überschwemmungen der Mulde, Zschopau und Flöha berichtete. Ein Eisschutz, der sich auf der Mulde gebildet hatte, drückte den Fluss aus seinem Bett und dadurch wurden große Bereiche von Zwickau überflutet.[730] Das Wasser stand über drei Meter hoch in der Stadt. Da keine Fähre bereitstand, konnten die Bewohner rechtzeitig nur per Pferden gerettet werden. An eine »Sicherung ihrer zurückgelassenen Habseligkeiten bei dem gewaltsamen Zudrange des Wassers«[731] war nicht zu denken. Die Rettungskräfte wurden auf die »höchst bedrohte« Stadt konzentriert. Die Bürger von Zwickau und Militäreinheiten leisteten die »thätigste Hülfe«, erhebliche Schäden an den Häusern konnten sie nicht verhindern. Die Flut zerstörte die Erdgeschosse der Gebäude fast gänzlich. Die Häuser waren nach 17 Stunden unter Wasser so arg geschädigt worden, dass die Besitzer »bei den verdienstlosen Zeiten sich lange nicht davon würden erholen können.«[732]

Auch die Flöha und die Zschopau verursachten an Häusern, Brücken, Wehren und Feldern enorme Schäden. Im Bericht wurde allerdings nicht erwähnt, welche Orte/Städte von diesen Flüssen betroffen waren.

### 12.3 Maßnahmen nach der Flut

Die Landesregierung entsandte die Amtshauptleute von Walk und Polenz »in gesundheitspolitischer Hinsicht mit specieller Angabe der diesfalls zu ergreifenden Maasnehmungen« in diese Gegenden.[733] Diese Behörde schickte »zur Milderung der drückendsten Noth« dem Amtshauptmann v. Walk 150 Taler und seinem Kollegen Polenz 50 Taler, um dies unter den Flutgeschädigten zu verteilen. Die Landesregierung setzte sich mit dem Kirchenrat in Verbindung und riet diesem, aus seinen finanziellen Möglichkeiten zu schöpfen und die Betroffenen zu unterstützen. Zum finanziellen Potenzial des Kirchenrates zählten erzgebirgische Kollekten »sowie die Lehmannsche(n) Stiftungs-Casse.«[734] Inwieweit der Kirchenrat diese Quellen für die Unterstützung der »Calamitosen« nutzte, war zum Zeitpunkt, als das Schreiben entstand, noch nicht geklärt.

---

730 HStAD: Loc. 589/112: Wetterschäden betr. 1829, 1830. Ohne Seitenangabe. 5. März 1830.
731 Ebd.
732 HStAD: Loc. 589/112: Wetterschäden betr. 1829, 1830. Ohne Seitenangabe. 5. März 1830.
733 HStAD: Loc. 589/112: Wetterschäden betr. 1829, 1830. Ohne Seitenangabe. 5. März 1830.
734 Ebd.

Die Landesregierung forderte vom Kreishauptmann v. Wietersheim einen Bericht über die Lage im Krisengebiet und welche finanziellen Unterstützungen zu erwarten wären. Sie behielt sich vor, »bestimmte Anträge zur Unterstützung jener Gegenden zu Allerhöchst dero huldreichster Entschliessung zu stellen.«[735]

Es besteht eine Differenz zwischen der Höhe bzw. der Schwere der Flut und dem, was die Quellen über die gesellschaftlichen Reaktionen (insbesondere nach der Katastrophe) berichten. Als vierthöchste im Zeitraum 1784–1845 und als neunhöchste zwischen 1501 und 2002 fällt die Berichterstattung über das Ereignis und Maßnahmen während der Flut gering aus. Über die eigentliche Bewältigung, die Maßnahmen nach der Flut wie Spenden, Wiederherstellung der Infrastruktur, erwogene und umgesetzte Verbesserungen war im Vergleich zu »schwächeren« Hochwassern noch weniger zu finden.

Aufgrund des Berichts aus dem Torgauer Kreis kann davon ausgegangen werden, dass auch andere Kreise ähnlich schwer betroffen waren und dass es in den 1820er Jahren zu Lernschritten kam, die diesem erneuten traumatischen Erlebnis Rechnung trugen. Seit 1826 wurde die Bekanntmachung für das Verhalten der Bevölkerung während des Eisgangs jedes Jahr wiederholt. Eine Flut von acht Metern am Pegel in Dresden mit Eisbarrieren, die einen enormen Rückstau erzeugt haben, dem die Deiche kaum gewachsen waren, konnte – soweit die Maßnahmen griffen – nur abgewehrt werden.

Es kann aber auch angedacht werden, dass das Schweigen der Quellen aus einem gut abgelaufenen Katastrophenmanagement resultierte. Fühlte sich die Gesellschaft nicht dazu berufen, dieses Hochwasser deutlicher zu dokumentieren, weil weniger Schäden auftraten als in den Jahren und Jahrzehnten zuvor? Das vom Deichinspektor Dammert zu Beginn des Jahrhunderts positiv beurteilte sächsische Hochwassermanagement, verbunden mit den Lernprozessen der nachfolgenden Dekaden, kann diese »geringen« Reaktionen verursacht haben. Für Flut die von 1830 besteht für Sachsen weiterer Forschungsbedarf.

---

735 HStAD: Loc. 589/112: Wetterschäden betr. 1829, 1830. Ohne Seitenangabe. 5. März 1830.

## 12.4 Die Einführung der Verfassung und wichtige Umsetzungen

Durch das Inkrafttreten der längst überfälligen Verfassung 1831 veränderten sich die Zuständigkeiten im Wasserbau. Hatte der Staat Baumaßnahmen durchzuführen, oblag dem Finanzministerium das Straßen-, Brücken- und Uferbauwesen. Juristische wie polizeiliche Belange des Wasserbaus und der Schifffahrt regelte nun das Innenministerium. Da zwei Institutionen für ein und denselben Bereich zuständig waren, ergaben sich oftmals Probleme. Eine Ordnung vom 27.9.1842, die diesem Umstand Rechnung trug, löste die Ambivalenzen nicht wirklich.[736] Aufgrund der lange erhofften Verfassung, verfügte Sachsen nun über eine »gewählte parlamentarische Vertretung, welche die seit dem Spätmittelalter bestehenden Landstände ersetzte.«[737]

1835 kam es in Dresden zur Gründung eines Rettungsvereins, der sich nicht nur die Rettung der in Not geratenen Mitbürger[738], sondern auch die Sicherstellung des Eigentums der Opfer zum Ziel gesetzt hatte.[739] Der Verein wollte nicht nur Menschen beistehen, die durch Hochwasser, sondern auch durch Feuer in Gefahr und Not geraten waren. Diese zusätzlichen Maßnahmen sollten ohne die staatlichen oder sonstigen Rettungsaktivitäten zu behindern, durchgeführt werden.[740]

---

736 Meinert, o. V.: Vorwort. Findbuch Sächsisches Hauptstaatsarchiv Dresden. 10940 Sächsische Wasserbaudirektion Band 1 – Wasserbauverwaltung. Dresden 1980. Insbesondere zu den 1830er Jahren siehe: StAD: RA FX 188: Acta die Aufsicht über das Aufeisen der Weiseritz und die Verbindlichkeit den Aufwand für das Aufeisen innherhalb des Weichbildes zu bestreiten, betr., 1842–1847. S. 1a–8b.
737 Keller, Katrin: Landesgeschichte Sachsen. Stuttgart 2002. S. 255.
738 Am 5. Januar 1831 legte der Fischer und Schreinermeister Gahse aus Dresden der kurzzeitig eingerichteten Sicherheitskommission ein Model über einen bei Eisfluten einsetzbaren Rettungskorb vor. Gahse hatte diesen Korb selbst erfunden und listete die Kosten für einen solchen Korb auf, die sich pro Rettungskorb auf sieben Taler und zehn Groschen beliefen. Er erklärte, dass die Körbe nicht am Geländer einer Brücke befestigt werden sollten, sondern »aus freier hand hinunder gelaßen werden, und bei mit hinunderlaßung eines Mannes, so wie auch beim heraufziehen wird ein hebe baum eingesetzt damit das Seil nicht auf geländer kömt sondern mit dem holz geht, (…).« Die Kommission fragte einen Monat später bei der Landesregierung an, ob es mit ihr in Einklang stehen würde, solche Körbe anzuschaffen. Erst im November antwortete die Regierung, dass es im Ermessen der Polzeideputation (vormals Sicherheitskommission) liege, über diesen Kauf zu entscheiden. Siehe hierzu: StAD: RA GXXIV 89d Vol. VII: Acta die Rettungs-Anstalten bei der Elb-Eisfahrt 1831–1847 betr. S. 1–12a.
739 StAD: RA FXIV 65b: Vorträge, Protocolle und Mitgliederverzeichnisse des Dresdner Rettungsvereins 1835. U. A. 12. Okt. 1835, ansonsten größtenteils ohne Seiten und Datumsangabe.
740 Ebd.

Die Bürger konnten sich in öffentlich ausgelegten Listen eintragen, wenn sie sich an den Hilfsaktionen beteiligen wollten. Der Großteil der Mitglieder stammte aus dem mittleren bis gehobenen Bürgertum. Weder Adlige, noch Mitglieder der Unterschicht tauchen in den Vereinslisten auf.[741]

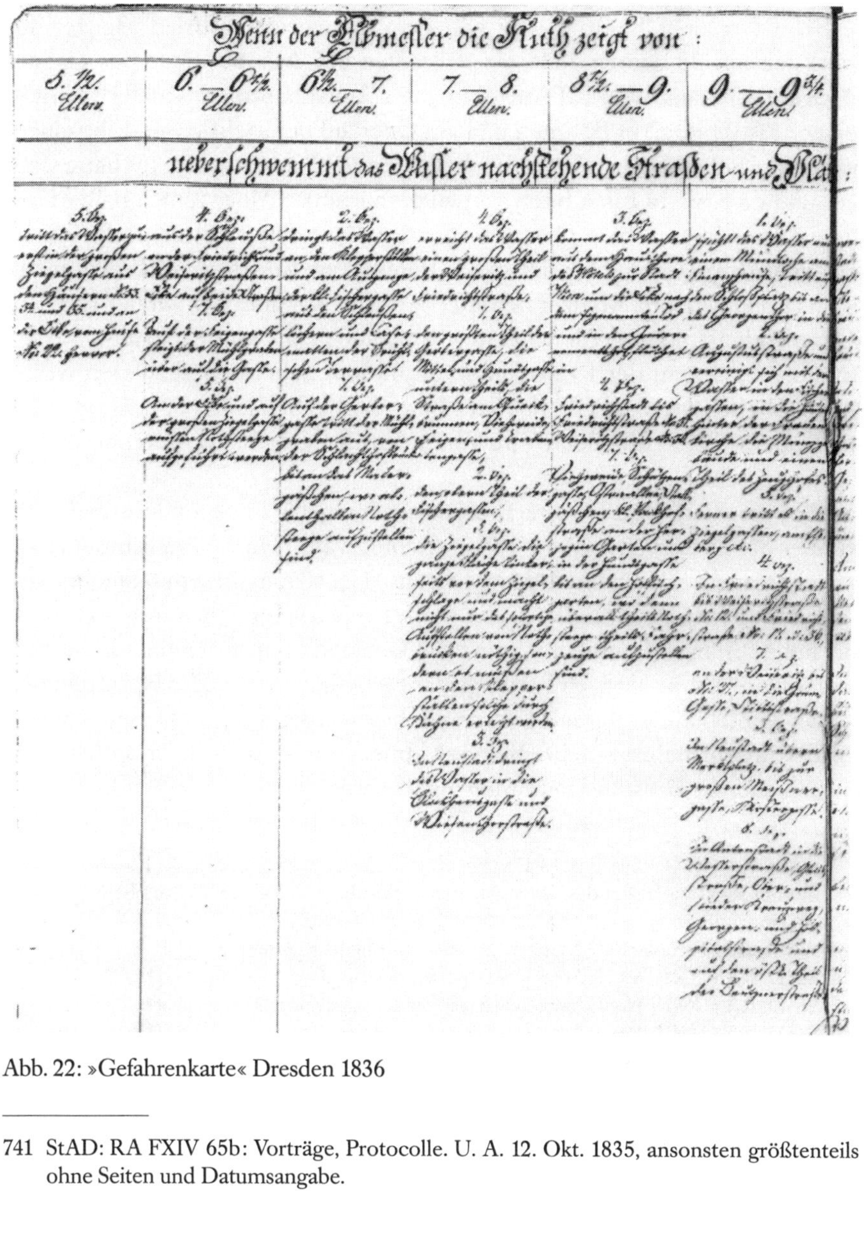

Abb. 22: »Gefahrenkarte« Dresden 1836

---

741 StAD: RA FXIV 65b: Vorträge, Protocolle. U. A. 12. Okt. 1835, ansonsten größtenteils ohne Seiten und Datumsangabe.

Seit 1836 etablierte sich ein Element im präventiven Katastrophenmanagement, das nicht nur neu war, sondern innovative Verbesserungen für die Abschätzbarkeit der zu erwartenden Wassermassen zeigte. Eine lokale Berechenbarkeit, wie hoch der Fluss in welchen Bereichen der Stadt Dresden steigen würde, wurde in verschiedenen Schreiben seit 1836 deutlich[742].

Beim Dresdner Stadtrat ging von dem Gendarm Gottfried Menzer aus Schandau am 28. Januar 1836 ein Schreiben ein. Menzer hatte aus eigener Motivation heraus, oder auf Anweisung der Amtshauptmannschaft,[743] Berichte über Eisbarrieren in Böhmen und am Oberlauf der sächsischen Elbe eingeholt.[744] Bei Schandau lag das Eis »in bedeutenden Schützen (…) (es hatte sich) hier und da 8 bis 10 Ellen hoch (…) aufgethürmt.«[745] Über fünfeinhalb Meter hohe Eisbarrieren muten phantastisch an, erklären aber mitunter, die immer wieder an diversen Flussabschnitten extremen Pegelstände und Überflutungen bis ins Landesinnere. Menzer betonte, dass die Flussanrainer auf der Hut sein sollten und instruiert werden müssten, was auch getan wurde und aus diversen Randbemerkungen der Ratsbeamten an diesem Schreiben abzulesen war.[746] Menzer berichtete vom Oberlauf der Elbe, dass in Schandau und Krippen bei steigendem Wasser Kaufleute ihre Waren aus den Geschäften geräumt hatten, um sie in Sicherheit zu bringen.[747]

1838 erschien wie 1826 eine Bekanntmachung, die insbesondere an die Bewohner der Ortschaften an der Elbe gerichtet war.[748] Die Übereinstimmungen zwischen den beiden Schreiben weisen aus, dass sich in diesem Jahrzehnt keine wesentlichen Neuerungen in der (nahezu) jährlich publizierten »Bekanntmachung« hinzugekommen waren. Für Dresden kann festgehalten werden, dass sowohl Kähne als auch Rettungsmannschaften vor der Flut bereitstanden, was als Implementierung seit 1785 angesehen werden kann.[749] Diesem Gegenstand wurden mehrere Schreiben gewidmet, was ebenso dafür spricht, wie intensiv sich die Dresdner Behörden mit dieser Prävention auseinandersetzten.

---

742 StAD: RA GXXIV 89e I: Acta, Das Begehen der zugefrorenen Elbe, die Eisfahrt und die hierbei sonst zu treffenden Vorsichtsmaasregeln betr. 1831–1856. Ohne Seitenangabe. 25. Januar 1836.
743 Auf wessen Veranlassung Menzer handelte, war nicht zu eruieren.
744 StAD: RA GXXIV 89e I: Acta, Das Begehen der zugefrorenen Elbe. S. 11a–12a.
745 StAD: RA GXXIV 89e I: Acta, Das Begehen der zugefrorenen Elbe. S. 11a.
746 StAD: RA GXXIV 89e I: Acta, Das Begehen der zugefrorenen Elbe. S. 11b.
747 Ebd.
748 StAD: RA GXXIV 89e I: Acta, Das Begehen der zugefrorenen Elbe. Ohne Seitenangabe. 3. Februar 1838.
749 StAD: RA GXXIV 89e I: Acta, Das Begehen der zugefrorenen Elbe. S. 20a–21b. Siehe hierzu auch Schreiben vom 2. Februar, 13. Februar 1838.

Wie Menzer anno 1836 ging am 27. Februar 1840 vom Stadtrat in Königstein an die Kreisdirektion in Dresden eine Warnung ein, dass sich Eismassen auf der Oberelbe befänden und bei Krippen und Schmilka zu Barrieren zusammenschöben. Deshalb bestünde für die Gegenden am Unterlauf die Gefahr einer Eisflut.[750] Die Kreisdirektion, die auch schon 1838 eine Bekanntmachung verschickt hatte, setzte ein Rundschreiben an alle an der Elbe gelegenen Orte auf, in dem die örtliche Polizei über diese Gefahr informiert wurde. Am Unterlauf hatten die Kaufleute die Waren bereits in Sicherheit gebrach, Kähne waren bereitgestellt – die Flut konnte kommen.[751]

---

750 StAD: RA GXXIV 89e I: Acta, Das Begehen der zugefrorenen Elbe. S. 29a,b.
751 StAD: RA GXXIV 89e I: Acta, Das Begehen der zugefrorenen Elbe. S. 32a–33b.

## XIII. 1845 – Erfolge und weitere Optimierungen

### 13.1 Die Meteorologische Konstellation

Winterliche Verhältnisse setzen ab dem 3. Dezember ein. Bei klarem Himmel und Südostwind herrschten nach dem Réaumurschen Thermometer bis zum Ende des Monats vier bis sieben Grad Kälte, was fünf bzw. achteinviertel Grad Celsius entsprach.[752] Der Januar war von frühlingshaften Verhältnissen geprägt, wobei in Dresden zehn Grad Wärme gemessen wurden und das auf Flüssen und Bächen gebildete Eis wegschmolz.[753]

Der Februar war wieder von winterlichen Verhältnissen geprägt. Nach Regen und Schneefall sank das Réaumursche Thermometer auf 17 Grad Kälte, was minus 21,25 Grad Celsius entsprach. Ab dem 13. Februar waren Fußgänger auf der zugefrorenen Elbe unterwegs. Diese Winterkälte »welche den Zeitungen nach sich fast über ganz Europa, sogar bis nach Afrika (Algier) erstreckte«, hielt bei vier bis siebzehn Grad Kälte an. Starker Schneefall mit Verwehungen kam hinzu, was »mehrere Menschen das Leben gekostet hat.«[754] Die Schneefälle wuchsen sich zu Schneestürmen aus, die Dresden bis zu 60 Zentimeter Neuschnee pro Nacht bescherten. Dadurch erreichten nicht mehr alle Landwirte mit ihren Waren den Dresdner Markt, die Eisenbahnverbindung Leipzig-Dresden war teilweise unterbrochen. Diese Verhältnisse dauerten bis zum 23. März – an diesem Tag tummelten sich noch Schlittschuhläufer auf der zugefrorenen Elbe. Am Nachmittag dieses Tages stellte sich wärmeres Wetter über Sachsen ein.[755]

Am nächsten Tag brach das Eis auf der Weißeritz auf und stieg aufgrund eines Eisschutzes »unterhalb »Reisewitzers« befindlichen, an dem jedenfals zu hoch construirten Wehre« deutlich an.[756] Die Gefahr, dass die Weißeritz ihr Bett verlassen würde, war erst gebannt, als sich die Eisbarriere auflöste.

---

752 Zur Umrechnung von Grad Réaumur in Grad Celsius siehe: http://www.niester.de/temperaturen/hintergrund.html (Stand: 12.2.2004).
753 StAD: RA GXXII 89c Vol. I: Acta. Die große Ueberschwemmung im Monat März 1845., die daraus hervorgegangenen Calamitäten und dabei getroffenen polizeilichen Maaßregeln betreffend. S. 1a, b.
754 StAD: RA GXXII 89c Vol. I: Acta. Die große Ueberschwemmung im Monat März 1845. S. 2a, b.
755 StAD: RA GXXII 89c Vol. I: Acta. Die große Ueberschwemmung im Monat März 1845. S. 2b, 3a.
756 StAD: RA GXXII 89c Vol. I: Acta. Die große Ueberschwemmung im Monat März 1845. S. 3a.

Durch Schneeverwehungen waren Wege und Straßen teilweise immer noch unpassierbar. In der Nacht vom 26. auf den 27. März setzte wieder starker Frost ein.[757] Die Eisdecke auf der Elbe war ungefähr ein bis zwei Meter dick. Noch am 27. März wechselte erneut das Wetter und wärmere Verhältnisse kamen zum Zug. Das Abwechseln von warmen und kalten Abschnitten als Vorspiel zu einer zerstörerischen Eisflut hatte man nun seit sechs Jahrzehnten immer wieder erlebt.

## 13.2 Präventionen

Die Behörden veranlassten alles Nötige und warnten die Bevölkerung, ihre bewegliche Habe in Sicherheit zu bringen. Bereits am 22. Januar war eine landesweit verschickte Bekanntmachung wie anno 1826 und 1838 erschienen, die nur geringe Veränderungen zu ihren Vorgängern aufwies.[758]
Am 17. Februar verschickte die Kreisdirektion in Dresden sechs Exemplare dieser Bekanntmachung an das Ministerium des Innern. Die Kreisdirektion erwähnte, dass es sich hierbei um einen »anderweiten Abdruck« von 1842 handele, der vom Ministerium selbst genehmigt worden war. Das Kriegsministerium erhielt 20 Exemplare, um sie auf die 17 Signalkommandos entlang der Elbe zu verteilen. Sechs Exemplare gingen an die Uferbaukommission, die nach Einsichtnahme die Bekanntmachung an die »betreffenden Officianten« weiterreichen sollte. Die drei Amtshauptmannschaften wurden mit 35 Abdrucken ausgestattet, die in den an der Elbe gelegenen Orten verteilt werden sollten. Die Kreisdirektion wies die Ämter darauf hin, dass sie die »Gensdarmen behufig zu instruieren« und den in der Bekanntmachung enthaltenen Vorschriften in ihren Bezirken nachzugehen hätten. Der Stadtpolizeideputation in Dresden sandte die Direktion zwölf Kopien »zur Veröffentlichung beim Eintritt des Thauwetters.«[759] Die Bekanntmachung wurde seit 1826 jedes Jahr erlassen, was einerseits aus dem nur noch einzusetzenden Datumsfeld, andererseits aufgrund der Wiederholungen bis zu den Jahren 1846 und 1847 zu ersehen ist.[760]

---

757 StAD: RA GXXII 89c Vol. I: Acta. Die große Ueberschwemmung im Monat März 1845. S. 4b.
758 StAD: RA GXXIV 89e I: Acta, Das Begehen der zugefrorenen Elbe. Ohne Seitenangabe. 22. Jan. 1845.
759 HStAD: Film 2075: Acta Den Elb-Eisgang und die Waßer-Fluth im Jahre 1845. S. 1–4. Schreiben der Kreisdirektion Dresden an die genannten Institutionen vom 17. Febr. 1845.
760 StAD: RA GXXIV 89e I: Acta, Das Begehen der zugefrorenen Elbe. Ohne Seitenangabe. 29. Dezember 1846.

Auch dem Königlich Preußischen Landrat in Torgau stellte die Direktion ein Exemplar zu, um den Nachbarn über Signalschüsse und die sonstigen Aktivitäten beim Eisaufbruch zu unterrichten. Der Landrat antwortete dankend, dass die Regierung zu Merseburg die Entscheidung getroffen habe, die Einwohner an der Elbe nicht mehr mit Signalschüssen zu warnen, da neben dem erheblichen Kostenaufwand die Kanonenschüsse »gewöhnlich ihren Zweck verfehlen.«[761] Im preußischen Kreis Torgau war man versuchsweise seit der Flut von 1833 dazu übergegangen, eine Verbindung mit reitenden Boten auf beiden Elbufern einzurichten.[762]

Amtshauptmann v. Wolf vergaß für die sächsische Seite nicht zu erwähnen, dass für seinen Bezirk reitende Boten nicht geeignet wären, um die Menschen zu warnen. Bei starken Eisfluten würden einige Dörfer am Unterlauf der Elbe von Wasser und Eis eingeschlossen, so dass eine Übermittlung des Eisaufbruchs nur mittels Signalschüssen zu bewerkstelligen sei.[763]

Im Februar gingen die Fischer in Dresden daran, sowohl vor als auch hinter der Augustusbrücke aufzueisen.[764] In die Weißeritz wurde ein Kanal gehauen, um dem Eis einen Abfluss zu ermöglichen. Dieses Vorhaben kostete die Mannschaften mehr Mühe als in den Jahren zuvor. Noch nie klagten die Fischer über derartige Schwierigkeiten bei dieser Tätigkeit.[765]

Am 24. März schrieb die Kreisdirektion in Dresden das Kriegsministerium an, es möge wegen des eingetretenen Tauwetters den Befehl zur Aufstellung des Signalgeschützes für Dresden geben und die für die Signalisierung benötigten Soldaten in Marsch setzen. Über diese Aufforderung informierte sie auch die drei Amtshauptmannschaften dieses Bezirks.[766]

---

761 HStAD: Film 2075: Acta Den Elb-Eisgang und die Waßer-Fluth im Jahre 1845. S. 5.
762 HStAD: Film 2075: Acta Den Elb-Eisgang und die Waßer-Fluth im Jahre 1845. S. 6a.
763 HStAD: Film 2075: Acta Den Elb-Eisgang und die Waßer-Fluth im Jahre 1845. S. 6b.
764 StAD: RA GXXIV 89e I: Acta, Das Begehen der zugefrorenen Elbe. S. 48.
765 StAD: RA GXXIV 89e I: Acta, Das Begehen der zugefrorenen Elbe. S. 49a–50a.
766 HStAD: Film 2075: Acta Den Elb-Eisgang und die Waßer-Fluth im Jahre 1845. S. 4.

## 13.3 Differente Szenarien in Peripherie und Hauptstadt

### 13.3.1 Die Situation entlang der Elbe

Aus den Orten Schandau, Königstein, Riesa, Strehla, Meißen den Stationsorten der Gendarmerie Zschepa und Nünchritz wurden von den Einsatzkräften Berichte über Wasserstand und Eisstand nach Dresden geschickt. Diese Berichte trafen innerhalb von 24 Stunden bei der Kreisdirektion ein. Sie war das leitende Organ in der Hauptstadt, das die nötigen Maßnahmen zentralistisch verwaltete und noch weitere Maßnahmen versuchte umzusetzen. Die Gendarmen berichteten über den Eisaufbruch und den steigenden Wasserstand am jeweiligen Pegel, über Schäden, sich zusammenschiebendes Eis etc. Auch aus Orten, an denen Kanonen positioniert waren, berichteten die Soldaten wie aus Rottewitz über die Lage vor Ort und etwaige Gefahren.[767] Aus Nünchritz ging eine Meldung über einen Eisschutz vor der Riesaer Brücke ein. Am 30. März meldeten die Gendarmen aus Nünchritz, dass der Damm bei Grödel kaum mehr zu retten sei.

Auch bei steigendem Wasser brach die Kommunikation zwischen der Peripherie und der Hauptstadt nicht gänzlich zusammen.[768] Nach dem Eisaufbruch schalteten sich neben den Gendarmen auch die Amtshauptmannschaften in die Kommunikation mit der Kreisdirektion ein. Am 30. März meldete der Amtshauptmann des zweiten amtshauptmannschaftlichen Bezirks v. Winkler aus Pirna, dass die Chaussee zwischen Pirna und Dresden an mehreren Stellen überflutet und seit diesem Morgen ganz gesperrt sei. Er strich die Aktivitäten der Straßenbaubeamten heraus, diesen Verkehrsweg so lange wie möglich offen zu halten. Die Postverbindung von Leitmeritz nach Dresden müsse nun über Umwege realisiert werden. Er fügte diese Nachricht an, damit das Hilfspostamt in Dresden über diesen Umstand informiert werden konnte.[769] Einen Tag später schilderte v. Winkler, dass der Wasserstand der Elbe in Pirna denjenigen von 1784 überstiegen habe. Daher stünden »die auf beiden Seiten der Ufer gelegenen Ortschaften in einer alle Erwartungen übersteigenden Weise unter Waßer.«[770]

---

767 Film 2075: Acta Den Elb-Eisgang und die Waßer-Fluth im Jahre 1845. S. 13. Die Seitenzahlen in dieser Akte weisen kein einheitliches Muster auf.
768 HStAD: Film 2075: Acta Den Elb-Eisgang und die Waßer-Fluth im Jahre 1845. S. 8-30.
769 HStAD: Film 2075: Acta Den Elb-Eisgang und die Waßer-Fluth im Jahre 1845. Inserat des Amtshauptmanns v. Winkler vom 30. März 1845.
770 HStAD: Film 2075: Acta Den Elb-Eisgang und die Waßer-Fluth im Jahre 1845. S. 33.

In Schandau, Königstein, Pirna und anderen kleineren Orten reichte das Wasser bis zur ersten Etage, »zum Theil sogar bis an die Dächer.«[771] Die Einwohner flüchteten sich mit ihrem Vieh und einigen Habseligkeiten auf höher gelegene Plätze und waren »so gut wie es geht untergebracht.« Die Forderung von 1820 erhöhte Plätze anzulegen, war umgesetzt worden. Um eine »Unterbringung« zu bewerkstelligen, wurden die Obdachlosen einerseits bei Nachbarn oder bei Bürgern, deren Häuser nicht zerstört worden waren, untergebracht, andererseits boten öffentliche Gebäude ein Unterbringungspotenzial.[772]

Nachbarliche Hilfe war wiederum ein Garant dafür, dass Lebensmittel und Futter für das Vieh nicht knapp wurden. Amtshauptmann v. Winkler befürchtete nur bei länger anhaltendem hohen Wasserstand eine Verknappung der Lebensmittelversorgung, da Bäckereien und Fleischereien nicht produzieren konnten.[773] Von Winkler ging aber davon aus, dass die Ortsobrigkeiten »diesem Mangel thunlichst abzuhelfen«[774] wüssten. Er schloss seinen Bericht aus Pirna mit dem Hinweis, dass das Wasser seit einigen Stunden etwas falle.[775]

Während hoher Wasserstände sandten Gendarme weiterhin Lageberichte an die Kreisdirektion nach Dresden, wie in den einzelnen Städten und Orten die extreme Situation gemeistert wurde. Die Lage in Schandau, Königstein, Riesa und Strehla war der in Pirna vergleichbar. Zwar schrieben die Polizisten, dass das Wasser bis an die Dächer reichte, aber ein Verlust an Menschenleben wurde aus keinem Ort berichtet.[776]

Aus Riesa, Meißen und Strehla meldeten die Gendarmen zwischen dem 28. und 31. März die Wasserstände an den dortigen Pegeln. In Königstein war kein Pegel eingerichtet worden, deshalb musste der dortige Gendarm am 30. März die Höhe abschätzen. Er gab sie ein dreiviertel Ellen höher als 1830 an, was ca. einem Meter entsprach.[777] An diesem Tag brachen die Dämme bei Promnitz, Grödel, Nünchritz und von Zschepa bis Lorenzkirchen, so dass nicht nur Promnitz, sondern auch Bobersen, Gohlis, Zschepa und Lorenzkirchen völlig überflutet wurden.[778] Die Niederungen des Elbtales bei Schandau stan-

---

771 Ebd.
772 StAD: RA BXIII 115f Vol.I: Acta, die Unterstützung der, durch die am 31sten März 1845. statt gefundene Ueberschwemmung vom Wasser Beschädigten, betreffend. Ohne Seitenangabe. Erstes Schreiben vom 3. April.
773 HStAD: Film 2075: Acta Den Elb-Eisgang und die Waßer-Fluth im Jahre 1845. S. 34.
774 Ebd.
775 HStAD: Film 2075: Acta Den Elb-Eisgang und die Waßer-Fluth im Jahre 1845. S. 35.
776 HStAD: Film 2075: Acta Den Elb-Eisgang und die Waßer-Fluth im Jahre 1845. S. 36–43.
777 HStAD: Film 2075: Acta Den Elb-Eisgang und die Waßer-Fluth im Jahre 1845. S. 8–29, 44.
778 HStAD: Film 2075: Acta Den Elb-Eisgang und die Waßer-Fluth im Jahre 1845. S. 8–29.

den gänzlich unter Wasser.[779] Weiter flussabwärts bot sich ein ähnliches Bild: Die Ortschaft Zschieren war von Wasser umgeben und ragte als Insel aus den Fluten. Da genügend Kähne bereit standen, war Zschieren nicht völlig von der Außenwelt abgeschnitten.[780]

Angesichts derart verheerender Zustände in Städten und Dörfern waren die Berichte frei von Sensationsmeldungen. Die Lageübersichten und Wasserstandsmeldungen der Gendarme folgten einem nahezu einheitlichen Muster. Durchgängig gebrauchten sie Begriffe wie »pflichtmäßige« oder »gehorsamste Anzeige«, berichteten »unterthänigst« und »pflichtschuldigst« an die Kreisdirektion. Sie beschränkten sich darauf, ihre Beobachtungen auf Wasserstand, Eisstand, auf mögliche oder vorhandene Eisbarrieren, dann auf gebrochene Dämme, Überflutungen und die ersten Reaktionen der Bürger zu konzentrieren.[781]

Im nächsten Schritt schilderten sie, welche Bereiche in welchen Orten gänzlich oder teilweise überschwemmt worden waren, wie die Menschen mit der Katastrophe umgingen. In Schandau waren am 30. März nur noch zwei der zwölf Bäckereien intakt. Die Mühlen in und um Schandau waren gänzlich ein Opfer des Hochwassers geworden, dennoch befürchtete man vorerst keine Engpässe an Mehl, da man auf Vorräte zurückgreifen konnte.[782]

Die bewohnbaren Häuser der Stadt waren mit Menschen überfüllt, deren Bleibe ein Opfer der Fluten geworden war. Die Bürger kämpften verzweifelt darum, dass nicht noch weitere Häuser vom Wasser fortgerissen wurden, folglich hatte »aller Nahrungserwerb in diesem Städtchen aufgehört.«[783]

In Meißen verzeichnete man am 31. März einen höheren Wasserstand als 1784, 1799, 1824 und 1830. In der Fuhrmannsgasse stand das Wasser »bis unter das Dach«, in anderen Straßen flutete es bis ins zweite Stockwerk der Häuser.[784] Bei Görzig waren alle Elbdämme überschwemmt oder gebrochen. Vergleichbare Berichte gingen am nächsten Tag auch aus Königstein und Riesa ein.[785]

Bis zum 2. April sank das Wasser in Riesa auf acht Ellen und 15 Zoll, was 7,90 Meter entsprach. Die Dörfer rechts der Elbe wie Grödel, Promnitz, Bobersen, Möritz, Gohlis, Klein- und Großzschepa, Lorenzkirchen und Kreynitz waren immer noch vom Wasser umgeben. Am 1. April brachen die Dämme bei

---

779 HStAD: Film 2075: Acta Den Elb-Eisgang und die Waßer-Fluth im Jahre 1845. S. 37a.
780 HStAD: Film 2075: Acta Den Elb-Eisgang und die Waßer-Fluth im Jahre 1845. S. 33.
781 HStAD: Film 2075: Acta Den Elb-Eisgang und die Waßer-Fluth im Jahre 1845. S. 8–30.
782 HStAD: Film 2075: Acta Den Elb-Eisgang und die Waßer-Fluth im Jahre 1845. S. 37b, f.
783 HStAD: Film 2075: Acta Den Elb-Eisgang und die Waßer-Fluth im Jahre 1845. S. 42a, f.
784 HStAD: Film 2075: Acta Den Elb-Eisgang und die Waßer-Fluth im Jahre 1845. S. 41a.
785 HStAD: Film 2075: Acta Den Elb-Eisgang und die Waßer-Fluth im Jahre 1845. S. 44, 47.

Promnitz und die »zum dortigen Rittergut gehörenden Drescherhäuser (wurden) durch die Wasserfluth weggerissen.«[786] Ab dem 2. April beruhigte sich das Szenario, das Wasser lief ab, Straßen und Wege konnten nur notdürftig benutzt werden, weil die Flut in mehreren Orten das Straßenpflaster aufgerissen hatte. Zerstörungen an Häusern, Infrastrukturen, überflutete, eingerissene oder teilweise völlig zerstörte Dämme tauchten aus dem Wasser auf.[787] Das Bild anno 1845 erinnert an die katastrophalen Bilder vom August 2002. Die zerstörten Orte vermittelten den Eindruck, als wäre eine Bombardierung über sie hinweggegangen.

### 13.3.2 Die Lage in der Hauptstadt

Die Katastrophe von 1845 überstieg alle bis dahin gemessenen Pegelstände. Am 27. März brach das Eis auf der Elbe auf, und wie seit dem Ende des 18. Jahrhunderts, kündete das Donnern der Signalkanonen vom Kommen der Eisschollen.[788] Der Eisaufbruch erfolgte in Dresden »bei einem Waßerstande von ohngefähr «1« am hies. Elbmeßer.«[789] Das Eis setzte sich ruhig in Bewegung – Gefahr schien der Residenz nicht zu drohen.

Schaulustige und Gäste versammelten sich in Dresden am Ufer der Elbe, um dem Schauspiel beizuwohnen. Die Brühlsche Terrasse und die Augustusbrücke »waren mit zahllosen Zuschauern fortwährend besetzt.«[790] Rettungsnetze lagen auf den Brücken bereit.[791] Seit dem 29. März wuchs die Wassersäule beträchtlich. Die Elbe führte Holz, Bretter, ganze Flöße, Teile eingestürzter Häuser, Fahrzeuge, Zäune und Boote mit sich, was davon zeugte, dass der

---

786 HStAD: Film 2075: Acta Den Elb-Eisgang und die Waßer-Fluth im Jahre 1845. S. 49a, b.
787 HStAD: Film 2075: Acta Den Elb-Eisgang und die Waßer-Fluth im Jahre 1845. S. 64a, b.
788 StAD: RA GXXIV 75: anonym: Darstellung des Eisgangs und der Wasserfluth des Elbstromes in den letzten Tagen des Märzmonats 1845. O.J. o.S. Leipziger Zeitung. No. 77. Montags, den 31. März 1845. S. 1205.
789 StAD: RA GXXII 89c Vol. I: Acta. Die große Ueberschwemmung im Monat März 1845. S. 5a.
790 StAD: RA GXXII 89c Vol. I: Acta. Die große Ueberschwemmung im Monat März 1845. S. 8b.
791 StAD: RA GXXIV 75: anonym: Darstellung des Eisgangs und der Wasserfluth des Elbstromes in den letzten Tagen des Märzmonats 1845. O.J. o.S. Erste Beilage zu No.77 der Leipziger Zeitung. Montags, den 31. März 1845. S. 1210. Die Netze wurden am Sonnabend, 30. März wieder von der Brücke geräumt. StAD: RA GXXII 89c Vol. I: Acta. Die große Ueberschwemmung im Monat März 1845. S. 8a.

Oberlauf bzw. auch Böhmen vom Hochwasser betroffen war.[792] In der Friedrichstadt, am Elbberg und am Mühlgraben, sowie in gewissen Bereichen der Antonstadt begann man die Wohnungen zu räumen.[793] Bereits am Morgen des 30. März war der Fluss über die Marke von 1799 gestiegen. Doch weder das Chaos von 1784 noch das Ausgeliefertsein wie bei der Flut von 1799 wiederholte sich. Die Dresdner Behörden reagierten professionell auf die außerordentliche Situation:

> »Wie aus der Fluth gezaubert erhoben sich die Nothbrücken, Breter wurden von Haus zu Haus auf Böcke gesetzt (…) bald rollten (…) Kähne herbei; (…) Pontoniers und Gondeliers leiteten sie (die Bevölkerung) im immer rascher wachsenden Wasser. (…) da alles in bester Ordnung geschah ereignete sich weder hier, noch irgendwo ein Unfall.«[794]

Nicht nur dass spezielle Kräfte des Militärs eingesetzt wurden, zeugte vom »modernen« Geist dieses Krisenmanagements, auch dass diese Kräfte angesichts steigender Wassermassen keine nennenswerten Probleme hatten, ihre Aufgaben auszuführen, zeugt vom souveränen Umgang mit der Situation. Das über Jahrzehnte sich wiederholende, mehr oder minder sprachlose Ausgeliefertsein im Angesicht der Flut wiederholte sich 1845 nicht!

Die Polizei war in der Lage, die von der starken Strömung mitgerissenen Baumstämme, die »gegen die Pfeiler (der Augustusbrücke) wuchteten, zu entfernen.«[795] Die Pfeiler der Brücke wurden auf beiden Seiten mit Soldaten besetzt. Sie hatten darüber zu wachen, dass niemand auf der Brücke stehen blieb und auch die Brückenpfeiler nicht betreten wurden. Allein um die Brühlsche Terrasse zu beaufsichtigen, wurden »130. Mann Comunalgarde requirirt, welche das Publikum von dem auf der Terrasse befindlichen eisernen Geländer zurückzuhalten und die allgemeine Aufsicht zu führen hatten.«[796]

---

792 Zu den genauen Pegeldaten vom 28. März bis 5. April siehe StAD: RA G XXII 89c Vol. I: Acta. Die Große Ueberschwemmung im Monat März 1845. S. 6a, b.
793 StAD: RA GXXIV 75: anonym: Darstellung des Eisgangs und der Wasserfluth des Elbstromes in den letzten Tagen des Märzmonats 1845. O.J. o.S.
794 Ebd.
795 StAD: RA GXXII 89c Vol. I: Acta. Die Große Ueberschwemmung im Monat März 1845. S. 8b.
796 StAD: RA GXXII 89c Vol. I: Acta. Die Große Ueberschwemmung im Monat März 1845. S. 8b, 9a. Die Dresdner Polizei leitete die Bewachung der Augustusbrücke und der Brühlschen Terrasse.

Der Eisgang ließ nach, doch die Fluten der Elbe stiegen weiter. Die Gefahr, dass das an den Ufern gelagerte und nun mitgerissene Holz die Wucht der Flut noch verstärken würde, hatte man noch nicht in allen Orten in den Griff bekommen. Hausinventar tanzte auf den eisigen Wogen der Elbe. Waren die bisherigen Beschreibungen von Augenzeugen im Angesicht der Fluten von Metaphern geprägt, die den Schrecken der Autoren widerspiegelten, so schilderten sie jetzt erhabene Aspekte: »einen großartigen Anblick gab in den Mittagsstunden der mit majestätischer Fluth fortrollende Strom.«[797] Auch die Leipziger Zeitungen äußerten sich dementsprechend: »Imposant und selten schön ist der Anblick der diesjährigen Eisfahrt.«[798]

Vom 30. auf den 31. März stieg die Höhe der Elbe nochmals an und übertraf die Marke von 1784. Die Soldaten ruderten die Menschen hauptsächlich zu den Angehörigen, denn immer mehr Menschen wurden durch den steigenden Wasserstand in der Stadt voneinander getrennt.

»Überall war bei aller steigenden Gefahr, Ordnung, Ruhe und Vertrauen auf die Einsicht der wahrhaft väterlichen Behörde.«[799]

Das Krisenmanagement erwies sich auch unter schwersten Bedingungen den Anforderungen gewachsen. Der Polizeikommissar Dresdens schilderte in seinem Bericht, dass die Wassermassen trotz aller Bemühungen die Menschen voneinander trennten, so auch Angehörige Sterbender, was er als »in hohem Grade ergreifend« beschrieb.[800]

Am 31. März erreichte die Elbe ihren bis dahin historischen Höchststand von 8,77 Meter, der erst im August 2002 übertroffen werden sollte.[801] Große Teile der Stadt standen nun unter Wasser, auch die meist im Erdgeschoss befindlichen Fleischereien und diverse andere Geschäfte waren überflutet.[802]

---

797 HStAD: Ministerium des Innern Nr. 5619, II. Abthl.: Acta Die Elbüberschwemmung im Jahre 1845 betr. S. 87a–91b.
798 Leipziger Zeitung. No. 77. Montags, den 31. März 1845. S. 1205.
799 StAD: RA GXXIV 75: anonym: Darstellung des Eisgangs und der Wasserfluth des Elbstromes in den letztenoTagen des Märzmonats 1845. O.J. o.S.
800 StAD: RA GXXII 89c Vol. I: Acta. Die große Ueberschwemmung im Monat März 1845. S. 9b.
801 Siehe hierzu: StAD: RA GXXII 89c Vol. I: Acta. Die große Ueberschwemmung im Monat März 1845. S. 16a.
802 StAD: RA GXXIV 75: anonym: Darstellung des Eisgangs und der Wasserfluth des Elbstromes in den letzten Tagen des Märzmonats 1845. O.J. o.S. Leipziger Zeitung. No. 79. Mittwochs, den 2. April 1845. S.1248. Leipziger Zeitung. Dresden, 31. März, 1 Uhr. S. 1248.

Differente Szenarien in Peripherie und Hauptstadt 213

Abb. 23: Überflutungsbereiche in Dresden 1845

Ein Mangel an Nahrungsmitteln, wie 1784 entstand jedoch nicht. In der Peripherie gestaltete sich dies anders. Bereits am 1. April machte sich ein anonymer Autor dafür stark, die Landbevölkerung, so gut es ging, mit Lebensmitteln zu versorgen.[803] Hieraus kann geschlossen werden, dass das Katastrophenmanagement außerhalb der Zentren weniger perfekt ablief und es zu schwerwiegenderen Schäden als in Dresden kam.[804]

---

803 StAD: RA GXXIV 75: Dresdner Anzeiger. No.91. Dienstag, den 1. April 1845. S. 10.
804 StAD: RA GXXII 89c Vol. I: Acta. Die große Ueberschwemmung im Monat März 1845. S. 17a. Zu den Überschwemmungen und Zerstörungen in den einzelnen Stadtteilen Dresdens siehe: S. 12b–45a. Zu den schweren Zerstörungen auf dem Lande, siehe: HStAD Loc. 2076 : Acta die Wasser- Fluth im Jahre 1845 betr. S. 146–148.

Nahezu alle Quellen berichten von einem die Dresdner schockierenden Ereignis, das insbesondere eine psychologische Wirkung ausübte. Auf dem fünften Pfeiler der Augustusbrücke war ein Kruzifix errichtet. Aufgrund des chronischen und übermächtigen Wasserdrucks stürzte die Statue samt Teilen des Pfeilers in die eisigen Fluten.[805]

Abb. 24: Einsturz des Kruzifixpfeilers am 31. März 1845

»Der Eindruck, welchen dieses Ereignis auf die versammelten Volksmaßen machte, war außerordentlich; es herrschte eine Totenstille und völlige Niedergeschlagenheit.«[806]

Die Brücke wurde gesperrt und erst nachmittags war es wieder erlaubt, diese zu passieren. [807]

---

805 Leipziger Zeitung. No. 79. Mittwochs, den 2. April 1845. S. 1248. Leipziger Zeitung. No. 230. Donnerstags, den 25. September 1845. S. 3025.
806 StAD: RA GXXII 89c Vol. I.: Acta. Die große Ueberschwemmung im Monat März 1845. S. 9b.
807 StAD: RA GXXIV 89c Vol. III.: Acta, die große Ueberschwemmung im Monat März 1845, die daraus hervorgegangenen Calamitäten und dabei getroffenen polizeilichen Vorkehrungen betreffend. S. 66, 74, 76a, b; StAD: RA GXXIV 89c Vol. IV. S. 95a–97b, 102a, b, 111.

Differente Szenarien in Peripherie und Hauptstadt 215

In der Wilsdruffer Vorstadt mussten Pontons des Militärs eingesetzt werden. Ebenso forderte die Polizei einen Unteroffizier und zehn weitere Soldaten für diesen Stadtteil an, um ihren Aufgaben dort nachkommen zu können. Zum Beispiel sorgte sie hier wie in der kleinen Fischergasse dafür, dass nicht nur die Gasbeleuchtung nicht ausfiel, sondern noch zusätzliche zehn Öllaternen installiert wurden, damit eine »vervollständigte Beleuchtung« gewährleistet werden konnte.[808] Dieser Stadtteil war der am schwersten von der Flut heimgesuchte. Allein hier wurden 338 Familien, sprich 1223 Personen vorübergehend obdachlos.[809] Die Flut überschwemmte in Dresden insgesamt 16 Plätze, 53 Straßen, 858 Gebäude, 886 Familien verloren ihr Heim, wodurch 3567 Menschen an anderen Orten untergebracht werden mussten.[810]

Neben qualmenden Schornsteinen symbolisierten insbesondere die Eisenbahnen den neuen Geist der Industrialisierung. Auch sie waren durch überspülte Bahndämme den Wassermassen nicht gewachsen.[811] Die Unterbrechung der Kommunikation zieht sich wie ein roter Faden durch die Berichterstattung über die Katastrophen. Vornehmlich in Zeitungsartikeln wurde hierüber berichtet – die Trennung der Altstadt von der Neustadt infolge der Sperrung der Augustusbrücke war Gegenstand zahlreicher Berichte.[812] 1784 konnte aufgrund der unterbrochenen Kommunikation keinerlei Post transportiert werden – 1845 war dies zumindest auf Umwegen möglich. Die Wucht der Flut riss den Elbpegelmesser an der Augustusbrücke ab, doch am Nachmittag begannen die Pegel zu fallen und das Szenario beruhigte sich.[813]

An mehreren Häusern in der Stadt waren nach der Flut von 1784 Gedenktafeln angebracht worden, die auswiesen, wie hoch das Wasser damals gestanden hatte – 1845 waren vier dieser Marken übertroffen worden.[814] Starben bei

---

808 StAD: RAGXXII 89c Vol. I: Acta. Die große Ueberschwemmung im Monat März 1845. S. 12a, 18b.
809 StAD: RA GXXII 89c Vol. I: Acta. Die große Ueberschwemmung im Monat März 1845. S. 35a. Wo und wie die kurzfristig Obdachlosen versorgt und untergebracht wurden, darüber geben die Quellen keinerlei Aufschluss.
810 StAD: RA GXXII 89c Vol. I: Acta. Die große Ueberschwemmung im Monat März 1845. S. 39b.
811 StAD: RA GXXIV 75: anonym: Darstellung des Eisgangs und der Wasserfluth des Elbstromes in den letzten Tagen des Märzmonats 1845. O.J. o.S. Leipziger Zeitung, Leipzig, den 1. April 1845. S. 1249. Beilage zu No. 78 der Leipziger Zeitung. Dienstags, den 1. April 1845. S. 1237.
812 StAD: RA GXXIV 75: anonym: Darstellung des Eisgangs und der Wasserfluth des Elbstromes in den letzten Tagen des Märzmonats 1845. O.J. o.S.
813 Ebd.
814 StAD: RA GXXII 89c Vol. I: Acta. Die große Ueberschwemmung im Monat März 1845. S. 40b, 41a.

einem »schwachen« Hochwasser wie 1811 noch sechs Menschen, so waren 1845 weder in der schwer getroffenen Peripherie noch in der Hauptstadt Todesfälle zu beklagen.

### 13.4 Vorschläge aufgrund der gewonnenen Erfahrungen

Die Polizeieinheiten Dresdens waren eine Woche permanent im Einsatz gewesen. Ihre wesentlichsten Aufgaben hatten darin bestanden:

- Unglücksfälle zu verhüten

- Jegliche Art von Hilfsleistungen zu erbringen

- Die Zahl der durch die Flut getrennten Menschen so gering wie möglich zu halten

- Die Straßenbeleuchtung so umfassend wie möglich zu bewachen

- Die überschwemmten Stadtteile mit Brot und anderen notwendigen Lebensmitteln wie Trinkwasser zu versorgen[815]

Der Polizeikommissar von Dresden stellte einen Katalog dessen auf, was bei dieser Flut nicht perfekt abgelaufen war und in Zukunft verbessert werden sollte. Eine in Dresden ansässige Dampfschifffahrtsgesellschaft hatte es versäumt, die Motoren ihrer Schiffe rechtzeitig zu reparieren. So wäre mehr Hilfe von den Dampfschiffen zu erwarten gewesen, als das Wenige, was sie leisten konnten.[816] Worin dieses Wenige bestand, führte er nicht aus. Es kann angedacht werden, dass die Dampfschiffe Menschen und Material während des Hochwassers hätten transportieren sollen.

In der Antonstadt standen nicht genügend Leichenwagen zur Verfügung, was zur Folge hatte, dass die Leichen »während der Dauer mehrerer Tage nach

---

815 StAD: RA GXXII 89c Vol. I: Acta. Die große Ueberschwemmung im Monat März 1845. S. 11a, b. Die Arbeit der Polizei während der Flut wurde vom Innenministerium ausdrücklich gelobt. Siehe hierzu: HStAD: Loc. 2076: Acta, Die Wasser-Fluth im Jahre 1845 betr. Ohne Seitenangabe. 31. Mai 1845.
816 StAD: RA GXXII 89c Vol. I: Acta. Die große Ueberschwemmung im Monat März 1845. S. 41b, 42a.

dem Friedhof getragen werden mußten.«[817] Die einzelnen Stadtteile unterstanden entweder einer Rats-, Amts- oder Hofjurisdiktion, was die polizeilichen Maßnahmen während der Flut nicht erleichterte, da dadurch die Kompetenzen nicht eindeutig zuordbar waren.

Überall in der Stadt hatten die Hausbesitzer »an Bereithaltung einigen Materials zu Errichtung von Stegen oder kleinen Flößen innerhalb der Höfe und Hausfluren nicht gedacht«[818], und benutzten hierfür die für die Straßen bereitgestellten Böcke und Bretter. Seit der Flut von 1827 hatten die städtischen Behörden keine Böcke und Bretter mehr den Hausbesitzern zur Verfügung gestellt. Das mag ein Grund gewesen sein, warum die Hausbesitzer sich wie in den 1820er Jahren an den öffentlichen Bereitstellungen erneut gütlich taten. Der Kommissar forderte, dass in Zukunft die Hausbesitzer dazu polizeilich verpflichtet werden müssten, solches Material vorrätig zu haben.[819] Solche Forderungen waren anno 1827 ebenfalls geäußert worden. Das private Verantwortlichsein für dieses Material hatte sich nicht als erfolgreich erwiesen. Nach der Flut von 1830 hatte die Behörde diesbezüglich keine maßgebenden Vorschriften erlassen.

Der Polizeikommissar bemängelte, dass gerade für die Friedrichstadt und die Wilsdruffer Vorstadt zu wenige kleine Kähne bereitstanden, die nötig waren, »um in die Gehöfte und Hausflure fahren zu können.«[820] Das müsse künftig anders werden. Er führte aber nicht aus, wer für diese Kähne verantwortlich und eine Bereitstellung übernehmen sollte.

Ebenso fehlten in der Friedrichstadt Böcke und Stege. Deren Anzahl müsste ebenso erhöht werden und in der Friedrichstraße »bis an das Braugäßchen und in der Weißeritzstr. bis zum Hause No. 6« bereitgestellt werden und einsatzbereit sein.[821] Teilweise waren die Kähne ohne Rettungskräfte der Polizei zur Verfügung gestellt worden. Deshalb schlug der Kommissar vor, »nach Maasgabe der dermaligen Erfahrungen eine Vertheilung der Fischer nach bestimmten Stationspuncten auf polizeilich geregelte Weise erfolgen« zu lassen.[822]

---

817 StAD: RA GXXII 89c Vol. I: Acta. Die große Ueberschwemmung im Monat März 1845. S. 42a.
818 StAD: RA GXXII 89c Vol. I: Acta. Die große Ueberschwemmung im Monat März 1845. S. 43b.
819 StAD: RA GXXII 89c Vol. I: Acta. Die große Ueberschwemmung im Monat März 1845. S. 43b, 44a.
820 StAD: RA GXXII 89c Vol. I: Acta. Die große Ueberschwemmung im Monat März 1845. S. 44a.
821 StAD: RA GXXII 89c Vol. I: Acta. Die große Ueberschwemmung im Monat März 1845. S. 44a, b.
822 StAD: RA GXXII 89c Vol. I: Acta. Die große Ueberschwemmung im Monat März 1845. S. 44b.

Am 31. Mai dankte das Ministerium des Innern dem Polizeikommissar Pikert für seine »ausgezeichneten Dienste« während der Katastrophe. Hob auch das »im Allgemeinen bewiesene gute Verhalten« der Polizeikräfte hervor.[823]

Wie deutlich die Dresdner Behörden aus den Hochwassern seit 1836 gelernt hatten, lässt sich an einer Aufstellung ablesen, die anzeigte, bei welchem Pegelstand der Elbe welche Stadtteile wie hoch überflutet werden würden. Damit hatten sich die städtischen Behörden ein Instrumentarium geschaffen, das es ihnen erlaubte, die Rettungsmaßnahmen noch effizienter gestalten zu können.[824] Seit 1836 arbeitete man an einer solchen Aufstellung und hatte nach dieser Flut einen guten Maßstab, an dem sich die einzelnen Überflutungsstufen noch präziser ablesen ließen. Die Dresdner Behörden hatten damit ein weiteres Werkzeug geschaffen, dass zum verbesserten Katastrophenmanagement 1845 beitrug, da somit die Rettungskräfte von Polizei und Militär im Voraus an denjenigen Punkten der Stadt positioniert werden konnten, wo ihr Einsatz unbedingt nötig werden würde.

### 13.5 Krisenmanagement in der Peripherie

Noch bevor die Fluten der Elbe abgeflossen waren, ordnete das Ministerium des Innern eine gänzlich neue Maßnahme an. Um dem Zustand in den Notstandsgebieten Herr zu werden und über das Ausmaß der Zerstörungen sich ein klares Bild zu verschaffen, stellte das Ministerium dem Amtshauptmann v. Wolf in Hain und dem Amtshauptmann v. Winkler in Pirna »Katastrophenmanager« beiseite. Der Regierungsrat v. Watzdorf und der Kriegsrat v. Petzsch sollten in den Ämtern sich das Management der ersten wichtigen Maßnahmen teilen. Der eine sollte die rechts, der andere die links der Elbe gelegenen Orte übernehmen.[825] Damit griff das Ministerium in die Zuständigkeit der Amtshauptmannschaften ein. Von Watzdorf und v. Petzsch war es erlaubt, falls sie Assistenten benötigten, auf die Bezirksgendarmen zurückzugreifen. Zudem stellte ihnen das Ministerium jeweils 150 Taler »zu Abhilfe des dringendsten

---

823 HStAD: Film 2075: Acta Den Elb-Eisgang und die Waßer-Fluth im Jahre 1845. Vol. I. Ohne Seitenangabe. Ministerium des Innern. Falkenstein. Dresden, den 31. May 1845.
824 StAD: RA BXIII 115f Vol.I: Acta, die Unterstützung der, durch die am 31sten März 1845. statt gefundene Ueberschwemmung von Wasser Beschädigten, betreffend. Ohne Seitenangabe. Ohne Datum.
825 HStAD: Film 2075: Acta Den Elb-Eisgang und die Waßer-Fluth im Jahre 1845. Vol. I. S. 58a, b.

Nothstandes« zur Verfügung.⁸²⁶ Über den Erfolg ihrer Mission wollte sich das Ministerium »in nächster Zeit mündlichen Vortrag erstatten lassen.«⁸²⁷

Mit dieser Ankündigung präzisierte das Ministerium, worauf es für v. Wolf und v. Winkler im ersten Schritt ankam. Sie sollten darauf bedacht sein, die augenblicklich wichtigsten Entscheidungen zu fällen, um einem Mangel an Nahrungsmitteln, Heizmaterial und der Notsituation allgemein entgegenzuwirken.⁸²⁸ Es ging dem Ministerium darum, eine »Besichtigung und Eröterung bey der an jedem einzelnen von der Calamität betroffenen Orte« durchführen zu lassen. Die Schäden an Gebäuden und Ackerflächen sollten so präzise wie möglich aufgenommen werden. Damit konnte vermieden werden, dass »leicht übertriebene Ansprüche und Hoffnungen auf künftige Unterstützungen« entstanden.⁸²⁹ Sowohl die geringe Soforthilfe als auch dieser Hinweis können als weiteres Indiz einer zurückhaltenden, monetären Ausgleichspolitik gewertet werden, die auch nach dieser Katastrophe weiterverfolgt wurde.

Um mit diesen Aufgaben nicht überfordert zu sein, stellte ihnen das Ministerium v. Watzdorf und v. Petzsch zur Seite. Den Amtshauptmännern stand mit der Abwehr von Mangelsituationen und einer Aufnahme der Schäden ein enormes Arbeitspensum bevor. Die so präzis geforderte Aufnahme der Schäden beinhaltete ein unterschwelliges Misstrauen den Lokalbeamten gegenüber. Unter der Maßgabe einer Entlastung standen v. Wolf und v. Winkler eher unter Beobachtung, ja fast einem Zwang, nicht zu großzügig bei der Anerkennung der Schäden vorzugehen. Das Ministerium argumentierte, dass es nicht an der »Umsicht und Thätigkeit« seiner Beamten zweifle, »bei dem Umfange der Calamität, der Dringlichkeit der hierunter zu treffenden Veranstaltungen« schienen ihm die Aufgaben mit der »Thätigkeit eines Mannes unmöglich« zu bewältigen zu sein.⁸³⁰

Weiter verfügte das Ministerium, die Amtshauptmänner sollten darauf dringen, dass in den betroffenen Städten und größeren Orten »Hülfsvereine« gegründet würden, denen man sich »künftig für den Zweck der Individual-

---

826 HStAD: Film 2075: Acta Den Elb-Eisgang und die Waßer-Fluth im Jahre 1845. Vol. I. S. 58b.
827 HStAD: Film 2075: Acta Den Elb-Eisgang und die Waßer-Fluth im Jahre 1845. Vol. I. S. 59a.
828 HStAD: Film 2075: Acta Den Elb-Eisgang und die Waßer-Fluth im Jahre 1845. Vol. I. S. 60b.
829 HStAD: Film 2075: Acta Den Elb-Eisgang und die Waßer-Fluth im Jahre 1845. Vol. I. S. 60a, b. Der Seite 60b folgt die Seite 62a.
830 HStAD: Film 2075: Acta Den Elb-Eisgang und die Waßer-Fluth im Jahre 1845. Vol. I. S. 61b. Das Wort »eines« ist im Original unterstrichen.

vertheilung bedienen könne.«[831] Letztlich wies das Ministerium darauf hin, dass es nicht zulässig wäre, wenn andere Behörden als die Kreisdirektion in Dresden zu öffentlichen Sammlungen aufriefen. Die Beamten hätten etwaigen Aufrufen die Legitimation zu versagen, den aufrufenden Behörden oder Privatleuten aber ihre Gründe mitzuteilen.[832]

## 13.6 Gesundheitsprävention

Eine der ersten Maßnahmen nach der Flut galt, wie in den Jahren zuvor, der Gesundheit der Bürger. 1845 wurde mehr oder minder in derselben Weise verfahren wie sonst auch (Säuberung, Trockung und Wiederbezug der Wohnungen erst nach Besichtigung durch Experten).

Das Ministerium des Innern schickte denjenigen Bezirksärzten, deren Bezirke vom Hochwasser heimgesucht worden waren, »medicinalpolizeiliche Rücksichten«, die präventiv anzuwenden waren. Im gleichen Atemzug instruierte das Minsterium die Kreisdirektion, die Amtshauptmannschaften anzuweisen, die Bezirksärzte bei der Gesundheitsprävention vor Ort zu unterstützen.[833]

Am 4. April erließ die Stadtpolizeideputation von Dresden eine Bekanntmachung um ebenso der Gesundheit ihrer Bürger vorzubeugen. Verglichen mit den »Gesundheitsmaaßregeln« früherer Jahre zeigt diese Bekanntmachung, dass die Gesundheitsprävention dem im 18. Jahrhundert gefundenem Muster folgte. Alle unter Wasser gestandenen Gebäude sollten gereinigt, getrocknet und gelüftet werden. Über einen Wiederbezug hatten Ärzte zu entscheiden. Um die Vorschriften zu überprüfen, wurden in der Bekanntmachung ärztliche Revisionen für die überschwemmten Gebiete angekündigt. Der Hinweis, dass »diejenigen, welche sich hierunter ungehorsam zeigen sollten, zur Verantwortung gezogen werden«, deutete die Erfahrungen an, dass die Wohnungen in den Jahrzehnten zuvor, immer wieder zu früh bezogen worden waren.[834]

---

831 HStAD: Film 2075: Acta Den Elb-Eisgang und die Waßer-Fluth im Jahre 1845. Vol. I. S. 62b.
832 HStAD: Film 2075: Acta Den Elb-Eisgang und die Waßer-Fluth im Jahre 1845. Vol. I, S. 63.
833 HStAD: Film 2075: Acta Den Elb-Eisgang und die Waßer-Fluth im Jahre 1845. Vol. I, S. 67.
834 HStAD: Film 2075: Acta Den Elb-Eisgang und die Waßer-Fluth im Jahre 1845. Vol. I. S. 66.

## 13.7 Die finanzielle Bewältigung

Noch am 30. März erschien der Monarch in den überschwemmten Stadtteilen der Residenz und ließ 500 Taler an die Polizeidirektion aushändigen, damit diese davon Brot für die von der Versorgung Abgeschnittenen kaufen konnte.[835] Unmittelbar nach der Flut stellte das Königshaus für Dresden 300 Taler Soforthilfe zur Verfügung, die für besonders Mittellose und Kranke verwendet werden sollten.[836]

Bereits am 1. April richtete die Kreisdirektion in Dresden einen allgemeinen Aufruf an die Bewohner Sachsens, mit der Bitte um Beiträge für die Flutopfer entlang der Elbe. Sie berief sich dabei auf das Ministerium des Innern, das die Direktion dazu ermächtigt hatte. Nach den »eingegangenen amtlichen Nachrichten« der Gendarme und Beamten vor Ort dachte man noch während »die Wassersnoth auf den höchsten Gipfel gestiegen«, wie die Lage der »Calamitosen« zu lindern sei. Dieser Aufruf erging ebenso an die Leipziger Zeitung, die Meißner Kreisblätter und den Dresdner Anzeiger, um dort publiziert zu werden.[837]

Die Amtshauptmannschaften des Königreichs und die Magistrate der Städte, die nicht vom Hochwasser betroffen waren, wurden mit diesem Aufruf ersucht, in ihren Bezirken und Orten, Sammlungen durchzuführen und die Spenden an die Kreisdirektion nach Dresden zu schicken.[838] Sogar die Amtshauptmänner der ersten drei Bezirke Pflugk, von Wolf und v. Winkler erhielten von der Kreisdirektion den Aufruf, um ihn in den Lokalblättern ihrer »Flutbezirke« veröffentlichen zu lassen.[839]

Die Autoren des Aufrufs appellierten an vaterländische Werte und betonten:

»Es ist der Stolz unseres Vaterlandes, sich mit eigener Kraft aus jeder Noth emporzuarbeiten, so wird auch dießmal das ganze Land im Hochgefühl dieser Vaterlandsliebe freudig herbeieilen und schaffen, daß auch nicht jener verhältnißmäßig enger begrenzte

---

835 Leipziger Zeitung. Inland. Dresden, 31. März 1845. S. 1248.
836 StAD: RA GXXII 89c Vol. I: Acta. Die große Ueberschwemmung im Monat März 1845. S. 48b, 49a.
837 HStAD: Film 2075: Acta Den Elb-Eisgang und die Waßer-Fluth im Jahre 1845. Vol. I. S. 51a–52b. Die Seitenzahlen folgen keinem einheitlichen Muster.
838 HStAD: Film 2075: Acta Den Elb-Eisgang und die Waßer-Fluth im Jahre 1845. Vol. I. S. 53b.
839 HStAD: Film 2075: Acta Den Elb-Eisgang und die Waßer-Fluth im Jahre 1845. Vol. I. S. 54.

Theil seiner Fluren, seiner Städte und Dörfer, mit ihren hart betroffenen Bewohnern unter der über sie gekommenen Noth erliegen möge!«[840]

Die Direktion berief sich auf eine Wiederholbarkeit für die Überwindung auch dieser Katastrophe:

»daß auch diese große Noth, wie so manche frühere, von welcher unser Vaterland im Laufe der Zeiten heimgesucht ward, überwunden werde.«[841]

Den gesamten Aufruf übernahm der Dresdner Anzeiger weitgehend wörtlich und druckte ihn in seinen Ausgaben am 3. und 4. April auf Seite eins ab. Die breit angelegte »Informationskampagne« der Kreisdirektion gewährte, dass die Gelder zentral eingingen, verwaltet und verteilt wurden. Die Spenden sollten auf den »Elbebezirk« zentriert werden, um so den am schwersten betroffenen »Calamitosen« zugute zu kommen.

Eine deutliche Veränderung hinsichtlich der Geldsammlungen war es, dass in Dresden ein »Hülfsverein« gegründet wurde, der sich größtenteils aus derjenigen Klientel zusammensetze, die in den Jahren zuvor einzeln zu Spenden aufgerufen hatte.[842]

Der Geheime Regierungsrat von Weissenbach schlug dem Hilfsverein vor, er solle Hilfsaktien á 10 Taler ausgeben. Er verstand darunter, dass der Verein Darlehen ausgeben sollte, die eine niedrige Verzinsung (nicht mehr als 3 Prozent) aufwiesen. Diese Darlehen sollten nur an Personen vergeben werden, die Sicherheiten, wie Grundstücke etc. aufweisen konnten. Er argumentierte aus der Sicht eines Unternehmers und wies darauf hin, dass

---

840 StAD: RA GXXIV 89c Vol.II, S.5: Dresdner Anzeiger. No.93. Donnerstag, den 3. April 1845. S. 1. Zum differenten Wortlaut des Aufrufs zwischen Manuskript der Kreisdirektion und Abdruck im Dresdner Anzeiger vgl.: HStAD: Film 2075: Acta Den Elb-Eisgang und die Waßer-Fluth im Jahre 1845. Vol. I. S. 51b.
841 HStAD: Film 2075: Acta Den Elb-Eisgang und die Waßer-Fluth im Jahre 1845. Vol. I. S. 52a.
842 Leipziger Zeitung. Dresden, 12. April 1845. S. 1473. HStAD: Ministerium des Innern Nr. 5619, II. Abthl.: Acta Die Elbüberschwemmung im Jahre 1845 betr. S. 69a. Zu den genauen Statuten des Vereins siehe: StAD: RA GXXIV 89c Vol.II, S.64: Dresdner Anzeiger. No. 101. Freitag, den 11. April 1845. S. 1,2.

»viele der gewerbtreibenden Klasse angehörende Beschädigte durch Verluste ihrer Betriebsvorräthe, Werkzeuge und Materialien erlitten haben, und wodurch diese an ferneren Erwerb bedeutend beeinträchtigt werden.«[843]

Der zinsliche Gewinn der dem Verein aus den Darlehen entstehen würde, sollte für den bürokratischen Aufwand dieser Finanzierungsart verwendet werden. Der Hilfsverein ging nicht auf diesen Vorschlag ein, da ihm der bürokratische Aufwand als zu hoch erschien.[844]

Ebenso neu war es, dass »für die in Böhmen (…) einige hiesige Literaten eine Sammlung mit gleichem glücklichem Erfolg veranstaltet« hatten.[845] Am 3. Mai war die erste »Welle« des landesweiten Spendenaufrufs publiziert worden. Im Zuge dieser anhaltenden Spendentätigkeit dachten einige Intellektuelle auch an das Unglück der Nachbarn Sachsens. Das ist insofern bemerkenswert, weil zu diesem Zeitpunkt noch nicht feststand, inwieweit die Spenden für die sächsischen Schäden reichen würden. Bei der Oderflut 1997 war von privater Seite eine solch erhebliche Summe zusammengekommen, dass den polnischen Nachbarn, geholfen werden konnte.

Auch das Ausland stand den Bedrängten anno 1845 bei. Aus Hamburg kamen 3500 Taler. Das Haus Rothschild aus Paris sandte 500 Francs und die Herren Rothschild und Söhne aus Frankfurt a. M. steuerten 300 Taler bei.[846] Die Summe der bis zum 3. Mai eingegangenen Spendengelder belief sich auf 17.757 Taler, 25 Groschen und 3 Pfennige.[847] Ab diesem Datum wurden die Amtshauptmannschaften von der Kreis-Direktion zu Dresden ersucht, die Sammlungen bald zu schließen und die Gelder nach Dresden zu senden.[848]

Ministerium und Kreisdirektion entschieden, dass die Ämter Orts- und Personenlisten anzufertigen hatten, welche Orte und Personen unterstützungswürdig seien. So detailliert wurden bisher weder die Schäden, noch die Ausgleichszahlungen verwaltet.[849] Vereinheitlichender gestalteten sich die Überlegungen, wer wieviel der Gelder erhalten sollte. Die diesbezüglichen Schreiben weisen einen höheren Differenzierungsgrad aus, als die Berichte in den Jahren

---

843 StAD: RA BXIII 115f Vol.I: Acta, die Unterstützung, der durch die am 31sten März 1845. statt gefundene Ueberschwemmung von Wasser Beschädigten, betreffend. 1845. Ohne Seitenangabe. Ohne Datum.
844 StAD: RA BXIII 115f Vol.I: Acta, die Unterstützung, der durch die am 31sten März 1845. Ohne Seitenangabe. Vom 17. April 1845.
845 Leipziger Zeitung. Dresden. 6. Mai 1845. S. 1837.
846 Leipziger Zeitung. Dresden. 6. Mai 1845. S. 1837.
847 Leipziger Zeitung. Dresden. 17. Mai 1845. S. 2009.
848 Extra-Beilage zu No. 126 der Leipziger Zeitung. Dienstags, den 27. Mai 1845. S. 1.
849 HStAD: Loc. 2076: Acta, Die Wasser-Fluth im Jahre 1845 betr.

zuvor. Insbesondere diejenigen sollten gefördert werden, die nicht nur schwer gelitten hatten, sondern »von der Hand in den Mund leben.«[850] Diesen Menschen sollten diese Gelder für die ersten Monate helfen. Es wurden aber auch Gedanken geäußert, eine längerfristige Unterstützung zu initiieren.[851] Über die Verteilung der Gelder liegen Listen vor, welche Ortschaft wieviel der Gelder erhielt. Teilweise wurden auch besonders stark geschädigte und dementsprechend unterstützte Individuen in den Listen hervorgehoben. Man kombinierte eine Individualverteilung mit Ortsquoten, um gleichzeitig die stark, wie weniger stark, betroffenen Hochwassergeschädigten auszahlen zu können.[852] Die Geschädigten wurden in drei Klassen unterteilt. Die erste Klasse bestand aus denjenigen, die ohne Unterstützung nicht in der Lage sein würden, ihren Unterhalt zu bestreiten. Sie sollten am stärksten unterstützt werden. Die zweite Klasse setze sich aus denjenigen zusammen, die sich in absehbarer Zeit wieder selbst würden ernähren können – sie sollten ebenfalls durch die Spendengelder unterstützt werden. Das war bei der dritten Klasse nicht mehr der Fall, da es auch Bürger gab, die die Verluste ohne fremde Hilfe würden überwinden können.[853] So war gewährleistet, dass die nicht für alle Flutopfer reichenden Spenden effizient verteilt wurden.

Erst am 21. Juni lagen die Listen aus den Ämtern in Dresden vor. Die vom Staat anerkannte Gesamtschadenssumme für die erste und zweite Klasse belief sich auf 119.986 Taler.[854] Die erste Auszahlung des Hilfsvereins erfolgte am 14. April. Der Verein zahlte mit sieben Wiederholungen bis in den August 4.323 Taler an die Flutopfer in Dresden aus.[855] Die landesweite Sammlung erbrachte bis zum ersten Dezember 31.593 Taler 11 Groschen und 9 Pfennige. Hier waren vier »Kurse« nötig, um die nicht abbrechenden Spenden zu verteilen.[856]

---

850 HStAD: Ministerium des Innern Nr. 5619, II. Abthl.: Acta Die Elbüberschwemmung im Jahre 1845 betr. S. 71a, b.
851 Ebd. StAD: RA GXXIV 89c Vol.II, S.5: Dresdner Anzeiger. No.93. Donnerstag, den 3. April 1845.
852 HStAD: Ministerium des Innern Nr. 5619, II. Abthl.: Acta Die Elbüberschwemmung im Jahre 1845 betr. S. 122a–142a, 149a–152b. Zu dem Verteilungsmodus siehe auch ges. Akte: HStAD: Loc. 2076: Acta, Die Wasser-Fluth im Jahre 1845 betr.
853 HStAD: Loc. 2076: Acta, Die Wasser-Fluth im Jahre 1845 betr. S. 76a–77b.
854 HStAD: Loc. 5619: Ministerium des Innern II. Abthl.: Acta Die Elbüberschwemmung im Jahre 1845 betr. S. 123a–124a.
855 StAD: RA BXIII 115f Vol.I: Acta, die Unterstützung, der durch die am 31sten März 1845. Ohne Seitenangabe, ohne Datum: Nachweisung der bewilligten und bezahlten Unterstützungen an die, durch die am 31sten Merz 1845. statt gefundenen Uiberschwemmungen vom Wasser Beschädigten.
856 HStAD: Loc. 5619: Ministerium des Innern II. Abthl.: Acta Die Elbüberschwemmung im Jahre 1845 betr. S. 196a. Zweite Beilage zu No. 305 der Leipziger Zeitung. Montags, den 22. December 1845. S. 5404.

Addiert man die königlichen Soforthilfen zu den Spendengeldern des Hilfsvereins und der landesweiten Sammlung ergab sich eine Ausgleichssumme von 36.716 Talern, was in etwa 30,6 Prozent der anerkannten Schäden abdeckte. Bisher konnten keine Quellen ermittelt werden, die eine Deckung der restlichen Schäden durch den Staat belegen. Die im gesamten Untersuchungszeitraum betriebene Abwälzung der Kosten auf die Schultern der Privaten, war auch für das schwerste Hochwasser festzustellen. Es bleibt zu fragen, wie und wovon die Flutopfer ihren Lebensunterhalt bestritten, trafen doch erst nach drei Monaten die ersten Hilfsgelder ein. Die Quellen dokumentieren nur schlaglichtartig, wie hauptsächlich nachbarliche Solidarität die Übergangsphase bis zur Rückkehr der Normalität überbrückte.

Der Verteilungsprozess in Dresden, mit der ersten Resolution vom 14. April, zeigt, dass hier schneller gehandelt wurde. In der Hauptstadt war nicht nur der Verwaltungsaufwand für die »Flutbezirke« niedriger, erleichternd kam hinzu, dass der Hilfsverein im Vorfeld Statuten geschaffen hatte, die er nun anwenden konnte. Vergleicht man den von der Quantität betriebenen schriftlichen Aufwand des Hilfsvereins mit dem der staatlichen Organe, so fällt eine Ungleichgewichtung auf. Obwohl Ministerium, Kreisdirektion und die Amtshauptmänner am 15. April zusammengetreten waren, um einen Verteilungsmodus festzulegen, dauerte es noch anderthalb Monate, bis die erste Auszahlung realisiert werden konnte. Die Kombination aus Individualverteilung und Ortsquoten hatte den Vorteil, dass die Flutopfer gleichzeitig entschädigt werden konnten. Der Modus des Hilfsvereins war »hierarchisch« geordnet. Die am stärksten geschädigten »Calamitosen« des 10. Bezirks wurden als erste ausgezahlt. Im weiteren Verlauf der Spendenaktion konnte dann in der Breite verteilt werden.

Weder die vom Staat, noch die privat bereitgestellten Hilfsgelder und auch nicht die Unterstützung durch den Hilfsverein reichten aus, um die in ganz Sachsen entstandenen Schäden derart zu kompensieren, dass Teile der Bevölkerung nicht in Armut gerieten. Nach dem Erhalt der ersten finanziellen »Unterstützungswelle« richteten sich verzweifelte Bürger an die verschiedensten Regierungsstellen, um ihre Lebensumstände zu schildern, um damit finanzielle Hilfe zu erbitten.[857] Teilweise kamen die örtlichen Behörden diesen Ansuchen mit »Dispositionssummen« nach, um die schlimmste Not in den Dörfern entlang der Elbe zu mildern. Sie waren sich allerdings darüber im Klaren, dass

---

857 HStAD: Loc. 2076: Acta, Die Wasser-Fluth im Jahre 1845 betr. Siehe hierzu z. B. die Bitte einer Mutter von elf Kindern auf S. 111f. dieser Akte.

»noch mehrere Unterstützungsgesuche eingehen werden.«[858] Dem war so, denn bis in den November gingen bei der Kreisdirektion in Dresden aus ganz Sachsen etliche Gesuche von Einzelpersonen ein, denen vorerst nicht positiv geantwortet werden konnte.[859] Obwohl seit spätestens Juni die Listen für Sammlungen geschlossen worden waren, erreichten weiterhin geringe Spendenbeiträge die Kreisdirektion. Bis Mitte November waren diese Spenden auf eine Summe von knapp 1800 Talern angewachsen, so dass sich die Kreisdirektion dazu entschloss, das Ministerium des Innern hierüber zu informieren.[860]

Das Ministerium unterstützte die Kreisdirektion, dass nach Berichten aus den Ämtern das Geld verteilt werden könnte.[861] Ziel von Ministerium, Kreisdirektion und Amtshauptmannschaften war es, die Summe den besonders Hilfsbedürftigen zugute kommen zu lassen. Die Beamten vor Ort befragten lokale Gerichte und Gendarme, wer für eine Förderung in Frage kam.[862] Vergleichbar den »Individuallisten«, die bei der Hauptunterstützung angefertigt worden waren, sandten sie ihre Ergebnisse an die Kreisdirektion. Aufgrund dieser Erhebungen aus den Ämtern, wie den privaten Gesuchen, erließ die Kreisdirektion eine Resolution, wie die 1798 Taler auf die drei Amtshauptmannschaften verteilt werden sollten.[863]

Am 30. November erhielt die erste Amtshauptmannschaft aus den »nachträglich eingegangenen Unterstützungsgeldern« 445 Taler, wovon 252 auf die Gemeinde Laubegast entfielen.[864] Die zweite Amtshauptmannschaft erhielt 808 Taler, von denen 350 für das Kreisamt Meißen bestimmt waren. Die dritte Amtshauptmannschaft wurde mit 545 Talern bedacht, die hauptsächlich

---

858 HStAD: Loc. 2076: Acta, Die Wasser-Fluth im Jahre 1845 betr. S. 101a. Teilweise spendeten nach der ersten »Unterstützungswelle« Bürger für bestimmte Städte und Ortschaften (z. B. für Schandau). Vgl. hierzu: HStAD: Loc. 2076: Acta, Die Wasser-Fluth im Jahre 1845. S. 94, 95.
859 HStAD: Film 2076: Acta Den Elbeisgang und Die Waßer-Fluth im Jahre 1845. Vol. II.
860 HStAD: Film 2076: Acta Den Elb-Eisgang und die Waßer-Fluth im Jahre 1845. Vol. II, S. 112a.
861 HStAD: Film 2076: Acta Den Elb-Eisgang und die Waßer-Fluth im Jahre 1845. Vol. II. Schreiben des Minsteriums an den Kreisdirektor vom 24. Nov. Vortrag der Kreisdirektion an das Minsterium v. 30. Nov.
862 HStAD: Film 2076: Acta Den Elb-Eisgang und die Waßer-Fluth im Jahre 1845. Vol. II, S. 117b.
863 HStAD: Film 2076: Acta Den Elb-Eisgang und die Waßer-Fluth im Jahre 1845. Vol. II, S. 161a.
864 HStAD: Film 2076: Acta Den Elbeisgang und die Waßer-Fluth im Jahre 1845. Vol. II, S. 161a, 164a, 165a.

an Einzelpersonen verteilt wurden.[865] Diese nachträglichen Unterstützungssummen tauchten, wie es bei den übrigen größeren Posten der Fall war, weder in den Bilanzen der Kreisdirektion an das Ministerium des Innern von Ende Dezember auf, noch wurden sie wie die übrigen Spenden in Zeitungen öffentlich gemacht. Von daher ist nicht klar, ob sie bei der endgültigen Summe zugerechnet wurden. Sollte dies nicht der Fall sein, hätte sich die endgültige Ausgleichsumme auf 38.514 Taler respektive um ca. 1,4 Prozent erhöht.[866]

Der Quellenkörper wies bisher keine Berichte über Auswirkungen der Fluten auf den Tourismus respektive die Gastronomie aus. Im Mai 1845 richtete der Gastwirt Peschel in Dresden ein ausführliches Schreiben an den Hilfsverein und schilderte seine Lage als äußerst beklagenswert. Er betonte, dass ihm durch die Zerstörung seiner Schankräume und der Terrasse ein erheblicher Ausfall entstanden sei, der nicht kurzfristig behoben werden könne.[867] 40 Taler sprach der Hilfsverein Peschel zu, eine Summe, die auch anderen Gastronomen ausgezahlt wurde.[868] Peschels Gesuch mag exemplarisch für weitere Anfragen dieser Art verstanden werden.

## 13.8 Kritische Fragen und Bildung eines Krisenstabes

In der Ausgabe des Dresdner Anzeigers vom 1. April 1845 erschien ein Aufruf zur materiellen Hilfe auf Seite eins. Auf Seite zehn waren kritische Töne zu vernehmen. Gewisse stadtbauliche Maßnahmen wurden hinterfragt, da zwischen den Zeilen zu lesen war, dass man diesen eine Mitschuld an der erheblichen Überschwemmung beimaß.

---

865 HStAD: Film 2076: Acta Den Elbeisgang und die Waßer-Fluth im Jahre 1845. Vol. II, S. 161b–163b.
866 Vgl. HStAD: Film 2076: Acta Den Elb-Eisgang und die Waßer-Fluth im Jahre 1845. Vol. II, S. 161a–169b, 171a–172b mit: HStAD: Loc. 5619: Ministerium des Innern II. Abthl.: Acta Die Elbüberschwemmung im Jahre 1845 betr. S.196a. Zweite Beilage zu No. 305 der Leipziger Zeitung. Montags, den 22. December 1845. S. 5404.
867 StAD: RA BXIII 115f Vol.I: Acta, die Unterstützung, der durch die am 31sten März 1845. Ohne Seitenangabe vom 6. Mai 1845. Solche Petitionen sind in dieser Akte mehrfach vorhanden, ansonsten besteht sie aus Bitten der Dresdener Bürger zur individuellen Unterstützung.
868 StAD: RA BXIII 115f Vol.I: Acta, die Unterstützung, der durch die am 31sten März 1845. Ohne Seitenangabe. Ohne Datum: Nachweisung der bewilligten und bezahlten Unterstützungen an die, durch die am 31sten Merz 1845. statt gefundenen Uiberschwemmungen vom Wasser Beschädigten.

»(...) werfe schließlich einen Blick auf das ebenfalls zu beiden Seiten überfluthete Elbufer oberhalb Dresden, um die Überzeugung zu gewinnen, daß während sonach der Strom nur auf der kurzen Distance im Bereiche der Stadt unmittelbar selbst auf einen möglichst engen Raum zusammengedrängt ist, jedes, auch das kleinste Hinderniß von den unberechenbarsten Folgen ist.«[869]

Hier schien Zivilisationskritik durch. Ging es den Menschen bisher darum, die Fluten der Elbe so gut es ging (und mit welchen Mitteln auch immer) in den Griff zu bekommen, so sinnierten sie nun über potenzielle Folgen ihres (früheren) Handelns. Noch deutlicher wurde diese Kritik, als eine mögliche Verlegung der Dresdner Bahnhöfe angeprangert wurde. Man sprach von »industriellem Leichtsinn« und dass eine weitere Einengung der Elbe[870] verheerende Überschwemmungen nach sich ziehen werde. 20 Jahre bevor Ernst Häckel sich der Ökologie mit einer ersten Definition näherte[871], machte sich die sächsische Gesellschaft Gedanken über die Folgen massiver Eingriffe in den Naturhaushalt. Die Kritik richtete sich gegen die Industrie und kam wahrscheinlich nicht aus diesen Reihen.

Ebenso wurde darüber nachgedacht, ob gewisse »Neubaugegenden« und das Ostragehege erst durch Flusskorrektionen in Überschwemmungsgefahr gekommen seien, da die Vorfahren diese Anlagen in Überflutungsbereiche gelegt hätten. Es wurde »die Wiederherstellung des sogenannten alten Elbbettes bei und hinter den vorbemerkten Dörfern bis Serkowitz« gefordert.[872] Das Ostragehege rückte nochmals in den Blick der Kritik. Da die Elbe einen Abfluss der Weißeritz verhinderte, konnte das Wasser aus dem Gehege nicht ablaufen und stand bis zu drei Wochen nach Fallen der Pegel immer noch sehr hoch.[873]

---

869 StAD: RA GXXIV 75: Dresdner Anzeiger. No. 91. S. 10.
870 Diese Diskussionen wurden auch nach der Flut 2002 geführt. Siehe hierzu: Aigner, Detlev/Carstensen, Dirk/Horlacher, Hans-Burkhard/Lattermann, Eberhard: Das Augusthochwasser 2002 im Elbegebiet und notwendige Schlussfolgerungen. In: Wasserwirtschaft. 2003. Jahrgang 93. Nr. 1/2. S. 40.
871 Siehe hierzu: http://www.gwdg.de/~munger/materialschmidt/einfuehrung.html; http://www.ucmp.berkeley.edu/history/haeckel.html;http://home.tiscalinet.ch/biografien/biografien/haeckel.htm (Stand: 14.1.2003).
872 StAD: RA GXXIV 89c Vol. II. S. 5: Dresdner Anzeiger. No.94. Freitag, den 4. April 1845. S. 16.
873 StAD: RA GXXIV 89c Vol. II. S. 5: Dresdner Anzeiger. No.108. Freitag, den 18. April 1845. S. 14, 15.

Obwohl die Auswirkungen dieses Hochwassers deutlich besser überstanden wurden als es sonst der Fall war, bemängelte die Kreisdirektion zu Dresden eine »Einheit der Behörden, (...) Energie und Uebereinstimmung in Ergreifung der erforderlichen Maaßregeln«.[874] Um diesem Umstand Abhilfe zu leisten, forderte Kreisdirektor Marbach sowie die königlichen Ministerien, vor einer weiteren Flut einen Ort zu bestimmen an dem sich diejenigen Personen zu versammeln hatten, die für einen Krisenstab als unerlässlich erachtet wurden. Das sollten der Innenminister, oder sein Vertreter, ein Mitglied des Kriegs-Ministeriums und der Regierung, der Kreisdirektor, der Bürgermeister und Polizeidirektor Dresdens und der Amtshauptmann des 1. amtshauptmannschaftlichen Bezirks sein. Sie sollten sich zur »Berathung, Veranstaltung und Leitung der erforderlichen Maaßregeln« an dem bestimmten Ort »einzufinden haben.«[875] Die Bildung eines Krisenstabes ging über die bisherigen Lernschritte hinaus und war anderthalb Monate nach der Katastrophe auf eine weitere Optimierung der Maßnahmen ausgerichtet.

---

874 StAD: RA GXXIV 89c Vol. III. O. S. Dresden 19. Mai 1845.
875 StAD: RA GXXIV 89c Vol. III. O. S. Dresden 19. Mai 1845.

# XIV. Fazit

Die grundlegenden Fragen dieser Arbeit waren folgende: Wie reagiert eine Gesellschaft unter dem Druck nicht abbrechender Hochwasserkatastrophen? Welche Strategien entwickelt eine Gesellschaft, wenn sie fast jährlich krisenhafte Zustände zu bewältigen hat?

Wie in der Einleitung vorgestellt, wurde eine »Analyse des gesellschaftlichen Potenzials zur Katastrophenprophylaxe- und -abwehr« durchgeführt, um damit die Anpassungsleistung der sächsischen Gesellschaft aufgrund nicht abbrechender Hochwasser zu zeigen.[876] Lernen wurde eingangs als Fähigkeit definiert, vorhandene Handlungsmuster zu korrigieren, neue Muster aufzugreifen und eine Anpassung an sich verändernde Bedingungen durchzuführen. In vorgelegter Arbeit wurde diese Fähigkeit der sächsischen Gesellschaft zwischen 1784 und 1845 vorgeführt. Gesellschaft und Akteure waren von den Fluten[877] betroffen und standen unter einem Problemdruck, diese Extremereignisse nicht nur abzuwehren und sich anzupassen, sondern vorsorgend dagegen vorzugehen. Hierzu entwickelten sie gemeinsame Ansichten und Strategien, um das Problem der wiederkehrenden Fluten zu lösen. Es kam zu einer dauerhaften Adaptions- und Lernleistung, die zunehmend proaktiv verlief. Die Akteure dachten künftige Entwicklungen voraus und handelten dementsprechend. Hierfür war eine Veränderung des vorhandenen Wissens nötig. Diese Entwicklung und kollektives Lernen wurde von starken Persönlichkeiten getragen, das zunehmend gemeinsam erfolgte, wodurch die Lokalebene in die Verbesserungen eingebunden wurde.

Von sich wiederholenden Katastrophenmomenten[878] ausgehend, konnten im Untersuchungszeitraum drei Reaktionsmuster aufgezeigt werden: Abwehrstrategien, Kompensationsmaßnahmen und Präventionen. Um die Reaktionsfähigkeit der sächsischen Bevölkerung und Verwaltung herauszustellen, erfolgte die Analyse des Quellenkörpers aufgrund dieser Bewältigungen. Der Kreislauf eines »idealen« Katastrophenmanagements enthält diese Muster als prozess-

---

876 Jäger, Wieland: Katastrophe als gesellschaftlicher Prozeß. S. 7.
877 Knoepfel, Kissling-Näf u. Marek nehmen an, dass Katastrophen als Auslöser für Lernprozesse angesehen werden können. Vgl. Knoepfel, Peter/Kissling-Näf, Ingrid/Marek, Daniel: Lernen in öffentlichen Politiken. S. 35.
878 R. W. Kates ging davon aus, dass ein Wiederholungsmoment nötig sei, damit gesellschaftliche Lernprozesse nachweisbar würden. Vgl. Kates, R. W.: Hazard. Zit. nach Slovic, Paul: The perception of risk. London 2000. P. 8.

haftes Geschehen: Die Akutphase, Räumungs- und Wiederaufbauphase sowie die Vorsorge folgen im Idealfall aufeinander. Es wurde danach gefragt, ob die Akteure aufgrund des Wiederholungsmoments diese Prozesse miteinander verknüpfen konnten, und ob der Begriff Katastrophenmanagement diesbezüglich gerechtfertigt wäre.

Die über diesen Komplex hinausgehenden Fragen bestanden darin, ob die aufgezeigten Gegenmaßnahmen zu fundamentalen Lernprozessen in den Bereichen Abwehr, Kompensation und Prävention führten? Konnten die Akteure das Gelernte aufeinander aufbauen? Welche institutionellen Veränderungen gingen mit einer solchen Lernentwicklung einher?

Es konnten drei Phasen des Lernens im Untersuchungszeitraum festgestellt werden. Die Phasen des Lernens werden im Fazit in die Bereiche Reaktionen und Lernschritte unterteilt. Um die drei Phasen dieser Lerngenese erklären zu können, wurden von den Reaktionen ausgehend, Lernschritte und Lernprozesse aufgezeigt. Bevor die drei Phasen der Lerngenese vorgeführt werden, erörtere ich allgemeine Charakteristika der Gegenmaßnahmen im Untersuchungszeitraum, um damit der nachfolgenden Differenzierung einen Rahmen zu geben.

Begrifflich wurde zwischen Lernschritten, Lernprozessen und der in der Einleitung definierten Lerngenese (langfristig) unterschieden. Die kurzfristigen Lernschritte sind von den mittelfristigen Lernprozessen zu unterscheiden. Am Ende der Kapitel werden die wichtigsten Lernschritte der jeweiligen Lernphase überblicksartig zusammengefasst. Hier weise ich Lernergebnisse aus, um zu zeigen, was in den Dekaden gelernt werden konnte, wie die Phasen aufeinander aufbauten und warum der Begriff Lerngenese für den Untersuchungszeitraum gerechtfertigt ist.

Dem müssen zuerst die Ursachen für die wiederholt aufgetretenen Hochwasser vorangestellt werden. Abschließend wird die Charakteristik der Lerngenese zusammengefasst, um die Ergebnisse dieser »sächsischen Erfolgsgeschichte« in weitere Kontexte einbetten zu können.

## 14.1 Ursachen für die Häufung von Hochwasserkatastrophen im Untersuchungszeitraum

Die Klimaextreme im Untersuchungszeitraum wurden klimahistorisch untersucht, verortet und auf ihre möglichen Ursachen hin analysiert. Die Häufung von Eisfluten während des Dalton Minimums (1780–1830) wurde unter dem Aspekt des Einflusses von Vulkanen (Laki 1783/84, Tambora 1815) erörtert.

Verschieben sich die mittleren Temperaturen hin zu einem Extrem (mehr heißes oder kaltes Wetter) häufen sich Wetterextreme in dem betreffenden Raum. Ausgehend von der Gauß'schen Verteilungskurve war diese Korrelation deutlich aufzuzeigen. Prüft man die Temperaturen der Winter für Mitteleuropa, von der zweiten Hälfte des 18. Jahrhunderts bis 1830, so ergibt diese Zusammenschau der mittleren Temperaturen ein negatives Ergebnis. Aufgrund der Temperaturreihe Berlins lagen die 1780er und 1790er Jahre ca. 1,4 bis 1,7 Grad Celsius unter dem Dahlemer Mittel (1909–1969). Diese Verschiebungen der mittleren Temperaturen riefen in Sachsen Wetterextreme in Form von Kältewellen (bis unter minus 30 Grad Celsius) hervor. Dieselbe Relation für den Zeitraum bis 1845 konnte mit einem umfänglichen Kompendium aus diversen Quellenbelegen aus dem deutschsprachigen Raum untermauert werden.

In Kombination mit einem plötzlichen Warmlufteinbruch kam es wiederholt zu Hochwasserkatastrophen (Eisfluten), da die zugefrorenen Flüsse plötzlich aufbrachen und das mitgeführte Eis das Wasser oftmals zurückstaute.

## 14.2 Zusammenfassende Charakteristik der Gegenmaßnahmen

Verbesserungen im Katastrophenschutz, in der Koordination von Hilfsleistungen, technische Innovationen (z. B. Brückenkonstruktionen, erhöhte Backhäuser) und ein besonders im 18. Jahrhundert (öffentlich) geführter Diskurs über Ursachen und Innovationen konnten als Reaktion aufgrund der Hochwasser festgestellt werden. Dieser Diskurs wurde im 19. Jahrhundert stärker auf behördlicher Ebene geführt und gewann durch die Flut von 1845 öffentliches Gewicht, da darüber diskutiert wurde, inwieweit Regulierungen der Elbe dieses Hochwasser begünstigt hatten. Weitere Diskurse betrafen die Übernahmen an Kosten für Uferbauten, Aufeisungen vor Brücken, Dammbauten und das öffentliche Bereitstellen von Brettern zum Gehen im überfluteten Dresden.

Besonders 1799, 1819/1820 und 1845 war ein deutlicher Zug zur Vereinheitlichung der staatlichen Maßnahmen festzustellen. Die im 18. Jahrhundert angewandten Maßnahmen der Behörden (Hochwasserprävention- und -abwehr, Krisenmanagement, Wiederaufbau) konnten im 19. Jahrhundert ausgebaut werden. Als wichtiger Akteur der Katastrophenabwehr war Wasserbaudirektor Christian Friedrich Wagner auszumachen. Er war seit 1799 Wasserbaudirektor in Torgau, seit 1815 in Dresden und hatte wesentlichen Anteil an den Verbesserungen, die im 19. Jahrhundert stattfanden.

Viele der im 18. Jahrhundert gewonnenen Vorgehensweisen, wie z. B. das Regulieren der Schäden mittels privater und staatlicher Spenden, wurden im

19. Jahrhundert fortgesetzt. Darunter fiel ebenso der Einsatz des Militärs zur Beseitigung des Eises, Gesundheitsvorschriften das Beziehen der durchfeuchteten Häuser und Wohnungen betreffend oder das Abwälzen der Kosten für Uferbauten auf die Elbanrainer.

Die Frage, ob der sich im 19. Jahrhundert herausbildende Hochwasserschutz als Gradmesser für die Lernschritte zur Bewältigung der Katastrophen gelten kann und dass Flussregulierungen hierzu herangezogen werden könnten, ist für das 19. Jahrhundert mit ja zu beantworten. Der Durchstich durch den Loswiger Busch 1811 mag hier als Beispiel dienen.

Der Fluss der behördlichen Anweisungen bewegte sich bis 1800 vom Zentrum zur Peripherie. Der Dresdner Verwaltungsapparat ordnete an, was in den Ämtern hinsichtlich Vorsorge, Abwehr und Wiederaufbau zu geschehen hatte. Im 19. Jahrhundert kehrte sich die Richtung des Schriftverkehrs um. Insbesondere nach 1820 stammten Verbesserungen für die Gegenmaßnahmen von den Lokalbeamten, die am Deich gelernt hatten.

Nahezu unbeeindruckt vom politischen Tagesgeschäft agierten die Akteure im Zeithorizont. Gleiches gilt für die historischen Brüche, denen Sachsen – vom Spätabsolutismus bis zur Findung einer Verfassung und parlamentarischen Vertretung – ausgesetzt war. Der Katastrophendiskurs und das Management rückten nicht nur im Hochwasserfall auf die vordersten Positionen der politischen Agenda. Besonders eine drohende finanzielle Schieflage des Staatshaushalts, veranlasste u. a. Kabinettsminister die Kosten am Deich dort selbst in die Hand zu nehmen.

## 14.3 Gegenmaßnahmen und Lernschritte in der Lernphase I: 1784–1799

Gegenmaßnahmen

Die Eisflut von 1784 stürzte Sachsen ins Chaos. Meterdicke Eisschollen rasten die Flüsse hinab, Trümmer zerstörter Häuser, losgerissene Schiffe und an den Ufern gelagerte Baumstämme rasierten mit der Flutwelle alles hinweg, was sich ihr in den Weg stellte. Dämme brachen, Mühlen, Infrastrukturen und Industrien entlang der Flüsse wurden zerstört, manche Orte versanken bis zum Kirchturm in eisigen Fluten. Neun Menschen starben, während die Regierung in Dresden lediglich das Geschehen paralysiert mitverfolgte. Wie kam es zu einer solchen Katastrophe?

Der Augenzeuge und Wissenschaftler Pötzsch berichtete, dass unmittelbar vor dem Eisaufbruch die Temperaturen sanken, und niemand mit einer so zerstörerischen Eisfahrt rechnen konnte. 1655 war letztmalig eine ähnlich schwere Flut über Sachsen hereingebrochen, womit sich das Nichtvorhandensein effizienter Abwehr- und Rettungsmechanismen vor und während der Katastrophe erklärt. Sachsen war in den Dekaden vor 1784 nicht, wie Österreich zwischen 1771–1780, mit katastrophalen Hochwassern konfrontiert worden. In Österreich konnten vor 1784 präventive Abwehrstrategien vollzogen werden, deren Fehlen in Sachsen erst infolge dieser Katastrophe deutlich wurden. Die Katastrophe von 1784 widerlegt das von Jäger und Dombrowsky bestrittene Auftreten einer Katastrophe aus dem Nichts. Hier war tatsächlich ein plötzlicher Einbruch in das Leben einer Gesellschaft gegeben, ohne dass den Verantwortlichen Fehler im Vorfeld zugeschrieben werden konnten.

Aufgrund dieses traumatischen Ereignisses setzten Gegenmaßnahmen wie die Beseitigung des Eises von den Äckern durch das Militär unmittelbar ein. Der Kurfürst sandte in den ersten Tagen nach der Flut Gelder in die betroffenen Ämter, die von den Lokalbeamten an die von der Katastrophe Betroffenen verteilt wurden. In den akuten Notsituationen, wie anno 1784 oder 1799, erschien der Monarch höchstpersönlich in den Notstandsgebieten. Als Symbolfigur, die der heimgesuchten Bevölkerung ihre staatspolitische Fürsorge demonstrieren wollte, organisierte Friedrich August III. diese allerersten Maßnahmen.

Um den Wirtschaftsprozess so wenig wie möglich zum Erliegen kommen zu lassen, wurden Straßen und Zölle so schnell wie möglich in Stand gesetzt. Direkte finanzielle Hilfen erhielten diejenigen Industrien und Produktionszweige, die der Staat als essenziell ansah, wie die Textilindustrie oder Porzellanmanufakturen.

Zu den weiteren unmittelbaren Gegenmaßnahmen gehörten präventive Hygienevorschriften. Die Lokalbeamten wurden per Reskript zu einem strikten Katalog angehalten, den sie in den betreffenden Ortschaften publik zu machen und für deren Durchsetzung sie zu sorgen hatten. 1799 wies der Rat zu Dresden die Beamten darauf hin, dass sie die Stadt- und Amtsärzte zu instruieren hätten, ihre betroffenen Ämter gesundheitspolizeilich zu überwachen. Dieser Katalog der Hygienevorschriften kam im gesamten Untersuchungszeitraum in fast identischer Form immer wieder zur Anwendung.

Nach der Flut von 1785 wurde Weinessig als Desinfektionsmittel für Wohnungen landesweit ausgegeben, nachdem man in Torgau damit im Jahr zuvor gute Erfahrungen gesammelt hatte. Die Quellen vermitteln den Eindruck, als wäre diese Art der Desinfektion eine Innovation aufgrund der 1784er Katastrophe gewesen. Weinessig ist ein seit dem Altertum angewandtes Desinfektionsmittel und es kann davon ausgegangen werden, dass Weinessig bereits nach den Fluten der 1770er Jahre angewendet wurde.

Der nächste Schritt der Bewältigungen galt individuellen Aufbaumaßnahmen in den zerstörten Städten und Orten. Der Staat beteiligte sich 1784 zu fast 50 Prozent an einer finanziellen Bewältigung dieses Auftaktereignisses. Ein solches Engagement konnte bei keiner der nachfolgenden Katastrophen festgestellt werden. Private Spenden waren zum größten Teil durch staatliche Aufrufe initiiert worden und unterlagen einer in den Ämtern angeordneten Verhältnisverteilung. Daneben schalteten Bürger mit hoher gesellschaftlicher Reputation in den Leipziger Zeitungen Spendenaufrufe. Der Tenor dieser Anzeigen ging dahin, dass insbesondere die Einwohner derjenigen Orte aus denen die Aufrufe kamen, besonders schwer getroffen worden waren.

Bei den rein privaten Spenden lässt sich ein deutliches Sinken der Beiträge (um ca. 40 Prozent) von 1784 bis 1799 konstatieren. Obwohl die Schäden der Flut von 1799 noch über denen von 1784 lagen, verminderten sich nicht nur die staatlichen, sondern auch die (durch den Staat ins Leben gerufenen) privaten Unterstützungen um ca. 20 Prozent. Neben den Großereignissen von 1784, 1785 und 1799 half nach den Fluten in den Jahren 1792 und 1795 die staatliche wie private Unterstützung den Bürgern über das Schlimmste hinweg. Die nicht abbrechenden Hochwasser erzeugten eine Permanenz finanzieller Kompensationen, die als Grund für das verhaltener werdende Engagement angesehen werden kann.

Der Staat war für die finanzielle Unterhaltung der Dämme und Deiche an den schiffbaren Flüssen verantwortlich. Auch hier entstanden erheblichere Kosten als vor 1784, deshalb versuchte er sich bei einzelnen Gemeinden dieser Verantwortung zu entziehen, wie es am Beispiel der Gemeinde Ihleburg zwischen 1785 und 1799 gezeigt werden konnte.

Seit 1781 arbeiteten die Behörden an Entwürfen für ein Gesetz, das u. a. die Unterhaltspflicht für die Uferbauten neu regeln sollte. Ebenso die Landtage 1787, 1793 und 1799 zeigten, dass Kurfürst und Finanzkollegium schon im Geiste der neuen Ordnung entschieden hatten: Die zunehmenden Kosten für Unterhalt und Ausbau der Uferbauten sollten in Zukunft von denjenigen aufgebracht werden, die einen direkten Nutzen daraus zogen. Die Stände und insbesondere die Elbanrainer würden künftig einen größeren Beitrag leisten müssen. Der Konsolidierungskurs der sächsischen Staatsfinanzen nach dem Siebenjährigen Krieg sollte durch die wiederkehrenden Hochwasser nicht gefährdet werden. Hier ging die Bewältigung in einen längerfristigen Lernprozess über. Bis zur Einführung des neuen Gesetzes setze sich die Erkenntnis durch, dass die permanenten

Kosten für den Unterhalt der Uferbauten nicht gänzlich auf die Gemeinden abgewälzt werden konnten. Ihnen mussten neue Finanzierungsmöglichkeiten an die Hand gegeben werden. Es bestand die Gefahr, dass eine Überlastung der Kommunen dahin führen konnte (die Auseinandersetzungen mit der Gemeinde Ihleburg hatte dies gezeigt), dass letztlich doch der Staat ein möglicherweise sogar ausuferndes Zuschussgeschäft zu finanzieren hatte.

### Lernschritte

Um gegen eine erneute Eisflut besser gerüstet zu sein, reagierte die oberste Verwaltungsebene seit 1785 präventiv. Die Beamten in den Ämtern wurden aus der Hauptstadt mehrmals dazu aufgefordert, die Bevölkerung rechtzeitig zu warnen und vorsorgliche Aufeisungen durchführen zu lassen. Erhöhte Bereitschaft, Wachsamkeit und Weitergabe der zentralistisch aus Dresden erlassenen Reskripte wurde von den Lokalbeamten erwartet.

Auch Wissenschaftler und Laien diskutierten in Magazinen und Zeitungen mögliche vorsorgliche Maßnahmen. Es bestand Konsens darüber, dass das Flussbett der Elbe von Sandbänken, Heegern (Sandhügel), Baumstämmen etc. zu befreien sei, da dadurch das Eis sich nicht derart gewaltig zusammenschieben würde. Von wissenschaftlicher Seite wurde eine Brückenkonstruktion vorgeschlagen, die von weiteren Eisfluten nicht zerstört werden konnte. Bisher war nicht nachzuweisen, dass diese Vorschläge bereits vor der Jahrhundertwende implementiert wurden.

1804 erörterte man die Frage allgemeiner Flussregulierungen auf lokaler Verwaltungsebene. Korrektionen sollten künftig ausgebaut werden, was darauf schließen lässt, dass bereits vor 1800 Regulierungen diversester Art zur Anwendung kamen, wozu die beschriebenen Diskussionen einen Beitrag geliefert haben werden. Ebenso dokumentieren die Quellen für 1785 geplante Maßnahmen, um die kommende Flutwelle zum Wegschaffen von Sandbänken und Heegern zu nutzen. Allzu selbstständige Aufeisungen der Elbschiffer im Bereich der Augustusbrücke in Dresden machten diese Innovationen allerdings zunichte. Es kann aber davon ausgegangen werden, dass die städtischen Behörden in den folgenden Jahren diese Maßnahmen anwandten.

Öffentlich diskutiert wurde auch die Frage, ob es ratsam sei, Eisbarrieren vom Militär entweder mittels Artilleriebeschuss oder durch das Einlassen von Bomben aufzusprengen. Solche Versuche sind nicht nur anno 1784, sondern schon aus den 1770er Jahren überliefert und zeigten selten Erfolg. Wenn das Eis überhaupt in Bewegung geriet, dann häufig unkontrolliert, was zu unbeabsichtigten Schäden an der Infrastruktur führte. Der Lernschritt bestand darin, diese bisher angewandte Abwehrstrategie zu relativieren. Kritische Stimmen dominierten die Diskussion und für das 19. Jahrhundert berichten die Quellen kaum noch von solchen Sprengkommandos.

Ebenso vor einem möglichen Eisaufbruch ließ der Kurfürst die so genannten »Fahrten«, hölzerne Wege über das Eis, beseitigen. An den Stellen, wo die Fahrten ausgelegt worden waren, verdickte sich das Eis und nach dem Brechen des Eises kam es dort zu Eisbarrieren, die das Wasser zurückstauten und mitunter ganze Landstriche unter Wasser setzten.

Um die Zerstörungswucht einer bevorstehenden Flut zu vermindern, wurden die Holzhändler mit mehrmaligen Reskripten dazu angehalten, ihr Floßholz von den Ufern der Elbe zu entfernen. Bei der Katastrophe von 1784 erfasste die Flut die meterlangen Baumstämme, die mitgerissen wurden und insbesondere an hölzernen Brücken zusätzliche Schäden anrichteten.

Für den Februar 1785 lassen sich weitere Lernschritte feststellen. Entlang der Elbe richtete man ein akustisches Warnsystem mittels Kanonen ein, um beim Eisaufbruch die Menschen rechtzeitig warnen zu können, Reiterstafetten unterstützen diesen Prozess. Schon für das Jahr zuvor sind Aktivitäten zur Warnung durch Signalkanonen belegt. Wie aus verschiedenen Schreiben des 19. Jahrhunderts hervorging, erfüllte dieses Warnsystem nur selten seinen Zweck. Wasserbaudirektor Wagner sprach 1820 davon, dass es »nie« effizient gewesen sei. Im preußischen Torgau schuf man dieses System in den 1830er Jahren endgültig ab – aus identischen Gründen.

Boote zur Rettung und Evakuierung der vom Wasser Bedrohten wurden ebenso bereitgestellt. 1799 koppelte der Kurfürst Soforthilfe und Hygienemaßnahmen aneinander. Was die gesamte Versorgung der betroffenen Bevölkerung betraf, interagierten Beamte und Ärzte, wodurch eine Optimierung unmittelbar nach dem Hochwasser hergestellt werden konnte.

Bis 1800 waren die präventiven Maßnahmen vor Ort deutlich verbessert worden. Sobald das Wasser an der Oberelbe stieg, schickten, die an den Flüssen gelegenen Orte Wachen auf die Deiche. Ein Deichunterbedienter organisierte ein 24stündiges Begehen der Deiche. Eine erste Grundlage für ein vorausschauendes Abwehren schwerer Hochwasser war damit geschaffen worden, das in dieser Form im deutschsprachigen Raum einzigartig war. Es mag darauf hingewiesen werden, dass das Wiederholungsmoment der Hochwasser bereits vor 1800 nicht nur finanzielle Grenzen definierte, sondern auch Potenziale aufzeigte, die deutlich werden ließen, was bei nicht abbrechenden Katastrophen künftig nötig werden würde. Das absolute Regime reagierte variabel auf die Naturkatastrophen. Die Akteure wendeten die zur Verfügung stehenden Möglichkeiten immer routinierter an. Die gangbaren Wege waren ausgebaut worden – neue waren geschaffen worden. Die Beamten stellten sich den Katastrophen und setzen alles daran, 1784 nicht noch einmal Realität werden zu lassen!

Schwerpunktmäßige Umsetzungen nötiger Maßnahmen und Präventionen konzipierten bis zur Jahrhundertwende die obersten Verwaltungsinstanzen – allen voran das Geheime Finanzkollegium, das spätere Finanzministerium, welches chronisch über Ausgleichszahlungen, Wiederaufbaumaßnahmen und Infrastrukturverbesserungen zu befinden hatte. Bis 1800 sahen sich die Institutionen in einer mehr oder minder abwehrenden Haltung. Die einzelnen Instruktionen, wie auch der Strom der Kommunikation verliefen von oben nach unten – von Dresden in die Ämter vor Ort, in die Peripherie. Die Lokalebene befand sich im »absolutistischen Griff« der von Dresden erlassenen Reskripte. Inwieweit dies dazu beitrug, dass grundlegende Innovationen »am Deich« erst im neuen Jahrhundert zum Tragen kamen, lässt sich an der Kritik diverser Lokalbeamter ablesen, die insbesondere den verschachtelten und aus dem Mittelalter stammenden Verwaltungsaufbau kritisierten. Sie bemängelten, dass dadurch Kompetenzen zwischen den Ämtern nicht deutlich zuordbar waren und z. B. Uferbauten nach eigenem Gutdünken betrieben werden konnten.

Auswirkungen des Wiederholungsmomentes zeigten sich besonders deutlich bei der finanziellen Bewältigung. Nicht nur das Engagement des Staates, auch das der privaten Spenden sank rapide ab und erreichte nie wieder eine solch beachtenswerte Anteilnahme wie 1784.

### Wichtigste Lernschritte 1784–1799

- Um die Einwohner rechtzeitig zu warnen, wurden die Lokalbeamten in den Ämtern zu erhöhter Bereitschaft, Wachsamkeit und Weitergabe der Anweisungen aufgefordert (zentralistisch von Dresden per Reskript angeordnet)

- Präventive Hygienevorschriften (u. a. Desinfektion der Wohnungen mit Weinessig) für ganz Sachsen erlassen

- Akustisches Warnsystem mittels Kanonen entlang der Elbe installiert (nur unter günstigen Umständen effiziente Methode)

- Bei Eisaufbruch wurden Reiterstafetten entlang der Elbe zur Warnung der Bevölkerung eingesetzt

- Aufeisungen vor Brücken und Wehren durchgeführt (nur teilweise erfolgreich); Nutzung der Flutwelle, um sich bildende Sandbänke und Heeger aus dem Bett der Elbe zu spülen

- Sprengen von Eisbarrieren auf der Elbe durch Bomben und Artilleriebeschuss (dabei oftmals Infrastruktur durch unkontrollierten Eisgang zerstört)

- Beseitigung der Fahrten (hölzerne Wege über das Eis) rechtzeitig veranlasst

- Holzhändler hatten ihr Floßholz rechtzeitig von den Ufern der Elbe zu entfernen

- Bei der Soforthilfe 1799 wurden Nahrungsmittel, Trinkwasser, Branntwein, Brennstoffe und Geld unmittelbar bereitgestellt (Gesundheitsvorsorge in Soforthilfe integriert)

- 24-stündiges Bewachen und Begehen der Deiche durch die Elbanrainer eingeführt

- Fazit: Gegenmaßnahmen waren bis zur Jahrhundertwende mehr oder minder reine Abwehrmaßnahmen

## 14.4 Gegenmaßnahmen und Lernschritte in der Lernphase II: 1800–1820

### Gegenmaßnahmen

Auch wenn die Fluten bis 1804 kein wirklich katastrophales Ausmaß erreichten, änderten sich die Bedrängnisse für den Staat dadurch nicht. Finanzielle Belastungen durch Hochwasserschäden trugen Beamte lokaler und höherer Instanzen vor, die größtenteils auch staatlicherseits gedeckt wurden. Ein Verbauungsprojekt, das die Dämme im so genannten Ostragehege, einem Stadtteil Dresdens, aus- und verbessern sollte (1803, 1807–1809), kann für die permanente Problematik als Beispiel herangezogen werden. Für die Augustusbrücke in Dresden sind Schäden zwischen 1801 bis 1803 über das Brückenamtsarchiv resp. Schäfers Kompendium anno 1848 belegt. Für die weiteren Uferbauten entlang der Elbe kann Vergleichbares angenommen werden. Die Dämme und Deiche im gesamten Kurfürstentum waren in einem derart schlechten Zustand, dass an unterschiedlichsten Deichabschnitten vergleichbare Kosten entstanden sein werden, was 1810/1811 anhand der Finanzierungsprobleme bei Graditz und Werdau herausgestellt werden konnte.

Der finanzielle Schadensausgleich nach der Flut von 1804 unterschied sich nur unwesentlich von demjenigen in den Jahren zuvor. Das private und staatliche Muster wurde weiterverfolgt. Gleiches galt für den Unterhalt der Dämme und Deiche. Die Kosten wurden weiterhin auf diejenigen Ämter abgewälzt, welche von Uferbauten geschützt wurden. Die 1805 durchgeführten Aufeisungen der Elbe in Dresden reihen sich ebenso in den seit dem 18. Jahrhundert gefundenen Katalog der Maßnahmen ein.

Im Vorfeld der Flut von 1809 wurde das Militär vom Geheimen Kabinett präventiv instruiert. Die Formulierung »wie in gleichen Fällen sonst geschehen«[879], sagt nicht deutlich aus, ob diese Maßnahme sich auf die Fluten der Jahre 1801 bis 1803, oder auf den Zeitraum davor bezieht. Aufgrund der Schwere der Fluten in den 1780er und 1790er Jahren könnte dieser offensivere Einsatz des Militärs (präventivere Instruierung der Truppen, Anforderungsmöglichkeit der Lokalbehörden bei Einsetzen der Flut, jegliche Art von Gefahrenabwehr, Hilfe und Rettung der vom Hochwasser Betroffenen, Verteilung der Einheiten auf diejenigen Orte, die über kein stationiertes Militär verfügten etc.) ebenso der ersten Bewältigungs- und Lernphase zugeordnet werden.

Im Januar 1809 mahnte der König dem Stadtrat in Dresden eine »wechselseitige Communiction«[880] an, auch die Polizei wurde zur Kommunikationsverbesserung in der Hauptstadt eingesetzt. Die Präventivmaßnahmen und der Austausch zwischen oberster und lokaler Verwaltungsebene waren zwischen 1804 und 1810 interaktiver geworden.

Lernschritte

1804 traf eine Sommerflut Sachsen. Anders als bei den Eisgängen zuvor, hatten die lokalen Behörden dafür gesorgt, dass das an den Ufern gelagerte Floßholz rechtzeitig (24 bis 72 Stunden vor der Flutwelle) in Sicherheit gebracht wurde.

---

879 HStAD: Loc. 5788: Acta Die bevorstehende Eisfarth halber dem Militari ertheilte Anweisung betr. 1809, 1810, 1811. S. 1a.
880 StAD: RA CVIII 76b: Acta, Die beym harten Winter. S. 97, 98.

Die 1785 verfügten Instruktionen wurden nun umgesetzt. Überließ man im 18. Jahrhundert das einmal mitgerissene Holz dem Chaos der Eisflut, versuchte man nun, die Holzstämme aus dem Wasser zu ziehen. Ging man in anderen Orten davon aus, dass für eine ausreichende Sicherheit 24 Stunden als Minimum eingehalten werden sollten, unterschritt man in Pirna diesen Wert, was sogleich Schäden durch mitgerissenes Holz verursachte. Eine Berechenbarkeit, wann die Flutwelle den betreffenden Ort erreichen würde, war ermittelt worden.

Korrektionen an den Flüssen wurden weiter betrieben. Vor 1800 waren die Überlegungen bezüglich Flussregulierungen allgemeiner Natur. Seit 1804 erwog man anhand der jeweiligen Charakteristika des betreffenden Flusses die bestmöglichen Maßnahmen. Das Hochwasser von 1804 hatte an Dämmen und Deichen der sächsischen Elbe einen Schaden von einer Million Talern verursacht. Diese Kosten konnten nicht vom Staat übernommen werden – es drohte eine Schieflage des sächsischen Staatshaushalts. Derartige finanzielle Probleme rückten seit 1810 noch deutlicher in den Vordergrund. Für den Unterhalt des Dammabschnitts bei Graditz und Werdau (ca. drei Flusskilometer) beklagte das Geheime Finanzkollegium im Zeitraum von 1771 bis 1810 70.000 Taler an Kosten. Das war in Zukunft nicht mehr finanzierbar. Selbst wenn davon ausgegangen wird, dass nicht jeder Flussabschnitt derart hohe Kosten verschlang, musste eine Extrapolation dieses Wertes erhebliches Bedenken auslösen. Auf die gesamte sächsische Elbe hochgerechnet, wären Kosten in einer Höhe von zehn Millionen Talern auf den sächsischen Staatshaushalt zugekommen! Setzt man diesen möglichen Maximalwert gegen die vier bis fünf Millionen Taler, aus den laufenden Haushalten, erklärt sich das äußerst schnelle, unbürokratische und von den höchsten Würdenträgern des Staates getragene Management zur Reduzierung dieser Kosten.

Zuerst sollten 31.000 Taler für einen Durchstich durch den Losviger Busch bereitgestellt werden, damit Dammbrüche bei Graditz und Werdau nicht ganze Landstriche unter Wasser setzen würden. Doch auch diese vergleichsweise geringe Summe verursachte Schwierigkeiten. Schließlich realisierte man neben einer Mischfinanzierung diese Summe über Steuererlässe für die dortigen Anwohner, die einen Nutzen aus der Flusskorrektion bei Graditz und Werdau ziehen konnten. Die rekurrierende Formulierung, dass die Bürger in einem »contribuablen Zustand erhalten würden«, zeigt, unter welchen Gesichtspunkten der Kampf gegen die Fluten der Elbe betrieben wurde. Weniger humanitäre, sondern finanzpolitische Gesichtspunkte veranlassten die oberste Verwaltungsebene gegen die Fluten der Elbe präventiv vorzugehen.

Wie angespannt sich die finanzielle Lage um 1810 darstellte, war daran abzulesen, dass nach der Flut von 1811 die Stände die ärgste Not bei Belgern und

Riesa milderten. Hochwassergeschädigte, deren Habe zum dritten Mal zerstört worden war, kamen in den Genuss der bescheidenen Spendengelder.

Aus der Erkenntnis, dass die permanenten Kosten gesenkt werden müssten und die Menschen hinter den Deichen mit der betreffenden Finanzierung nicht allein gelassen werden dürften, entsprang die Überlegung, Fonds einzurichten. Ein solcher Fonds speiste sich sowohl durch eine jährliche Zuwendung der Stände in Höhe von 5000 Talern, als auch aus demselben Betrag, den der Staat einzahlte. Die Zahlungen erfolgten unabhängig davon, ob Bauten, Durchstiche etc. anstanden oder nicht. Dadurch war eine Akkumulation der Gelder gegeben.

Mit der Elbstrom-Ufer- und Dammordnung schufen König und Beamte 1819 ein Gesetz, das allen Belangen, die Elbe betreffend, gerecht werden sollte. Grundsätzlicher Tenor der Ordnung war die stärkere finanzielle Beteiligung der Elbanwohner an den Ufer- und Dammbauten. Neben einer finanziellen Neuregelung organisierten in den Gemeinden von nun an Dammrichter die Organisation vor, während und nach einem Hochwasser. Die am Ende des 18. Jahrhunderts gefundenen Organisationsformen wurden ausgebaut und erweitert. Alle anrainenden Gemeinden der Elbe hatten bei steigendem Flusspegel von nun an Dammwachen an den Deich zu beordern. Eine Mobilisierung aller zur Verfügung stehenden Kräfte regelte der Paragraph fünf.

Präventionen, Maßnahmen und insbesondere die finanziellen Systeme hatten bis 1820 eine neue Grundlage erhalten. Es waren Strukturen geschaffen worden, die es möglich werden lassen sollten, die großen Problemkreise wie ein Umsichgreifen von Chaos und eine finanzielle Überbelastung von Staat und Bevölkerung systematischer bekämpfen zu können. Die zweite Lernphase wurde durch die angespannte finanzielle Situation des Staatshaushaltes und die Berechnungen des Geheimen Finanzkollegiums, über den Deichabschnitt bei Graditz und Werdau, katalysiert.

Ab 1820 kommandierten die Amtshauptmannschaften drei Tage vor Eisaufbruch Polizisten als Eiswachen an die Elbdämme. Die Polizisten korrespondierten während ihrer Kontrollgänge mit den Wachen der angrenzenden Elbbezirke und hatten alle Veränderungen des Wasserstandes, des Eisgangs, etwaiger Schäden an den Deichen per reitenden Boten an die Amtshauptmannschaften zu melden. Die Gendarmen hatten darüber hinaus nicht nur die Signalkanonen zu bewachen, die Deiche zu bereiten, sondern waren dafür verantwortlich, dass die Bevölkerung instruiert und über die Schussabfolge informiert wurde. Bei steigendem Elbpegel rückten die Kräfte der betroffenen Ortschaften an die Deiche und Dämme. Die dramatischen Abwehrmaßnahmen angesichts der Flut von 1820 zeigten die effizienten ad hoc Reaktionen der örtlichen Behörden. Ebenso vorbereitet reagierten die Amtshauptmannschaften für den Fall, dass die Deiche nicht zu halten waren und ganze Landstriche überflutet wurden. Die Kommunikation und Versorgung der abgeschnittenen Ortschaften war seit 1820 auch für diese Fälle gewährleistet.

Die zweite Phase gipfelte in der Elbstrom-Ufer- und Dammordnung von 1819. Zwar hielten die Elbanrainer sich nicht an das Verbot eigenmächtig Dämme zu bauen (Beispiel Promnitz), aber eine Orientierungsmarke lag vor, die Wasserbaudirektor Wagner durch seinen 35seitigen Bericht ein Jahr später auszubauen wusste. Nach der Flut von 1820 erarbeitete Wagner diesen Bericht, der zu einem Teil auf den Erfahrungen der Lokalbeamten an den Deichen fußte. Dass z. B. das Signalgeben mittels Kanonen nicht in der Art ablief, wie es in der Literatur über das 18. Jahrhundert bisher beschrieben wurde, war u. a. dem Bericht Wagners zu entnehmen.

Das von ihm und dem im Finanzkollegium in Dresden zuständigen Geheimen Finanzrat von Zeschau verwendete Lautbild zur Verbesserung der Katastrophenabwehr war zunehmend von militärischen Ausdrücken geprägt. Der Ohnmacht eigenständiger Dammbauten, privaten Beteiligungen daran und der immer noch nicht optimal ablaufenden Katastrophenabwehr mögen diese militärischen Ausdrücke geschuldet sein. Latent floss dieser Ton auch in die seit 1826 jährlich herausgegebene – als umfassende Präventivmaßnahme zu verstehende – Bekanntmachung ein, die landesweit erschien.

Mit seinem Bericht von 1820 hatte Wagner ein »Ideal« geliefert. Der Experte hatte all das aufgelistet, was nötig gewesen wäre. Auch wenn nur ein Teil davon in den 1820er Jahren umgesetzt werden sollte, waren insbesondere durch die Elbstrom-Ufer- und Dammordnung wichtige Elemente justiert worden, auf denen aufgebaut werden konnte. Die Gemeinden an der Elbe wurden zu Dammkommunen zusammengelegt, um den Unterhalt der Uferbauten von einer breiteren Basis aus angehen zu können. Das Finanzkollegium errichtete Dammkassen, in die die Kommunen einen jährlichen Beitrag zu zahlen hatten, unabhängig davon, ob Bauten anstanden oder nicht. Damit war die Verpflichtung des Staates die Uferbauten zu finanzieren endgültig auf die Elbanrainer übergegangen. Die Auseinandersetzungen des Staats mit der Gemeinde Ihleburg hatten gezeigt, dass zum Unterhalt der Dammbauten stärkere Einheiten geschaffen werden mussten.

Die Uferbaukommission bestimmte aus der Mitte der Dammkommunen einen Dammrichter, der vor dem Eisaufbruch dafür zu sorgen hatte, dass Rettungsmannschaften alarmiert, Material zur Dammsicherung bereitgestellt und Boten an die benachbarten Gemeinden geschickt würden. Mit der neuen Ordnung konnten die anrainenden Gemeinden nun auch juristisch zur Katastrophenabwehr herangezogen werden.

Rechtlich konnte unmittelbar nach 1819 keine Einheitlichkeit hergestellt werden. Wie uneinig die Verantwortlichen hinsichtlich des Dammbaus waren, zeigten die Vorgänge bei Promnitz. Die Permanenz, mit der sich die staatstragenden Institutionen eine jahrzehntelange Auseinandersetzung lieferten, war Ausdruck davon, dass es in dieser Konfrontation zu einem guten Teil darum ging, wer sich in diesen Fragen durchsetzte, die Entwicklung(en) mitunter auf lange Zeit bestimmte, als dass es zum Schluss um den einzelnen Dammbau gegangen wäre. Diese gegenseitige Behinderung und das weiterhin allgemein übliche eigenmächtige Bauen von Dämmen verhinderte weitere Lernprozesse, die für ein stringentes Vorgehen der Regulierungsarbeiten an der Elbe wichtig gewesen wären.

Institutionell war schon 1811 sowohl in Torgau (das nach dem Wiener Kongress an Preußen abgetreten werden musste) als auch in Dresden ein Wasserbaudepartement eingerichtet worden, das dem Geheimen Finanzkollegium untergeordnet war. Dem Wasserbaudirektor unterstanden Fachbeamte und die Wasserbaudirektion, in welcher der Kreishauptmann und der zuständige Amtshauptmann vertreten waren. So war gewährleistet, dass die drei beteiligten Ebenen die Belange der Gemeinden »vernetzt« angingen. Daraus resultierten die Vorschläge der Amtshauptmänner nach der Flut von 1820. Sie fühlten sich nun bemüßigt, an dem Prozess aktiver mitzuwirken, da sie stärker eingebunden worden waren. Ein solcher Vorschlag war z. B. das Anlegen von erhöhten Plätzen und Notbacköfen, um nach einem Hochwasser keine Versorgungsengpässe aufkommen zu lassen.

Die Lernschritte der ersten Phase waren in einen Lernprozess übergegangen. Das Lernen bezüglich Präventionen, Maßnahmen und die bisherigen Arten von Bewältigungsstrategien waren ausgebaut worden. Deutliche Verbesserungen waren besonders im präventiven, ad hoc und nachhaltigen Bereich (Finanzen/ Elbstrom-Ufer- und Dammordnung) erzielt worden. Unter die nicht unerheblichen Fortschritte fiel auch, dass die Aufnahme der Schäden und die Gesundheitsvorsorge endgültig aneinander gekoppelt wurden, was eine effizientere und schnellere Bestandsaufnahme und damit verbesserte Reaktionen auf das Extremereignis ermöglichte.

Im Vorfeld der neuen Ordnung entstanden institutionelle Verbesserungen. Wasserbaudepartements in Torgau und Dresden beschäftigten seit 1811 Fachbeamte, die sich verstärkt mit der Hochwasserproblematik auseinandersetzten. Zudem gingen Wasserbaudirektion und die Lokalbeamten in den Ämtern die Belange der Gemeinden nun gemeinsam an.

Die Kosten für verstärkte Regulierungsarbeiten an den Flüssen gingen auf die Nutznießer über. Mit Fonds, Dammkassen und den Regelungen des neuen

Gesetzes waren gänzlich neue Instrumentarien geschaffen worden, die der permanenten (nicht nur finanziellen) Überbelastung von Staat und Bevölkerung Rechnung trugen.

Wichtigste Lernschritte 1800–1820

- Katastrophenkommunikation erfolgte auf der mittleren wie lokalen Verwaltungsebene. Kreise und Ämter traten aus der Passivität der Dekaden zuvor heraus

- Maßnahmen in einem Schritt: Schadenaufnahme und Gesundheitsvorsorge wurden endgültig aneinander gekoppelt

- Kosten für Regulierungsarbeiten gingen auf die Nutznießer über (Einrichten von Fonds zur Unterstützung der Gemeinden, Zusammenlegung der Elbgemeinden zu Dammkommunen, Einrichten von Dammkassen zum Unterhalt der Uferbauten)

- Gründung von zwei Wasserbaudepartements in Torgau und Dresden 1811 (Fachbeamte, Wasserbaudirektion und Lokalbeamte gingen Belange der Kommunen gemeinsam an)

- Elbstrom-Ufer- und Dammordnung 1819: Mobilisierung aller verfügbaren Kräfte zur Katastrophenabwehr am Deich, Schaffung von Dammkommunen und Dammkassen

- Anlegen von erhöhten Plätzen und »Backhäusern«, um nach einer Flut keine Versorgungsengpässe aufkommen zu lassen

## 14.5 Gegenmaßnahmen und Lernschritte in der Lernphase III: 1820–1845

Gegenmaßnahmen

Seit den 1820er Jahren liegen Belege vor, dass sich die Erkenntnis durchsetzte, dass die Hochwasser nicht abbrechen würden. Daraus resultierten Vorkehrungen im Falle einer Flut beweglich zu bleiben. Insbesondere diejenigen Bürger, welche im Parterre wohnten, versahen sich mit Brettern, Böcken und Kähnen, um bei Hochwasser nicht in der eigenen Wohnung gefangen zu sein. Die Stadt

Dresden förderte diese Maßnahmen, indem sie das betreffende Material bereitstellte. Da die Bürger das zur Verfügung gestellte Material oftmals nicht zurückgaben, verweigerten die Stadtbehörden eine weitere Beteiligung an diesen Kosten. Das Rudern mit Kähnen und das Gehen auf Brettern in einer überfluteten Stadt erinnert an »venezianische Zustände«. Analogien hinsichtlich Permanenz und einer Alljährlichkeit dieses Bildes erscheinen evident.

Damit begann die dritte Phase – die Phase der »Bekanntmachungen«, die im souveränen Umgang mit der extremen Flut von 1845 mündete und in der die gewonnenen Verbesserungen implementiert und weiter ausgebaut werden konnten.

### Lernschritte

Ab 1826 erschien vor jeder Eisflut eine Bekanntmachung, die die wichtigsten Grundsätze Wagners enthielt und in die die Lernschritte der letzten Jahrzehnte aufgenommen worden waren. Die Zahl der Signalkanonen und der Polizeiposten entlang der Elbe waren erhöht worden. Das Verhalten der Bevölkerung an der Elbe, unterlag einem optimierten Katalog, dessen Vorschriften ein prae, nunc et post präzis auswies.

Auch in dem seit 1815 preußisch gewordenen Amt Torgau ging man dazu über, per Bekanntmachungen die Katastrophenabwehr vorzubereiten. Die beiden Veröffentlichungen ähneln sich nicht nur inhaltlich, sondern sind beide in einem militärischen Stil abgefasst.[881] Der Lerninput für den Bericht Wagners stammte zu einem Großteil von den Lokalbeamten. Sie waren es, die vor Ort sahen, was im Angesicht einer Eisflut verbessert werden musste.

Die ab 1826 landesweit erlassene Bekanntmachung kanalisierte die bisherigen Lernschritte in einer umfassenden Verhaltensvorschrift vor, während und nach einem Hochwasser. Die Lernentwicklung, die diese deutlich verbesserte Bewältigung ermöglichte, muss der unteren Verwaltungsebene angerechnet werden. Von hier gingen Lernimpulse aus, die das gesamte Katastrophenmanagement bis 1845 beeinflusste. Wagner baute die Vorschläge der Lokalbeamten in seinen Bericht an das Finanzkollegium ein. In die Bekanntmachung anno 1826 wurden wesentliche Bestandteile dieser Vorschläge aufgenommen, so wie die Optimierung der Signalschüsse und die Verknüpfungen zur Elbstrom-Ufer- und Dammordnung. Damit war das Verhalten der an der Elbe lebenden Menschen

---

881 Torgauer Kreis-Blatt. No. 6. Sonnabend, am 10. Februar 1838. S. 42–45. Dass.: No. 8. Sonnabend, am 24. Februar 1838. S. 57–59.

vor, während und nach einer Hochwasserkatastrophe optimiert worden. Diese dritte Phase ist die entscheidende gewesen. Die Lernschritte der Phase eins und zwei waren derart in den Maßnahmenkatalog integriert worden, dass von nun an von einem »Katastrophenmanagement« gesprochen werden kann. Wagner hatte mit seinem Bericht eine Matrix geliefert, die nur noch umgesetzt werden musste.

1835 gründeten Dresdner Bürger einen Rettungsverein. Ziel des Vereins war es nicht nur, während des Hochwassers Menschenleben zu retten, sondern auch die Habe derer, die von den Eisfluten unmittelbar heimgesucht worden waren, in Sicherheit zu bringen.

Ab 1836 war es in Dresden möglich geworden, abzuschätzen, bei welchem Pegel die Elbe welche Bereiche der Stadt überfluten würde. Eine »Gefahrenkarte« war aus der Erfahrung der nicht abbrechenden Fluten über Jahrzehnte entwickelt worden. Dadurch wurde ein präventiver und damit effizienterer Einsatz der Rettungskräfte möglich.

Aus den Amtshauptmannschaften gingen in den Jahren 1838 bis 1840 weiterhin Vorschläge ein, das Katastrophenmanagement zu verbessern.[882] Dass an der einmal gefundenen Form einer vorsorgenden Bekanntmachung weitestgehend festgehalten wurde, zeugte von einer sich abzeichnenden Klimaxphase der Bewältigungen, in die sich die sächsische Gesellschaft vorgearbeitet hatte und die sich im adäquaten Katastrophenmanagement von 1845 manifestierte.

Die Kommunikation zwischen den Stationsorten der Kanonen, der Gendarmerie und der Hauptstadt brach 1845 nicht ab. Polizisten und Lokalbeamte schickten auch während der Flut Nachrichten an die Kreisdirektion nach Dresden, die die Katastrophenabwehr koordinierte. So war gewährleistet, dass auf Veränderungen des Eisgangs, des Wasserstandes reagiert und Abwehrmaßnahmen während des Hochwassers dementsprechend optimiert werden konnten.

In der Hauptstadt wandten die Behörden das neu gewonnene und über Jahrzehnte entwickelte Wissen effizient an. Militär, Material und Polizeikräfte waren rechtzeitig an den kritischen Punkten der Stadt positioniert worden, sodass bei Steigen der Elbe überlegt gehandelt werden konnte. Alles Menschenmögliche war für die Bevölkerung getan worden. Die Bürger Dresdens lobten noch während der Katastrophe die Organisation:

»Überall war bei aller steigender Gefahr, Ordnung, Ruhe und Vertrauen auf die Einsicht der wahrhaft väterlichen Behörde.«[883]

---

882 HStAD: Film 2074: Der Eisgang der Elbe. Vol. II 1838–1840.
883 StAD: RA GXXIV 75: anonym: Darstellung des Eisgangs und der Wasserfluth des Elbstromes in den letzten Tagen des Märzmonats 1845. O. J. O. S.

Obwohl die Folgen nach der Flut von 1845 deutlich besser als bei den Fluten zuvor überstanden wurden, riefen Kreisdirektor Marbach und die königlichen Ministerien einen Krisenstab ins Leben. Dieser Krisenstab setzte sich aus dem Innenminister, oder seinem Vertreter, einem Mitglied des Kriegsministeriums, dem Kreisdirektor, dem Bürgermeister und Polizeidirektor Dresdens und dem Amtshauptmann des 1. amtshauptmannschaftlichen Bezirks zusammen. Sie sollten sich vor einer weiteren Flut versammeln und zentralistisch die nötigen Maßnahmen beraten und bestimmen.

### Wichtigste Lernschritte 1820–1845

- 1820 legte Wasserbaudirektor Wagner einen umfassenden Bericht vor, der als Basis für verbessertes Katastrophenmanagement (Lerninput stammte z. T. von Lokalbeamten) genutzt wurde

- Ab 1826 existierte eine landesweite Bekanntmachung: Erhöhung der Zahl der Signalkanonen auf 17 Orte, 19 Polizeiposten entlang der Elbe eingerichtet, Verhalten der Bevölkerung vor, während und nach einem Eisgang optimiert

- 1835 Gründung eines Rettungsvereins in Dresden

- 1836 war eine »Gefahrenkarte« für Dresden vorhanden, die eine Abschätzbarkeit der zu erwartenden Wassermassen und einen dementsprechenden präventiven Einsatz von Polizei und Militär ermöglichte

- Ab 1845 bestand dauernde Kommunikation zwischen Peripherie und Hauptstadt (Polizei und Lokalbeamte berichteten an Kreisdirektion in Dresden)

- 1845 bestand deutlich verbessertes Management in Dresden, das noch während der Flut von der Bevölkerung gelobt wurde

- 1845 kamen unmittelbar nach der Flut kritische Stimmen über verstärkte Hochwassergefahr aufgrund der bisherigen Flussregulierungen auf

- Nach der Flut von 1845: Einrichten eines Krisenstabes (bestehend aus Innenminister, Mitglied des Kriegsministeriums, Kreisdirektor, Bürgermeister und Polizeidirektor Dresdens, Amtshauptmann des 1. amtshauptmannschaftlichen Bezirkes), der optimierte Koordination für kommende Fluten gewährleisten sollte

## 14.6 Zusammenfassende Charakteristik der Lerngenese

Die gesamte sächsische Gesellschaft setzte sich mittelbar oder unmittelbar mit der Hochwasserproblematik auseinander. Betrachtet man den strukturellen Aufbau des Staates, kann für den gesamten Zeitraum eine vertikale Durchdringung konstatiert werden. Diese vertikale Durchdringung manifestierte sich einerseits anhand verschiedener Bewältigungen wie Spenden, Katastrophenabwehr, Gesundheitsprävention etc., dem Weiterführen von Maßnahmen wie dem Aufeisen vor Brücken durch das Müller- und Fischerhandwerk, oder durch die Elbschiffer.

Nach der Flut 2002 forderte Jochen Schanze für ein verbessertes Hochwasserrisikomanagement »selbsttragende« kooperative Lernprozesse für eine dauerhafte gesellschaftliche Koevolution«, die durch »kontinuierliches und reflexives Lernen«[884] zu erreichen seien. »Kontinuierliches und reflexives Lernen der Akteure« kann spätestens seit der Verschränkung von Maßnahmen in einem Schritt (Gesundheitsvorsorge war 1799 in Soforthilfe integriert worden) konstatiert werden. Für den gesamten Untersuchungszeitraum sind diese Charakteristika des Lernens feststellbar gewesen. Eine vertikale Reaktionsfähigkeit, welche unmittelbar nach 1784 einsetzte (auch Laien veröffentlichten Verbesserungsvorschläge), zieht sich nicht nur als roter, sondern als kontinuierlich stabilerer Faden bis zur Flut von 1845. Die von Schanze angesprochene »gesellschaftliche Koevolution« kann mit dieser Reaktionsfähigkeit umschrieben werden.

Der sächsische Staatshaushalt war durch die wiederkehrenden Hochwasser existentiell bedroht. Lokale Maßnahmen konnten Deichdurchbrüche nicht verhindern, wodurch die monetären Unterstützungen der Gemeinden und Kommunen durch den Staat unverhältnismäßig geworden waren. Finanzierte am Ende des 18. Jahrhunderts zu einem großen Teil der Monarch die Schäden, zog sich der Staat im 19. Jahrhundert endgültig aus dieser Verantwortung zurück und ließ die Betroffenen die Schäden selber tragen. Streitigkeiten um Finanzierungen wie bei Ihleburg, Graditz, Werdau und Canitz zeigten, wie die »neuen Beamten« den finanziellen Systemumbruch auch im Kleinen verfolgten. Hier war eine Verflachung der Hierarchien zu beobachten. Die untere, mittlere und obere Verwaltungsebene war in diesen Prozess involviert.

---

884 Schanze, Jochen: Nach der Elbeflut 2002: Die gesellschaftliche Risikovorsorge bedarf einer transdisziplinären Hochwaserforschung. In: Gaia 11. 2002. Nr. 4. S. 247–254, hier S. 253.

In der Einleitung wurde Klaus Eders Verbürgerlichungsthese hinsichtlich »Geschichte und Lernprozess« vorgestellt, die sich für den Übergang vom 18. zum 19. Jahrhundert nachweisen ließ. Eine Verflachung von Hierarchien und »neue Beamte« beschreibt auch er:

> »Aus der dem König zugeordneten Oberschicht, einer adeligen Rentierschicht, wird eine Schicht von Kommissaren, Beamten etc., die nicht mehr durch Status, sondern durch Funktion bestimmt ist.«[885]

Die finanzielle Bewältigung verlagerte man auf eine breitere Basis. Städte und Gemeinden mussten fortan für präventive und sonstige Kosten aufkommen. Dieser Systemumbruch kann als eine Ausprägung des beginnenden bürgerlichen Zeitalters gewertet werden.

Die Haltung den Katastrophen gegenüber veränderte sich ab 1800. Die Hochwasser wurden nicht mehr als »Landplagen« hingenommen. Die Lokalbeamten versuchten, die katastrophalen Folgen präventiv am Deich zu vermeiden. Das entwickelten Beamte vor Ort. Sie gaben ihre Erfahrungen und Hinweise an den Wasserbaudirektor Wagner weiter, der sie wiederum dem Geheimen Finanzkollegium vorlegte. Damit kehrten sich die Informationsströme der Katastrophenabwehr ab dem neuen Jahrhundert um. Insofern kann das Jahr 1800 als Wendepunkt sowohl für die Bewältigungen als auch für die daraus resultierenden Lernschritte angesehen werden.

> »Bis zum Ende des 18. Jahrhunderts ist die Aufklärungsbewegung dadurch gekennzeichnet, daß die ›Gesellschaft‹ von oben erzogen wird, (…).«[886]

Diese These von Klaus Eder bestätigt sich in der vorliegenden Untersuchung. Bis zur Jahrhundertwende hatten die Lokalbeamten in den Ämtern den Weisungen und Reskripten aus Dresden zu folgen. In den ersten Dekaden des neuen Jahrhunderts gelangten ihre Vorschläge in den allgemeinen Katastrophenkatalog, der ab 1826 in Form einer Bekanntmachung landesweit verbreitet wurde.

Ebenso bezüglich der Informationsströme greift der von Eder geortete Paradigmenwechsel. Für ihn drehen sich die Kommunikationsflüsse in der Moderne um:

---

885 Eder, Klaus: Geschichte als Lernprozess? S. 357, 358.
886 Eder, Klaus: Geschichte als Lernprozess? S. 124.

»Die Träger kollektiver Lernprozesse sind nun Gruppen, die sich dadurch definieren, daß prinzipiell jeder gleichermaßen am Gruppenleben teilnehmen darf.«[887]

Das »Teilnehmen am Gruppenleben« bestand in den Vorschlägen der Lokalbeamten, die seit dem neuen Jahrhundert am Prozess einer verbesserten Katastrophenabwehr aktiv mitwirkten.

Sachsens Verwaltungen waren bis zur Schaffung einer Verfassung (1831) durch die restaurative Politik des Kabinettsministers von Einsiedel geprägt, die vom König gestützt wurde. Der bestehende Widerspruch zwischen der herrschenden Politik und den aufstrebenden bürgerlichen Kräften war offensichtlich. Für das Katastrophenmanagement können andere Charakteristika festgemacht werden: Durch die Umkehr der Informationsflüsse von »unten nach oben« ging das Katastrophenmanagement zusehends auf bürgerliche Kräfte über. Eine Verbürgerlichung war die Folge, die sich vertikal in höheren Verwaltungsebenen fortsetzte.

Die Beamten optimierten die Katastrophenabwehr vor, während und nach dem Ereignis (Menschen, Material). Dies geschah mittels einer »harten Bewältigung« (militärischer Ton der Bekanntmachung, juristische Folgen für Verweigerer, Einsatz von Militär und geschulten Kräften). Durch diese »Mobilmachung« erzwangen die Akteure der mittleren Verwaltungsebene eine vernetzte Katastrophenkommunikation, die alle Schichten erfasste. Sie implementierten ihre Vorstellungen in Anordnungen und Erlassen. Beamte, die Verwaltungen, das Militär, Gemeinden und Kommunen kommunizierten und organisierten ab den 1820er Jahren die Hochwasserprävention, Abwehr und Folgemaßnahmen gemeinsam – vernetzt. Hierarchien (für das Erreichen einer besseren Abwehr) flachten sich mit dieser neuen Art der Kommunikation ab.

Ab 1826 kann von einem sektoral vernetzten Katastrophenmanagement gesprochen werden, in dem die Akteure gemeinsam handelten. Nach 1820 und dem Bericht Wagners verstärkten sich die reflexiven Elemente des Lernens (die Schanze aufgrund der Flut 2002 eingefordert hatte), weil sich nicht nur der Informationsfluss von unten nach oben verlagert hatte, sondern weil nun alle beteiligten Ebenen miteinander interagierten. Ab den 1820er Jahren kann von »selbsttragenden kooperativen Lernprozessen« gesprochen werden, die eine »dauerhafte gesellschaftliche Koevolution mit den gebietsspezifischen Hochwasserrisiken« ermöglichten. Diese »Koevolution« war durch »kontinuierliches und reflexives Lernen«[888] erreicht worden.

---

887 Eder, Klaus: Geschichte als Lernprozess? S. 129, 130.
888 Schanze, Jochen: Nach der Elbeflut 2002: Die gesellschaftliche Risikovorsorge. S. 253.

Organisierten und erdachten bis 1800 hauptsächlich die Beamten und Adligen am Hof zu Dresden die Abwehrmaßnahmen, gingen diese Schlüsselfunktionen zusehend auf lokale Beamte in den Ämtern über, die auch zunehmend Impulse setzten konnten – dies insbesondere seit der zweiten Hälfte der 1820er Jahre. Das kontinuierliche Verbessern des Katastrophenmanagements resultierte aus Lernschritten und Lernprozessen der Lokalbeamten.

Sachsen verfügte mit einer landesweit erschienenen Bekanntmachung vor Eintreten des Hochwassers, einer Gefahrenkarte für Dresden und der Bildung eines Krisenstabes nach der Katastrophe von 1845 über ein modernes Katastrophenmanagement. In sechs (bzw. zwei intensiv genutzten) Dekaden hatten die Verwaltungen Sachsens gelernt, wie desaströse Eisfluten nicht nur bewältigt, sondern präventiv abgewehrt werden konnten. Die sächsische Lerngenese, insbesondere für den Zeitraum 1820 bis 1845, entspricht erstaunlich genau der Forderung von Schanze im Jahr 2002, wonach eine verbesserte Hochwasserrisikovorsorge einen Wechsel vom Hochwasserschutz zum Hochwasserrisikomanagement bedinge. Geplante Interventionen um Unsicherheit zu reduzieren, waren in allen Phasen des Lernens festzustellen.[889]

Fragt man danach, ob diese Lerngenese mehr von einem regelvertrauten/ routinierten oder fundamentalen/verstärkten Lernen getragen war, so kommt man zu erweiternden Aussagen, wie sie Siegenthaler formuliert hat.[890] Er ging nicht von einem Wiederholungsmoment von Katastrophen aus. Es ist ihm zuzustimmen, dass einzelne Krisen die Möglichkeit bieten, Prozesse in Gang zu setzen, die sich sonst einer Gesellschaft nicht bieten. Für den Zeitraum bis zur Jahrhundertwende war dem so, doch danach waren es gerade die schockarmen Dekaden, die die Lerngenese beschleunigten – stärker als die Einschläge von 1784 und 1799. Insofern nahm der Lerngewinn mit der Schwere der jeweiligen Flut nicht unmittelbar zu, auch wenn die Fluten 1820, 1830 und 1845 als Verstärker für das Zustandekommen der Lerngenese angesehen werden können. In allen drei Lernphasen konnte sowohl routiniertes, als auch verstärktes Lernen festgestellt werden. Fundamentales/verstärktes Lernen ging zusehends in ein regelvertrautes/routiniertes Lernen über, aber die Lernergebnisse wiesen fundamentalen Charakter auf. Hochwasser waren zur Normalität geworden, genauso »normal« war es, dagegen so systematisch wie möglich vorzugehen –

---

889 Vgl. Miller, Max: Some Theoretical Aspects of Systemic Learning. In: Sozialer Sinn. Heft 3/2002. S. 43.
890 Siegenthaler, Hansjörg: Regelvertrauen, Prosperität und Krisen. Die Ungleichmäßigkeit wirtschaftlicher und sozialer Entwicklung als Ergebnis individuellen Handelns und sozialen Lernens. Tübingen 2003.

weil die Institutionen seit spätestens 1827 davon ausgingen, dass die Fluten nicht abbrechen würden. Wie fundamental die Ergebnisse waren, lässt sich daran ablesen, dass auch Preußen eine »Phase der Bekanntmachungen« durchlief und zu vergleichbaren Ergebnissen und Innovationen vorstieß.

Ein nüchterner Umgang mit den Katastrophen zieht sich als roter Faden durch den Untersuchungszeitraum. Die Eisfluten wurden nicht gedeutet – sie wurden bewältigt. Eine solch grundsätzliche Strategie war in allen drei Phasen der Lerngenese festzustellen. Straftheologische Deutungen konnten nicht extrahiert werden. Nach der 1784er Katastrophe wurden vermehrt Predigten gehalten, die aber keinem einheitlichen Muster folgten, lediglich einen Solidaritätsgedanken rekurrierend hervorhoben.

Es lag dem Staat daran, die kurzfristigen, wie langfristigen Kosten zu senken. Spätestens seit 1819 ließ der Staat sukzessiv diverse Kosten auf die Nutznießer der Regulierungsmaßnahmen übergehen. Die kurzfristigen Kosten suchte er durch ein verbessertes Katastrophenmanagement, wie es in der Bekanntmachung ab 1826 zu Tage trat, so weit wie möglich nicht entstehen zu lassen. Je besser Prävention und Katastrophenmanagement abliefen, desto geringer würden die Kosten ausfallen.

Seit 1781 arbeitete man an einer Elbstrom-Ufer- und Dammordnung. Nachdem man 1819 damit den juristischen Belangen eine Form gegeben hatte, präsisierte Wagner, respektive die höchsten Verwaltungsebenen, in den folgenden Jahren das Verhalten der Einwohner vor, während und nach einem Hochwasser. Diese Innovation resultierte aus den Erfahrungen, die die Lokalbeamten während des Eisgangs an den Deichen und in den Ortschaften vor, während und nach den Fluten sammeln konnten. Diese kumulative Permanenz, mit der man den wiederkehrenden Fluten begegnete, war der Schlüssel, um überhaupt eine Systematisierungsphase zu erreichen, die in der dritten Lernphase der 1830er und 1840er Jahre gipfeln sollte. All das versprach eine Kostenminimierung für den angespannten sächsischen Staatshaushalt.

Hinzu kam eine Nichtbeteiligung des Staates an einer direkten Flutopferhilfe. Nur 1784 konnten mit staatlichen wie privaten Ausgleichshilfen 50 Prozent der Schäden abgedeckt werden. Danach erreichte die staatliche und/oder private Unterstützung nie mehr einen so hohen Prozentsatz. Anno 1845 sah es der Staat als ausreichend an, dass ca. 30 Prozent (wahrscheinlich etwas mehr) rein über private Spenden ausgeglichen werden konnten. Die verbliebenen Schäden überließ der Staat sowohl im 18. wie im 19. Jahrhundert einer privaten Selbstregulierung. Es mag reduzierend klingen, aber finanzielle Aspekte dominierten das Geschehen.

Eine langfristige Kostensenkung war über eine Nichtbeteiligung an den kostspieligen Dammbauten zu erreichen. Nicht umsonst war dieser Bereich immer wieder Gegenstand von Auseinandersetzungen, respektive Verweigerungen von Verantwortlichkeiten, wie es anhand der Beispiele Ihleburg, Promnitz, aber auch anhand der Streitigkeiten um Kosten für Aufeisungen, für das Bereitstellen von Stegen etc. zu exemplifizieren war. Die beschriebene Lerngenese gipfelte im deutlich verbesserten Management von 1845, das sicherlich in einem weiteren Zeithorizont gesehen werden muss, da das häufig genannte Schwellenjahr 1861 für weitergehende Regulierungen der Elbe auf die katastrophalen Fluten bis 1845 zurückgeführt wurde.

An das Hochwasser von 1845 schloss sich eine Technikkritik, die eigentlich erst von der Hochindustrialisierung her bekannt war. Die in Zeitungen geäußerten Bedenken, inwieweit die bisherigen Flussregulierungen das Hochwasser von 1845 bedingten, wiesen modernen Charakter auf. Dass die Menschen eine Ambivalenz technischer Innovationen wahrnahmen, die das Leben zunehmend dominierten, deutete moderne Risikolagen (ökologische Probleme) aus nachhaltigen Eingriffen in den Naturhaushalt an.

Um die Bewältigung der nicht abbrechenden Eisfluten zu verbessern, musste der gesamte Verwaltungsapparat an einem Strang ziehen. Insbesondere das Geheime Finanzkollegium und später das Finanzministerium (ab 1831) gaben die Richtung an, wohin die Entwicklung zu gehen hatte und wie weit und wie schnell Uferbauten, Durchstiche, Ausgleichszahlungen etc. realisiert werden konnten respektive durften.

Die Innovationen in den ersten Dekaden des 19. Jahrhunderts resultierten aus einer Mündigwerdung der lokalen Verwaltungsebene. Durch ihre Anstöße und Vorschläge erfuhr das Management vor Ort Innovationen, die Wagner in seinen Bericht aufnahm und die in den Bekanntmachungen der nachfolgenden Jahrzehnte einflossen. Max Millers Definition eines Lernprozesses kann dem zugeordnet werden:

> »A learning process and some outcome of a learning process can only be attributed to a group of human beings if at least a majority of the individuals members constituting that group can be said to have performed that learning process.«[891]

---

891 Miller, Max: Some Theoretical Aspects of Systemic Learning. In: Sozialer Sinn. Heft 3/2002. S. 20.

Die von Miller beschriebene »group« setzte sich im Fall Sachsens aus den Lokalbeamten und dem Wasserbaudirektor zusammen. Sie konstituierten den Lernprozess. Unablässig arbeitend und verbessernd, setzten der Wasserbaudirektor und die lokalen Beamten entscheidende Lernimpulse, die weitestgehend umgesetzt wurden und *kumulative Lernprozesse* auslösten. Diese können als »Systemumbruch« verstanden werden, als ein

> »Prozeß, in dem ein neues gesellschaftliches Koordinatensystem gleichzeitig geschaffen und die Kompetenz im Umgang mit den neuen Verhältnissen erworben«[892] wurde.

Die vollzogene Lerngenese ist beachtenswert und zeigt, wie eine Gesellschaft einen negativ auf sie einwirkenden Klimatrend erfolgreich bewältigen konnte. Der moderne Umgang mit den immer wieder eintretenden Krisensituationen ging mit modernen – selbst erzeugten Gefahren einher. Die Regulierungen der Elbe zeigten 1845 bereits Wirkung. Man debattierte nach der Flut darüber, inwieweit Siedlungen in Überflutungsgebiete gelegt worden waren[893] – inwieweit Regulierungen der Elbe das jetzige Hochwasser verstärkt hatten. Aus diesen modernen Überlegungen lernten Sachsens Verwaltungen hingegen *nicht* – ein Problemdruck, der in den Jahren zuvor die Lerngenese ermöglichte, scheint nach 1845 für diese Gefahren nicht groß genug gewesen zu sein.

## 14.7 Ausblick: Die Lerngenese 1784–1845 im Vergleich zur Studie des DKKV »Lessons Learned« 2002

Unter der Schirmherrschaft von Irmgard Schwaetzer und namhaften Wissenschaftlern wie Uwe Grünewald gab das Deutsche Komitee für Katastrophenvorsorge (DKKV) 2003 eine Studie heraus, die den Titel trug »Hochwasservorsorge in Deutschland. Lernen aus der Katastrophe 2002 im Elbegebiet.«

Grundsätzliche These des hier vorgelegten Vergleichs ist die Annahme, dass die in der Studie aufgezeigten Defizite des heutigen Katastrophenmanagements im Untersuchungszeitraum 1784–1845 anfänglich ebenso existent waren, aber relativ rasch abgestellt werden konnten. Schon im Kapitel eins der DKKV-

---

892 Hater, Katrin: Gesellschaftliche Lernprozesse. S. 19.
893 Vergleichbare heutige Hochwasserschutzmaßnahmen werden diskutiert bei: Aigner, Detlev/Carstensen, Dirk/Horlacher, Hans-Burkhard/Lattermann, Eberhard: Das Augusthochwasser 2002 im Elbegebiet und notwendige Schlussfolgerungen. In: Wasserwirtschaft. 2003. Jahrgang 93. Nr. 1/2. S. 40.

Studie kann diese Vergleichbarkeit aufgezeigt werden. Hinsichtlich der Hochwasser 1997 an der Oder und 2002 der Elbe heißt es dort:

> »Sie erschütterten, nicht nur bei den direkt Betroffenen, das Vertrauen in die Sicherheit ihrer Lebensumstände sowie in die Zuverlässigkeit z. B. politisch und institutionell Verantwortlichen für den Schutz vor Hochwasser und verdeutlichten, in welch hohem Maße unsere hochtechnisierte und hochorganisierte Gesellschaft anfällig gegen extreme Naturgefahren ist.«[894]

Die Verunsicherung großer Bevölkerungsteile kann als wesentliches Moment und Auslöser für die erfolgreiche Bewältigung und die festgestellten Lerneffekte der Fluten zwischen 1784 und 1845 angesehen werden. Das war schon nach dem Initialereignis 1784 daran abzulesen, dass auch Laien Vorschläge zur Abwehr der Hochwasser publizierten. Die von Siegenthaler geäußerte Differenzierung, dass in Zeiten der Verunsicherung stärkere Lerneffekte (fundamentales Lernen) festzustellen sind, fügt sich in diesen Zusammenhang. Betrachtet man den Endpunkt der Lerngenese lässt sich das Gegenteil von Verunsicherung feststellen:

> »Überall war bei aller steigender Gefahr, Ordnung, Ruhe und Vertrauen auf die Einsicht der wahrhaft väterlichen Behörde.«[895]

Dieses Zitat bestätigt die von Schanze und Dombrowsky aufgezeigten Schwächen im Katastrophenmanagement 2002. 1845 waren hingegen derart umfängliche Lernschritte und Lernprozesse zu einer Lerngenese verdichtet worden, dass die Bevölkerung noch im Angesicht der Fluten, die Behörden lobte. Wesentlichste Aussage der DKKV-Studie ist ein Mangel an Kooperation sowohl auf Länder- als auch auf Bundesebene:

> »Die vorliegende Studie zeigt, dass weder bei der Vorsorge noch bei der Bewältigung von Hochwasserkatastrophen in Deutschland das erforderliche Maß an Kooperation, Kommunikation und Führung vorhanden ist. Bei beiden mangelt es an ausreichendem Zusammenwirken über Fach-, Verwaltungs- und Raumgrenzen, insbesondere über Bundesländergrenzen hinweg.«[896]

---

894 Deutsches Komitee für Katastrophenvorsorge (DKKV): Hochwasservorsorge in Deutschland. Lernen aus der Katastrophe 2002 im Elbegebiet. Kurzfassung der Studie. Bonn 2003. S. 8.
895 StAD: RA GXXIV 75: anonym: Darstellung des Eisgangs und der Wasserfluth des Elbstromes in den letzten Tagen des Märzmonats 1845. O. J. O. S.
896 DKKV: Hochwasservorsorge in Deutschland. S. 11.

Das Kooperieren der betreffenden Behörden setzte im Untersuchungszeitraum bereits 1784 ein und zieht sich als stärker werdender Faden bis 1845 fort und mündete im gebildeten Krisenstab, dem Vertreter des Innenministeriums und des Kriegsministeriums angehörten. Kooperationen (teilweise gleichlautende Anweisungen für die Bevölkerungen) sind für Sachsen und Preußen, aber auch für Sachsen und Böhmen belegt.

Ebenso die Aussage, dass unklare Zuständigkeiten zugunsten klarer Kompetenzzugehörigkeiten und Anweisungen behoben werden müssten, kann mit der sächsischen Lerngenese abgeglichen werden. Aufgrund des veralteten Verwaltungsaufbaus kam es am Ende des 18. Jahrhunderts zu vergleichbarer Kritik vonseiten der Lokalbeamten. Seit der Einführung der Elbstrom-Ufer- und Dammordnung 1819 war die Organisation auf eine strukturiertere Basis gestellt worden, die in den Dekaden danach ausgebaut werden konnte. Schon 1845 koordinierte die Kreisdirektion in Dresden die ablaufenden Gegenmaßnahmen im gesamten Land.

Im Bereich der Verhaltensvorsorge mahnt die Studie von 2003 eine »Checkliste« an, damit das benötigte Material im Fall einer Katastrophe bereitsteht. Die Arbeitsmaterialien wurden im 18. Jahrhundert an zentralen Punkten gelagert und mit der Bekanntmachung ab 1826 war die Bevölkerung dahingehend instruiert, alles nötige für den Ernstfall parat zu haben.

In Privathaushalten wurden nach der Flut 2002 Befragungen durchgeführt, inwieweit die Betreffenden mit den Anweisungen der Behörden umzugehen wussten. 40–50 Prozent der Befragten konnten die Vorschriften nicht umsetzen.[897] Bis in die 1820er Jahre verstand die Bevölkerung nicht die durch Kanonen gegebenen Warnsignale. Die seit den 1820er Jahren landesweit verschickten und öffentlich angeschlagenen Bekanntmachungen/Verhaltensregeln optimierten das Verhalten der Einwohner vor, während und nach einem Hochwasser.

Auch der vielleicht zentralste Punkt das Problem der Finanzierung lässt sich zwischen damals und heute vergleichen:

> »Die zeit- und finanzaufwändige Instandsetzung der Deiche ist durch konsequente Deichunterhaltung und vorsorgende Planungen und Bewirtschaftung unter Berücksichtigung der Gesichtspunkte der Katastrophenvorsorge zu ergänzen.«[898]

---

897 DKKV: Hochwasservorsorge in Deutschland. S. 20.
898 DKKV: Hochwasservorsorge in Deutschland. S. 27.

Von Ihleburg bis Promnitz von 1781 bis in die Endphase der Lerngenese lassen sich Analogien zu diesem Zitat herstellen. Der Wechsel vom staatlichen Unterhalt der Deiche hin zu einer privaten Beteiligung würde sich bei einem heutigen Wiederholungsmoment von Katastrophen vergleichbar ausprägen.

Weiter werden größere Vorwarnzeiten gefordert, zudem eine erste Warnung der Bevölkerung mittels Sirenen.[899] Das sind Maßnahmen, die bereits in der ersten bzw. zweiten Lernphase angewandt wurden. Die Signalschüsse seit 1785 und das Sturmläuten, wenn ein Deich nicht mehr zu halten war, entsprechen den heutigen Forderungen.

Gleiches gilt für Gefahrenkarten, die eine Abschätzbarkeit der zu erwartenden Wassermassen ausweisen sollen. Ab 1836 existierten solche Gefahrenkarten für Dresden, die wesentlich zum optimierten Katastrophenmanagement anno 1845 beitrugen. Moderne Gefahrenkarten werden im neuen sächsischen Wassergesetz vom 1. September 2004 für die gefährdeten Kommunen entlang der Elbe gefordert, die diese künftig erstellen müssen.[900]

Die ab 1820 in die umfassender werdenden Verhaltensvorschriften eingeflossenen Vorschläge der Lokalbeamten werden heutzutage als »Nachbereitung des Ereignisses«[901] gefordert. Ein Lernen der Akteure am Deich ist unverzichtbares Element zur Verbesserung der Lage vor, während und nach einer Hochwasserkatastrophe.

Aus dem Gesagten wird deutlich, dass ein wesentlicher Aspekt der vorgelegten Dissertation hier nochmals erörtert werden muss. Im Kapitel eins schrieb ich über Geschichte und Lernprozesse:

> Es mögen diverse und mitunter zufällige Faktoren vonnöten sein, damit Lernprozesse in Gang kommen, womit auf die Singularität und Nichtwiederholbarkeit von historischen Entwicklungen gezielt wäre. Für einen historischen Prozess kann aber beides angenommen werden: sowohl eine gewisse Zufälligkeit als auch allgemeine Gesetzmäßigkeiten, wie sie für das Lernen der sächsischen Katastrophenschutzakteure herausgestellt werden sollen.

---

899 DKKV: Hochwasservorsorge in Deutschland. S. 31. Ähnliches wird gefordert von: Aigner, Detlev/Carstensen, Dirk/Horlacher, Hans-Burkhard/Lattermann, Eberhard: Das Augusthochwasser 2002 im Elbegebiet und notwendige Schlussfolgerungen. In: Wasserwirtschaft. Jahrgang 93. Nr. 1/2 2003. S. 40.

900 Rey, Lucienne: Die Schweizer Hochwasserhilfe in Sachsen trägt Früchte. In: Neue Zürcher Zeitung. Samstag/Sonntag 28./29. August 2004. Nr. 200. S. 7. Gefahrenkarten als »raumplanerisches Instrument« beschreibt Müller, Uwe: Was haben wir gelernt? Ein Jahr nach der Hochwasserkatastrophe in Sachsen. In: Wasserwirtschaft. 2003. Jahrgang 93. Nr. 12. S. 13, 14.

901 DKKV: Hochwasservorsorge in Deutschland. S. 32.

Das gilt ebenso für die Prozesse nach der Flut 2002. In die Diskussion soll hiermit die Frage gebracht werden, ob und inwieweit aus Geschichte gelernt werden kann und ob Katastrophen hierfür ein fruchtbareres Feld bieten als andere Gegenstände? Es ist hier nicht der Raum diese philosophisch anmutende Frage erschöpfend zu diskutieren. Drei große Fragen drängen sich am Schluss meiner Doktorarbeit auf:

1) Können die extrahierten Lernerfolge im Untersuchungszeitraum 1784 bis 1845 auf heutige Gegenmaßnahmen angewandt werden? Wenn ja, lassen sie sich in die Praxis umsetzen?

2) Werden bei sich häufenden Hochwasserkatastrophen daraus resultierende finanzielle Überbelastungen den betreffenden Staat ebenso zu einer Verteilung der Kosten auf »alle Schultern« veranlassen? Sind die heutigen Versicherungssysteme (privat, staatlich etc.) derart ausgelegt, diese Kosten zu kompensieren, ohne dass Nichtbetroffene sich werden zu beteiligen haben?

3) Verfügen unsere Gesellschaften über ausreichende technische Mittel, den Treibhauseffekt und die daraus entstehenden Naturkatastrophen einzudämmen? Oder wird in den kommenden Dekaden ein Leben *mit* Naturkatastrophen zur Normalität werden? Verläuft deshalb eine Adaption an Extremereignisse reaktiv und weniger präventiv?

Abschließend muss noch einmal auf die ab 1826 sektorale Verknüpfung der einzelnen Handlungsebenen hingewiesen werden. Die heutige »mangelnde Verbundenheit der korporativen Katastrophenschutzakteure«[902] war damals wesentlichstes Ziel und Leistung der sächsischen Verwaltungen. Die damaligen Erfolge ließen sich heutzutage wiederholen, inwieweit dafür ein Wiederholungsmoment vonnöten sein wird, ist offen.

---

902 DKKV: Hochwasservorsorge in Deutschland. S. 35. Wolfgang Kron spricht in diesem Zusammenhang von einer »Risikopartnerschaft«. Siehe hierzu: Kron, Wolfgang: Überschwemmungsschäden und Versicherung. In: Wasserwirtschaft. 2003. Jahrgang 93. Nr. 10. S. 10, 11.

# XV. Bibliographie

## 15.1 Ungedruckte Quellen

Geheimes Staatsarchiv Preußischer Kulturbesitz Berlin:

E 52.485: Durchstich durch den Loswiger Busch 1811, 1:12.500, Aufnahmejahr 1820.

Sächsisches Hauptstaatsarchiv Dresden:

Film 2074: Der Eisgang der Elbe. Vol. II 1838–1840.
Film 2075: Acta den Elb-Eisgang und die Waßer-Fluth im Jahre 1845. Vol. I.
Film 2076: Acta Den Elb-Eisgang und die Waßer-Fluth im Jahre 1845. Vol. II.
Locat 508: Acta, die zu Abwendung der von der bevorstehenden Eisfahrt zu besorgenden Gefahr gemachten Veranstaltungen betr. 1785–1795.
Locat 508: Vol. I: Acta, die zu Abwendung der bei einem entstehenden Eisschutze zu besorgender Gefahr getroffenen Veranstaltungen, ferner die durch die starke Eisfahrt und außerordentliche Überschwemmung verursachten Schäden, diesfalls bewilligte Gnadenbeihilfen und sonst gemachte Vorkehrungen betr. 1784.
Locat 508: Vol. II: Acta die durch starke Eisfahrt und außerordentliche Überschwemmung im Jahre 1784 verursachten Schäden, diesfalls bewilligte Gnadenbeihilfen und sonst gemahnte Vorkehrungen betr. 1785–1786. Hierin auf S. 96 enthalten: »Memorial des Gärtners zu Friedrichstadt allhier, Adolph Gottlob Janeck, d.d. 31.5.1780«:
Locat 508: Vol. III: Acta, die zu Abwendung der bey einem entstehenden Eißschuze, zu besorgenden Gefahr getroffenen Veranstaltungen ferner Die durch die starcke Eisfart und außerordentliche Überschwemmung verursachten Schäden, diesfalls bewilligten Gnaden Beyhülfen, und sonst gemachten Vorkehrungen. 1798–1801.
Locat 589/112: Wetterschäden betr. 1829, 1830.
Locat 2076: Acta, Die Wasser-Fluth im Jahre 1845 betr.
Locat 5363: Acta Die wegen Erhalt- und Erhöhung der Dämme an der Elbe und andern Flüßen, zu Praecavirung der Uiberschwemmungen, vorzukehrende Veranstaltungen betr. de Anno 1767 seqq: 99.
Locat 5458: Acta, Den Elb-Ufer-und Dammbau s.w.d.a. betr. 1812.

Locat 5783: Acta Die zu Unterstützung der durch den heurigen Aufgang des Eises und die daher entstandene außerordentliche Austretung mehrer Flüsse beschädigten Orthschaften und Landes Einwohner getroffene Anstalten betr. 1799–1800.

Locat 5788: Acta Die der bevorstehenden Eisfarth halber dem Militari ertheilte Anweisung betr. 1809, 1810, 1811 (Schreiben der Jahre 1814 bis 1816 enthalten).

Locat 6539: Acta, die Unterstützung der Grundbesitzer bey Damm-Ufer- und Waßerbauen an öffentlichen Flüssen betr. de Anno 1804, 1810, 1811.

Locat 6539: Den Elb-Ufer- und Dammbau betr. Vol. VI. 1824.

Locat 6589: Acta den Dammbau bei Promnitz betr. 1824–1830.

Locat 11104: Acta, die bei dem letzten Eisbruch und Überschwemmung der Flüsse an ihren Werkstühlen und Fabrikgerätschaften Schaden gelittenen Manufakturisten angediehene Unterstützung betr. 1784, unpag.

Locat 11105: Acta, die bei den hoch ansteigenden Getreidepreisen gegen eine besorgliche Teuerung zu ergreifenden Maßregeln betr. 1784, unpag.

Locat 14356: Acta Die am 5ten März 1811 von der Ritterschaft im Engen Auschuß-Collegio zur Unterstützung der Elbwaßerbeschädigten gesammelten Gelder und deren Vertheilung betrr.

Locat 14364: Acta, Das im Monat Juny 1804 sich ereignete Anschwellen und Austreten aller großen und kleineren Flüße und Bäche u. die dadurch verursachten Uiberschwemmungen und Schäden betr.

Locat 14376: Fasciculus Gutachtliche Vorschläge in Beziehung auf die bei Eisfahrten und Ueberschwemmungen wegen Abwendung der Gefahr und Linderung des Nothstandes zu ergreifenden Maaßregeln enthaltend. Behalten bei der Königl. Sächß. Kreishauptmannschaft des Meisner Kreises im Jahr 1820. I.–IV.

Locat 30661: Landesregierung. Waßer-Schäden betr. 1795–1799 ult. Marti.

Locat 35063: Acta, Die für die Rettung verunglückter Menschen ausgesetzten Prämien betreffend. 1816.

Locat 39815: Acta, Die nach der 1784 gewesenen großen Überschwemmung, denen Unterthanen zugestandenen Befreyung betr. 1784. (Schreiben der Jahre 1799, 1804 und 1805 enthalten).

Meilenblätter Nr. 309a, Makro-Nr.: 329 1780/83

Ministerium des Innern: Nr. 1184a: Acta Unterstützungen in Folge angerichteter Schäden durch Eisgang, Hochwasser und Gewittergüsse betr. 1833/47.

Ministerium des Innern: Nr. 5619, II. Abthl.: Acta Die Elbüberschwemmung im Jahre 1845 betr.

Wasserbau-Directions Acta, die Elb-Ufer- und Damm Bau im Kreisamte Meissen s.w.d.a. betr. 1827–1850.

Wasserbau-Directions-Acten, die Regulirung des Elb-Dammwesens in den unteren Gegenden betr. Vol. I. 1847–1852.

## Stadtarchiv Dresden:

2.1.3 Ratsarchiv CXVIII 72: Acta, die bey dem gefallenen großen Schnee und daher zu besorgenden großen Waßer allhier getroffene Vorkehrungen betr. Ergangen dem Rathe zu Dresden ao: 1785.

2.1 Ratsarchiv GXXIV 76: Acta, die Eisgänge des Elbstroms betr. 1823–1847.

2.1.3 Ratsarchiv CXVIII 76b: Acta, Die beym harten Winter und Ergießungen des Elbstrohms im Jahr 1799 allhier getroffenen Veranstaltungen betr. Ergangen beym Rathe zu Dresden 1798, 1799, 1809, 1811, 1820, 1823, 1827, 1830, 1838.

2.1 Ratsarchiv GXXIV 88s: Acta Commissionis Die Verbauung des Elbufers im Ostraer-Gehege betr. Ao. 1803, 1807, 1809.

2.1 Ratsarchiv GXXII 89c Vol. I: Acta. Die große Ueberschwemmung im Monat März 1845., die daraus hervorgegangenen Calamitäten und dabei getroffenen polizeilichen Maaßregeln betreffend.

2.1.6 Ratsarchiv GXXIV 89c Vol. I–IV: Acta, die große Ueberschwemmung im Monat März 1845, die daraus hervorgegangenen Calamitäten und dabei getroffenen polizeilichen Vorkehrungen betreffend.

2.1.6 Ratsarchiv GXXIV 89d Vol. VII: Acta, die Rettungs-Anstalten bei Elb-Eisfahrt betr. 1831–1846.

Ratsarchiv GXXIV 75: anonym: Darstellung des Eisgangs und der Wasserfluth des Elbstromes in den letzten Tagen des Märzmonats 1845. O. J.

2.1 Ratsarchiv GXXIV 89e I: Acta, Das Begehen der zugefrorenen Elbe, die Eisfahrt und die hierbei sonst zu treffenden Vorsichtsmaasregeln betr. 1831–1856.

2.1.5 Ratsarchiv FX 188: Acta die Aufsicht über das Aufeisen der Weiseritz und die Verbindlichkeit den Aufwand für das Aufeisen innerhalb des Weichbildes zu bestreiten, betr., 1842–1847.

Ratsarchiv FXIV 65b: Vorträge, Protocolle und Mitgliederverzeichnisse des Dresdner Rettungsvereins 1835.

2.1.2 Ratsarchiv BXIII 115f Vol. I: Acta, die Unterstützung der, durch die am 31sten März 1845. statt gefundene Ueberschwemmung vom Wasser Beschädigten betreffend.

Thüringisches Staatsarchiv Greiz:

Hausarchive Obergreiz und Untergreiz: Schrank IV, Fach 12a, Nr. 1: Gesammelte Nachrichten von denen durch den so merkwürdigen als heftigen und lang anhaltenden Winter und der darauf erfolgten verwüstenden Überschwemmung und höchstgefährlicher Eisfahrth der meisten großen Flüße in Deutschland und angrenzenden Reichen, welche 1784 so häufigen Schaden verursacht und ganze Gegenden überströmet hat.

## 15.2 Gedruckte Quellen

anonym: Einfälle über die Eisfahrten auf der Elbe. In: Dreßdnische gelehrte Anzeigen auf das Jahr 1785. III. und IV. Stück. S. 19–30.

anonym: Ausführliche Nachricht von der Großen Elbfluth in Sachßen am 29. Februar u. f. Tage. In: Hasche, Johann Christian (Hg.): Magazin der Sächsischen Geschichte. 1. Teil. Dresden 1784. S. 114–128.

anonym: Verzeichniß einiger merkwürdiger Überschwemmungen der Elbe, und anderer Unglücksfälle. In: Neues Hannöversches Magazin. Hannover 1793. 3. Jg. S. 971–974.

anonym: Historische Chronik. In: Journal von und für Deutschland 1784. o. O. 1. Bd. 4. Stück. XXIII. S. 480–483.

Dass.: ebd. 1. Bd. 2. Stück. XXX. S. 212–217.

Dass.: ebd.1. Bd. 3. Stück. XXII. S. 326–328.

anonym: Miscellaneen. In: Hasche, Johann Christian (Hg.): Magazin der sächsischen Geschichte. Dresden 1784. Teil 1. S. 224–225.

anonym: Dresdner Nachrichten: In: Hasche, Johann Christian (Hg.): Magazin der sächsischen Geschichte. Dresden 1784. Teil 1. S. 188–189.

anonym: Vermischte Dresdner Nachrichten. In: Hasche, Johann Christian (Hg.): Magazin der sächsischen Geschichte. Dresden 1784. Teil 1. S. 358–361, 407–409.

anonym: Verzeichnis der, nach den in der Leipziger Zeitungen und Dresdner Anzeiger befindlichen Quittungen eingegangenen Privatcollecten-Gelder: In: Hasche, Johann Christian (Hg.): Magazin der sächsischen Geschichte. Dresden 1784. Teil 1. XXXV. S. 404–409.

anonym: Nachtrag zu No. IX von S. 119 an. In: Hasche, Johann Christian (Hg.): Magazin der sächsischen Geschichte. Dresden 1784. Teil 1. S. 503–507.

anonym: Beytrag zur Geschichte der Elb=Ueberschwemmungen. Aus dem Torgauer Chronico Msto. In: Hasche, Johann Christian (Hg.): Magazin der sächsischen Geschichte. Dresden 1786. Teil 3. XXXVIII. S. 456–469, 498–521, 562–575.

anonym: Die großen Stürme und Ueberschwemmungen in Teutschland, England, Frankreich, Rußland und andern Ländern Europas im Jahre 1824. Eine Erzählung der wichtigsten Thatsachen nebst Betrachtungen über ihre Ursachen und Folgen und kurzen Nachrichten von ähnlichen Naturereignissen alter und neuer Zeit. Leipzig 1825.

anonym: Nachricht vom neu errichteten Elbhöhenmesser, an hiesiger Elbbrücke. Beschluß. In: Wittenbergsches Wochenblatt zum Aufnehmen der Naturkunde und des ökonomischen Gewerbes. 21. Stück. Freytags, den 27. May 1791. S. 161–165.

anonym: Schriftmäßiger Beweis, daß die zeitherige Erdendunst, nebst der dadurch verursachten Verfinsterung und blutrothen Farbe der Sonne und des Mondes, zwar eine große Aehnlichkeit mit einigen in der Heil. Schrift vorherverkündeten Zeichen des jüngsten Tages haben, aber doch keineswegs diese Zeichen selbst sind. In: Dreßdnische Gelehrte Anzeigen auf das Jahr 1783. XXXVI. Stück. S. 392–400.

anonym: Gedanken über den Beweis im 36sten Stück der Dreßdn Gelehrten Anzeigen auf das Jahr 1783. »Daß der zeitherige Erdendunst, nebst der dadurch verursachten Verfinsterung und blutrothen Farbe der Sonne und des Mondes, zwar eine große Aehnlichkeit mit einigen in der Heil. Schrift vorherverkündeten Zeichen des jüngsten Tages haben, aber doch keineswegs diese Zeichen selbst sind.« In: Dreßdnische Gelehrte Anzeigen auf das Jahr 1784. XV. Stück. S. 155–160.

anonym: Gute Gedancken. In: Dreßdnische Gelehrte Anzeigen auf das Jahr 1784. VIII. Stück. S. 69–72.

anonym: Neue Schriften. In: Dreßdnische Gelehrte Anzeigen auf das Jahr 1784. XLII. Stück. S. 441–442.

anonym: Voher anzuwendende Mittel zu Verhütung einer großen Eisfahrt der Elbe. In: Dreßdnische gelehrte Anzeigen auf das Jahr 1785. XII. Stück. S. 95–96.

anonym: Die Vertheilung der für die Wasserbeschädigten eingekommenen Collectengelder betreffend. In: Dresdner politische Anzeiger auf das Jahr 1800. Nr. 19. Art. VII. Avertissements. Dresden 1800.

anonym: Das arme Köln bey der Ueberschwemmung im Jahre 1784 den 27. Hornung. Stück 1–16. Verlag Everaert. 1784.

anonym: Nachrichten von der schrecklichen Wassersnoth welche die Bewohner an den Ufer der Oder, Neiß, und Elbe den 14ten und 15ten Juni dieses 1804. Jahres erlitten. Ohne Ort, ohne Jahr, ohne Seitenangabe.

Berger, T. B.: Die Eisfluth. In: Dreßdnische Gelehrte Anzeigen auf das Jahr 1784. XIII. Stück. S. 137–138.

Biester, J. E.: Ueber den Glauben an den hundertjährigen Kalender. In: Berlinische Monatsschrift 1784. 3. Band. S. 508–516. Siehe: http://www.ub.uni-bielefeld.de/cg (Stand:18.06.2001).

Bock, Friedrich Samuel: Versuch einer wirthschaftlichen Naturgeschichte von dem Königreich Ost-Westpreußen. Bd. 5. Dessau 1785.

Bose, Hugo v.: Allgemein-geographische und hydrotechnische Beschreibung der Elbe mit ihren Zuflüssen. Nebst Mittheilung der Schiffahrts- und strompolizeilichen Gesetze, Verordnungen und Bekanntmachungen, ferner einer Statistik des Hamburger Handels, Der Schiffahrts-Verhältnisse auf der Elbe und einer Beschreibung der neuen Elbbrücke bei Dresden. Annaberg 1852.

Brandes, Heinrich W.: Untersuchungen über den mittleren Gang der Wärme-Aenderungen durch das ganze Jahr (1783); über gleichzeitige Witterungs-Ereignisse in weit von einander entfernten Weltgegenden; über die Formen der Wolken, die Entstehung des Regens und der Stürme. Und über andere Gegenstände der Witterungskunde. Leipzig 1820.

Cotte, P.: Beobachtungen über die 19jährige Mondperiode, und über den Einfluß der Mondwandlung auf die Temperatur der Luft. (Aus dem Rozier Journal de Physique Avril 1786. p. 226). In: Hannoverisches Magazin. 96tes Stück, II. Freitag, den 1ten Dezember 1786.

Dammert, A. H. : Erfahrungen und praktische Bemerkungen über den Eisgang und die höchsten Anschwellungen der Ströme, und über die zweckmäßigsten Vorkehrungen dagegen. Neues Hannoversches Magazin. 18. Jahrgang. 33tes–38tes Stück. Freitag, den 22ten April–Montag, den 9ten Mai 1808. S. 513–600.

Desmarest, N.: Über die Bildung der schwammigten Eisschollen welche die Bäche mit sich führen. In: Magazin für das Neueste aus der Physik 1784. 2. Bd. 3 St. S. 68–72.

Dietrich, Ewald Christian Victorin (Hg.): Die Meißener Chronik. Vom Jahr 1589 bis 1800. Meißen 1831.

Dinglinger, J. A.: Bekanntmachung eines leicht anwendbaren Mittels große Eisschollen zu zerstückeln. In: Neues Hannoversches Magazin. 10. Jahrgang. 1800. S. 1497–1502.

Gnägist privilegiertes Intelligenzblatt, ohne Ort. v. 19. April 1799.

Gronau, Carl Ludwig: Ueber die Witterung des Jahres 1783. In: Die Gesellschaft naturforschender Freunde Berlin (DGNFB) 3. 1801. S. 129–146.

Ders.: Ueber die Wetterprophezeihungen. In: Berlinische Monatsschrift 1786. 2. S. 436–445.

Ders.: XII. Einige Bemerkungen der diesjährigen Winterkälte. In: Schriften der Berlinischen Gesellschaft naturforschender Freunde. Fünfter Band. Mit Kupfern. Berlin 1784. S. 246–253.

Hemmer, Johann Jakob: Ephemerides Societatis Meteorologicae Palatinae. Mannheim 1785.

Hoff, Karl Ernst Adolf v.: Geschichte der durch Überlieferung nachgewiesenen natürlichen Veränderungen der Erdoberfläche. Ein Versuch. V. Theil. Chronik der Erdbeben und Vulcan-Ausbrüche. Mit vorausgehender Abhandlung über die Natur dieser Erscheinungen. Zweither Theil. Vom Jahre 1760 bis 1805, und von 1821 bis 1832 n. Chr. Geb. Gotha 1841.

Hoffmann, D. C. G.: Von der alle sonstige dieses Jahrhunderts übersteigende Kälte am 28. Febr. 1785. In: Dreßdnische gelehrte Anzeigen auf das Jahr 1785. XIV., XVI., XVII. Stück. S. 103–110, 121–128, 129–132.

Klemm, Gustav: Chronik der Königlich Sächsischen Residenzstadt Dresden. Hrsg. v. Hilscher, P. G., 1., 2. Bd. Dresden 1837.

Karte des Elbstromes innerhalb des Königreiches Sachsen. Mit Angabe des durch das Hochwasser vom 31. März 1845 erreichten Überschwemmungsgebietes. Auf Anordnung des königlichen Finanzministeriums in 15 Sectionen und mit den von der königlichen Wasserbau-Direction aufgenommenen Stromprofilen und Wassertiefen bearbeitet von dem königlich sächsisches Finanzvermessungs-Bureau in den Jahren 1850 bis 1855. Dresden 1855.

Leipziger Oeconomische Societät (Hg.): Guter Rath an Landwirthe über die Verfütterung des verschlämmten Heues und Grummets. Zur Verhütung der gefährlichen Rindviehseuche. Dresden 1804.

L. F. L.: Anmerkungen über die Witterungsbeobachtungen, besonders über das Carlsruher Institut. In: Neueste Mannigfaltigkeiten. Berlin 1781. 4. Jg. 174. Woche. S. 273–277.

Leonhardi, M. Friedrich Gottlob (Hg.): Erdbeschreibung der Churfürstlich- und Herzoglich-Sächsischen Lande. Erster Band. Leipzig 1802.

Lindau, M. B.: Geschichte der Stadt Königlichen Haupt- und Residenzstadt Dresden von den ältesten Zeiten bis zur Gegenwart. Dresden 1885.

Löscher, Carl Immanuel: Angabe einer ganz besonderen Hangewerksbrücke, welche mit wenigen und schwachen Holz, ohne im Bogen geschlossen, sehr weit über einen Fluß kann gespannt werden, die größten Lasten trägt, und vor den stärksten Eisfahrten sicher ist. Leipzig 1784.

Müller, Johann Theodor Eusebius: Pragmatische Geschichte der Theuerung und anderer Beschwerden, welche unsere Vorfahren während der letzten sechs Jahrhunderte erfahren haben, hauptsächlich in Beziehung auf den jedesmaligen Einfluß der Witterung bei denselben, ein Versuch Leidenden und

Menschenfreunden zu Beruhigung und Aufmunterung und Freunden der Naturkunde und der Oekonomie im weiteren Sinne zur Prüfung vorgelegt. Görlitz 1806.

Pfaff, Christoph Heinrich: Ueber die strengen Winter der letzten zwanzig Jahre des achtzehnten Jahrhunderts. Der Geschichte der strengen Winter zweyte Abteilung. Kiel 1810.

Pötzsch, Christian Gottlob: Chronologische Geschichte der großen Wasserfluthen des Elbstroms seit tausend und mehr Jahren. Dresden 1784.

Ders.: Nachtrag und Fortsetzung seiner chronologischen Geschichte der großen Wasserfluthen des Elbstroms seit tausend und mehr Jahren. Dresden 1786.

Ders.: Zweyter Nachtrag und Fortsetzung seiner chronologischen Geschichte der großen Wasserfluthen des Elbstroms, seit tausend und mehr Jahren von 1786 bis 1800, insbesondere der merkwürdigen Fluthen des Jahres 1799, und anderer darauf Bezug habender Ereignisse. Dresden 1800.

Pohle, Friedrich Wilhelm: Chronik von Loschwitz. Dresden 1886.

Rössig, D. Carl Gottlob: Beyträge zur Minderung der Schäden des Eisganges und der Ueberschwemmungen als Anhang oder als Zweyter Theil der Wasserpolizey für Länder. Leipzig 1799.

Ders.: Unvorgreifliche Vorschläge zu schnellen Polizeyanstalten bey der zu befürchtenden Gefahr des Eisganges und der Wassernoth. Leipzig 1785.

Ders.: Wasserpolizey für Länder zur Minderung der Schäden des Eisganges und der Ueberschwemmungen wie auch zur Wasserbenutzung. Leipzig 1789.

Roth, J. E.: Die nöthige Pflicht der Wohltätigkeit bey der am Charfreytage 1784 zusammelnden General-Collecte für die durch grosse Ueberschwemmung gelittenen Chur-Fürstl. Sächssl. Unterthanen der Christgemeinde zu Altensalza, vorgestellet. Plauen 1784.

Schäfer, Wilhelm: Chronik der Dresdner Elbbrücke, nebst den Annalen der größten Elbfluthen von der frühesten bis auf die neueste Zeit. Aus den vorhandenen Quellen, namentlich den Acten des Brückenamtsarchivs geschöpft und bearbeitet von Dr. Wilhelm Schäfer. Dresden 1848.

Schwarz, Johann Gottlob: An das Erzgebirgische Publikum und besonders an meine Amtsbrüder die Herren Geistlichen daselbst, von M. Johann Gottlob Schwarz, Past. in Stollberg, und der Chemnitzer Ephorie Adjunkt. In: Dreßdnische Gelehrte Anzeigen auf das Jahr 1784. XIII. Stück. S. 131–136.

Ursinus, J. F.: Predigt nach der am 29sten Februar und folgende beyde Tage ausgestandene schrecklichen Eisfahrt und Wassernoth am Sonntage Reminiscere: 1784 in der Hochreichsgräflich-Looszischen Schloszkapelle zu Hirschstein gehalten. Dresden 1784.

Wildt, o. V.: Ueber den auffallenden Höhenrauch dieses Sommers. In: Hannoversches Magazin. 72tes Stück. Mittwoch, den 8ten September 1819. S. 1138–1152.
Ders.: Ueber den auffallenden Höhenrauch dieses Sommers. (Forstetzung.), ebd. S. 1153–1168.
Ders.: Ueber den auffallenden Höhenrauch dieses Sommers. (Schluß.), ebd. S. 1169–1174.
Zedler, Johann Heinrich (Verl.): Grosses vollständiges Universal Lexikon Aller Wissenschafften und Künste, (...). Erster Band A.-Am. Halle und Leipzig, Verlegts Johann Heinrich Zedler, Anno 1732. Zehnter Band, G.-GI. Halle und Leipzig. Im Verlag Johann Heinrich Zedlers, Anno 1735.

## 15.2.1 Periodika

Französische Zeitung: Historische und geographische Beschreibung von Messina und Calabrien, und meteorologische Beobachtung über das Erdbeben, welches diese Stadt und Landschaft den 5. Hornung 1783 verwüstet hat. Straßburg 1783. S. 21, 22.
Leipziger Zeitungen: 50. Stück. Dienstags den 11. März 1783. Aus Italien den 22 Febr. S. 242f.
Dies.: 53. Stück. Sonnabends den 15. März 1783. Aus Italien den 18. Febr. S. 258.
Dies.: 65. Stück. Dienstags den 1. April 1783. Aus Italien den 14. März. S. 322.
Dies.: 125. Stück. Montags den 30 Jun.1783. Adorf den 26. Jun. S. 685.
Dies.: 153 Stück. Donnerstags den 7 Aug. 1783. Aus Italien den 18 Jul. S. 821.
Leipziger Zeitungen: 146. Stück. Dienstags den 29 Jul. 1783. Adorf den 24 Jul. S. 791f.
Dies.: 7 Stück. Sonnabends den 10 Januar 1784. Leipzig den 8. Jan. S. 34f.
Dies.: 10. Stück. Mittwochs den 14 Jan. 1784. Leipzig den 13. Jan. S. 55f.
Dies.: 13. Stück. Montags den 19 Jan. 1784. Weida, im Voigtlande, den 14. Jan. S. 67f.
Dies.: 32. Stück. Sonnabends den 14 Febr. 1784. Leipzig den 11. Febr. S. 163.
Dies: 45. Stück. Mittwochs den 3 März 1784. Aus Sachsen den 29. Febr. S. 228.
Leipziger Zeitungen: 46. Stück. 4. März 1784. Leipzig den 3. März. S. 231.
Dies.: 49. Stück. Dienstags den 9 März 1784. Von der Elbe den 2. März. S. 245f.
Dies.: 50. Stück. Mittwochs den 10 März 1784. S. 252, li. Sp.
Dies.: 52. Stück. Sonnabends den 13 März 1784. Barby den 7. März. S. 261, 262.
Dies.: 52. Stück. Sonnabends den 13 März 1784. Aus Sachsen den 10. März. S. 262 re. Sp., S. 263.

Leipziger Zeitungen: 44. Stück. Mittwochs den 2. März 1785. Leipzig den 1. März. S. 251–252 re. Sp.
Dies. : 46. Stück. Sonnabends den 5. März 1785. Leipzig den 5. März. S. 263 re. Sp.
Dies.: 51. Stück. Sonnabends den 12. März 1785. Leipzig den 11. März.
Dies.: 57. Stück. Montags den 21. März 1785. Nieder-Rengersdorf, bey Görlitz den 16. März. S. 331.
Dies.: 61. Stück. Sonnabends den 26. März 1785. Augspurg den 18. März. S. 355 re. Sp.
Leipziger Zeitungen: 84. Stück. Sonnabends den 30. April 1785. Elsterwerda den 20 April. S. 526 re. Sp.
Leipziger Zeitungen: 153. Stück. Montags den 8. August 1785. Elsterwerda und Krauschütz, den .. Jul. 1785. S. 951.
Dies.: 223. Stück. Montags den 14. Nov. 1785. Aus Nord-Island den 20. Aug. S. 1395 re. Sp.
Dies.: 2. Stück, Mittwochs den 2 Jan. 1799. Beylage zu den Leipziger Zeitungen. Mittwochs den 2. Jan. 1799. S. 17.
Dies.: 47. Stück. Mittwochs den 6. März 1799. S. 345.
Dies.: 48. Stück. Donnerstags den 7. März 1799. S. 354.
Dies.: 49. Stück. Sonnabends den 9. März 1799. Altengottern, den 26.Febr. 1799. S. 360f.
Dies.: 50. Stück. Montags den 11. März 1799. Roßwein (an der Mulde), den 26. Febr. 1799.
Leipziger Zeitungen: 52. Stück. Mittwochs den 13. März 1799. Wendelsetin, Roßleben und Bottendorf, den 28. Februar 1799. S. 384. Meißen, den 5. März 1799, S.385.
Dies.: 53. Stück. Donnerstags den 14. März 1799. Strehla, den 8. März 1799. S. 394.
Dies.: 54. Stück. Sonnabends den 16. März 1799. S. 402.
Dies.: 55. Stück. Montags den 18. März 1799. Beylage zu den Leipziger Zeitungen.
Dies.: 60. Stück. Mittwochs den 27. März 1799. S. 457.
Dies.: 62. Stück. Sonnabends den 30. März 1799. Beylage zu den Leipziger Zeitungen. S. 477.
Dies.: 63. Stück. Montags den 1. April 1799. Beylage zu den Leipziger Zeitungen. S. 489.
Dies.: 66. Stück. Donnerstags den 4. April 1799. Beylage zu den Leipziger Zeitungen. S. 517.
Dies.: 77. Stück.: Sonnabends den 20. April 1799. Besedau (Grafschaft Barby) 8. April 1799. S. 644.

Dies.: 87. Stück. Sonnabends den 4. May 1799. Beylage zu den Leipziger Zeitungen. S. 765–767.
Leipziger Zeitungen: 90. Stück. Mittwochs den 8 May 1799. Beylage zu den Leipziger Zeitungen. S. 789–792.
Dies.: 95. Stück. Sonnabends den 18. May 1799. Beylage zu den Leipziger Zeitungen. S. 829–831.
Dies.: 96. Stück. Montags den 20 May 1799. Beylage zu den Leipziger Zeitungen. S. 841f.
Dies.: 100. Stück. Sonnabends den 25 May 1799. Beylage zu den Leipziger Zeitungen. S. 874.
Dies.: 101. Stück. Montags den 27. May 1799. Beylage zu den Leipziger Zeitungen.
Dies.: 106. Stück. Montags den 3. Jun. 1799. S. 925f.
Dies.: 110. Stück. Sonnabends den 8. Jun. 1799. Beylage zu den Leipziger Zeitungen. S. 958–960.
Dies.: 115. Stück. Sonnabends den 15. Jun. 1799. Beylage zu den Leipziger Zeitungen. S. 997.
Dies.: 125. Stück. Sonnabends den 29. Jun. 1799. Beylage zu den Leipziger Zeitungen. S. 1078f.
Dies.: 130. Stück. Sonnabends den 6. Jul. 1799. Beylage zu den Leipziger Zeitungen. S. 1118.
Dies.: 131. Stück. Montags den 8. Jul. 1799. S. 1125.
Dies.: 140. Stück. Sonnabends den 20. Jul. 1799. Beylage zu den Leipziger Zeitungen. S. 1193f.
Dies.: 143. Stück. Mittwochs den 24. Jul. 1799. Beylage zu den Leipziger Zeitungen. S. 1221.
Dies.: 160. Stück. Sonnabends den 17. Aug. 1799. Beylage zu den Leipziger Zeitungen. S. 1337.
Dies.: 163. Stück. Mittwochs den 21. Aug. 1799. S. 1361.
Dies.: Sonnabends den 10. May 1800. Beylage zu den Leipziger Zeitungen. No. 1.
Dies.: 7 Stück. Dienstags den 10 Jan. 1804. S. 64.
Leipziger Zeitungen: 21. Stück. Montags den 30 Jan 1804. S. 202
Dies.: Beylage zu den Leipziger Zeitungen. Mittwochs den 27. Jun. 1804. S. 1245.
Leipziger Zeitungen: 126. Stück. Sonnabends den 30 Jun 1804. S. 1262.
Leipziger Zeitungen: 127. Stück. Montags den 2 Jul. 1804. Berlin den 26 Jun. S. 1265.
Beylage zu den Leipziger Zeitungen. Mittwochs den 12 Sept. 1804. S. 1693f.

Beylage zu den Leipziger Zeitungen. 24 Sept., 5 Dec., 8. Dec. 1804.
Beylage zu den Leipziger Zeitungen. Mittewochs den 19 Dec. 1804. S. 2397.
Dies.: 1 Stück. Dienstags den 1 Jan. 1805. S. 1.
Beylage zu den Leipziger Zeitungen. Montags den 7 Jan. 1805. S. 53.
Beylage zu den Leipziger Zeitungen. 6 Febr. 1805. S. 247.
Leipziger Zeitungen: 47. Stück. Mittwochs den 6 März 1805.
Leipziger Zeitung: Nr. 75. Sonnabends den 16. April 1814. S. 1091.
Leipziger Zeitung: No. 77. Montags, den 31. März 1845. S. 1205.
Dies.: Erste Beilage zu No. 77 der Leipziger Zeitung. Montags, den 31. März 1845. S. 1210.
Dies.: Beilage zu. No. 78 der Leipziger Zeitung. Dienstags, den 1. April 1845. S. 1237.
Leipziger Zeitung: Inland. Dresden, 31. März 1845, 1 Uhr. S. 1248.
Dies.: No. 79. Mittwochs, den 2. April 1845. S. 1248.
Dies.: Dresden, 31. März 1845. (Privatmitth.). S. 1249.
Dies.: Leipzig, 1. April 1845. (Privatmitth.). S. 1249.
Dies.: Wissenschaftliche und Kunstnachrichten. Dresden, im März 1845. (Privatmitth.). S. 1249.
Dies.: Inland. Dresden, 31. März 1845. (Privatm.). S. 1254.
Dies.: Leipzig, 1. April 1845. S. 1254.
Dies.: No. 80. Donnerstags, den 3. April 1845. Aufruf. Ohne Seitenangabe.
Dies.: Inland. Dresden, 1. April 1845. (Privatm.). S. 1265.
Dies.: Meißen, 31. März 1845. (Privatmitth.). S. 1265.
Dies.: Strehla an der Elbe, 1. April 1845. S. 1265.
Leipziger Zeitung: Schandau, 31. März. 1845. S. 1270.
Dies.: Inland. Dresden, 1. April 1845. S. 1270.
Dies.: Inland. Königstein, 1. April 1845. (Privatmitth.). S. 1281.
Dies.: Erste Beilage zu No. 81 der Leipziger Zeitung. Freitags, den 4. April 1845. Inland. Dresden, 2. April. (Privatmitth.). S. 1285f.
Dies.: Erste Beilage zu No. 81 der Leipziger Zeitung. Freitags, den 4. April 1845. Inland. Meißen, 1. April. (Privatm.). S. 1286.
Dies.: Inland. Pirna, 1. April 1845. (Pirn. Wochenbl.). S. 1300.
Dies.: Inland. Schandau, 3. April 1845. S. 1321.
Dies.: Bekanntmachung. Leipzig, den 3. April 1845. Königl. Sächsische Kreis-Direction. S. 1322.
Dies.: Aufruf. Leipzig, den 4. April 1845. Der Rath der Stadt Leipzig. S. 1322.
Leipziger Zeitung: Sächsische Fluss-Assec.-Comp. Leipzig, am 5. April 1845. S. 1351.
Dies.: Aufruf. Leipzig, den 3. April 1845. S. 1360, 1369, S. 1386.

Dies.: Aufruf. Leipzig, den 4. April 1845. Der Rath der Stadt Leipzig. S. 1370.
Dies.: Inland. Dresden, 8. April 1845. S. 1388.
Dies.: Inland. Meißen, 8. April 1845. S. 1388f.
Dies.: Quittung und Dank. Leipzig, den 11. April 1845. S. 1435.
Dies.: Bekanntmachung, die diesjährige Leipziger Ostermesse betr. Leipzig, den 11. April 1845. S. 1446.
Dies.: Inland. Dresden, 12. April 1845. (Privatmitth.). S. 1473.
Dies.: Inland. Dresden, 17. April 1845. (Privatmitth.). S. 1545.
Dies.: Inland. Dresden, 16. April 1845. (Privatmitth.). S. 1545.
Dies.: Inland. Dresden, 19. April 1845. (Privatmitth.). S. 1561.
Dies.: Inland. Dresden, 19. April 1845, um 10 Uhr. (Privatmitth.). S. 1561.
Dies.: Inland. Dresden und Leipzig, 18. April 1845. S. 1561.
Dies.: Inland. Dresden, am 19. April 1845, Nachm. 5 Uhr. (Privatm.). S. 1566.
Dies.: Inland. Dresden, 20. April 1845, Vormitags 10 Uhr. (Privatm.). S. 1566.
Dies.: Hülferuf. Zwethau und Zschakau bei Torgau, d. 4. Apr. 1845. S. 1571.
Leipziger Zeitung: Inland. Leipzig, 21. April 1845. S. 1585.
Dies.: Bekanntmachung. Justizamt Dresden 2. Abtheilung, den 20. April 1845. S. 1586.
Dies.: Bekanntmachung. Königl. Sächsische Kreis-Direction. Leipzig, den 3. April 1845. S. 1602.
Dies.: Bekanntmachung. Königl. Sächs. Justizamt Dresden 2. Abtheilung. Dresden, den 21. April 1845. S. 1602.
Dies.: Sächsisch-Schlesische Eisenbahn. Brückenfrage und Verlegung der Bahnhöfe in Dresden. Jg. 1845. S. 1609f.
Dies.: Inland. Dresden, 28. April 1845. S. 1720f.
Dies.: Bescheinigung und Dank. Jg. 1845. S. 1731f.
Dies.: Literarische Anzeigen. (...) Uebersicht der Großen Ueberschwemmung in Dresden am 31. März 1845. Ohne Datum. S. 1731.
Leipziger Zeitung: Inland. Dresden, 3. Mai 1845. S. 1789.
Dies.: Inland. Dresden, 6. Mai 1845. S. 1837.
Dies.: Angeschwommene Sachen. Haus Tiefenau, den 6. Mai 1845. Das Pflugksche Gericht. S. 1843.
Leipziger Zeitung: Dresden, 10. Mai 1845. (Privatmitth.). S. 1868f.
Dies.: Dresden, 10. Mai 1845. (Nachtrag zu der Privatmitth. aus Dresden vom 6. Mai in Nr. 111 d. Bl.). S. 1869.
Dies.: Inland. Dresden, 17. Mai 1845. (Privatmitth.) S. 2009.
Dies.: Extra-Beilage zu No. 126 der Leipziger Zeitung. Dienstags, den 27. Mai 1845. Bekanntmachung. Dresden, am 3. Mai 1845. Königl. Sächs. Kreis-Direction. S. 1.

Dies.: Extra-Beilage zu No. 126 der Leipziger Zeitung. Dienstags, den 27. Mai 1845. Verzeichniß (...) Beiträge. Dresden, am 3. Mai 1845. Cassenverwaltung der Königl. Kreis-Direction. S. 1–18.

Dies.: Bekanntmachung. Dresden, am 27. Mai 1845. Der Rath zu Dresden. S. 2163.

Dies.: Inland. Dresden, 6. Juni 1845. (Privatmitth.). S. 2285, li. Sp.

Leipziger Zeitung: No. 230. Donnerstags, den 25. September 1845. S. 3025.

Dies.: Zweite Beilage zu No. 305 der Leipziger Zeitung. Montags, den 22. December 1845. S. 5404.

Neue Zürcher Zeitung. Nro. 21. Sonnabend den 13. März 1830, Deutschland, Berlin 1. März. S. 84.

Dies.: Nro. 22. Mittwoch den 17. März 1830, Deutschland, Wien, 6. März. S. 87f.

Torgauer Kreis-Blatt: No. 6. Sonnabend, am 10. Februar 1838. S. 42–45.

Dass.: No. 8. Sonnabend, am 24. Februar 1838. S. 57–59.

Zürcher Zeitung: No. 34. 1783. Samstag, den 26. April. Italien. Florenz, den 13. April. Ohne Seitenangabe.

Dies.: No. 41. 1783. Mitwoch, den 21. May. Italien. Fortsetzung der Nachricht von Meßina. Ohne Seitenangabe.

Dies.: No. 55. 1783. Mitwoch, den 9. Heum. Vermischte Nachrichten. Ohne Seitenangabe.

Dies.: No. 56. 1783. Samstag, den 12. Heum. Vermischte Nachrichten. Ohne Seitenangabe.

Dies.: No. 58. 1783. Samstag, den 19. Heum. Wetter-Nachrichten. Ohne Seitenangabe.

Dies.: No. 59. 1783. Mitwoch, den 23. Heum. Großbrittanien. London, den 10. Heumonat. Ohne Seitenangabe.

Dies.: No. 61. 1783. Mitwoch, den 30. Heum. Frankreich. Paris, den 22. Julius. Ohne Seitenangabe.

Dies.: No. 62. 1783. Samstag, den 2. Augustm. Rußland. Kronstadt, den 20. Junius. Ohne Seitenangabe.

Dies.: No. 66. 1783. Samstag, den 16. Agustm. Dänemark. Koppenhagen, vom 16. Jul. Ohne Seitenangabe.

Dies.: No. 68. 1783. Samstag, den 23. Augustm. Preßburg, den 2ten August. Ohne Seitenangabe.

Dies.: No. 70. 1783. Samstag, den 30. Augustm. Vermischte Nachrichten. Ohne Seitenangabe.

Dies.: No. 71. 1783. Mitwoch, den 3. Herbstm. Deutschland. Wien, den 19ten August. Ohne Seitenangabe.

Dies.: No. 76. 1783. Samstag, den 20. Herbstm. Dänemark. Koppenhagen, vom 2. Sept. Ohne Seitenangabe.

Dies.: No. 79. 1783. Mitwoch, den I .Weinm. Vermischte Nachrichten. Ohne Seitenangabe.

Dies.: No. 80. 1783. Samstag, den 4. Weinm. Dänemark. Koppenhagen, vom 6. Sept. Ohne Seitenangabe.

Zürcher Zeitung: No. 17. 1784. Samstag, den 28. Hornung. Kölln, den 10. Febr. Ohne Seitenangabe.

Dies.: No. 20. 1784. Mitwoch, den 10. Merz. Deutschland. Wien, vom 3ten Merz. Ohne Seitenangabe.

Dies.: No. 21. 1784. Samstag, den 13. Merz. Deutschland. Ohne Seitenangabe.

Dies.: No. 22. 1784. Mitwoch, den 17. Merz. Deutschland. Wien, den 6. Merz. Ohne Seitenangabe.

Dies.: No. 24. 1784. Mitwoch, den 24. Merz. Vermischte Nachrichten. Ohne Seitenangabe.

Dies.: No. 25. 1784. Samstag, den 27. Merz. Frankreich. Paris, den 19ten Merz. Ohne Seitenangabe.

Dies.: No. 26. 1784. Mitwoch, den 31. Merz. Deutschland. Landau, den 14ten Merz. Ohne Seitenangabe.

Dies.: No. 28. 1784. Mitwoch, den 17. April. Deutschland. Wien, vom 18ten Merz. Ohne Seitenangabe.

Zürcher Zeitung: No. 39. 1784. Samstag, den 15. May. Vermischte Nachrichten. Ohne Seitenangabe.

Dies.: No. 41. 1784. Samstag, den 22. May. Deutschland. Wien, den 8ten May. Ohne Seitenangabe.

Dies.: No. 45. 1784. Samstag, den 5. Brachm. Kölln, den 11ten May. Ohne Seitenangabe.

Neue Zürcher Zeitung: Nro. 21. Sonnabend den 13. März 1830. Deutschland, Berlin 1. März. S.84.

Dies.: Nro. 22. Mittwoch den 17. März 1830. Deutschland, Wien, 6. März. S. 87, 88.

## 15.3 Literatur

Adams, Bärbel: Bevor der Himmel alle Schleusen öffnet. An der Universität Leipzig werden Modelle weiterentwickelt, die Vorhersagen von Starkregen verbessern. http://idw-online.de/pages/de/news109161 (Stand: 25.4.2005).
Agyris, Chris/Schön, Donald A.: Die Lernende Organisation. Grundlagen, Methode, Praxis. Stuttgart 1999.
Aigner, Detlev/Carstensen, Dirk/Horlacher, Hans-Burkhard/Lattermann, Eberhard: Das Augusthochwasser 2002 im Elbegebiet und notwendige Schlussfolgerungen. In: Wasserwirtschaft. 2003. Jahrgang 93. Nr. 1/2. S. 39.
Artus, Helmut M.: Katastrophen – ihre soziale und politische Dimension. Ein Überblick über sozialwissenschaftliche Forschung. Informationszentrum Sozialwissenschaften. Bonn 2005.
Autorenkollektiv Leitung Förster, Rudolf: Dresden. Berlin (Ost) 1985.

Bass, Hans-Heinrich: Hungerkrisen in Preußen während der ersten Hälfte des 19. Jahrhunderts. St. Katharinen 1991.
Bayerisches Landesamt für Wasserwirtschaft München: Hochwasserlexikon. In: http://www.hochwasser.de/lexikon/glossaraz.htm (Stand: 28.9.2001).
Beck, Ulrich: Politik in der Risikogesellschaft. Frankfurt a. M. 1991.
Bergonzat, Maryse/Durieux, Jacques/Morgensztern, Isy: »Die Erde in Aufruhr«. Fernsehreihe »Abenteuer Erde«, ausgestrahlt im WDR am 8.1.2002, unter dem Titel »Urgewalten der Vulkane (1)«.
BerliNews: Lehren aus der Flut. Analyse des Hochwassers 2002 an der TU Dresden. http://www.berlinews.de/archiv-2002/1578.shmtl (Stand: 29.1.2004).
BerliNews: Erneuerbare Energien setzen sich durch. http://www.berlinews.de/archiv-2004/2223.shtml (Stand: 7.6.2004).
Blaschke, Karlheinz: Bevölkerungsgeschichte von Sachsen bis zur Industriellen Revolution. Weimar 1967.
Ders.: Die Ausbreitung des Staates in Sachsen und der Ausbau seiner räumlichen Verwaltungsbezirke. In: Blätter für deutsche Landesgeschichte. 91. Jahrgang. 1954. S. 96–109.
Ders.: § 7 Königreich Sachsen und thüringische Staaten. In: Jeserich, Kurt G. A. (Hg.): Deutsche Verwaltungsgeschichte. Bd. 2. Vom Reichsdeputationshauptschluß bis zur Auflösung des Deutschen Bundes. Stuttgart 1983.
Böning, Holger: Das Intelligenzblatt – eine literarisch-publizistische Gattung des 18. Jahrhunderts. In: Internationales Archiv für Sozialgeschichte der deutschen Literatur. Bd. 19. Heft 1. Tübingen 1994. S. 22–32.

Böhret, Carl: Chaos und schleichende Katastrophen – Was die politische Führung lernen müßte! Speyer 1994.
Börngen, Michael: Curt Weikinns Quellentexte zur Witterungsgeschichte Europas. In: Chmielewski, F-M./Foken, Thomas, (Hg.): Beiträge zur Klima- und Meeresforschung. Berlin 2003. S. 51–58.
Borchardt, Knut: Zur Frage des Kapitalmangels in der ersten Hälfte des 19. Jahrhunderts in Deutschland. In: Ders.: Wachstum, Krisen, Handlungsspielräume der Wirtschaftspolitik. Göttingen 1982.
Borst, Arno: Das Erdbeben von 1348. Ein historischer Beitrag zur Katastrophenforschung. In: Historische Zeitschrift (HZ). 1981. 233. S. 529–569.
Bradley, Raymond S./Jones, Philip D. (Hg.): Climate since A. D. 1500. London 1992.
Braun, Boris: Pressemitteilung Informationsdienst Wissenschaft: Naturkatastrophen und Kulturgeographie (Uni Bamberg). Prof. Dr. Boris Braun hält am 2. Dezember seine Antrittsvorlesung. http://idw-online.de/pages/de/news 92301 (veröffentlicht: 29.11.2004).
Braun, Helmut: »... und wir überleben doch.« Mensch und Umwelt in historischer Perspektive. In: Vierteljahrschrift für Sozial- und Wirtschaftsgeschichte (VSWG). 2004. Bd. 91. H. 2. S. 208–215.
Brazdil, Rudolf/Pfister, Christian/Wanner, Heinz/v. Storch, Hans/Luterbacher, Jürg: Historical Climatology in Europe – The State of the Art. In: Climatic Change. 2005. 70. P. 363–430.
Brendecke, Arndt: Die Jahrhundertwenden. Eine Geschichte ihrer Wahrnehmung und Wirklichkeit. Frankfurt a. M. 1999.
Ders.: Wege in die frühe Neuzeit. Neuried 2001.
Brinck, Andreas: Die deutsche Auswanderungswelle in die britischen Kolonien Nordamerikas um die Mitte des 18. Jahrhunderts. Stuttgart 1993.
Brüggemeier, Franz-Josef: Das unendliche Meer der Lüfte. Luftverschmutzung und Risikodebatten im 19. Jahrhundert. Essen 1996.

Canz, Sigrid (Bearb.): Panorama der Elbe. Ansichten des 18. und 19. Jahrhunderts. Eine Ausstellung des Adalbert Stifter Vereins München in Zusammenarbeit mit dem Institut Nordostdeutsches Kulturwerk, Lüneburg. München 1987.
Cappel, Albert: Societas Meteorologica Palatina (1780–1795). In: Annalen der Meteorologie (Neue Folge) Nr. 16: Symposium anläßlich der 200. Wiederkehr des Gründungsjahres der Societas Meteorologica Palatina. Offenbach a. M. 1980. S. 10–27.
Chmielewski, F-M./Foken, Thomas, (Hg.): Beiträge zur Klima- und Meeresforschung. Berlin 2003.

Coeur, Denis: Aux origines du concept moderne de risque naturel en France. Le cas des inondations fluviales (XVIIe s.–XiX s.) In: Favier, René/Granet-Abisset, A. M. (Hg.): Histoire et Mémoire des risques naturels. Grenoble 1999. S. 117–138.

Ders.: Genesis of a public policy for flood management in France: The case of the Grenoble valley (XVIIth–XIXth centuries). In: Thorndycraft, Varyl R. / Benito, Gerardo/Barriendos, Mariano/Llasat, M. Carmen (Eds.): Paleofloods, Historical Data and Climatic Variability. Applications in Flood Risk Assessment. Madrid 2003. P. 373–378.

Ders.: La maitrisse des inondiations dans la plaine de Grenoble (XVII–XX siecle): Enjeux techniques, politiques et urbains. These de Doctorat. Sous la direction de Monsieur professeur René Favier. Université Pierre Mendès France. Institut d'Urbanisme de Grenoble. 2003.

Crutzen, Paul J. (Hg.): Atmosphäre, Klima, Umwelt. Heidelberg/Berlin/Oxford 1996.

Czaya, Eberhard: Die Elbe. Vom Riesengebirge zur Nordsee. Köln 1995.

D'Angelo, Michaela/Saija, Marcello: A City and two Earthquakes: Messina 1783–1908. In: Massard-Guilbaud, Geneviève/Platt, Harold L./Schott, Dieter (Eds.): Cities and catastrophes. Frankfurt a. M/Berlin/Bern/Bruxelles/New York 2002. P. 123–140.

Davis, Lee: Das große Lexikon der Naturkatastrophen. Erdbeben, Überschwemmungen, Lawinen, Stürme, Vulkanausbrüche, Seuchen, Meteoriteneinschläge. Graz 2003.

Deutsch, Mathias/Pörtge, Karl-Heinz/Teltscher, Helmut (Hg.): Beiträge zum Hochwasser/Hochwasserschutz in Vergangenheit und Gegenwart. Erfurt 2000.

Ders.: Zum Hochwasser der Elbe und Saale Ende Februar/Anfang März 1799. In: Deutsch, Mathias/Pörtge, Karl-Heinz/Teltscher, Helmut (Hg.): Beiträge zum Hochwasser/Hochwasserschutz in Vergangenheit und Gegenwart. Erfurt 2000. S. 7–44.

DKKV, Deutsches Komitee für Katastrophenvorsorge e. V.: Hochwasservorsorge in Deutschland. Lernen aus der Katastrophe 2002 im Elbegebiet. Kurzfassung der Studie Lessons Learned (Schriftenreihe des DKKV 29). Bonn 2003.

Dombrowsky, Wolf R.: Mensch – Umwelt – Verhältnis und Katastrophen-Adaption. In: Schellnhuber, Hans-Joachim/Sterr, Horst (Hg.): Klimaänderung und Küste. Einblick ins Treibhaus. Berlin/Heidelberg/New York/London/Paris/Tokio/Hong Kong 1993. S. 343–359.

Ders.: Entstehung, Ablauf und Bewältigung von Katastrophen. Anmerkungen zum kollektiven Lernen. In: Pfister, Christian/Summermatter, Stephanie (Hg.): Katastrophen und ihre Bewältigung – Perspektiven und Positionen. Bern/Stuttgart/Wien 2004. S. 165–183.

Ders.: Flußhochwasser – ein Störfall der Vernunft? In: Gaia. 2002. 11. Nr. 4. S. 310–311.

Dramatische Lage in Wesenstein: http://www.sn.schule.de/~gruna/pages/flut/ (Stand: 4.7.2004).

Dresden Flood Research Center: http://www.ioer.de/frc/start.htm (Stand: 29.7.2005).

Dresdens Geschichte: http://www.altes-dresden.de/html/1709-1814.html (Stand: 1.12.2003).

Düwel-Hösselbarth, Waltraud: Ernteglück und Hungersnot. 800 Jahre Klima und Leben in Württemberg. Stuttgart 2002.

Eckert, Andreas: Gefangen in der Alten Welt. Die deutsche Geschichtswissenschaft ist hoffnungslos provinziell: Themen jenseits der europäischen Geschichte interessieren die Historiker kaum. In: DIE ZEIT. 26. September 2002. Nr. 40. S. 40.

Eder, Klaus: Geschichte als Lernprozess? Frankfurt a. M. 1985.

Elbpegel:http://www.umwelt.sachsen.de/de/wu/umwelt/lfug/lfug-internet/documents/Elbpegel.pdf (Stand: 19.6.2004).

Elias, Norbert: Über den Prozeß der Zivilisation: soziogenetische und psychogenetische Untersuchungen. Frankfurt a. M. 1990.

The Eggs. 26 march 2004. Issue No.7.: Record summers might become more common. http://theeggs.org/news.php?id=144&typeid=0&PHPSESSID=1d07e8fb14bf60262d674583da82c723# (Stand: 5.4.2004).

Etymologisches Wörterbuch des Deutschen. Erarbeitet unter der Leitung von Wolfgang Pfeifer. München 1997.

Eusemann, Bernhard (Bearb.): Naturkatastrophen. Das Lexikon zu ihren Ursachen und Folgen. Mannheim/Leipzig/Wien/Zürich 1999.

Evers, Adalabert/Nowotny, Helga: Über den Umgang mit Unsicherheit. Die Entdeckung der Gestaltbarkeit von Gesellschaft. Frankfurt a. M. 1987.

Favier René/Granet-Abisset, Anne Marie (Hg.): Histoire et Mémoire des risques naturels. Actes du séminaire international »Histoire et Memoire des risque naturels en région de montagne.« Grenoble 1999.

Ders.: La monarchie d'Ancien Régime et l'indemnisation des catastrophes naturelles à la fin du XVIIIe siècle: l'exemple du Dauphiné-Actes du colloque international Les pouvoirs publics face aux risques naturels dans l'histoire (Grenoble, mars 2001), sous la direction de René et d'Anne-Marie Granet-Abisset. Grenoble, MSH-Alpes, 2002. P. 71–104.

Fischer, Erich: Regional and Seasonal Impact of Volcanic Eruptions on European Climate over the Last Centuries. Diplomarbeit, Geographisches Institut der Universität Bern. Bern 2003.

Fischer, Wolfgang/Schütz, Holger: Klimaänderungen und Gesellschaft. Probleme und Perspektiven. In: Dies.: Gesellschaftliche Aspekte von Klimaänderungen. Jülich 1994.

Flüsse im Herzen Europas. Rhein, Elbe, Donau. Kartographische Mosaiksteine einer europäischen Flußlandschaft. Kartenabteilung der Staatsbibliothek zu Berlin Preußischer Kulturbesitz. Wiesbaden 1993.

Forberger, Rudolf: Die Widerspiegelung der industriellen Revolution in Sachsen (1800–1861) in der zeitgenössischen Belletristik. Sitzungsberichte der Sächsischen Akademie der Wissenschaften zu Leipzig. Philologisch-historische Klasse, 127. Band. Heft 3. Berlin (Ost) 1987.

Ders.: Die Manufaktur in Sachsen vom Ende des 16. Jahrhunderts bis zum Anfang des 19. Jahrhunderts. Schriften des Instituts für Geschichte. Reihe 1. Bd. 3. Berlin (Ost) 1958.

Ders.: Die industrielle Revolution in Sachsen 1800–1861. Bd.1, erster Halbband: Die Revolution der Produktivkräfte 1800–1830. Berlin (Ost) 1982.

Franklin, Benjamin: Meteorological imaginations and conjectures. Reprinted in Weatherwise. 1982. 35. P. 262.

Freistaat Sachsen/Landesamt für Umwelt und Geologie (Hg.): Analyse und Prognose der meteorologisch-hydrologischen Situation. Monatsbericht August 2002. Dresden 2002.

Fuchs, Vivian (Hg.): Naturgewalten. Frankfurt a. M. 1978.

Fügner, Dieter: Historische Wetterbeobachtungen vor dem 19. Jahrhundert in Sachsen nach Christian Gottlieb Pötzsch. In: Sächsische Heimatblätter. 1987. 33. Jahrgang. Heft 1. S. 155–158.

Ders.: Hochwasserkatastrophen des Elbestromes in Sachsen. Ohne Ort. Ohne Jahr. S. 56–70.

Ders.: Hochwasserkatastrophen in Sachsen. Leipzig/Zwickau 2002.

Gailus, Manfred/Volkmann, Heinrich (Hg.): Nahrungsmangel, Versorgungspolitik und Protest 1770–1990. Opladen 1994.

Dies.: Einführung: Nahrungsmangel, Hunger und Protest. In: Dies. (Hg.): Nahrungsmangel, Versorgungspolitik und Protest 1770–1990. Opladen 1994. S. 9–26.

Geipel, Robert: Naturrisiken. Katastrophenbewältigung im sozialen Umfeld. Darmstadt 1992.
Geysir. com – der Islandinformationsdienst: http://www.geysir.com/deutsch/natur/geologie/3.2 phtml (Stand: 9.1.2002).
Girel, Jackie: River Diking/Channelization and Floodplain Drainage/Reclamation in Alpine valleys during the 19th century. Université Joseph Fourier, Grenoble, France. Rivers in History: Designing and Conceiving Waterways in Europe and North America. Lecture delivered at the conference of the German Historical Institute. Washington D. C. December 4–7, 2003.
Glaser, Rüdiger: Klimageschichte in Mitteleuropa seit dem Jahr 1000. 1000 Jahre Wetter, Klima, Katastrophen. Darmstadt 2001.
Ders./Hagedorn, Helga: Die Überschwemmungskatastrophe von 1784 im Maintal. Eine Chronologie ihrer witterungsklimatischen Vorraussetzungen und Auswirkungen. In: Die Erde. 1990. 121. Jg. Heft 1. S. 1–14.
Ders./Stangl, Heiko: Climate And Floods In Central Europe Since AD 1000: Data, Methods, Results And Consequences. In: Surveys in Geophysics. 2004. 25. S. 485–510.
Graßl, Hartmut: Regen – Segen – Sintflut. Hochwasser- und Klimaschutz als doppelte Herausforderung. In: Kachelmann, Jörg: Die große Flut. Unser Klima, unsere Umwelt, unsere Zukunft. Reinbek 2002. S. 99–111.
Groh, Dieter/Kempe, Michael/Mauelshagen, Franz (Hg.): Naturkatastrophen. Beiträge zu ihrer Deutung, Wahrnehmung und Darstellung in Text und Bild von der Antike bis ins 20. Jahrhundert. Tübingen 2003.
Groß, Reiner: Geschichte Sachsens. Leipzig 2001.

Haeckel, Ernst: http://www.gwdg.de/~munger/materialschmidt/einfuehrung.html; http://www.ucmp.berkeley.edu/history/haeckel.html; http://home.tiscalinet.ch/biografien/biografien/haeckel.htm (Stand: 14.1.2003).
Hagenmaier, Monika/Holtz, Sabine (Hg.): Krisenbewußtsein und Krisenbewältigung in der frühen Neuzeit. Festschrift für Hans-Christoph Rublack. Frankfurt a. M./Bern/New York/Paris 1992.
Hansen, James E.: Lässt sich die Klima-Zeitbombe entschärfen? In: Spektrum der Wissenschaft. Januar 2005. S. 50–58.
Hater, Katrin: Gesellschaftliche Lernprozesse im politischen Diskurs. Eine Fallstudie zum Diskurs um das Braunkohlentagebauvorhaben Garzweiler II. Dissertation Technische Hochschule Aachen 1998.
Haupt, Walter: Sächsische Münzkunde Teil I und II. Arbeits- und Forschungsberichte zur sächsischen Bodendenkmalspflege Beiheft 10. Berlin (Ost) 1974.

Hennig, Rüdiger: Katalog bemerkenswerter Witterungsereignisse von den ältesten Zeiten bis auf das Jahr 1800. Berlin 1904.

Herzig, Arno: Sozialprotest zur Zeit der Französischen Revolution in Hamburg und in anderen deutschen Städten. S. 113-133. In: Herzig, Arno (Hg.): Das alte Hamburg. 1500-1848/49; Vergleiche, Beziehungen. Berlin 1989.

Ders.: Die norddeutschen Subsistenzprobleme der 1790er Jahre. In: Gailus, Manfred/Volkmann, Heinrich (Hg.): Nahrungsmangel, Versorgungspolitik und Protest 1770-1990. Opladen 1994. S. 135-150.

Hochwasserschutz:http://www.umweltbundesamt.de/rup/hochwasserschutz. html. (Stand:21.5.2004).http://www.bmu.de/fb_gew/index.php?fb=/sachthemen/gewaesser/gewaesserstadt/hochwasser/kurzinfo/kurzinfo/ (Stand: 21.5.2004).

Hoffman, Susanna M./Oliver-Smith, Anthony (Eds.): Catastrophe and Culture. The Anthropology of Disaster. Santa Fe/Oxford 2002.

Höfe, K.: Chronik der Stadt und Grafschaft Barby. Nach Urkunden, Ueberlieferungen, geschichtlichen Aufzeichnungen und anderen Quellen. Barby 1913.

Huneke, Friedrich: Die »Lippischen Intelligenzblätter« (Lemgo 1767-1799). Lektüre und gesellschaftliche Erfahrung. Bielefeld 1989. http://www.uniaugsburg.de/institute/iek/iek/mitt_6/forschung.htm (Stand: 15.1.2003).

IKSE (Hg.): Die Elbe und ihr Einzugsgebiet. Internationale Kommission zum Schutz der Elbe. Magdeburg 1995.

Immendorf, Ralf (Hg.): Hochwasser. Natur im Überfluß? Heidelberg 1997.

Intergovernmental Panel on Climate Change: Third Assessment Report – Climate Change 2001: Working Group I: The Scientific Basis. www.ipcc.ch (Stand: 3.2.2004); http://www.grida.no/climate/ipcc_tar/wg1/088.htm#fig232 (Stand. 12.3.2004).

International Decade of Disaster Reduction (IDNDR). http://www.oneworld.org/idndr/ (Stand: 6.4.2004).

Jäger, Wieland: Katastrophe als gesellschaftlicher Prozeß. Ein Beitrag zu ihrer Entmystifizierung.http://www.fernunihagen.de/SOZ/SOZ4/texte/Katastrophe.pdf (Stand: 8.5.2005).

Dresdner Druck- und Verlagshaus (Hg.): Jahrhundertflut in Sachsen. Eine Bildchronik der Hochwasserkatastrophe 2002. Dresden 2002.

Dresdner Magazin Verlag (Hg.): Die Jahrhundertflut – Das Jahr danach. Dresden 2003.

Jakubowski-Tiessen, Manfred: Sturmflut 1717. Die Bewältigung einer Naturkatastrophe in der Frühen Neuzeit. München 1992.

Ders./Lehmann, Hartmut/Schilling, Johannes/Staats, Reinhart: Jahrhundertwenden. Endzeit- und Zukunftsvorstellungen vom 15.–20. Jahrhundert. Göttingen 1999.
Jeserich, Kurt G. A. (Hg.): Deutsche Verwaltungsgeschichte Bd. 2 Vom Reichsdeputationshauptschluß bis zur Auflösung des Deutschen Bundes. Stuttgart 1983.
John, Uwe/Matzerath, Josef (Hg.): Landesgeschichte als Herausforderung und Programm. Leipzig/Stuttgart 1997.
Johnston, Harold: Reduction of Stratospheric Ozone by Nitrogen Oxide Catalysts from supersonic transport Exhaust. In: Science. 1971. Vol. 173. No. 3996. P. 517–522.
Jonas, Hans: Dem bösen Ende näher. Gespräche über das Verhältnis des Menschen zur Natur. Frankfurt a. M. 1993.

Kachelmann, Jörg (Hg.): Die große Flut. Unser Klima, unsere Umwelt, unsere Zukunft. Reinbek 2002.
Karger, Cornelia R.: Wahrnehmung und Bewertung von »Umweltrisiken«. Was können wir aus der Forschung zu Naturkatastrophen lernen? Arbeiten zur Risiko-Kommunikation. Heft 57. Jülich 1996.
Kates, R. W.: Hazard and Choice. Perception in Floodplain Management. Department of Geography. Research Paper No. 78. University of Chicago 1962.
Kates, Robert/Ausubel, Jesse H./Berberian, Mimi (Hg.): Climate Impact Asessment. Studies of the Interaction of Climate and Society. Chichester 1985.
Keller, Katrin: Landesgeschichte Sachsen. Stuttgart 2002.
Kempe, Michael/Rohr, Christian (Eds.): Environment and History. May 2003. Volume 9. No. 2. Special Issue: Coping with the Unexpected – Natural Disasters and their Perception.
Kington, John A.: The weather of the 1780s over Europe. Cambridge 1988.
Kirchbach, Hans-Peter v., u. a.: Bericht der Unabhängigen Kommission der Sächsischen Staatsregierung Flutkatastrophe 2002. http://home.arcor.de/schlaudi/Kirchbachbericht.pdf (Stand: 19.7.2005).
Klein, Thomas (Hg. u. bearb.): Grundriß zur deutschen Verwaltungsgeschichte 1815–1945. Reihe B, Band 14: Sachsen. Marburg/Lahn 1982.
Knoepfel, Peter/Kissling-Näf, Ingrid/Marek, Daniel: Lernen in öffentlichen Politiken. Basel/Frankfurt a. M. 1997.
Knüpfel, Volker: Presse und Liberalismus in Sachsen. Positionen der bürgerlichen Presse im frühen 19. Jahrhundert. Weimar/Köln/Wien 1996.
Körner, Martin (Hg.): Stadtzerstörung und Wiederaufbau. Schlussbericht. Band 3. Bern/Stuttgart/Wien 2000.

Kohl, Harald / Kühr, Helmut: Klimawandel auf der Erde – die planetare Krankheit. In: Spektrum der Wissenschaft. Juli 2004. S. 32–39.

Kretzschmar, Hellmut: Vom Anteil Sachsens an der neueren deutschen Geschichte. Leipzig/Stuttgart 1999.

Kron, Wolfgang: Überschwemmungsschäden und Versicherung. In: Wasserwirtschaft. 2003. Jahrgang 93. Nr. 10. S. 10, 11.

Lakieruption:http://volcano.undnodak.edu/vwdocs/Gases/eruptions.html; http://www.perso.club-internet.fr/acatte/Iceland_Laki_in_english.htm (Stand: 12. 3. 2004); http://volcano.und.nodak.edu/vwdocs/vol_images/europe_west_asia/Laki1.jpg (Stand. 12.3.2004). http://volcano.und.nodak.edu/vwdocs/Gases/laki.html (Stand: 15.3.2004).

Lamb, Hubert H.: Klima und Kulturgeschichte. Der Einfluss des Wetters auf den Gang der Geschichte. Reinbek 1989.

Ders.: Climate, History and the Modern World. London 1995.

Lamping, Heinrich/Lamping, Gerlinde: Naturkatastrophen. Spielt die Natur verrückt? Berlin/Heidelberg/NewYork/London/Paris/Tokio/HongKong/Barcelona/Budapest 1995.

Landeshochwasserzentrum:http://www.umwelt.sachsen.de/de/wu/umwelt/lfug/lfug-internet/presse_9060.html (Stand:29.7.2005).

Lehmann, Dieter: Das Jahrtausendhochwasser ... und das Wunder von Mühlberg. Halle 2002.

Lehner, Martina: »Und das Unglück ist von Gott gemacht ...«. Geschichte der Naturkatastrophen in Österreich. Wien 1995.

Lingelbach, E.: Vom Messnetz der Societas Meteorologica Palatina zu den weltweiten Messnetzen heute. In: Annalen der Meteorologie (Neue Folge) Nr. 16: Symposium anläßlich der 200. Wiederkehr des Gründungsjahres der Societas Meteorologica Palatina. Offenbach a. M. 1980.

Lübken, Uwe: Zwischen Alltag und Ausnahmezustand. Ein Überblick über die historiographische Auseinandersetzung mit Naturkatastrophen. In: Werkstatt Geschichte. 2004. 38. S. 55–64.

Lüdecke, Claudia: Von der Messung zur Abstraktion – Meteorologie um die Wende vom 18. zum 19. Jahrhundert. Zusammenfassung. http://www.uni-leipzig.de/~jacobi/dmg/abstr_2.htm (Stand 25.7.2005).

Luhmann, Niklas: Soziologie des Risikos. Berlin 1991.

Luterbacher, Jürg et al.: European sesonal and annual temperatures variability, trends, and extremes since 1500. In: Science. 2004. 303. P. 1499–1503.

Massard-Guilbaud, Geneviève/Platt, Harold L./Schott, Dieter (eds.): Cities and Catastrophes. Frankfurt a. M./Berlin/Bern/Bruxelles/New York 2002.
Dies.: Introduction: the Urban Catastrophe – Challenege to the social, economic, and cultural order of the city. In: Massard-Guilbaud, Geneviève/Platt, Harold L./Schott, Dieter (Eds.): Cities and Catastrophes. Frankfurt a. M./Berlin/Bern/Bruxelles/New York 2002. P. 9–42.
Meinert, o. V.: Vorwort. Findbuch Sächsisches Hauptstaatsarchiv Dresden. 10940 Sächsische Wasserbaudirektion Band 1 – Wasserbauverwaltung. Dresden 1980.
Militzer, Stefan: Klima-Klimageschichte-Geschichte. Status und Perspektiven von Klimageschichte und Historischer Klimawirkungsforschung. In: Geschichte in Wissenschaft und Unterricht 47/1996. S. 71–88.
Ders.: Klima – Umwelt – Mensch (1500–1800). Studien und Quellen zur Bedeutung von Klima und Witterung in der vorindustriellen Gesellschaft. 3 Bde. Leipzig 1998.
Miller, Max: Kollektive Lernprozesse. Studien zur Grundlegung einer soziologischen Lerntheorie. Frankfurt a. M. 1986.
Ders.: Some theoretical aspects of systemtic learning. In: Sozialer Sinn. 3. 2002. S. 1–58.
Molina, Mario J./Rowland, Sherwood: Stratospheric sink for chlorofluoromethanes: Chlorine atom-catalysed destruction of ozone. In: Nature. 1974. Vol. 249. June 28. S. 810–812.
Müller, Reto: Das wild gewordene Element. Gesellschaftliche Reaktionen auf die beiden Mittellandhochwasser von 1852 und 1876. Berner Forschungen zur Regionalgeschichte. Band 2. Hrsg. v. Schmidt, Heinrich Richard. Nordhausen 2004.
Müller, Uwe: Was haben wir gelernt? Ein Jahr nach der Hochwasserkatastrophe in Sachsen. In: Wasserwirtschaft. 2003. Jahrgang 93. Nr. 12. S. 9–15.
Münchener Rückversicherungs-Gesellschaft (Hg.): Wetterkatastrophen und Klimawandel. Sind wir noch zu retten? Der aktuelle Stand des Wissens – alle wesentlichen Aspekte des Klimawandels von den Ursachen bis zu den Auswirkungen. München 2004.

Nakott, Jürgen: Wie heiß wird die Erde? In: National Geographic. Februar 2004. S. 64–69.
Napoleonische Befreiungskriege: http://miniatures.de/html/ger/campaigns/1799-1815.html (Stand: 19.5.2003).
Naumann, Günter: Sächsische Geschichte in Daten. Berlin/Leipzig 1991.
National Center of Competence in Research – Climate (NCCR-Climate): http://www.nccr-climate.unibe.ch (Stand: 12.2.2004).

Naturkatastrophen: http://www.naturkatastrophen.de/ (Stand: 21.5.2004).
Nienhaus, Agnes: Naturkatastrophe und Modernisierungsprozess. Eine Analyse gesellschaftlicher Reaktionen auf das alpine Hochwasser von 1834 am Fallbeispiel Graubünden. Lizentiatsarbeit, Historisches Institut der Universität Bern. Bern 2000.
Nussbaumer, Josef: Die Gewalt der Natur: eine Chronik der Naturkatastrophen von 1500 – heute. Linz 1996.

Ozonloch: http://strat-www.met.fu-berlin.de/ (Stand: 2.2.2004).
Dass.: http://toms.gsfc.nasa.gov/ozone/ozone.html (Stand: 2.2.2004).

Panorama der Elbe. Ansichten des 18. und 19. Jahrhunderts. Eine Ausstellung des Adalbert Stifter Vereins München. München 1987.
Pasche, Léna: Inondations de 1868 et émergence de la politique de correction des eaux et de reboisement dans les Alpes suisses au cours du XIX siècle. Le cas du Valais et de la région de Conthey. Institut de Géographie. Université Lausanne 2002.
Pellmann, Udo/Pleticha, Heinrich: Die Elbe. Würzburg 1993.
Pfister, Christian/Summermatter, Stephanie (Hg.): Katastrophen und ihre Bewältigung. Perspektiven und Positionen. Bern/Stuttgart/Wien 2004.
Ders.: Wetternachhersage. 500 Jahre Klimavariationen und Naturkatastrophen. Bern 1999.
Ders.: (Hg.): Am Tag danach. Zur Bewältigung von Naturkatstrophen in der Schweiz 1500–2000. Bern 2002.
Plate, Erich u. a. (Hg.): Naturkatastrophen und Katastrophenvorbeugung. Bericht des Wissenschaftlichen Beirates der DFG für das Deutsche Komitee für die »International Decade for Natural Disaster Reduction«. Weinheim/Basel/Cambridge/New York 1993.
Ders.: Einführung: »Naturkatastrophe« Hochwasser. In: Immendorf, R. (Hg.): Hochwasser: Natur im Überfluß? Heidelberg 1997. S. 1.
Plate, Erich J./Merz, Bruno/Eikenberg, C.: Naturkatastrophen: Herausforderung an Wissenschaft und Gesellschaft. In: Plate, Erich J./Merz, Bruno: Naturkatastrophen. Ursache – Auswirkungen – Vorsorge. Stuttgart 2001. S. 1–4.
Pörtge, Karl-Heinz/Deutsch, Mathias (Hg.): Aktuelle und historische Hochwasserereignisse. Beiträge zur Tagung des Arbeitskreises »Hydrologie« im März 1997 in Erfurt. Erfurt 1998.
Pohl, Hans: Die Phase der Frühindustrialisierung in Sachsen und im Rheinland. In: John, Uwe/Matzerath, Josef (Hg.): Landesgeschichte als Herausforderung und Programm. Leipzig/Stuttgart 1997. S. 487–508.

Poliwoda, Guido Nicolaus: Vor der Flut, in der Flut, nach der Flut. Genaue Polizeyanstalten: zur Geschichte der Hochwasserkatastrophen in Sachsen. In: Feuilleton Berliner Zeitung. Donnerstag, 22. August 2002. Nr. 195. S. 12.

Ders./Pfister, Christian: Documentary data and the millennium flood of 2002. In: Pages.Sciencehighlights:http://www.pages.ch/shighlightarchive03/poliwoda.html (Stand: 6.2.2003).

Preußische Meilen: http://biene.bonn.de/buschdor/texte/sehadler.htm (Stand: 19.2.2004).

Radkau, Joachim: Natur und Macht. Eine Weltgeschichte der Umwelt. München 2000.

Réaumur, René Antoine Ferchault de: http://www.wikipedia.org/wiki/Reaumur (Stand: 15.11.2002). Zur Umrechnung von Grad Réaumur in Grad Celsius siehe auch: http://www.niester.de/temperaturen/hintergrund.html (Stand: 12.2.2004).

Repnin-Wolkonski: http://www.slpb.de/infoseiten/geschichte/ge_sachsen/1_7.htm (Stand: 1.12.2003).

Rey, Lucienne: Die Schweizer Hochwasserhilfe trägt Früchte. In: Neue Zürcher Zeitung. Samstag/Sonntag 28./29. August 2004. Nr. 200. S. 7

Riebsame, William E.: Research in Climate – Society Interaction. In: Kates, Robert/Ausubel, Jesse H./Berberian, Mimi (Hg.): Climate Impact Assessment. Studies of the Interaction of Climate and Society. Chichester 1985. P. 69–84.

Robock, Alan: Volcanic eruptions and climate. In: Reviews of Geophysics. 2000. 38. 2. P. 191.

Rodriguez, Francisco Jorge: The Domestication of a Terrible River: The Model of the Segura River and the City of Murcia (XVIth–XIXth c.). Rivers in History: Designing and Conceiving Waterways in Europe and North America. Lecture delivered at the Conference of the German Historical Institute. Washington D. C. December 4-7. 2003.

Rohr, Christian: Überschwemmungen an der Traun zwischen Alltag und Katastrophe. Die Welser Traunbrücke im Spiegel der Bruckamtsrechnungen des 15. und 16. Jahrhunderts. In: Jahrbuch des Musealvereins Wels 33. 2001–2003. 2004.

Rommel, J.: Studie zur Laufentwicklung der deutschen Elbe bis Geesthacht seit ca. 1600. Koblenz/Berlin 2001. http://elise.bafg.de/ (Stand: 12.12.2001).

Rosenthal, Uriel/'t Hart, Paul (Eds.): Flood Response and Crisis Management in Western Europe. A comparative Analysis. Berlin/Heidelberg/New York 1998.

Rudloff, Hans v.: Die Schwankungen und Pendelungen des Klimas in Europa seit dem Beginn der regelmässigen Instrumentenmessungen (1670). Braunschweig 1967.

Rudolf, Bruno/Rapp, Jörg: Das Jahrhunderthochwasser der Elbe. Synoptische Wetterentwicklung und klimatologische Aspekte. In: Klimastatusbericht 2002. Deutscher Wetterdienst Offenbach 2003. S. 172–187. http://www.dwd.de/de/FundE/Klima/KLIS/prod/KSB/ksb02/Jahrhunderthochwasser.pdf (Stand: 20.6.2004).

Sächsische Geldeinheiten (bis 1821): http://www.saechsisches-industriemuseum.de/imc/sonder/rueckblick/euro_muenzen.htm Stand: 5.3.2003).

Sächsische Längenmaße:http://www.wbs.dresden.de/projekte/silberblicke/kapfern/art4/art21s01.shtml (Stand: 10.2.2003).

Sächsische Staatskanzlei, Referat Öffentlichkeitsarbeit: Die Flut – ein Blick zurück nach vorn. Dresden 2003.

Sächsisches Barock. Aus der Zeit von Matthes Daniel Pöppelmann Einführungen und Erläuterungen von Bächler, Hagen/Schlechte, Monika. Leipzig 1986.

Sächsisches Landesamt für Umwelt und Geologie (Hg.): Analyse und Prognose der meteorologisch-hydrologischen Situation. Monatsbericht August 2002. Dresden 2002.

Dass.: Pegel Dresden: http://www.umwelt.sachsen.de/de/wu/umwelt/lfug/lfug-internet/documents/Elbpegel.pdf (Stand: 19.6.2004).

Sächsisches Staatsministerium für Umwelt und Landwirtschaft (Hg.).: Hochwasserschutz in Sachsen. Materialien zur Wasserwirtschaft. Dresden 2002.

Dass.: Handbuch zur Wasserwirtschaft. Leitfaden für die Hochwasserabwehr. Dresden 1/1998.

Dass.: Materialien zur Wasserwirtschaft 1/1997. Merkblatt Eisgefahren. Dresden 1997.

Schär, Christoph/Vidale, P. L./Frei, C./Häberli, C./Liniger M. A. & Appenzeller, C.: The role of increasing temperature variability in European summer heatwaves. In: Nature. 2004. 427. P. 332–336.

Schanze, Jochen: Nach der Elbeflut 2002: Die gesellschaftliche Risikovorsorge bedarf einer transdisziplinären Hochwasserforschung. In: Gaia. 2002. 11. Nr. 4. S. 247–254.

Schedel, Hartmann: Weltchronik 1493. Kolorierte und kommentierte Gesamtausgabe. Köln 2001.

Schellnhuber, Hans-Joachim: Managing Climate Change: Regularity, Singularity and the Guardrail Principle. In: Abstracts of the Second International Climate and History Conference. 7–11 September 1998. 70. Norwich 1998.

Schlaak, Paul: Skizzen der Wetter- und Witterungsverhältnisse und ihre Auswirkungen auf Land, Leute und Wirtschaft zur Zeit des Aufstiegs Preussens (1640–1850). Beilage zur Berliner Wetterkarte des Instituts für Meteorologie der Freien Universität Berlin. 32/82. 11.3.1982. Berlin 1982.

Schmidt, Andreas: »Wolken krachen, Berge zittern, und die ganze Erde weint ...« Zur kulturellen Vermittlung von Naturkatastrophen in Deutschland 1755 bis 1855. Münster/New York/München/Berlin. 1999.

Schmidt, Martin: Hochwasser und Hochwasserschutz in Deutschland vor 1850. Eine Auswertung alter Quellen und Karten. München 2000.

Ders.: Historische Krisen des Hochwasserschutzes in Deutschland. In: Wasserwirtschaft. 2002. Jahrgang 92. Nr. 11/12. S. 26–30.

Ders.: Historische Hochwasser im deutschen Rheingebiet. In: Wasserwirtschaft. 2002. Jahrgang 92. Nr. 4/5 S. 48–52.

Ders.: Die große Elbeflut im Sommer 2002 aus historischer und künftiger Sicht. In: Wasserwirtschaft. 2003. Jahrgang 93. Nr. 1/2. S. 24–28

Schmincke, Hans-Ulrich: Die Vulkane und das Klima. Vulkanausbrüche beeinflussen die Luftchemie sowie den Strahlungs- und Energiehaushalt der Atmosphäre erheblich. In: Spektrum der Wissenschaft. Dossier ›Die Unruhige Erde‹. Ohne Ort. 2/2001.

Schönwiese, Christian-Dietrich: Klimaänderungen. Daten, Analysen, Prognosen. Berlin 1995.

Ders.: Zur Parametrisierung der nordhemisphärischen Vulkantätigkeit seit 1500. In: Meteorologische Rundschau. 1986. Nr. 39. S. 133–138.

Schott, Dieter: One city – Three Catastrophes: Hamburg from the Great Fire 1842 to the Great Flood 1962. In: Massard-Guilbaud, Geneviève/Platt, Harold L./Schott, Dieter (eds.): Cities and Catastrophes. Frankfurt a. M./Berlin/Bern/Bruxelles/New York 2002. S. 185–204.

Ders.: Forschungsbericht. Die Rolle von Katastrophen in der (Stadt-)Geschichte. In: Informationen zur modernen Stadtgeschichte 1/2003. S. 39–50.

Schulz, Helga: Berlin 1650-1800. Sozialgeschichte einer Residenz. Berlin (Ost) 1987.

Schweizerische Rückversicherungsgesellschaft: Naturkatastrophen und Rückversicherung. Zürich 2003. S. 6.

Siebenhüner, Bernd: Gesellschaftliches Lernen und kollektive Entscheidungsfindung im Prozess der Nachhaltigkeit. Contribution to the international conference »Governance and Sustainability – New challenges for the state, business and civil society«. Organised by the Institute for Ecological Economy Research (IOEW), Berlin, Friedrich-Ebert-Stiftung (FES), Berlin, 2002 in Berlin. ww.ioew.de/governanace/english/veranstaltungen/Int_Tagung/Siebenhuener.pdf (Stand: 3.6.2005).

Siegenthaler, Hansjörg: Regelvertrauen, Prosperität und Krisen. Die Ungleichmässigkeit wirtschaftlicher und sozialer Entwicklungen als Ergebnis individuellen Handelns und sozialen Lernens. Tübingen 1993.

Sieglerschmidt, Jörn: Untersuchungen zur Teuerung in Südwestdeutschland 1816/1817. In: Hagenmaier, Monika/Holtz, Sabine (Hg.): Krisenbewußtsein und Krisenbewältigung in der frühen Neuzeit. Festschrift für Hans-Christoph Rublack. Frankfurt a. M./Bern/New York/Paris 1992. S. 113–125.

Slovic, Paul: The perception of risk. London 2000.

South Pole Ozone Program:http://www.cmdl.noaa.gov/ozwv/ozsondes/spo/index.html (Stand: 4.2.2004).

Spektrum der Wissenschaft. Juli 2004. S. 36, 39.

Steiger, Robert: Goethes Leben von Tag zu Tag. Eine dokumentarische Chronik. Bd. 2. Zürich/München 1983.

Strömmer, Elisabeth: Klima-Geschichte. Methoden der Rekonstruktion und historische Perspektive Ostösterreichs 1700 bis 1830. Wien 2003.

Stumpp, Karl: Die deutsche Auswanderung nach Rußland 1763–1862. Stuttgart 1961.

The Social Learning Group: Learning to manage global environmental risks. A comparative history of social responses to climate change, ozone depletion and acid rain. Cambridge (Mass.) 2001.

Thorndycraft, Varyl R./Benito, Gerardo/Barriendos, Mariano/Llasat, M. Carmen (Eds.): Paleofloods, Historical Data and Climatic Variability. Applications in Flood Risk Assessment. Madrid 2003.

TOMS Daten: http://toms.gsfc.nasa.gov/ (Stand: 4.2.2004).

Ulbricht, Gunda: Finanzgeschichte Sachsens im Übergang zum konstitutionellen Staat (1763 bis 1843). St. Katharinen 2001.

Ullrich, Volker: Keine Visionen. Ein Nachwort zum Historikertag in Halle. In: DIE ZEIT. 29. September 2002. Nr. 39. S. 35.

Umweltbundesamt (Hg.): Hausgemachte Überschwemmungen. Maßnahmenvorschläge zur Vorsorge gegen zukünftige Hochwasserschäden. Berlin 1994.

Usoskin, Ilya G./Mursala, K./Nevanlinna, H./Kovaltsov, G. A.: Missed sunspot cycle in late XVIII century: new evidences. http://www.cosis.net/abstracts/COSPAR02/00862/COSPAR02-A-00862.pdf (Stand: 11.3.2004).

VDI (Verband Deutscher Ingenieure) Nachrichten: Uns drohen Sturzfluten, Dürren und Tropenfieber. 25. Febr. 2005. Nr. 8. S. 8.

Wagner, Sebastian: Climate variability within the climate model ECHO-G during the Dalton Minimum. http://www.nccr-climate.unibe.ch/download/events/suscho02/students_abstracts/Wagner%20Sebastian.htm (Stand: 12.3.2004).

Wagner, Wolf: Uni-Angst und Uni-Bluff. Wie studieren und sich nicht verlieren. Hamburg 2002.

Weichselgartner, Jürgen: Nach der Elbeflut 2002: Und danach? Nachtrag zur transdisziplinären Hochwasserforschung. In: Gaia. 2003. 12. Nr. 4. S. 245–248.

Ders.: Hochwasser als soziales Ereignis. Gesellschaftliche Faktoren einer Naturgefahr. In: Hydrologie und Wasserbewirtschaftung. 2000. 44. H. 3. S. 122–131.

Weikinn, Curt: Quellentexte zur Witterungsgeschichte Europas von der Zeitenwende bis zum Jahre 1850. Manuskript Teil 5: Hydrographie 1751/1800. Berlin/Stuttgart 2000.

Wettergeschichte-hessen.de: http://www.wettergeschichte-hessen. (Stand: 3.5.2005).

Zachmann, Karin: Die Kraft traditioneller Strukturen. Sächsische Textilregionen im Industrialisierungsprozeß. In: John, Uwe / Matzerath, Josef (Hg.): Landesgeschichte als Herausforderung und Programm. Leipzig/Stuttgart 1997. S. 509–535.

Zeese, Reinhard: Hochwasser in historischen Karten – das Beispiel der Elbe bei Dresden. In: Immendorf, Ralf (Hg.): Hochwasser: Natur im Überfluß? Heidelberg 1997. S. 183–190.

## 15.4 Abkürzungen

Bd.: Band
Dass.: Dasselbe
Ders.: Derselbe
DGNFB: Die Gesellschaft naturforschender Freunde Berlin
Dies.: Dieselbe(n)
GSPKB: Geheimes Staatsarchiv Preußischer Kulturbesitz Berlin
HStAD: Sächsisches Hauptstaatsarchiv Dresden
HZ: Historische Zeitschrift
Jg.: Jahrgang
Loc.: Locat
Mio.: Million(en)
O.S.: Ohne Seitenangabe
O.V.: Ohne Vornamen
O.J.: Ohne Jahr (esangabe)
Prs.: Präsentiert
RA: Ratsarchiv
Sog.: sogennante
Sp.: Spalte
StAD: Stadtarchiv Dresden
Vgl.: Vergleiche

## 15.5 Abbildungsverzeichnis

**Abb.1: Noah baut die Arche**
Quelle: Schedel, Hartmann: Weltchronik 1493. Kolorierte und
kommentierte Gesamtausgabe. Köln 2001. Blatt XI. ................ 17

**Abb. 2: Durch die Weißeritz überfluteter Hauptbahnhof in Dresden**
Quelle: Schweizerische Rückversicherungsgesellschaft:
Naturkatastrophen und Rückversicherung. Zürich 2003. S. 6. ........ 19

**Abb. 3: Dramatische Lage in Weesenstein**
Quelle: http://www.sn.schule.de/~gruna/pages/flut/ (Stand: 4.7.2004).
Bildnachweis: Foto Lutz Hennig, Weesenstein .................... 21

**Abb. 4: Weltweite Kosten extremer Wetterereignisse**
Quelle: Spektrum der Wissenschaft. Juli 2004. S. 39 ................ 27

**Abb. 5: Severe floods of the Elbe River in Dresden (Germany) 1501–2002**
Quelle: http://www.pages.unibe.ch/shighlight/archive03/
poliwoda/html (Stand: Februar 2003) ........................... 52

**Abb. 6: Dresdner Elbmesser 1776**
Quelle: Schäfer, Wilhelm: Chronik der Dresdner Elbbrücke.
Dresden 1848, Tableau ......................................... 53

**Abb. 7: Verlauf der Jahrtausendflut 2002**
Quelle: http://www.umwelt.sachsen.de/de/wu/umwelt/lfug/
lfug-internet/documents/Elbpegel.pdf (Stand: 19.6.2004) .......... 54

**Abb. 8: Ausmaß (Anzahl und Stärke) der Elbüberschwemmungen 1300–2000**
Quelle: Börngen, Michael: Curt Weikinns Quellentexte zur
Witterungsgeschichte Europas. S.56. In: Chmielewski, F-M./
Foken, Thomas, (Hg.): Beiträge zur Klima-und Meeresforschung.
Berlin 2003 ................................................... 55

Abb. 9: Anzahl der Weikinnschen Quellentexte pro Jahr 1300–1850
Quelle: Börngen, Michael: Curt Weikinns Quellentexte zur
Witterungsgeschichte Europas. S.54. In: Chmielewski, F-M./
Foken, Thomas (Hg.): Beiträge zur Klima-und Meeresforschung. Berlin
2003 ........................................................... 55

Abb. 10: Solare und vulkanische Klimabeeinflussung zwischen 1700
und 1990
Quelle: http://www.nccr-climate.unibe.ch/download/events/suscho02/
students_abstracts/Wagner%20Sebastian.htm (Stand:12.3.2004) ..... 56

Abb. 11: Die Wintertemperaturanomalien zwischen 1700 und 1990
in der nördlichen (NH30) u. südlichen (SH30) Hemisphäre,
sowie in den Tropen
Quelle: http://www.nccr-climate.unibe.ch/download/events/suscho02/
students_abstracts/Wagner%20Sebastian.htm (Stand:12.3.2004) ..... 56

Abb. 12: Mittelwert und Varianz des heutigen und zukünftigen Klimas
Quelle: http://www.grida.no/climate/ipcc_tar/wg1/088.htm#fig232
(Stand. 12.3.2004) ................................................ 57

Abb. 13: Gliederung Sachsens in Verwaltungsbezirke Ende
des 18. Jahrhunderts
Quelle: Keller, Katrin: Landesgeschichte Sachsen.
Stuttgart 2002. S. 156 ............................................ 75

Abb. 14: Staatsaufbau um 1800
Quelle: Groß, Reiner: Geschichte Sachsens. Leipzig 2001. S. 164 .... 82

Abb. 15: Gesundheitsvorschriften April 1785
Quelle: StAD: RA CXVIII 72 ...................................... 93

Abb. 16: Gelagertes Holz und Holzhändler am rechten Elbufer
unterhalb der Augustusbrücke
Quelle: Sächsisches Barock. Einf. u. Erläuterungen v. Bächler,
H./Schlechte, M. Leipzig 1986. S. 53 ............................ 104

Abb. 17: Pegel Pillnitz
Quelle: Aufnahme Poliwoda, Oktober 2002 ....................... 108

Abb. 18: Dresden anno 1780/1783
   Quelle: HStAD: Meilenblätter Nr. 309a, Makro-Nr.: 329 1780/83 .... 121

Abb. 19: Durchstich durch den Loswiger Busch 1811
   Quelle: GSPK E 52.485 ........................................ 141

Abb. 20: Sachsens Territorien bis 1806 und nach 1815
   Quelle: Groß, Reiner: Geschichte Sachsens.
   Leipzig 2001. S. 188, 189 ...................................... 149

Abb. 21: Bekanntmachung hinsichtlich Maßnahmen vor,
   während und nach einer Eisflut
   Quelle: StAD: RA CXVIII 76b .................................. 189

Abb. 22: »Gefahrenkarte« Dresden 1836
   Quelle: StAD RA GXXII 89c Vol. I ............................. 201

Abb. 23: Überflutungsbereiche 1845 in Dresden
   Quelle: Stadtarchiv Dresden, RA GXXIV 75. .................... 213

Abb. 24: Einsturz des Kruzifixpfeilers am 31. März 1845
   Quelle: Stadtarchiv Dresden, RA GXXIV 75 .................... 214

**Verena Winiwarter,
Martin Knoll**
**Umweltgeschichte**
Eine Einführung

(UTB für Wissenschaft 2521 S)
2007. 368 S. mit 11 Schaubildern und Grafiken. Br.
ISBN 978-3-8252-2521-6

Die Geschichtsschreibung hat den Veränderungen der Umwelt durch die Menschen bis in die letzten Jahrzehnte des 20. Jahrhunderts hinein wenig Bedeutung beigemessen. Erst danach hat sich – auch als Reaktion auf zunehmende Umweltprobleme – das Fachgebiet der Umweltgeschichte entwickelt.

Das Studienbuch bietet zum ersten Mal einen interdisziplinären Überblick über den Forschungsstand der Umweltgeschichte und eine Einführung in ihre Themen und Methoden. Es setzt keine speziellen Vorkenntnisse voraus und richtet sich vor allem an Studierende der Fächer Geschichte, Biologie, Ökologie, Geografie und Agrarwissenschaften.

Aus dem Inhalt: Einstieg in die Umweltgeschichte – Themen – Methoden – Konzepte, Theorien und Erzählweisen – Landnutzungssysteme – Umweltgeschichte der Stadt – Handel, Transport und Verkehr – Bevölkerung in der Umweltgeschichte – Gesellschaftliche Wahrnehmung von Umwelt – Umweltgeschichte und nachhaltige Entwicklung